普通高等教育"十一五"国家级规划教材
山东省高等学校优秀教材一等奖

机械原理

第5版

刘会英　张明勤　徐　宁　编
张　策　翁海珊　主审

机械工业出版社

本书在内容编排上贯穿了以设计为主线的思想，将全书内容进行了有机组合。全书共10章，主要内容包括：机构的组成和结构分析、平面机构的性能分析、连杆机构及其设计、凸轮机构及其设计、齿轮机构及其设计、轮系及其设计、其他常用机构、机械系统动力学设计、机械系统的运动方案及机构的创新设计。为了便于读者掌握重点内容及拓宽知识面，每章前都有引言、每章后都有"知识要点与拓展"。为调动学生的学习兴趣，每章节都先提出问题，注重启发，做到内容前后呼应。在本书最后提出了展望，介绍本学科的发展动态，为读者提供了更广阔的想象空间。

本书以培养和提高学生机械系统方案创新设计的能力为目标，将传统机械设计的一般过程和进行机械设计所需的知识结构加入其中，为提高"机械原理课程设计"的教学质量提供了有力保障。本书在注重培养学生逻辑思维能力的同时，还配有多媒体教学课件，为开发学生的形象思维能力创造了条件。

本书主要作为普通高等院校机械类专业的教学用书，也可作为非机械类学生及有关工程技术人员的参考书。

图书在版编目（CIP）数据

机械原理/刘会英，张明勤，徐宁编．—5版．—北京：机械工业出版社，2023.12

普通高等教育"十一五"国家级规划教材　山东省高等学校优秀教材一等奖

ISBN 978-7-111-74499-3

Ⅰ.①机⋯　Ⅱ.①刘⋯ ②张⋯ ③徐⋯　Ⅲ.①机械原理-高等学校-教材　Ⅳ.①TH111

中国国家版本馆 CIP 数据核字（2023）第 242682 号

机械工业出版社（北京市百万庄大街22号　邮政编码100037）
策划编辑：赵亚敏　　责任编辑：赵亚敏
责任校对：张昕妍　　封面设计：张　静
责任印制：刘　媛
北京中科印刷有限公司印刷
2024年3月第5版第1次印刷
184mm×260mm・16.75印张・409千字
标准书号：ISBN 978-7-111-74499-3
定价：53.00元

电话服务　　　　　　　　　网络服务
客服电话：010-88361066　　机　工　官　网：www.cmpbook.com
　　　　　010-88379833　　机　工　官　博：weibo.com/cmp1952
　　　　　010-68326294　　金　书　网：www.golden-book.com
封底无防伪标均为盗版　机工教育服务网：www.cmpedu.com

前 言

本书是普通高等教育"十一五"国家级规划教材,并被评为山东省高等学校优秀教材一等奖。本书是在第 4 版的基础上,根据当前新工科教育的教学内容与课程体系改革的基本思想,及《高等学校机械原理课程教学基本要求》,以新工科建设背景下的教学改革为指导思想修订而成的。

本书在内容编排上贯穿了以设计为主线的思想,将全书内容进行了有机组合。在此次修订中,在保持基本框架不变的情况下做了以下调整和补充:

1) 根据学科发展的新动向,在重要的知识点中增加工业机器人方面的应用,对传统的机械原理内容通过实际工程案例进行拓展,启发学生利用工业机器人这一典型的学科交叉实例,在学习知识的同时更加注重拓宽知识面和培养综合能力。

2) 从"机械原理"在机械设计系列课程总体框架中所处的地位出发,本着"以设计为主线,分析为设计服务"的思想,以培养和提高学生机械系统方案创新设计的能力为目标,将传统机械设计的一般过程和进行机械设计所需要的知识结构加入其中,为提高"机械原理课程设计"教学质量提供有力保障,以满足新工科背景与智能装备制造新形势下学生对新知识边界结构的需求。

3) 本书以二维码形式引入了"冯如的飞机""中国创造:外骨骼机器人""中国创造:彩云号"等视频,将党的二十大精神融入其中,从而树立学生对中国特色社会主义的道路自信、理论自信、制度自信、文化自信,培养学生的科技自立自强意识,助力培养德才兼备的拔尖创新人才。

本书由哈尔滨工业大学(威海)刘会英、山东建筑大学张明勤、哈尔滨工业大学(威海)徐宁修订完成。其中,刘会英、张明勤合编第 1 章,刘会英编写第 6~8 章,张明勤编写第 2、9、10 章,徐宁编写第 3~5 章。

本书承蒙天津大学张策教授和北京科技大学翁海珊教授的精心审阅,并提出了许多宝贵意见,在此表示衷心感谢!

由于编者水平有限,疏漏、欠妥之处在所难免,恳请广大读者批评指正。

编 者

目　录

前言
第1章　绪论 ································ 1
1.1　机械的基本概念 ···················· 1
1.1.1　机器 ···························· 1
1.1.2　机构 ···························· 3
1.2　机械设计的一般过程 ··············· 3
1.3　机械原理的研究对象和内容 ······ 4
1.4　机械原理课程的地位和学习本课程的目的 ································· 5
1.5　如何进行本课程的学习 ············ 6
第2章　机构的组成和结构分析 ········· 7
2.1　机构的组成 ·························· 7
2.1.1　构件及其分类 ················ 7
2.1.2　运动副及其分类 ············· 8
2.1.3　运动链与机构 ················ 9
2.2　机构运动简图及其绘制 ·········· 10
2.2.1　机构运动简图 ··············· 10
2.2.2　机构运动简图的绘制 ······ 10
2.3　平面机构自由度的计算 ·········· 13
2.3.1　机构具有确定运动的条件 ··· 13
2.3.2　平面机构自由度与约束的关系及自由度计算公式 ········· 14
2.3.3　计算机构自由度时应注意的几个问题 ······················· 16
2.4　平面机构的组成原理和结构分析 ································· 18
2.4.1　平面机构的组成原理 ······ 18
2.4.2　平面机构的结构分析 ······ 22
2.5　空间机构简介 ······················ 23
2.5.1　空间机构自由度简介 ······ 23
2.5.2　空间机构的自由度计算 ··· 23
2.6　工业机器人机构 ··················· 25
知识要点与拓展 ···························· 26
思考题及习题 ································ 27
第3章　平面机构的性能分析 ··········· 30
3.1　平面机构的运动分析 ············· 30
3.1.1　瞬心法及其应用 ············ 30
3.1.2　杆组法及其应用 ············ 32
3.2　平面机构的力分析 ················ 40
3.2.1　力分析的基本知识 ········· 40
3.2.2　用杆组法对平面机构进行动态静力分析 ························· 42
3.2.3　运动副中的摩擦及考虑摩擦时机构的受力分析 ··············· 43
3.2.4　机械效率 ····················· 48
3.2.5　机械的自锁 ·················· 49
知识要点与拓展 ···························· 51
思考题及习题 ································ 52
第4章　连杆机构及其设计 ··············· 56
4.1　平面四杆机构的基本类型及其演化 ··· 57
4.1.1　铰链四杆机构中曲柄存在的条件 ······························· 57
4.1.2　铰链四杆机构的基本类型及其演化 ··························· 58
4.1.3　具有移动副的四杆机构及其演化 ······························· 60
4.2　平面四杆机构的基本特性 ······· 62
4.2.1　急回特性及行程速比系数K ··· 62
4.2.2　压力角与传动角 ············ 63
4.2.3　机构的死点位置 ············ 63
4.2.4　连杆机构运动的连续性 ··· 64
4.3　平面连杆机构设计 ················ 64
4.3.1　平面连杆机构设计的基本问题 ··· 64
4.3.2　用图解法设计四杆机构 ··· 65
4.3.3　用解析法设计四杆机构 ··· 67
4.3.4　用实验法设计四杆机构 ··· 72
4.4　多杆机构 ···························· 74
4.5　杆件组在工业机器人中的应用 ··· 75
知识要点与拓展 ···························· 77
思考题及习题 ································ 78
第5章　凸轮机构及其设计 ··············· 81
5.1　凸轮机构的类型及应用 ·········· 81

目 录

- 5.1.1 凸轮机构的组成及应用 …… 81
- 5.1.2 凸轮机构的分类 …… 82
- 5.2 推杆的运动规律设计 …… 83
  - 5.2.1 凸轮机构的运动循环和基本概念 …… 84
  - 5.2.2 推杆常用的运动规律 …… 84
  - 5.2.3 运动规律的组合及其选择 …… 88
- 5.3 平面凸轮的轮廓设计 …… 89
  - 5.3.1 平面凸轮轮廓设计的基本原理 …… 89
  - 5.3.2 用图解法设计凸轮廓线 …… 89
  - 5.3.3 用解析法设计凸轮廓线 …… 92
- 5.4 凸轮机构基本尺寸设计 …… 95
  - 5.4.1 凸轮机构的压力角及其许用值 …… 95
  - 5.4.2 凸轮基圆半径的确定 …… 96
  - 5.4.3 滚子半径的选择 …… 97
  - 5.4.4 平底宽度的确定 …… 98
  - 5.4.5 推杆偏置方向的选择 …… 98
- 知识要点与拓展 …… 98
- 思考题及习题 …… 99

第6章 齿轮机构及其设计 …… 101

- 6.1 齿轮机构的特点及类型 …… 101
  - 6.1.1 平面齿轮机构 …… 101
  - 6.1.2 空间齿轮机构 …… 102
- 6.2 齿轮齿廓的设计 …… 103
  - 6.2.1 齿廓啮合基本定律 …… 103
  - 6.2.2 渐开线齿廓 …… 104
- 6.3 渐开线齿廓的啮合特性 …… 106
  - 6.3.1 渐开线齿廓能满足定传动比要求 …… 106
  - 6.3.2 啮合线为一条定直线 …… 106
  - 6.3.3 渐开线齿轮传动具有中心距可分性 …… 107
- 6.4 渐开线标准齿轮的基本参数及几何尺寸 …… 107
  - 6.4.1 齿轮的各部分名称 …… 107
  - 6.4.2 渐开线齿轮的基本参数 …… 108
  - 6.4.3 齿轮各部分的基本尺寸 …… 109
  - 6.4.4 任意圆上的齿厚 …… 110
- 6.5 渐开线标准直齿圆柱齿轮的啮合传动 …… 110
  - 6.5.1 一对渐开线齿轮的正确啮合条件 …… 111
  - 6.5.2 一对渐开线齿轮的啮合过程 …… 111
- 6.5.3 一对渐开线齿轮连续传动条件 …… 112
- 6.5.4 标准中心距 a 与实际中心距 a' …… 113
- 6.6 渐开线齿廓的加工与变位 …… 115
  - 6.6.1 展成法加工齿轮 …… 116
  - 6.6.2 用标准齿条形刀具切制齿轮 …… 117
  - 6.6.3 根切现象及其避免方法 …… 118
  - 6.6.4 变位齿轮传动 …… 120
- 6.7 斜齿圆柱齿轮传动 …… 124
  - 6.7.1 斜齿轮齿廓曲面的形成及啮合特点 …… 124
  - 6.7.2 斜齿轮的主要参数及几何尺寸 …… 125
  - 6.7.3 一对斜齿轮的啮合传动 …… 127
  - 6.7.4 斜齿轮的当量齿轮与当量齿数 …… 128
  - 6.7.5 斜齿轮传动的主要优缺点 …… 130
- 6.8 交错轴斜齿轮传动 …… 130
  - 6.8.1 交错轴斜齿轮的几何关系 …… 130
  - 6.8.2 交错轴斜齿轮的正确啮合条件 …… 131
  - 6.8.3 传动比和从动轮转向 …… 131
  - 6.8.4 交错轴斜齿轮传动的优缺点 …… 132
- 6.9 蜗杆传动 …… 132
  - 6.9.1 蜗杆传动及其特点 …… 132
  - 6.9.2 蜗杆传动的类型 …… 133
  - 6.9.3 蜗杆传动的正确啮合条件 …… 133
  - 6.9.4 蜗杆传动的主要参数和几何尺寸 …… 134
- 6.10 锥齿轮传动 …… 135
  - 6.10.1 锥齿轮传动概述 …… 135
  - 6.10.2 直齿锥齿轮齿廓的形成 …… 136
  - 6.10.3 背锥及当量齿数 …… 136
  - 6.10.4 直齿锥齿轮传动的几何参数和尺寸计算 …… 137
- 6.11 非圆齿轮机构 …… 138
- 6.12 其他齿轮机构简介 …… 139
  - 6.12.1 圆弧齿廓齿轮 …… 139
  - 6.12.2 摆线齿轮机构 …… 140
  - 6.12.3 抛物线齿轮 …… 141
- 6.13 齿轮传动在工业机器人中的应用 …… 141
- 知识要点与拓展 …… 143
- 思考题及习题 …… 143

第7章 轮系及其设计 …… 146

- 7.1 轮系及其分类 …… 146
  - 7.1.1 定轴轮系 …… 146
  - 7.1.2 周转轮系 …… 146

7.1.3 复合轮系 …………………… 147		
7.2 定轴轮系的传动比 …………………… 148		
7.2.1 平面定轴轮系传动比的计算 …… 148		
7.2.2 空间定轴轮系 ………………… 149		
7.3 周转轮系的传动比 …………………… 150		
7.4 复合轮系的传动比 …………………… 153		
7.5 轮系的功用 …………………………… 156		
7.6 行星轮系的效率计算 ………………… 159		
7.7 行星轮系的类型选择及设计 ………… 161		
7.7.1 行星轮系的类型选择 …………… 161		
7.7.2 行星轮系中各轮齿数的确定 …… 161		
7.7.3 行星轮系的均载装置 …………… 163		
7.8 其他类型行星传动简介 ……………… 163		
7.8.1 渐开线少齿差行星轮系 ………… 163		
7.8.2 摆线针轮传动 …………………… 165		
7.8.3 谐波齿轮传动 …………………… 166		
7.9 轮系在工业机器人中的应用 ………… 167		
知识要点与拓展 ………………………… 168		
思考题及习题 …………………………… 168		

第8章 其他常用机构 …………………… 172

8.1 棘轮机构 ……………………………… 172
   8.1.1 棘轮机构的组成及工作原理 …… 172
   8.1.2 棘轮机构的类型 ………………… 172
   8.1.3 棘轮机构的特点和应用 ………… 174
   8.1.4 轮齿式棘轮机构的设计要点 …… 175
8.2 槽轮机构 ……………………………… 177
   8.2.1 槽轮机构的组成及工作原理 …… 177
   8.2.2 槽轮机构的类型 ………………… 177
   8.2.3 槽轮机构的特点和应用 ………… 178
   8.2.4 槽轮机构的设计要点 …………… 179
8.3 不完全齿轮机构 ……………………… 182
   8.3.1 不完全齿轮机构的工作原理 …… 182
   8.3.2 不完全齿轮机构的类型 ………… 182
   8.3.3 不完全齿轮机构的啮合过程 …… 182
   8.3.4 不完全齿轮机构的特点及应用 … 184
   8.3.5 不完全齿轮机构的设计要点 …… 184
8.4 凸轮式间歇运动机构 ………………… 185
   8.4.1 凸轮式间歇运动机构的工作
          原理及特点 ……………………… 185
   8.4.2 凸轮式间歇运动机构的类型及
          应用 ……………………………… 186
8.5 万向联轴器 …………………………… 187
   8.5.1 单万向联轴器 …………………… 187
   8.5.2 双万向联轴器 …………………… 188
8.6 广义机构 ……………………………… 189
   8.6.1 液动机构 ………………………… 189
   8.6.2 气动机构 ………………………… 190
   8.6.3 光电机构 ………………………… 190
   8.6.4 电磁机构 ………………………… 191
知识要点与拓展 ………………………… 191
思考题及习题 …………………………… 191

第9章 机械系统动力学设计 …………… 193

9.1 机械的质量平衡与功率平衡 ………… 193
   9.1.1 机械的质量平衡 ………………… 193
   9.1.2 机械的功率平衡 ………………… 194
9.2 基于质量平衡的动力学设计 ………… 195
   9.2.1 刚性转子的静平衡设计 ………… 195
   9.2.2 刚性转子的动平衡设计 ………… 196
   9.2.3 刚性转子的平衡实验及平衡
          精度 ……………………………… 197
   9.2.4 挠性转子的平衡概述 …………… 200
   9.2.5 平面机构的平衡设计 …………… 200
9.3 基于功率平衡的动力学设计 ………… 205
   9.3.1 系统的动力学模型 ……………… 205
   9.3.2 机械运动方程式的建立及解法 … 208
   9.3.3 机械速度波动的调节 …………… 210
知识要点与拓展 ………………………… 214
思考题及习题 …………………………… 216

第10章 机械系统的运动方案及
机构的创新设计 ………………… 219

10.1 机械系统的设计过程 ………………… 219
10.2 机械系统的总体方案设计 …………… 220
   10.2.1 总体方案设计的目的和内容 …… 220
   10.2.2 总体方案设计的现代设计
           思想与方法 ……………………… 221
   10.2.3 系统总体方案设计准则 ………… 222
10.3 机械执行系统的运动方案设计 ……… 223
   10.3.1 功能原理设计 …………………… 223
   10.3.2 运动规律设计及工艺参数的
           确定 ……………………………… 224
   10.3.3 机构选型与构型设计 …………… 226
   10.3.4 执行机构的运动协调设计与
           运动循环图 ……………………… 228
   10.3.5 机械执行系统的方案设计
           举例 ……………………………… 230

目 录

10.3.6 运动方案的评价 ………………… 232
10.4 机械传动系统的方案设计 …………… 233
　10.4.1 机械传动系统方案设计的
　　　　 内容与步骤 ………………… 233
　10.4.2 机械传动类型的选择 ………… 233
　10.4.3 传动链的方案设计 …………… 236
10.5 原动机及其选择 ………………………… 236
　10.5.1 原动机的类型及应用 ………… 236
　10.5.2 原动机的选择 ………………… 237
10.6 机构的创新设计 ……………………… 238
　10.6.1 创新设计的原理与方法 ……… 238
　10.6.2 机构的创新设计方法 ………… 239
知识要点与拓展 ………………………………… 248
思考题及习题 …………………………………… 249

展望——机械原理学科的发展趋势 …… 251
**附录 《机械原理》常用名词术语中英文
　　　 对照表** ……………………………… 253
参考文献 ……………………………………… 256

第1章

绪 论

何为机械？何为机械原理？机械原理是一门什么性质的课程？为什么要学习机械原理？机械原理研究哪些内容？怎样学习机械原理这门课程？学习机械原理可以培养哪方面的能力？

1.1 机械的基本概念

1.1.1 机器

机械是机器和机构的总称。

机器的概念人们已耳熟能详，如家庭用的自行车、洗衣机、空调，交通运输用的汽车、飞机、轮船，工程建设用的起重机、装载机、翻斗车，机械加工用的车床、铣床磨床等，提供动力用的内燃机、电动机、发电机，现代办公用的计算机、复印机、传真机等，这些都是机器。机器的种类繁多，其用途和性能也各不相同，下面通过两个实例来分析其性能特征，从而给机器下一个定义。

内燃机是汽车、飞机、轮船、装载机等各种流动性机械最常用的动力装置。图 1-1 所示为一种最简单的单缸内燃机，通过气缸 1、活塞 2、连杆 3 和曲轴 4 组成的连杆机构，可以将活塞的直线运动转换成曲轴的回转运动；由齿轮 4′ 和齿轮 5 及机体组成的齿轮机构将曲轴的回转运动传递到凸轮轴 5′；由凸轮轴 5′ 和推杆 6 及机体组成的凸轮机构将凸轮的回转运动转换为推杆的直线运动。通过以上各种机构的协调配合动作，燃料燃烧时产生的热能，便可转变为驱动曲轴转动的机械能。

装载机是一种常用的工程建设机械，图 1-2 所示为某种装载机的实物图。工作时，内燃机带动高压泵输出高压油驱动液压缸活塞，再通过一系列杆件的运动传递与变换，实现铲斗的平面复杂运动，从而完成物料的铲、装、卸作业；通过驾驶整车行走，可以实现运载作业。

通过以上两例可以看出，虽然各种机器的构造、用途和性能各不相同，但从其力学特性及在生产中的地位来看，却存在以下共同特征：
1) 它们是人为的实物组合体。
2) 组成它们的各部分之间具有确定的相对运动。

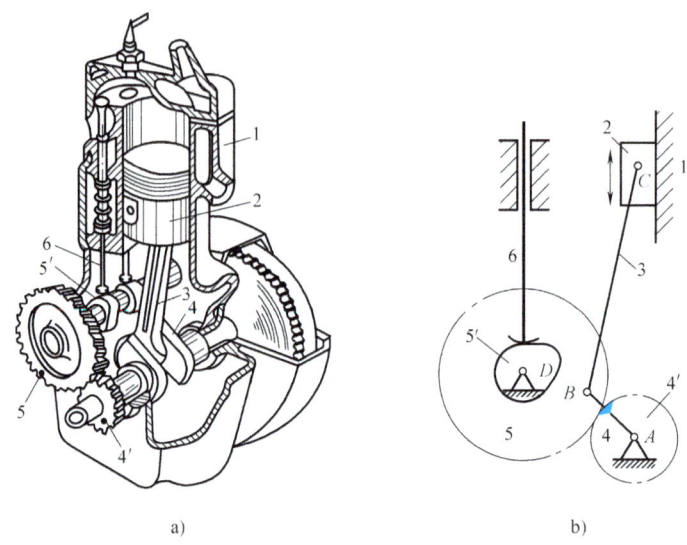

图 1-1 内燃机

1—气缸 2—活塞 3—连杆 4—曲轴 4′、5—齿轮 5′—凸轮轴 6—推杆

图 1-2 装载机

3）能够用来变换或传递能量、物料与信息。

凡同时满足以上三个特征的实物组合体便可称为机器。根据工作类型的不同，机器一般可以分为三类，即动力机器、工作机器、信息机器。

动力机器的作用是将其他形式的能量变换为机械能，或将机械能变换成其他形式的能量。例如，内燃机、涡轮机、压气机、电动机等都属于动力机器。

工作机器的用途是完成有用的机械功或搬运物料。例如，金属切削机床、起重机、工业机器人、汽车、包装机等都属于工作机器。

信息机器是用来完成信息的传递和变换的。例如，打印机、绘图机等都属于信息机器。

现代机器通常由动力部分、传动系统、执行机构以及信息检测、处理和控制系统等组成。其中信息处理和控制是由计算机系统来完成的，实现机电一体化，成为现代机械系统，如加工中心、机器人、全自动照相机等。但无论现代机器多么先进,机器与其他装置的主要差异是能产生确定的机械运动,并通过运动来实现能量、物料和信息的变换。

1.1.2 机构

通过以上两例还可以看出,机器是由机构组成的。正是由于这些机构的协调运动,机器才能完成有用的机械功或进行能量转换。一部比较复杂的机器可能包含多种类型的机构,如内燃机就是由连杆机构、齿轮机构和凸轮机构组成的,如图 1-3 所示。

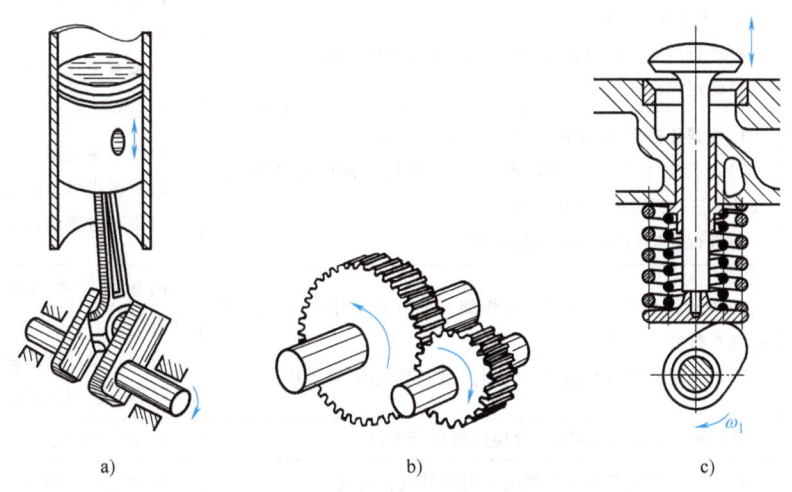

图 1-3 组成内燃机的机构
a) 连杆机构 b) 齿轮机构 c) 凸轮机构

机器能够用来变换或传递能量、物料与信息,而机构在机器中可以认为仅仅起着传递运动和转换运动形式的作用,它具有以下两个特征:
1) 机构是人为的实物组合。
2) 组成机构的各实物之间具有确定的相对运动。

由于机构具有机器的前两个特征,所以从结构和运动的观点来看,两者之间并无区别。因此,人们常用机械一词作为它们的总称。

1.2 机械设计的一般过程

机械设计是指设计实现预期功能的新机械或改良原有机械的过程。根据设计的内容和特点,一般把机械设计分为以下三种类型:

(1) 开发性设计 在工作原理、结构等完全未知的情况下,针对新任务提出新方案,开发设计出以往没有的新产品。

(2) 变型设计 在工作原理和功能结构不改变的情况下,对已有产品的结构、参数、尺寸等方面进行变异,设计出适用范围更广的系列化产品。

(3) 适应性设计(也称为反求设计) 针对已有的产品设计,在消化吸收的基础上,对产品作局部变更或设计一个新部件,使产品更加满足使用要求。

机械设计既是对已有经验的继承,也是一个创新的过程。开发性设计是以开创和探索创新,变型设计是通过变异创新,而适应性设计是在吸取中创新。创新是各种类型设计的共同点。

设计任务不同使得设计过程也不相同,但一般都要经过以下几个阶段,见表1-1。

表1-1 机械设计的一般过程

设计阶段	设计内容	完成工作
初期计划阶段	1)选题:根据具体情况,如用户需求、市场需要或主管部门要求等,选定设计题目 2)进行市场和技术调研,对设计的可行性进行论证 3)确定设计任务	1)提出预期设计题目 2)论证报告 3)编写设计任务书
方案设计阶段	1)根据任务书,确定所设计机械的工作原理 2)进行总体设计,包括原动机、传动机构和执行机构的选择设计,进行必要的运动学分析 3)进行分析对比,确定最佳方案	1)绘制原理图 2)绘制机械运动简图 3)编写方案设计计算说明书
技术设计阶段	1)进行运动学、动力学及工作能力的分析和计算,确定机构的基本参数或尺寸 2)对各零件进行结构、尺寸设计,绘制装配图、零件图	1)形成完整的图样及外购件明细表 2)编写设计计算说明书 3)编写使用维护说明书
产品试制阶段	进行产品的试制和试验,发现问题进行改进	对设计进行改进和完善
产品投产后	根据用户的反馈或市场的变化对产品进行改进	针对问题,改进设计

机械设计是一个细致而复杂的过程,其每一环节都紧密相连,在设计时既要严格按流程进行设计,又要根据情况在各环节之间反复交叉修正,以获得最佳的设计产品。在进行实际计算时,要实现同一功能可以依据不同的工作原理,而工作原理不同,则机械的形貌完全不同,因此确定工作原理是机械设计的第一步。机械系统的方案设计是机械设计中至关重要的一步。从原动机到传动机构,再到执行机构的选择和布局,从根本上影响了所设计产品的结构及性能优劣和成本高低。结构设计中的运动学分析、动力学分析和工作能力分析与计算将直接影响产品的使用性能,这些知识都与本课程的内容密切相关,因此希望大家通过对本课程的学习,掌握机械设计的方法,为解决日后在工作中遇到的技术问题和进行创新设计打下坚实的基础。

1.3 机械原理的研究对象和内容

机械是机器和机构的总称,所以机械原理又称为机器与机构理论(Theory of machines and mechanisms),是机械工程学科的重要基础理论之一。

机器的种类数不胜数,但组成这些机器的基本机构的种类并不是很多,即使是最复杂的机器,也无非是由连杆机构、齿轮机构、凸轮机构、间歇运动机构等一些常用机构组合而成的;机器虽然不同,但组成它们的主要机构却可以是相同的,所以各种常用机构是机器的共性问题,也是本课程研究的主要对象。

本课程的内容可分为以下几个方面:

（1）机构的结构分析　首先，我们研究机构是怎样组成的，如何用简单的图形把机构的结构状况表现出来，即绘制机构运动简图（图 1-1b）的问题，这样便于对机构进行运动和力的分析，如机构的组成情况对其运动的影响，以及机构运动的可能性和具有确定运动的条件；其次，研究机构的组成原理及对机构的结构进行分类，便于系统地建立机构运动分析和力分析的方法。通过机构的类型综合，可以探索设计新机械的某些途径。

（2）机构的性能分析　主要包括运动分析和力分析。运动分析是以几何的观点来研究在给定原动件运动的条件下，机构各点的轨迹、位移、速度和加速度等运动特性，是了解现有机械运动性能的必要手段，也是设计新机械的重要步骤；力分析主要是研究机构各运动副中的力以及平衡机构力的计算方法、摩擦和效率等问题。

（3）常用机构的设计问题　既然种类繁多的机器是由一些常用机构组成的，那么本课程将讨论这些常用机构的基本设计理论和设计方法，为机械系统的方案设计奠定必要的运动学基础。

（4）机器动力学问题　主要研究机械在外力作用下的真实运动规律，机械运转过程中速度波动的调节问题，机械运转时惯性力和惯性力矩的平衡问题，为机械系统的方案设计奠定必要的动力学基础。

（5）机械系统方案设计　主要介绍机械总体方案的设计步骤、功能分析、机构创新、执行机构的运动规律和机构系统运动协调设计的基本原则等，使学生初步具有拟定机械系统方案的能力。

1.4　机械原理课程的地位和学习本课程的目的

　　机械原理是一门培养学生具有机械基本设计能力的专业基础课。一方面，它比物理和工程力学等基础课更接近实际；另一方面，它又不同于汽车设计、机械制造设备等专业课。机械原理是研究各种机械所具有的共性问题，而专业课是研究某一类机械所具有的特殊性问题，因此，它比专业课具有更宽的研究面和更广的适应性。在教学中起着承上启下的作用，是高等院校中机械类各专业的一门重要的主干专业基础课，在机械设计系列课程体系中占有非常重要的地位。

　　对机械原理课程的学习，可为学习机械类有关专业课打下良好的基础，因为任何一部机器不仅要研究其特殊性，更需要研究其共性问题，机械原理正是为研究其共性问题而开设的一门专业基础课，同时在研究问题的方法上也适合于专业课的研究。

　　机械设计与制造业是国民经济的支柱产业。作为机械类各专业的学生，在今后的学习和工作中总会遇到许多关于机械设计和使用方面的问题，而本课程所讲授的机构分析与设计的基本理论和方法，不仅针对本课程所学的机构设计，而且对今后的课程设计、毕业设计以及解决工作中遇到的技术问题，都会提供必要的基础知识，为机械产品的创新设计打下良好的基础。

　　对于现有机械，要想充分发挥其机械设备的潜力，必须掌握机构和机器的分析方法，才能了解机械的性能和更合理地使用机械；掌握机构和机器的设计方法，才能对现有机械的革新改造提出可行性方案。本课程将为现有机械的合理使用和技术革新打下基础。

　　在机器的创新设计过程中，机构的正确运用、机械运动方案的合理选择、各种机构的设计和创新，都需要相关的机械原理知识。计算机和计算技术的快速发展需要把计算机快速计算和图形处理功能引入机械设计中，改进和革新机械分析与设计方法，把机械设计的方法与技术推向新阶段。这就要求我们在学习和研究机构分析与设计的基本理论的同时，注意更新观念，把机、电、液、气的技术结合起来解决问题，并积极应用计算机和计算技术，发展和创新机械，推动机械学科的发展。

1.5　如何进行本课程的学习

由于本课程的性质不同于基础课，所以在学习方法上要作相应的调整，以便在有限的时间内学得更好。学习本课程应注意做到以下几点：

1）机械原理是一门专业基础课，它的先修课程是高等数学、物理、理论力学及工程制图等。其中，本课程与理论力学的知识联系尤为紧密，它把理论力学的有关原理应用于实际机械，在学习过程中，应注意灵活运用理论力学的有关知识。

2）学习知识和培养能力两者是相辅相成的。在本课程的学习中，应把重点放在掌握研究问题的基本思路和方法上，着重于能力培养。这样就可以利用自身能力去获取新的知识，这在知识更新速度加快的当今尤为重要。

3）深入理解和全面掌握本课程的基本研究方法。这些基本研究方法包括：杆组法、转换机架法、等效法、机构演化法等。这些方法能使我们非常容易地对各种机构进行分析和设计，同时也是今后各专业课中经常使用的研究方法。

4）本书把结构和性能分析的集中讨论放在了前面，目的是体现以设计为主、分析为设计服务的思想。注意在学习中进行前后联系，融会贯通，如利用瞬心法对凸轮机构、齿轮机构进行分析等。

5）学习内容的改变，引起研究方法的改变，同时学习方法也在发生改变。在学习本课程的过程中，要注意在发展逻辑思维的同时，重视形象思维能力的培养，这样更有利于解决实际问题和进行创造性的设计。

6）机械原理课程与工程实际联系密切，在学习过程中要特别注意理论联系实际。与本课程有关的教学环节有实验、课程设计、机械设计大奖赛及课外科技活动等，都是理论联系实际的良好途径，把现实中的各种不同机构融入学习中，从中得到启示，有利于本课程的学习。

综上所述，机械原理是机械类各专业的一门重要的专业基础课程，它一方面介绍对已有机械进行结构分析、运动分析和动力分析的方法，另一方面探索根据运动和动力性能要求设计新机械的途径与方法。通过学习本课程，学生可以掌握有关机构学和机械动力学的基本理论、基本知识和基本技能，提高工程实践能力和开发创新能力。

创新是技术与经济发展的原动力，是国民经济发展的基础。我们不仅要善于学习，更要勇于创新。图1-1所示的内燃机自发明以来，经过历代革新，至今已有140余年的历史，目前仍在广泛应用，但这并不能说明它是尽善尽美的。通过分析可知，它存在机构组成复杂、振动冲击大、转速受限、效率低等许多缺点。在本课程的最后，针对这一实例还要进一步展开讨论。希望学生们能够举一反三，从中得到启发，不断培养创新的意识与能力。

第2章

机构的组成和结构分析

如绪论所述，组成机构的各实物具有确定的相对运动。那么，机构是怎样组成的？在什么条件下机构才具有确定的运动？如何判断机构运动的可能性与确定性？为保证机构运动的可能性与确定性，在组成机构时，是否有规律可循？

2.1 机构的组成

机器是由机构组成的，即机器中的各个机构通过协调有序的运动和动力传递，最终实现能量转换或完成有用的机械功。而机构是由具有确定相对运动的"实物"——即一些相对独立运动的单元体组成的，这些单元体称为构件。如图1-1和图1-2所示，各构件组成机构时是按一定的方式连接而成的，构件之间的连接在机构中称为运动副。所以，构件和运动副是机构组成的两个要素。

2.1.1 构件及其分类

构件是机构中的运动单元体。图1-1所示的连杆机构就是由气缸1、活塞2、连杆3和曲轴4四个构件组成的。而一个构件可能是一个零件，也可能是由几个零件固定连接而成的。如图2-1所示，曲轴是一个构件，也是一个零件；连杆是一个构件，它是由连杆体1、连杆盖2、轴瓦3~5、螺栓6、螺母7、开口销8等零件组成的。组成一个构件的各零件之间没有相对运动。构件与零件的本质区别在于：构件是运动的单元体，而零件是制造的单元体。本课程以构件作为基本研究单元。

根据构件在机构中所起的作用不同，可将构件分成机架（或固定件）、原动件（或主动件）和从动件。机构中固接于定参考系的构件称为机架；机构中可相对于机架运动的构件称为活动构件，其中按照给定运动规律独立运动的构件称为原动件，而其余活动构件称为从动件。在图1-1所示的连杆机构中，气缸1为机架，活塞2为原动件，而连杆3和曲轴4为从动件。

需要说明的是，从现代机器的发展趋势来看，机构中的各构件可以是刚性的，某些构件也可以是挠性的或弹性的，或是由液压、气动、电磁件构成的。所以，现代机器中的机构也不再是纯刚性构件的机构。

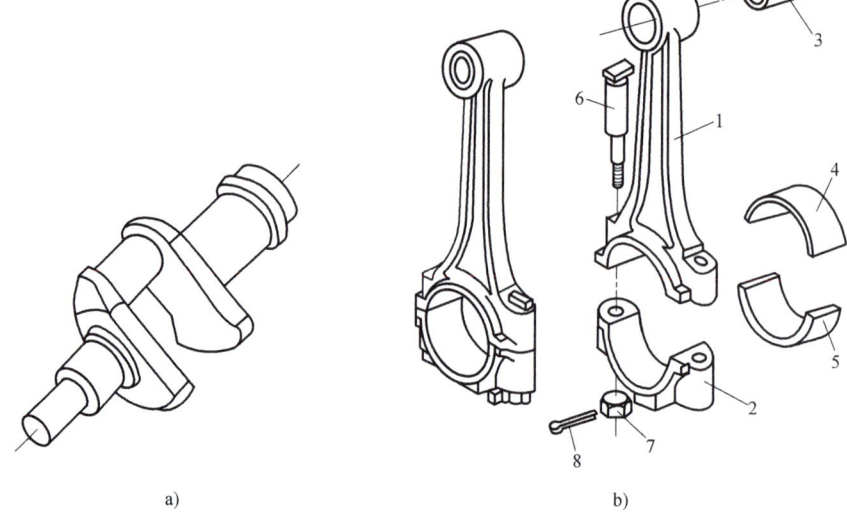

图 2-1 构件与零件

a) 曲轴　b) 连杆

1—连杆体　2—连杆盖　3、4、5—轴瓦　6—螺栓　7—螺母　8—开口销

2.1.2 运动副及其分类

构件组成机构时，需要以一定的方式把各个构件彼此连接起来，而且每个构件至少要与另一构件相连接。显然这种连接应保证被连接的两个构件之间仍能产生一定的相对运动。这种由两个构件直接接触组成的可动连接称为运动副。运动副中构件间的接触形式有点、线、面三种，称此点、线、面为运动副元素。

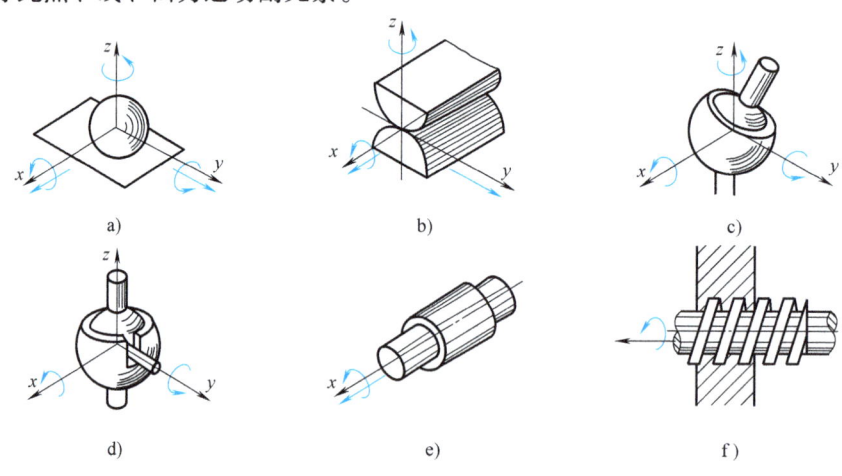

图 2-2 空间运动副

a) 球面高副　b) 柱面副　c) 球面低副　d) 球销副　e) 圆柱套筒副　f) 螺旋副

根据组成运动副的两构件做相对空间运动或平面运动，可将运动副分为空间运动副（图 2-2）与平面运动副（图 2-3）。根据组成运动副的两个构件的接触形式，运动副有低副和

高副之分，面接触的运动副称为低副（图2-2c～f和图2-3a、b），点或线接触的运动副称为高副（图2-2a、b和图2-3c、d）。根据组成平面低副的两构件之间的相对运动性质，又可将其分为转动副（图2-3a）和移动副（图2-3b）；常见的平面高副有齿轮齿廓接触组成的齿轮副（图2-3c）、凸轮从动件端部与凸轮轮廓之间的点或线接触所组成的凸轮副（图2-3d）等。

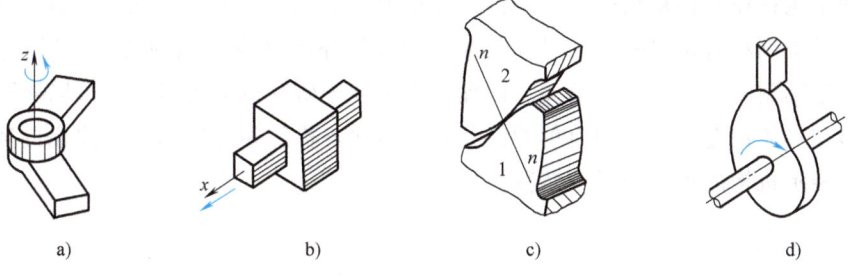

图2-3 平面运动副
a）转动副 b）移动副 c）齿轮副 d）凸轮副

2.1.3 运动链与机构

构件都是通过运动副彼此连接的，构件间的运动与动力都是通过运动副来传递的。若干个构件通过运动副连接而成的构件系统称为运动链。如果运动链中的每个构件上至少有两个或两个以上运动副元素，且各构件通过运动副连接起来组成闭环构件系统，则称为闭式运动链，简称为闭式链。图2-4b、c所示均为闭式链，其中图2-4b所示为单闭环链，图2-4c所示为双闭环链，还有多闭环链的情况。如果运动链中的各构件没有构成首尾封闭的构件系统，则称为开式运动链，简称为开式链，如图2-4a所示。

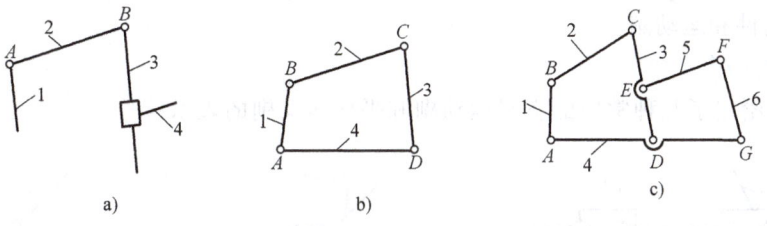

图2-4 运动链
a）开式链 b）、c）闭式链

此外，根据运动链中各构件间的相对运动是平面运动还是空间运动，也可以把运动链分为平面运动链和空间运动链两类。

在运动链中，如果将某一构件固定而成为机架，且让一个（或几个）构件按给定运动规律相对于机架运动，其余各构件都能得到确定的相对运动，则这一运动链便成为机构。一般情况下，机械安装在地面上，则机架相对于地面是固定不动的；如果机械安装在运动的物体（如车、船、飞机等）上，则机架相对于该运动物体是固定不动的，而相对于地面则可能是运动的。

根据组成机构的各构件之间的相对运动为平面运动或空间运动，也可把机构分为平面机构和空间机构两类，其中平面机构的应用特别广泛。

2.2 机构运动简图及其绘制

通过机构组成分析,可以知道各种机构都是由构件通过运动副连接而成的,组成机构的构件外形和结构往往是很复杂的,但构件的运动取决于原动件的运动规律、运动副的类型和确定机构各运动副相对位置的运动尺寸,而与构件的外形(高副机构的轮廓形状除外)、断面尺寸以及运动副的具体结构等无关。因此,为了便于研究机构的运动,可以撇开构件、运动副的外形和具体构造,而只用简单的线条和符号代表构件和运动副,并按比例确定各运动副的位置,表示机构的组成和运动情况。

2.2.1 机构运动简图

用简单的线条和符号绘制出的能够准确表达机构运动特性的简明图形,称为机构运动简图,如图 1-1b 所示。

机构运动简图与原机构具有完全相同的运动特性,因此,无论是对现有机构进行分析或是设计新的机构,都可以运用机构运动简图对机构进行方案设计、运动分析等。它是机构分析和设计的几何模型。

如果只是为了进行初步的结构分析,表明机构的工作原理,也可以不严格地按照比例绘制简图,通常把这样的简图称为机构示意图。

2.2.2 机构运动简图的绘制

机构是由构件和运动副组成的,要绘制机构运动简图,首先要明确怎样用简单的线条和符号来表示构件和运动副。

1. 运动副的表示符号

图 2-5 中给出了几种常用的空间运动副和平面运动副的表示符号。

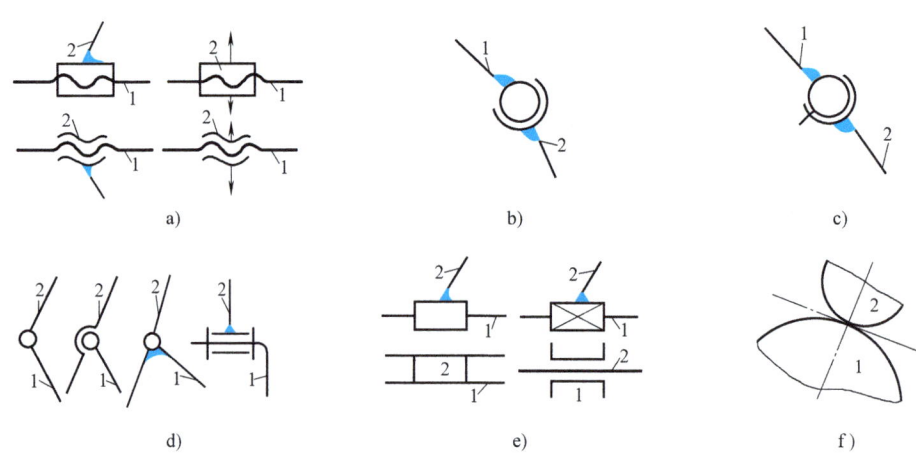

图 2-5 运动副表示符号

a) 螺旋副 b) 球面副 c) 球销副 d) 转动副 e) 移动副 f) 平面高副

2. 构件的表示方法

图 2-6 中给出了用简单线条表示常用构件的方法。

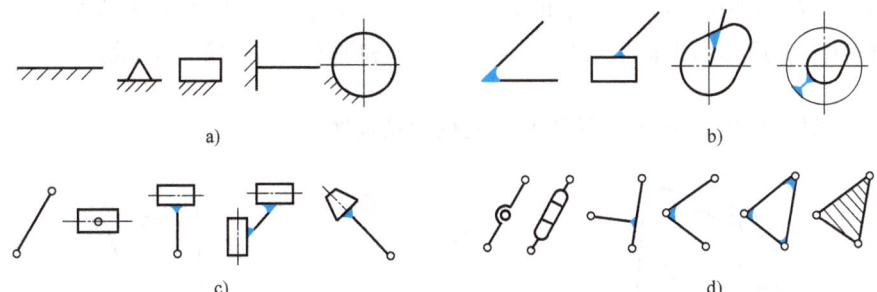

图 2-6　构件表示符号

a) 固定构件　b) 同一构件　c) 两副构件　d) 三副构件

3. 常用机构简图表示符号

图 2-7 中给出了国家标准规定的几种常用机构的简图表示符号。

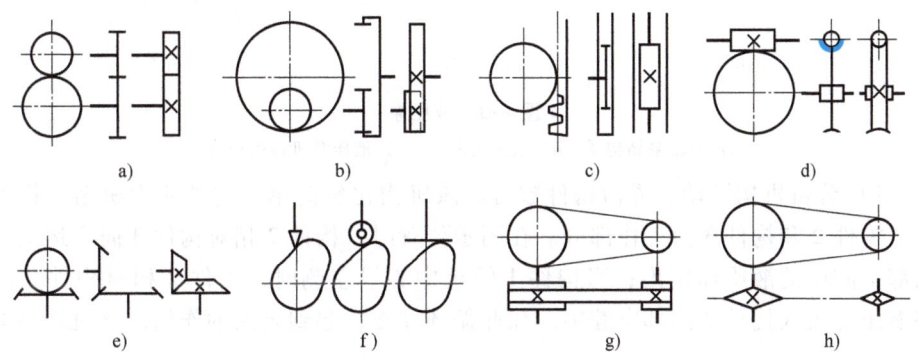

图 2-7　常用机构简图表示符号

a) 外啮合直齿圆柱齿轮机构　b) 内啮合直齿圆柱齿轮机构　c) 齿轮齿条机构
d) 圆柱蜗杆蜗轮机构　e) 锥齿轮机构　f) 凸轮机构　g) 带传动　h) 链传动

4. 机构运动简图的绘制步骤

明确了构件和运动副的表示方法以及常用机构的简图表示符号后，就可以着手绘制机构运动简图。初学时，一般按以下几个步骤进行：

1) 分析机构运动，弄清构件数目。首先明确该机构的实际构造和运动情况，定出其原动部分和工作部分（即直接执行生产任务的部分或最后输出运动的部分），然后再明确两者之间的传动关系，从而了解组成该机构的构件数量。

2) 判定运动副的类型。根据各构件之间的相对运动和接触情况，确定构件间的运动副类型。

3) 选视图、选位置、选比例，用规定符号表达运动副。首先，为了将机构运动表示清楚，需要恰当地选择投影面，即选好视图。一般选择机构中与多数构件的运动平面相平行的面作为投影面。必要时也可以根据机械的不同部分，选择两个或两个以上的投影面，然后展开绘制到同一图面上。其次，为了清楚地表示机构中各构件的相互关系，应在机构运动循环中选择一个最一般的位置来绘制。再次，选择一个适当的比例尺。最后，按照选定的视图、位置、比例，用图 2-5 规定的符号将构件间所形成的运动副表达出来。

4) 用规定符号表达构件。用简单线条（图 2-6）将同一构件上的运动副连接起来，即表达出各构件。最后标示出机架（用细斜线标示）和原动件（用箭头标示）。

例 2-1 试绘制图 2-8a 所示液压泵的机构运动简图。

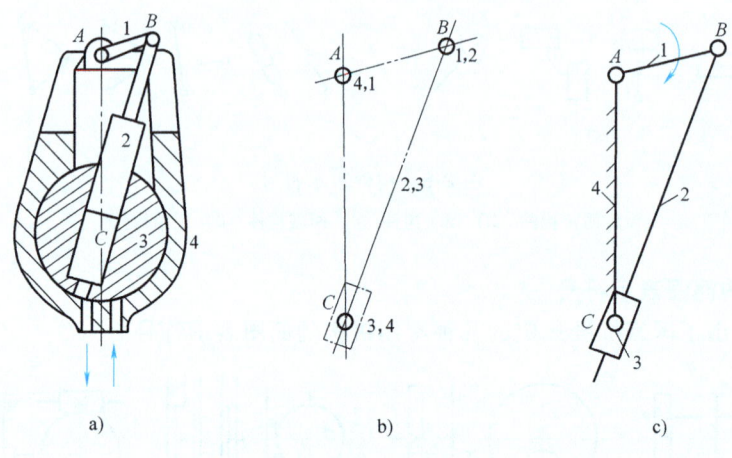

图 2-8 液压泵
a) 液压泵结构图 b) 表示运动副 c) 液压泵机构运动简图

解 1) 分析机构运动，弄清构件数目。该机构比较简单，构件 4 为机架，构件 1 为原动件，构件 2 和构件 3 为工作部分。在图示位置时，构件 2 相对构件 3 向下运动，将构件 3 内部空腔中的液压油压出；当构件 1 转至中心线左侧时，构件 2 相对构件 3 向上运动，将液压油吸入构件 3 内部空腔中。如此循环往复，起到泵油的作用。该机构共有四个构件。

2) 判定运动副的类型。根据各构件的相对运动和接触情况，可知构件 4 与构件 1、构件 1 与构件 2、构件 3 与构件 4 均构成转动副，构件 2 与构件 3 构成移动副。

3) 表达运动副。选定适当比例，用规定符号绘出各运动副，如图 2-8b 所示。

4) 表达构件。用简单线条将同一构件上的运动副连接起来，即表达出各构件。构件 4 为机架，用斜线标示；构件 1 为原动件，用箭头标示；图 2-8c 即为图 2-8a 所示液压泵机构运动简图。

例 2-2 试绘制图 1-1a 所示内燃机的机构运动简图。

解 1) 分析机构运动，弄清构件数目。此内燃机的主体机构是由气缸 1、活塞 2、连杆 3 和曲轴 4 所组成的曲柄滑块机构。此外，还有齿轮机构、凸轮机构等。在燃气的压力作用下，活塞 2 首先运动，然后通过连杆 3 使曲轴 4 输出回转运动；为了控制进气和排气，由固装于曲轴 4 上的小齿轮 4′带动固装于凸轮轴 5′上的大齿轮 5 使凸轮轴回转，再由凸轮轴 5′上的凸轮推动推杆 6 以控制进排气阀门。该机构共有六个构件。

2) 判定运动副的类型。根据各构件的相对运动和接触情况，不难判断构件 1 与构

2、构件 1 与构件 6 构成移动副;构件 2 与构件 3、构件 3 与构件 4、构件 4 与构件 1、构件 5 与构件 1 均构成转动副;构件 4′ 与构件 5、构件 5′ 与构件 6 构成高副。

3)表达运动副。选择与各构件运动平面相平行的平面作为视图投影面,并选定适当比例,用规定符号绘出各运动副。

4)表达构件。用简单线条将同一构件上的运动副连接起来,即表达出各构件。构件 1 为机架,用斜线标示;构件 2 为原动件,用箭头标示;图 1-1b 即为图 1-1a 所示内燃机的机构运动简图。

2.3 平面机构自由度的计算

如前所述,组成机构的各构件需要有确定的相对运动,即当机构的原动件按给定的运动规律运动时,该机构中其余构件的运动也应是完全确定的。那么,一个机构在什么条件下才能实现确定的运动呢?

2.3.1 机构具有确定运动的条件

图 2-9a 所示是由四个构件组成的铰链四杆机构,当构件 1 按给定运动规律 $\varphi_1 = \varphi_1(t)$ 运动时,不难看出,构件 2 及构件 3 只能随构件 1 的运动而运动,而不能随意乱动,即机构的运动是完全确定的。

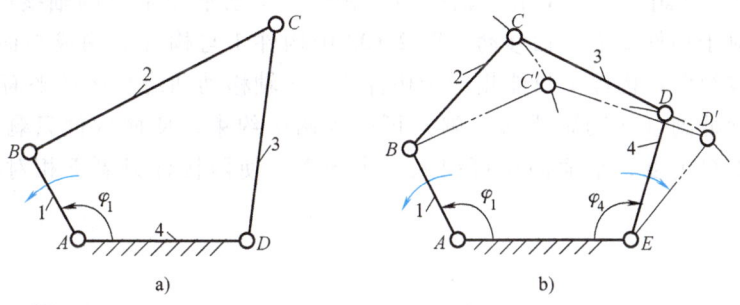

图 2-9 机构具有确定运动的条件
a)铰链四杆机构 b)铰链五杆机构

再看图 2-9b 所示的由五个构件组成的铰链五杆机构,当构件 1 按给定运动规律 $\varphi_1 = \varphi_1(t)$ 运动时,构件 2、3、4 的运动并不能确定。例如,当构件 1 运动到位置 AB 时,构件 2、3、4 既可以处于位置 BCDE,也可以处于位置 BC′D′E 或其他位置。如果同时使构件 4 也按给定运动规律 $\varphi_4 = \varphi_4(t)$ 运动,则构件 2 和构件 3 只能随构件 1 和构件 4 的运动而运动,即机构的运动是确定的。

通过对以上两例分析可知,对于图 2-9a 所示的铰链四杆机构,当给定一个独立的运动参数时,其运动就是完全确定的;而对于图 2-9b 所示的铰链五杆机构,在给定两个独立的运动参数时,其运动才是确定的。人们把机构具有确定运动时所必须给定的独立运动参数的数目(即为了使机构的位置得以确定,必须给定的独立的广义坐标的数目),称为机构的自由度。那么，上述铰链四杆机构的自由度为1，而铰链五杆机构的自由度为2。显然，机构的自由度必须大于或等于1。

机构中按照给定运动规律而独立运动的构件称为机构的原动件。原动件通常都是和机架相连的，一般一个原动件只能给定一个独立的运动参数（图2-9中的原动件是绕固定轴回转的），每个原动件只能按照一个独立的运动规律运动。在此情况下，可以得出结论，为了使机构具有确定的运动，机构的原动件数目与机构的自由度数目必须相等。这就是机构具有确定运动的条件。

那么，如何求解机构的自由度呢？下面对应用广泛的平面机构自由度计算问题进行讨论。

2.3.2 平面机构自由度与约束的关系及自由度计算公式

机构的自由度与组成机构的构件数目、运动副数目及其类型有关。

1. 构件、运动副、约束与自由度的关系

由理论力学知识可知，一个做平面运动而不受任何约束的构件（刚体）具有三个自由度。如图2-10a所示，构件1在未与构件2构成运动副时，具有沿x轴及y轴的移动和绕与运动平面垂直的轴线转动的三个独立运动，即具有三个自由度。当两构件通过运动副相连接时，如图2-10b、c、d所示，构件间的相对运动受到限制，这种限制作用称为约束，即运动副引入了约束，使构件的自由度减少。图2-10b中构件1与构件2构成转动副，构件1沿x轴及y轴的移动被约束，构件1只能相对于构件2转动；图2-10c中构件1与构件2构成移动副，构件1沿y轴的移动和绕与运动平面垂直的轴线的转动被约束，构件1只能相对于构件2沿x轴移动；图2-10d中构件1与构件2构成平面高副，构件1沿y轴的移动被约束，构件1只能相对于构件2沿x轴移动和绕与运动平面垂直的轴线转动。可见，平面低副（转动副或移动副）可引入两个约束，使两构件只剩下一个相对转动或相对移动的自由度；平面高副可引入一个约束，使两构件只剩下相对滚动和相对滑动两个自由度。

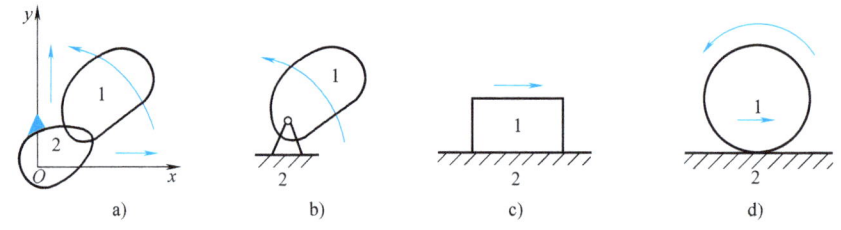

图2-10 运动副、约束与自由度
a) 自由构件 b) 转动副构件 c) 移动副构件 d) 高副构件

2. 平面机构自由度计算公式

由以上分析可知，如果一个平面机构共有n个活动构件（机架因固定不动而不计算在内），当各构件尚未通过运动副相连时，它们共有$3n$个自由度。若各构件之间共构成P_L个低副和P_H个高副，则它们共引入了$(2P_L+P_H)$个约束，则机构的自由度F为

$$F = 3n-(2P_L+P_H) = 3n-2P_L-P_H \tag{2-1}$$

这就是平面机构自由度的计算公式，也称为平面机构结构公式。

例 2-3 试计算图 2-9 所示机构的自由度。

解 图 2-9a 所示的铰链四杆机构，共有 3 个活动构件，4 个低副（转动副），没有高副。根据式 (2-1) 得该机构的自由度为

$$F = 3n-2P_L-P_H = 3\times3-2\times4-0 = 1$$

图 2-9b 所示的铰链五杆机构，共有 4 个活动构件，5 个低副（转动副），没有高副，根据式 (2-1) 得该机构的自由度为

$$F = 3n-2P_L-P_H = 3\times4-2\times5-0 = 2$$

计算结果与前面的分析相吻合。

例 2-4 试计算图 2-8 所示液压泵机构的自由度。

解 由图 2-8c 所示的液压泵机构运动简图可以看出，该机构共有 3 个活动构件，4 个低副（3 个转动副，1 个移动副），没有高副。根据式 (2-1) 得该机构的自由度为

$$F = 3n-2P_L-P_H = 3\times3-2\times4-0 = 1$$

例 2-5 试计算图 1-1 所示内燃机的自由度。

解 由图 1-1b 所示的机构运动简图可以看出，该机构共有 5 个活动构件，6 个低副（4 个转动副，2 个移动副），2 个高副。根据式 (2-1) 得该机构自由度为

$$F = 3n-2P_L-P_H = 3\times5-2\times6-2 = 1$$

以上几例计算结果与实际情况均一致。但有时会出现应用式 (2-1) 计算出的自由度数目与机构实际的自由度数目不相符合的情况，如图 2-11、图 2-12、图 2-13 所示的几种机构，读者可先自行验证。

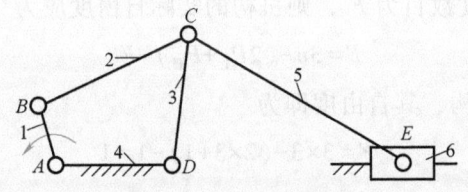

图 2-11 惯性筛机构

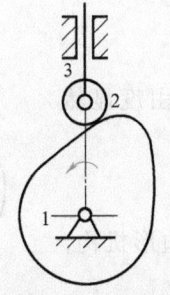

图 2-12 凸轮机构

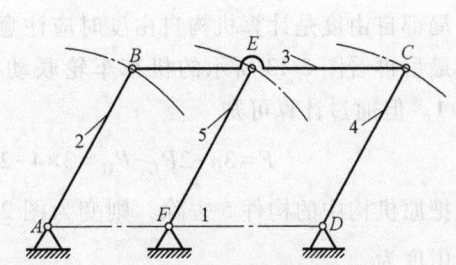

图 2-13 机车车轮联动机构

2.3.3 计算机构自由度时应注意的几个问题

先看图 2-11 所示的惯性筛机构，当构件 1 按已知运动规律运动时，其他构件的运动是完全确定的，即该机构的自由度应为 1。现在按式（2-1）进行计算：$n=5$（构件 1、2、3、5 和 6），$P_L=6$（转动副 A、B、C、D、E 和移动副 E），$P_H=0$，则

$$F = 3n - 2P_L - P_H = 3 \times 5 - 2 \times 6 - 0 = 3$$

计算结果与实际情况不符。通过分析可知，问题出在转动副 C 上，如果对原机构稍作改动，如图 2-14 所示，便"增加"了一个转动副 F，使得 $P_L = 7$，从而使

$$F = 3n - 2P_L - P_H = 3 \times 5 - 2 \times 7 - 0 = 1$$

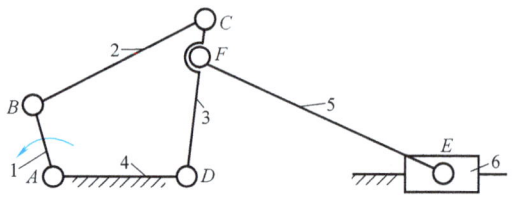

图 2-14 惯性筛机构的自由度计算

其实，在图 2-11 所示的原机构中，转动副 C 是由构件 2、3 和 5 三个构件组成的，显然应把它当成两个转动副来计算，即 C 处本来就有两个转动副。像这种由两个以上构件在同一处构成的重合转动副称为复合铰链。不难想象，由 m 个构件汇集而成的复合铰链应当包含 $m-1$ 个转动副。

复合铰链是计算机构自由度时应注意的第一个问题。

再看图 2-12 所示的凸轮机构，当构件 1 为原动件时，机构运动是确定的，即该机构的自由度应为 1。但 $n=3$、$P_L=3$、$P_H=1$，则

$$F = 3n - 2P_L - P_H = 3 \times 3 - 2 \times 3 - 1 = 2$$

仔细分析可知该机构的自由度确实为 2。多余的一个自由度在构件 2 的滚子上。滚子是为了减少高副元素接触处的磨损而在凸轮和从动件之间安装的，但滚子绕其本身轴线的自由转动丝毫不影响其他构件的运动。这种对机构其他构件运动无关的自由度称为局部自由度。在计算机构自由度时，局部自由度应当舍弃不计。

如设机构的局部自由度数目为 F'，则机构的实际自由度应为

$$F = 3n - (2P_L + P_H) - F' \tag{2-1a}$$

图 2-12 所示的凸轮机构，其自由度即为

$$F = 3 \times 3 - (2 \times 3 + 1) - 1 = 1$$

为了防止计算差错，在计算自由度时，可以设想将滚子与从动件焊成一体，如图 2-15 所示，即预先排除局部自由度，再进行计算。

局部自由度是计算机构自由度时应注意的第二个问题。

最后再看图 2-13 所示的机车车轮联动机构，该机构的自由度显然也为 1。但通过计算可知

$$F = 3n - 2P_L - P_H = 3 \times 4 - 2 \times 6 - 0 = 0$$

如果把原机构中的构件 5 去除，则变为图 2-16 所示的平行四边形机构，其自由度为

$$F = 3n - 2P_L - P_H = 3 \times 3 - 2 \times 4 - 0 = 1$$

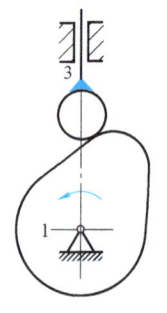

图 2-15 凸轮机构的自由度计算

在图 2-16 中，连杆 3 做平移运动，其上各点的轨迹均为圆心在 AD 线上而半径等于 AB 的圆。若在该机构中再加上一个构件 5，使其与构件 2、4 相互平行，且长度相等，即如图 2-13 那样，由于杆 5 上 E 点的轨迹与 BC 杆上 E 点的轨迹是相互重合的，因此加上杆 5 并不影响机构的运动。但此时加入了一个构件 5，引入了三个自由度，同时又增加了两个转动副，引入了四个约束，即多引入了一个约束。而这个约束对机构的运动实际上不起约束作用，人们把这类约束称为虚约束。可见，在计算机构自由度时，应从机构的约束数中减去虚约束数。设机构中的虚约束数为 P'，则机构的自由度为

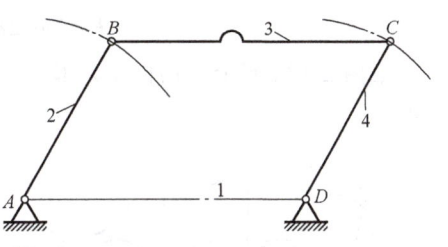

图 2-16　机车车轮联动机构的自由度计算

$$F = 3n - (2P_L + P_H - P') - F' \tag{2-1b}$$

图 2-13 所示机构的自由度即为

$$F = 3 \times 4 - (2 \times 6 + 0 - 1) - 0 = 1$$

也可以先将产生虚约束的构件和运动副去掉，如图 2-16 所示，然后再进行计算。

虚约束是计算机构自由度时应注意的第三个问题。

综上所述，在应用式（2-1）计算机构自由度时，应注意以下三个问题：

1）复合铰链。
2）局部自由度。
3）虚约束。

出现复合铰链和局部自由度的情况比较简单，容易判断。而虚约束则常见于以下几种情况：

1）当两个构件组成多个移动副，且其导路互相平行或重合时，则只有一个移动副起约束作用，其余都是虚约束。

2）当两个构件构成多个转动副，且轴线互相重合时，则只有一个转动副起作用，其余转动副都是虚约束。

3）如果机构中两个活动构件上某两点的距离始终保持不变，此时如用双转动副杆将此两点相连，则会引入一个虚约束，图 2-13 便属于这种情况。

4）如果用转动副连接的是两构件上运动轨迹相重合的点，则该连接将引入一个虚约束。

5）机构中对运动起重复限制作用的对称部分也往往会引入虚约束。图 7-17 所示的行星轮系具有两个虚约束。

> **例 2-6**　计算图 2-17a 所示大筛机构的自由度，并判定其运动是否确定。
>
> **解**　首先处理几个需要注意的问题：G 处滚子及转动副为局部自由度，E、F 处活塞及活塞杆与气缸组成两平行移动副，其中有一个是虚约束。去掉虚约束 F 和 G 处局部自由度后，按图 2-17b 分析，活动构件数 $n = 7$，C 处为复合铰链，$P_L = 9$，$P_H = 1$，则自由度为

$$F = 3n - 2P_L - P_H = 3 \times 7 - 2 \times 9 - 1 = 2$$

如图 2-17a 所示，构件 1 和构件 5 为原动件，其数目等于自由度数，机构运动是确定的。

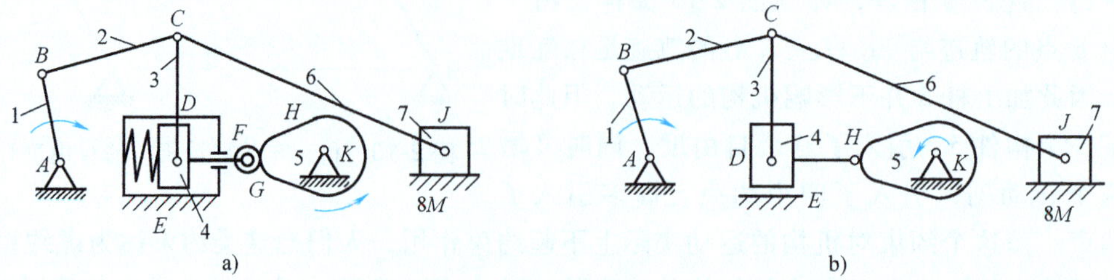

图 2-17 大筛机构

例 2-7 计算图 2-18 所示推料机构的自由度。

解 首先处理几个需要注意的问题：G 处滚子及转动副为局部自由度，BE 杆和转动副 B、E 引入一个虚约束，移动副 K 引入一个虚约束。去掉虚约束和局部自由度后，按图 2-18b 分析，活动构件数 $n = 8$，F 处为复合铰链，$P_L = 11$，$P_H = 1$，则自由度为

$$F = 3n - 2P_L - P_H = 3 \times 8 - 2 \times 11 - 1 = 1$$

当取凸轮为原动件时，自由度数目与原动件数目相等，机构运动是确定的。

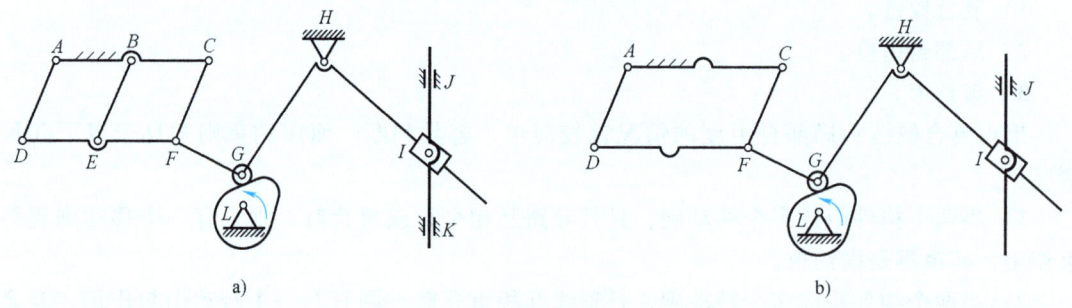

图 2-18 推料机构

2.4 平面机构的组成原理和结构分析

前面学习了机构的组成、机构具有确定运动的条件和判断机构运动可能性与确定性的方法。为保证机构运动的可能性与确定性，在构件组成机构时，是否有规律可循呢？

2.4.1 平面机构的组成原理

组成机构的构件分为机架、原动件和从动件系统三部分。任何机构都包含机架和原动件，如果将机构的机架以及与机架相连的原动件与从动件系统分开而独立出来，便得到如图 2-19 所示的由两个构件（机架 1 和原动件 2）组成的最简单的机构，称为基本机构（如电动机、液压缸、杠杆机构、斜面机构等）。

显然,任何机构都可视为由基本机构加上从动件系统组成的。由于机构具有确定运动的条件是原动件的数目等于机构的自由度数目,因此,从动件系统的自由度应为零,即平面机构从动件系统应满足以下条件:

$$F = 3n - 2P_L - P_H = 0 \quad (2-2)$$

可见,平面机构从动件系统构件数与运动副数应满足一定的关系,下面分别对平面低副机构和平面高副机构进行讨论。

1. 平面低副机构的组成原理

对于平面低副机构,式(2-2)变为

$$F = 3n - 2P_L = 0 \quad 或 \quad n = 2P_L/3 \quad (2-3)$$

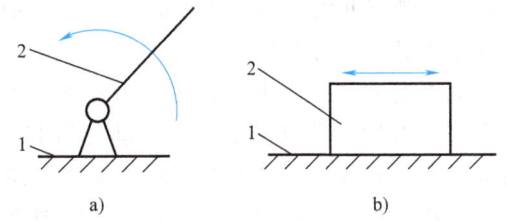

图 2-19 基本机构
1—机架 2—原动件

由于活动构件数 n 和低副数 P_L 都必须是整数,所以根据式(2-3),n 应是 2 的倍数,P_L 应是 3 的倍数,它们的组合有 $n=2$、$P_L=3$,$n=4$、$P_L=6$ 等。由此可见,从动件系统还可分解为若干个更简单的、自由度为零的构件组。这种最简单的、不可再分的、自由度为零的构件组称为基本杆组或阿苏尔杆组。任何平面低副机构都可以看作由若干个基本杆组依次连接于原动件和机架上所组成的系统,这就是平面低副机构的组成原理。

(1)Ⅱ级杆组($n=2$,$P_L=3$) 显然,最简单的基本杆组是由两个构件三个低副组成的杆组,称为双杆组或Ⅱ级杆组。它是应用最广泛的基本杆组。若转动副用 R 表示,移动副用 P 表示,则根据其数目和排列的不同,Ⅱ级杆组可分为图 2-20 所示的五种形式。

(2)Ⅲ级杆组($n=4$,$P_L=6$) 如图 2-21 所示,杆组由四个构件六个低副组成,其特征是具有一个三副构件,称为Ⅲ级杆组。

比Ⅲ级杆组级别更高的杆组(如具有由四个内运动副组成闭廓的杆组称为Ⅳ级杆组)

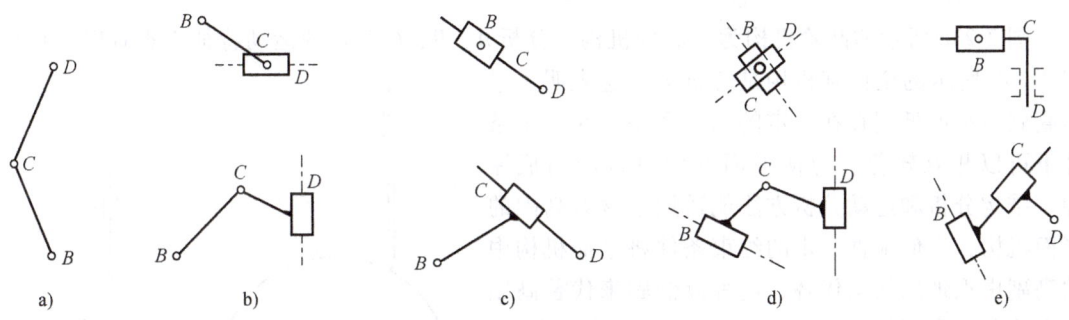

图 2-20 Ⅱ级杆组
a) RRR 型 b) RRP 型 c) RPR 型 d) PRP 型 e) RPP 型

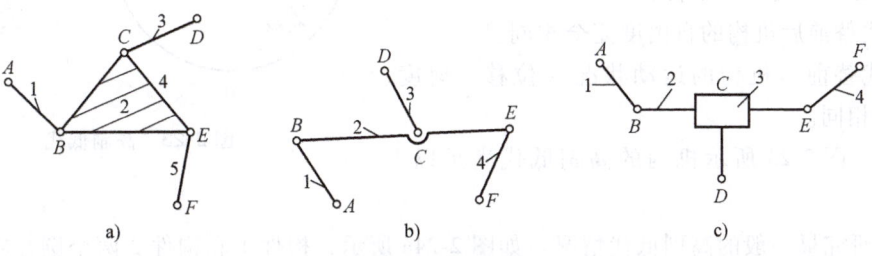

图 2-21 Ⅲ级杆组

比较复杂，在实际机构中应用较少。

（3）机构的级　在同一机构中可包含不同级别的基本杆组，把机构中所包含的基本杆组的最高级数作为机构的级数。如把由最高级别为Ⅱ级基本杆组组成的机构称为Ⅱ级机构；如机构中既有Ⅱ级杆组，又有Ⅲ级杆组，则称其为Ⅲ级机构；而如前所述由原动件和机架组成的基本机构称为Ⅰ级机构。

综上所述，把若干个自由度为零的基本杆组依次连接到原动件和机架上，便可以组成一个新的机构，其自由度数与原动件数目相等。图 2-22 所示为根据机构组成原理组成机构的过程。首先把图 2-22b 所示的Ⅱ级杆组 BCD 通过其外副 B、D 连接到图 2-22a 所示的基本机构上形成四杆机构 ABCD。再把图 2-22c 所示的Ⅲ级杆组通过外副 E、I、J 依次与Ⅱ级杆组及机架连接，组成图 2-22d 所示的八杆机构。根据机构级的定义，该机构为Ⅲ级机构。

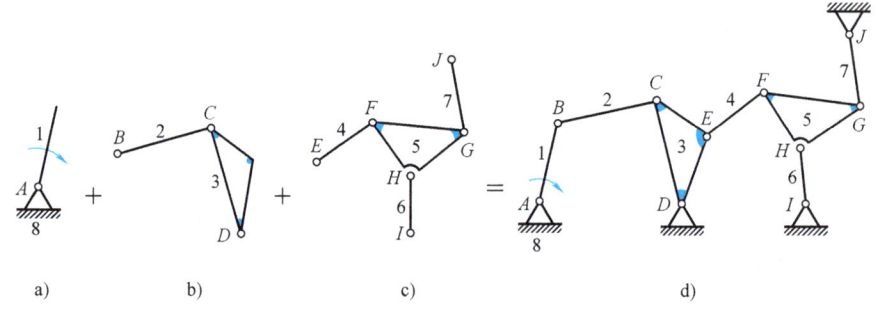

图 2-22　机构的组成原理

2. 平面高副机构的组成原理（平面机构的高副低代）

图 2-23a 所示的凸轮机构为一高副机构，分析 A、B、C 三点的运动特征不难看出，它与图 2-23b 所示的全低副机构是等价的。这表明了平面高副与平面低副存在一定的内在联系，在一定条件下可以相互转化。为使平面低副机构的组成原理、结构分析和运动分析方法能适用于含有高副的平面机构，人们根据一定的约束条件将平面机构中的高副虚拟地用低副代替，这种以低副来代替高副的方法称为高副低代。

高副低代不能改变机构的结构特性及运动特性，因此必须满足以下条件：

1）代替前后机构的自由度完全相同。

2）代替前后机构的运动状况（位移、速度、加速度）相同。

显然，图 2-23 所示机构的高副低代满足以上两个条件。

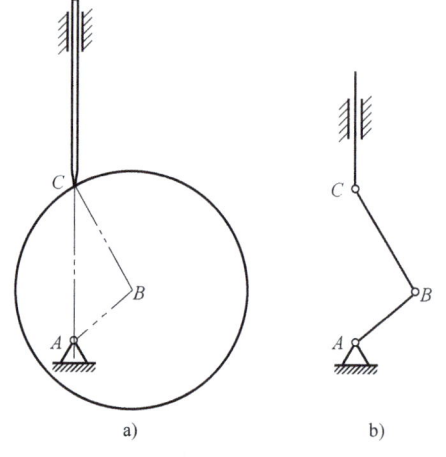

图 2-23　高副低代

现在研究最一般的高副低代情况。如图 2-24a 所示，构件 1 和构件 2 两个圆盘在 C 点构成高副，它们分别绕 A 和 B 转动，两圆盘的圆心分别为 O_1、O_2，半径为 r_1、r_2，当机构运动时，距离 AO_1、O_1O_2、O_2B 均保持不变。因此，可设想在 O_1、O_2 间加入一个虚拟的构件 4，它在 O_1、O_2 处分别与构件 1 和构件 2 构成转动副，形成虚拟的四杆机构，如图 2-24b 所示。用此机构替代原机构，代替后机构中增加了一个构件和两个转动副，相当于引入了一个约束，与原来 C 点处高副所引入的约束数相同，所以替代前后两机构的自由度完全相同。而且替代前后机构中构件 1 和构件 2 之间的相对运动完全一样。也就是说，机构中的高副 C 完全可用构件 4 和位于 O_1、O_2（曲率中心）的两个低副来代替。

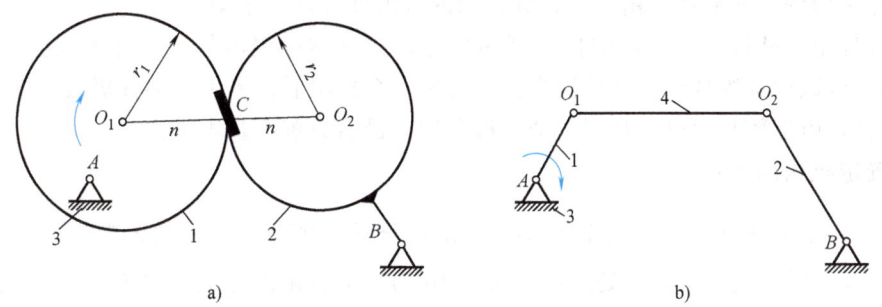

图 2-24 一般高副低代的方法

需要指出的是，当高副元素为非圆曲线时，由于曲线各处曲率中心的位置不同，故在机构运动过程中，随着接触点的改变，曲率中心 O_1、O_2 相对于构件 1、2 的位置及 O_1、O_2 间的距离也会随之改变。因此，对于一般的高副机构，在不同位置有不同的瞬时替代机构，但是替代机构的基本形式是不变的。

综上所述，高副低代的关键是找出构成高副的两轮廓曲线在接触点处的曲率中心，然后用一个构件和位于两个曲率中心的两个转动副来代替该高副。如果两接触轮廓之一为一点（图 2-23a），那么，点的曲率半径等于零，其替代方法如图 2-23b 所示。如果两接触轮廓之一为直线（图 2-25a），则可把直线的曲率中心看成趋于无穷远处，此时，替代转动副演化成移动副，如图 2-25b 所示。

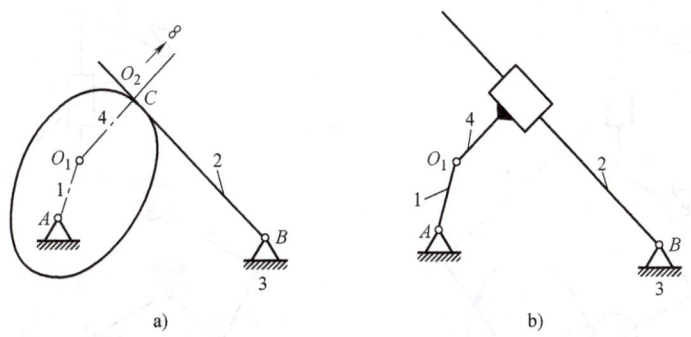

图 2-25 两接触轮廓之一为直线的高副低代方法

根据上述方法将含有高副的平面机构进行低代后，即可将其视为平面低副机构。因此，在研究机构组成原理和后续进行结构分析时，总是将含有高副的平面机构进行高副低代后再研究。

2.4.2 平面机构的结构分析

为了对已有的机构或已设计完毕的机构进行运动分析和力分析，常需要对机构先进行结构分析，机构结构分析就是将已知机构分解为基本机构（原动件和机架）和若干个基本杆组，结构分析的过程与由杆组依次组成机构的过程正好相反。因此，通常也把它称为拆杆组。机构的结构分析一般按以下步骤进行：

1) 除去虚约束和局部自由度，计算机构的自由度并确定原动件。
2) 拆杆组。从远离原动件的构件开始拆分，按基本杆组的特征，首先试拆 II 级杆组，若不可能时再试拆 III 级杆组。必须注意，每拆出一个杆组后，剩下的部分仍然能组成一个完整机构，且自由度数与原机构相同。全部拆分后，最后只剩下基本机构。
3) 确定机构的级别。

例 2-8 试对图 2-26 所示电锯机构进行结构分析，并确定机构的级别。

解 首先对原机构作如下处理：将滚子 10 的局部自由度除去，将 K 处的高副进行低代，得到图 2-26b 所示的机构运动简图。然后进行机构分解：从传动路线上远离原动件 1 的部分开始试拆杆组。依次拆除由构件 6 和构件 8、构件 7 和构件 5、构件 4 和构件 3、构件 2 和构件 11 组成的四个 II 级杆组，最后剩下基本机构（原动件 1 和机架 9），如图 2-26c 所示。此机构为 II 级机构。

有时，同一个机构的原动件改变时，机构的级别有可能改变。如图 2-22 所示的机构，当以构件 1 为原动件时是 III 级机构，而以构件 7 为原动件时则为 II 级机构。

如前所述，通过自由度计算可以判断机构具有确定运动的条件。通过机构结构分析，则能更好地检验机构组成的合理性。对于存在虚约束的机构，通过机构结构分析还可以准确判断虚约束存在的状态。如图 2-18a 所示，高副低代后如图 2-27a 所示，进行结构分析拆分杆组后如图 2-27b 所示。可见经过杆组拆分，剩下的构件 BE 和转动副 B、E 不能构成杆组，且多引进一个约束，再经分析，该约束为虚约束。

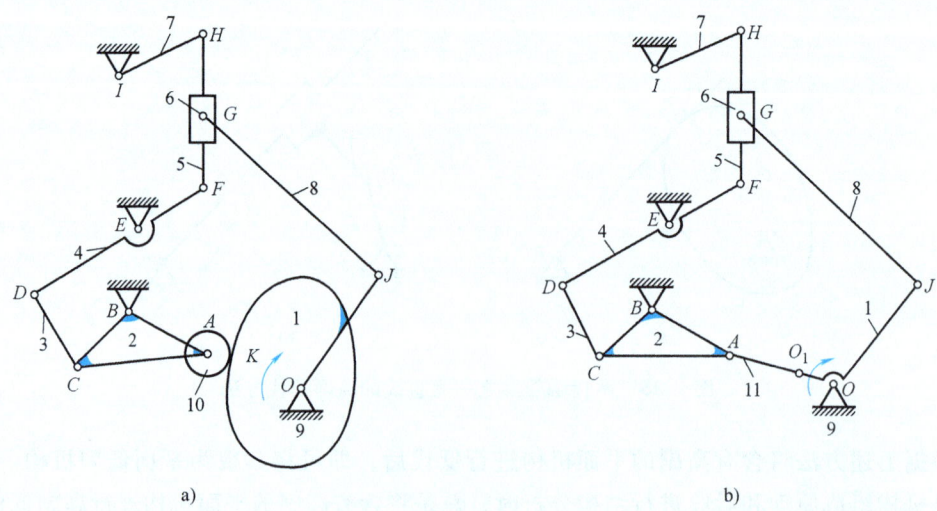

图 2-26 电锯机构结构分析

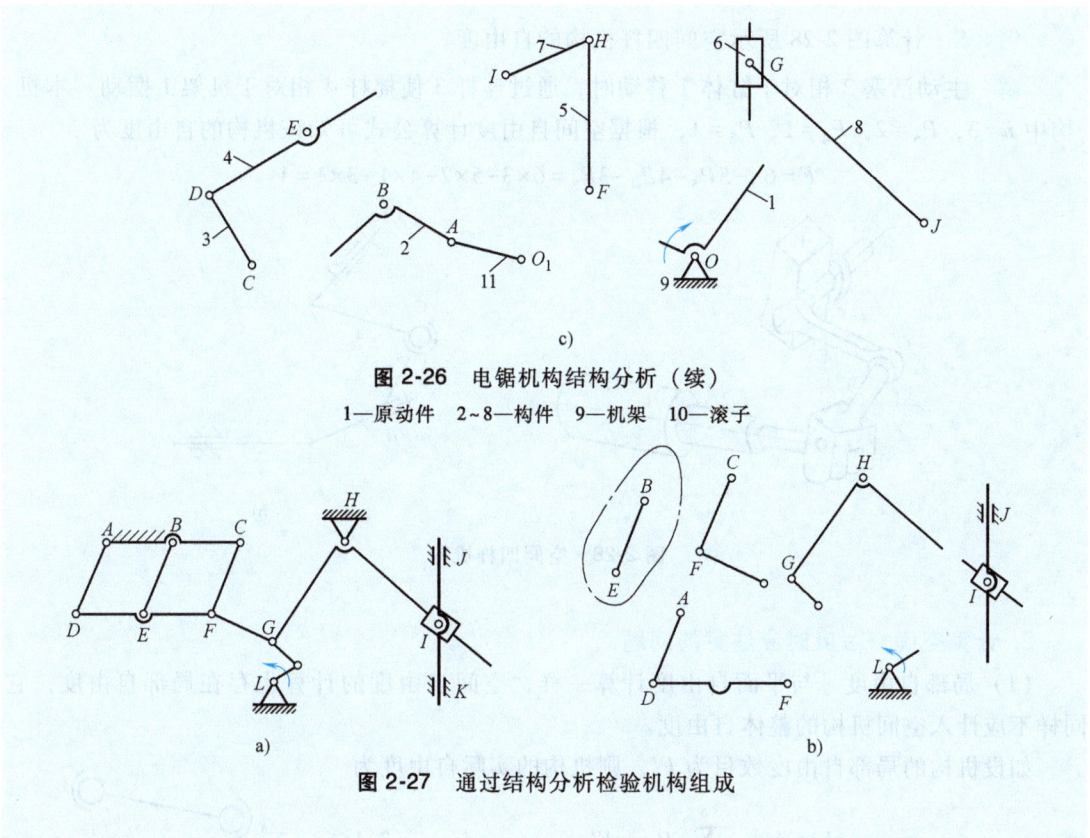

图 2-26 电锯机构结构分析（续）
1—原动件 2~8—构件 9—机架 10—滚子

图 2-27 通过结构分析检验机构组成

2.5 空间机构简介

2.5.1 空间机构自由度简介

一个活动构件在三维空间中具有六个自由度。如前所述，当两个构件组成运动副后，其相对运动便受到约束。根据引入的约束数，运动副可以分为五个级别：引入一个约束的运动副称为一级副，引入两个约束的运动副称为二级副，以此类推，引入五个约束的运动副称为五级副。如图 2-2、图 2-3 所示，球面高副为一级副，柱面副为二级副，球面低副为三级副，球销副、圆柱套筒副、平面高副（齿轮副、凸轮副）为四级副，螺旋副、平面低副（转动副、移动副）为五级副。

2.5.2 空间机构的自由度计算

1. 空间自由度的计算公式

若一空间机构有 n 个活动构件、P_1 个一级副、P_2 个二级副、P_3 个三级副、P_4 个四级副、P_5 个五级副，则可得空间机构的自由度公式为

$$F = 6n - 5P_5 - 4P_4 - 3P_3 - 2P_2 - P_1 = 6n - \sum_{i=1}^{5} iP_i \qquad (2\text{-}4)$$

例 2-9 计算图 2-28 所示空间四杆机构的自由度。

解 主动活塞 2 相对于缸体 1 移动时,通过连杆 3 使摇杆 4 相对于机架 1 摆动。本机构中 $n=3$,$P_5=2$,$P_4=1$,$P_3=1$,根据空间自由度计算公式可知该机构的自由度为

$$F = 6n - 5P_5 - 4P_4 - 3P_3 = 6 \times 3 - 5 \times 2 - 4 \times 1 - 3 \times 1 = 1$$

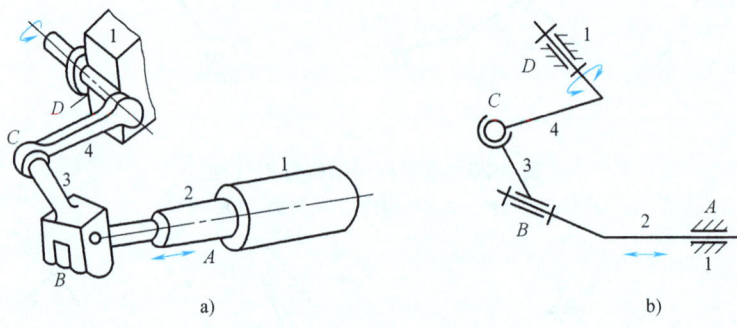

图 2-28 空间四杆机构

2. 计算空间自由度时应注意的问题

(1) 局部自由度 与平面自由度计算一样,空间自由度的计算也存在局部自由度,它同样不应计入空间机构的整体自由度。

如设机构的局部自由度数目为 F',则机构的实际自由度为

$$F = 6n - \sum_{i=1}^{5} iP_i - F' \tag{2-4a}$$

如图 2-29 所示,机构中连杆 2 绕其自身轴线的转动为局部自由度,对输入杆 1 和输出杆 3 间的运动无任何影响,因此该机构的局部自由度 $F'=1$。

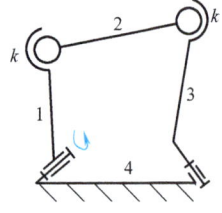

图 2-29 计算实际自由度

已知该机构:$n=3$,$P_5=2$,$P_3=2$,$F'=1$,则

$$F = 6n - \sum_{i=1}^{5} iP_i - F' = 6 \times 3 - 5 \times 2 - 3 \times 2 - 1 = 1$$

(2) 公共约束 在机构中,由于运动副的组合和装配,使得机构中所有构件同时受到某些约束而共同丧失了某些独立运动的可能性,这种约束称为公共约束。

对于具有 M 个公共约束的机构,其中任一活动构件只具有 $6-M$ 个自由度;各种运动副,它们除了运动副本身具有的约束外,还应减去公共约束,因此具有公共约束的空间机构的自由度计算公式为

$$F = (6-M)n - \sum_{i=M+1}^{5} (i-M)P_i \tag{2-4b}$$

对于平面机构来说,所有构件都失去了三个自由度,即 $M=3$,所以平面机构自由度的计算公式为

$$F = (6-3)n - (5-3)P_5 - (4-3)P_4 = 3n - 2P_5 - P_4$$

2.6 工业机器人机构

工业机器人机构一般为开式链机构。开式链机构要成为有确定运动的机构常需要更多的原动机。开式链机构末端构件的运动与闭式链机构中任意构件的运动相比,更为任意和复杂多样。

一个较完善的工业机器人,一般由操作机、驱动系统、控制系统及人工智能系统等部分组成。

操作机为工业机器人完成作业的执行机构,它具有和手臂相似的动作功能,是可在空间抓放物体或进行其他操作的机械装置。操作机包括机座、立柱、手臂、手腕和手部等部分。有时为了增加工业机器人的工作空间,在机座处装有行走机构。

操作机按坐标形式分为以下几类:

(1) 直角坐标型工业机器人 如图 2-30a 所示,其运动部分由三个相互垂直的直线移动(即三个移动副)组成,其工作空间图形为长方体。

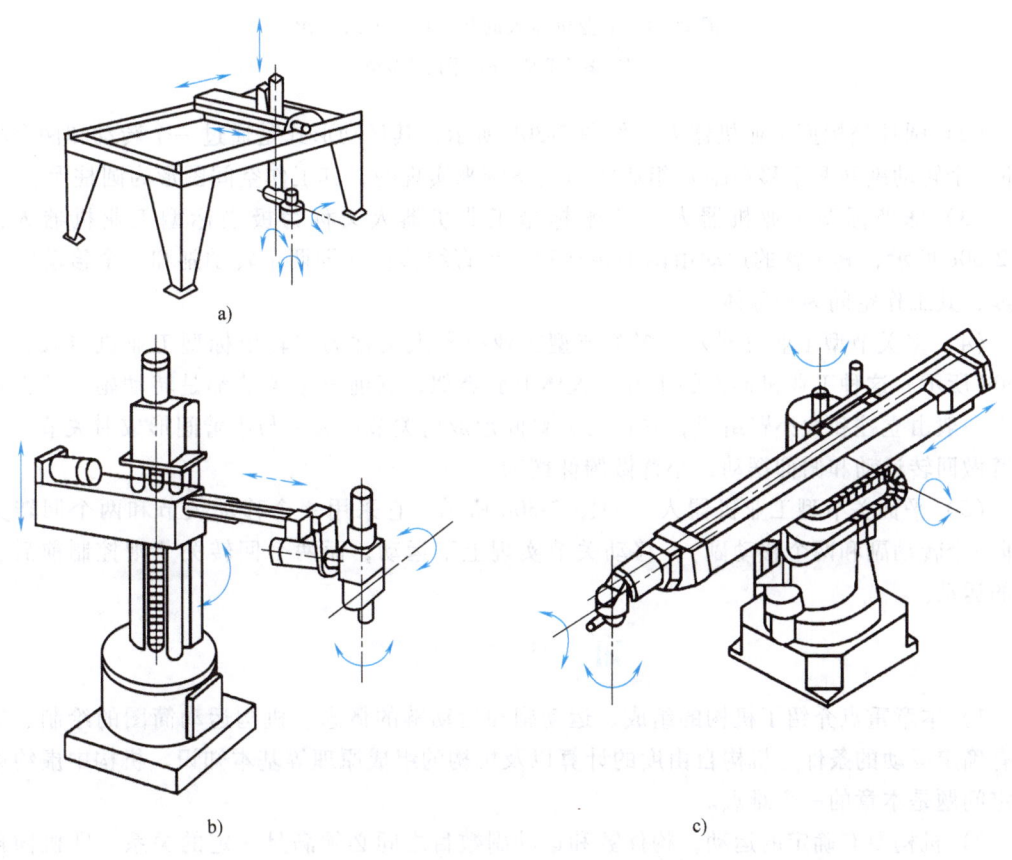

图 2-30 工业机器人的基本结构形式
a) 直角坐标型 b) 圆柱坐标型 c) 球坐标型

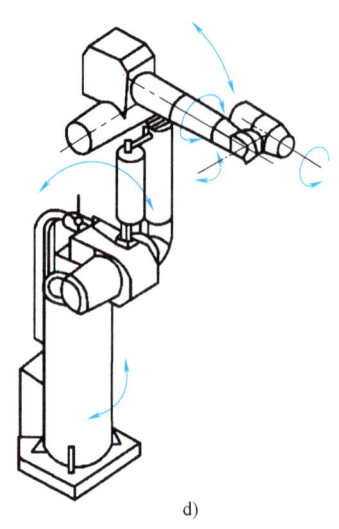 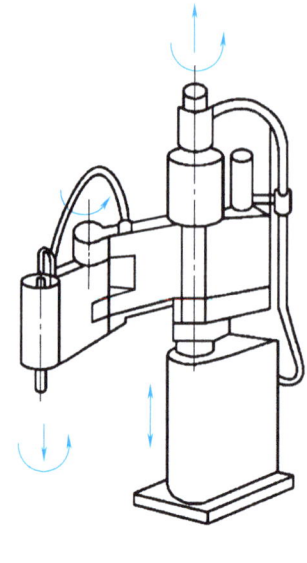

图 2-30 工业机器人的基本结构形式（续）

d）多关节型　e）平面关节型

（2）圆柱坐标型工业机器人　如图 2-30b 所示，其运动形式是通过一个转动和两个移动（即一个转动副和两个移动副）组成的运动系统来实现的，其工作空间图形为圆柱形。

（3）球坐标型工业机器人　球坐标型工业机器人又称为极坐标型工业机器人，如图 2-30c 所示，其手臂的运动由两个转动和一个直线移动（即两个转动副和一个移动副）所组成，其工作空间为一球体。

（4）多关节型工业机器人　多关节型工业机器人又称为回转坐标型工业机器人，如图 2-30d 所示，这种工业机器人的手臂与人体上肢类似，其前三个关节都是转动副。该工业机器人一般由立柱和大小臂组成，立柱与大臂间形成肩关节，大臂与小臂间形成肘关节，可使大臂做回转运动和俯仰摆动，小臂做俯仰摆动。

（5）平面关节型工业机器人　如图 2-30e 所示，它采用一个移动关节和两个回转关节（即一个转动副和两个移动副），移动关节实现上下运动，而两个回转关节则控制前后、左右的运动。

知识要点与拓展

1）本章重点介绍了机构的组成、运动副和运动链的概念、机构运动简图的绘制、机构具有确定运动的条件、机构自由度的计算以及机构的组成原理等基本知识。机构中虚约束的判定问题是本章的一个难点。

2）机构要有确定的运动，构件数和运动副数目之间必须满足一定的关系，即机构自由度计算公式。根据该公式可知，运动副数目和构件数有多种组合都可以满足给定的机构自由度，使得机构设计具有多种方案可供选择，所以机构自由度计算公式又称为机构的组成公式。把一定数量的构件和运动副进行排列搭配以组成机构的过程，称为机构的类型综合。参考文献［9］以平面低副机构为例，介绍了单自由度机构的类型综合和平面杆组的类型综合问题，可供读者参考。

3）对空间机构的自由度，限于篇幅没有展开讨论。希望在这方面进行深入研究的读者可参阅参考文献［8］，书中从研究空间开式运动链的自由度公式及末杆自由度分析入手，推导了空间单封闭形机构和多封闭形机构的自由度公式，并介绍了其计算方法及注意事项，还介绍了空间封闭形机构的组成原理。

思考题及习题

2-1 什么是构件？构件与零件有什么区别？

2-2 什么是运动副？运动副有哪些常用类型？

2-3 什么是自由度？什么是约束？自由度、约束、运动副之间存在什么关系？

2-4 什么是运动链？什么是机构？机构具有确定运动的条件是什么？当机构的原动件数少于或多于机构的自由度时，机构的运动将发生什么情况？

2-5 机构运动简图有何用处？它能表示出原机构哪些方面的特征？如何绘制机构运动简图？

2-6 在计算机构的自由度时，应注意哪些事项？

2-7 何谓机构的组成原理？何谓基本杆组？它具有什么特性？如何确定基本杆组的级别及机构的级别？Ⅱ级杆组有哪几种形式？

2-8 为何要对平面机构进行"高副低代"？"高副低代"应满足什么条件？

2-9 试绘出图2-31所示机构的运动简图，并计算其自由度。

图2-31a所示为一偏心液压泵，偏心轮1绕固定轴心A转动，外环2上的叶片在可绕轴心C转动的圆柱3中滑动。当偏心轮1按图示方向连续回转时，可将右侧输入的油液由左侧泵出。

图2-31b所示为一简易压力机的初拟设计方案。设计者的思路是：动力由齿轮1输入，使轴A连续回转；而固装在轴A上的凸轮2与杠杆3组成的凸轮机构将使冲头4上下运动以达到冲压的目的。试绘出其机构运动简图，分析其是否能实现设计意图？并提出修改方案。

图2-31c所示为一具有急回作用的压力机。绕固定轴心A转动的菱形盘1为原动件，它与滑块2在B点铰接，通过滑块2推动拨叉3绕固定轴心C转动，而拨叉3与圆盘4为同一构件，当圆盘4转动时，通过连杆5使冲头6实现冲压运动。

图2-31d所示为一小型压力机。齿轮1与偏心轮$1'$为同一构件，绕固定轴心O连续转动。在齿轮5上开有凸轮凹槽，摆杆4上的滚子6嵌在凹槽中，从而使摆杆4绕C轴上下摆动。同时又通过偏心轮$1'$、连

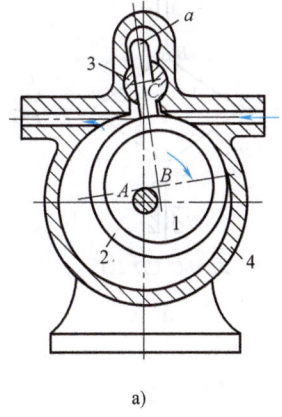

a)

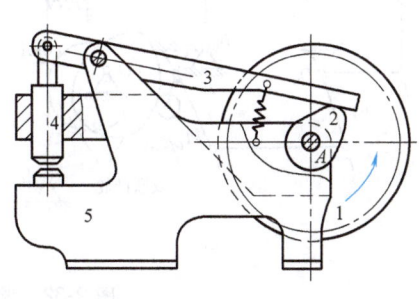

b)

图2-31 题2-9图

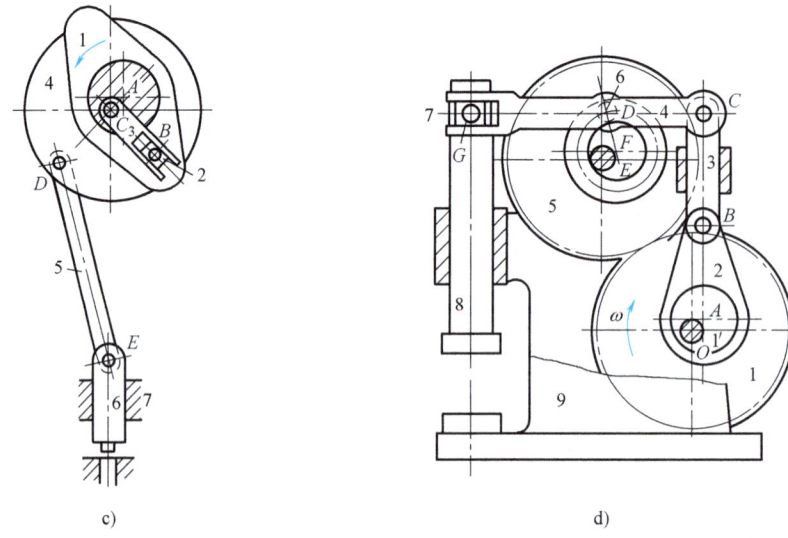

c)   d)

图 2-31 题 2-9 图（续）

杆 2、滑杆 3 使 C 轴上下移动。最后通过在摆杆 4 的叉槽中的滑块 7 和铰链 G 使冲头 8 实现冲压运动。

2-10 计算图 2-32 所示各机构自由度，指出其中是否含有复合铰链、局部自由度或虚约束，并说明计算自由度时应作何处理。

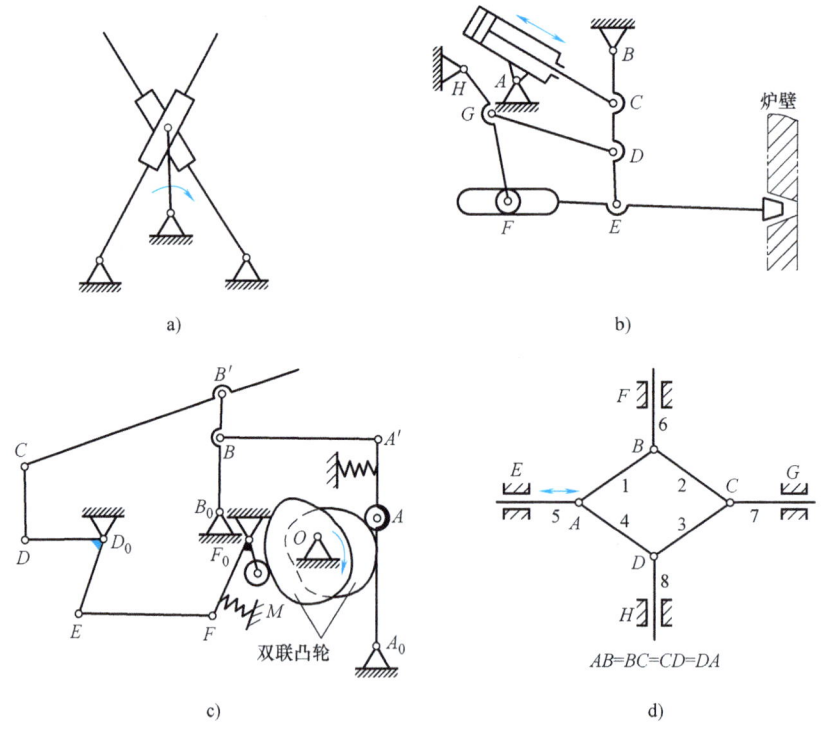

图 2-32 题 2-10 图

2-11 计算图 2-33 所示各机构的自由度，并在高副低代后进行结构分析。

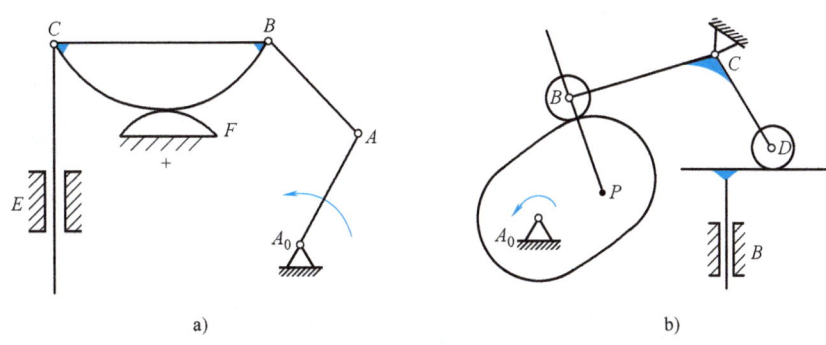

图 2-33 题 2-11 图

2-12 对图 2-34 所示各机构进行结构分析，说明其组成原理，并判断机构的级别和所含杆组的数目。对于图 2-34b 所示机构，当分别以构件 1、3、7 作为原动件时，机构的级别会有何变化？

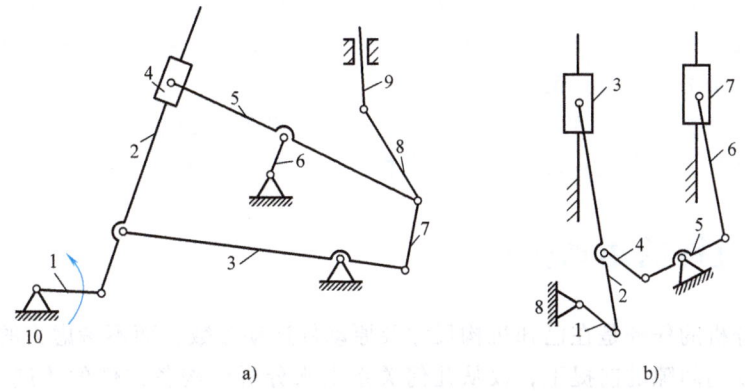

图 2-34 题 2-12 图

第3章

平面机构的性能分析

组成的机构是否满足了给定的位移、速度、加速度等运动参数的要求。

在方案设计之后的技术设计阶段，在计算构件强度、确定构件结构尺寸时，需要知道运动副处的约束反力；在已知工作载荷要确定原动功率或已知原动功率来确定可能承受的最大载荷时，都需要知道机构的平衡力。

因为摩擦的存在，机器运转时将会产生功率损失甚至是自锁等现象。

这些运动参数、力参数反映了机构的基本性能，那么应如何分析呢？

3.1 平面机构的运动分析

机构运动分析的任务是在已知机构尺寸及原动件运动参数，而不考虑力的作用、构件的弹性变形及运动副间隙的前提下，仅从几何关系上来分析机构各构件的轨迹、位移、速度、加速度和构件的角位移、角速度、角加速度。

运动分析的目的是为研究机械运动性能和动力性能提供必要的依据，是了解、剖析现有机械，优化、综合新机械的重要内容。

机构运动分析的方法主要有图解法和解析法。图解法的主要特点是形象直观，当仅需要了解平面机构的某几个位置的运动特性时，图解法简单方便，但精度较低。解析法计算精度较高，不仅可方便地对机械进行一个循环过程的研究，而且还便于把机构分析和机构综合问题联系起来，以寻求最优方案。当然，用解析法建立数学模型较繁杂、计算量较大，不过随着计算机的普及，解析法已得到广泛应用。

3.1.1 瞬心法及其应用

机构速度分析的图解法包括瞬心法和矢量方程图解法两种。对于仅需作速度分析的简单机构，采用瞬心法往往显得简单方便。

1. 速度瞬心及其瞬心位置的确定

对于图3-1所示的机构，由理论力学可知，当两构件1、2做平面相对运动时，在任一瞬时都可以认为它们是绕某一重合点做相对转动，该重合点即称为速度瞬心，简称瞬心。由此可知，瞬心是做平面相对运动的两构件相对速度为零的重合点，或做平面相对运动的两构件等速重合点。若该点速度为零，则为绝对瞬心；若该点速度不为零，则为相对瞬心。通常

用 P_{ij} 来表示构件 i、j 间的瞬心。

由于每两个构件之间有一个瞬心,根据排列组合原理,由 n 个构件组成的机构,其总瞬心数 N 为

$$N = n(n-1)/2 \quad (3-1)$$

也可以用瞬心多边形来确定。

瞬心的确定通常有两种方法:

(1) 根据瞬心定义直接确定 对于直接通过运动副连接的两构件的瞬心,根据瞬心定义可以直接观察得到。如图 3-2 所示,以转动副连接的两构件的瞬心就在转动副的中心(图 3-2a);以移动副相连的两构件间的瞬心位于垂直于导路方向的无穷远处(图 3-2b);当两构件以高副接触且做无滑动的纯滚动时,瞬心就在接触点处(图 3-2c);当高副两元素间有相对滑动时,瞬心则在高副接触点的法线上(图 3-2d)。

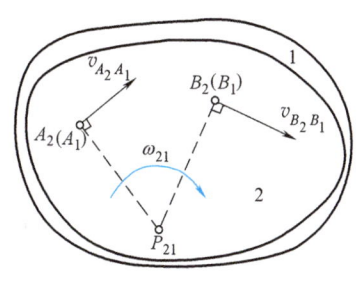

图 3-1 瞬心定义

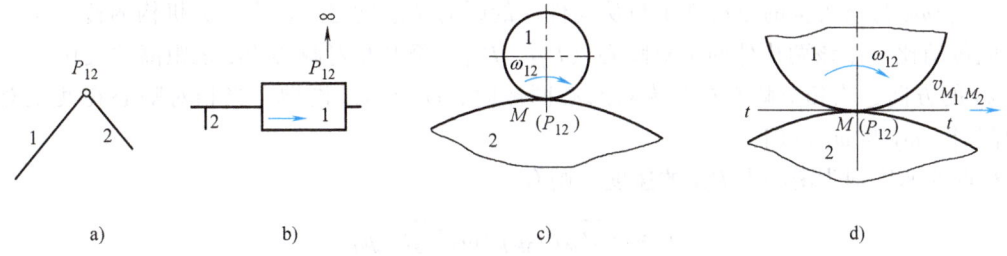

图 3-2 直接通过运动副连接的两构件的瞬心位置

(2) 三心定理法 对于不直接通过运动副连接的两构件间的瞬心,可借助三心定理来确定。三心定理为:做平面运动的三构件共有三个瞬心,它们位于同一直线上。现证明如下:

如图 3-3 所示,设构件 1、2、3 彼此作平面相对运动,根据式 (3-1),它共有三个瞬心,其中 P_{12} 和 P_{13} 就在转动副的中心,而 P_{23} 必定在 P_{12} 和 P_{13} 的连线上,只有这样才符合等速重合点的瞬心定义,而在其他位置可以保证速度的大小相等,但方向不可能相同,如图中的 v_{C_2} 和 v_{C_3}。

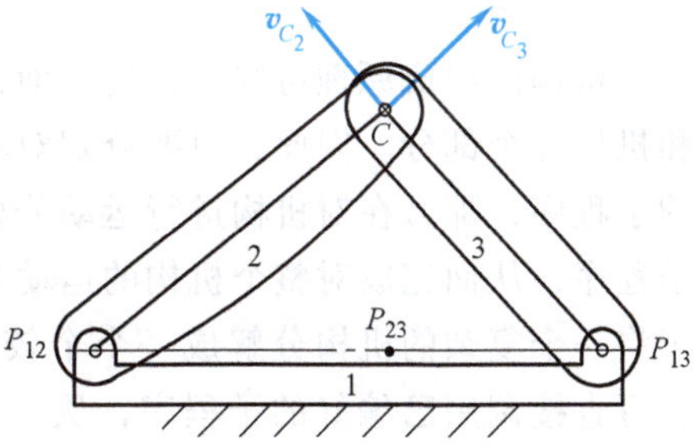

2. 利用速度瞬心法进行机构的速度分析

利用瞬心法进行速度分析,可以求出两构件的角速度、角速度比及构件上某点的线速度。

图 3-3 三心定理

在图 3-4 所示的平面四杆机构中,设各杆的尺寸均已知,原动件 1 以角速度 ω_1 等速回转,求杆 3 和杆 2 的角速度 ω_3、ω_2 及 C 点的速度 v_C 等。

如图 3-4 所示,先按一定比例作机构简图并求出各瞬心。因为 P_{13} 为构件 1 和构件 3 的等速重合点,故得

$$\omega_1 \overline{P_{13}P_{14}} \mu_l = \omega_3 \overline{P_{13}P_{34}} \mu_l$$

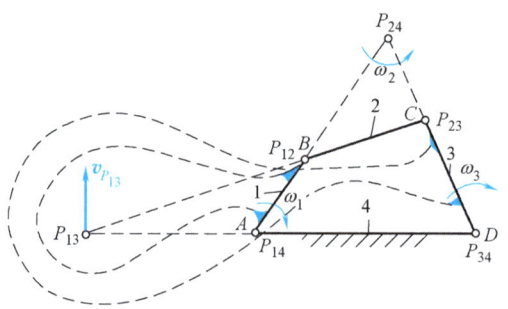

图 3-4 用瞬心法分析铰链四杆机构

式中，μ_l 为构件长度比例尺。

则 $$\omega_3 = \omega_1 \overline{P_{13}P_{14}} / \overline{P_{13}P_{34}} \quad 或 \quad \omega_1/\omega_3 = \overline{P_{13}P_{34}} / \overline{P_{13}P_{14}}$$

式中，ω_1/ω_3 为该机构的原动件 1 与从动件 3 的瞬时角速度之比，常称为机构的传动比。

此传动比等于该两构件的绝对瞬心（P_{14}、P_{34}）至其相对瞬心 P_{13} 之距离的反比。

ω_3 的方向：当相对瞬心在两绝对瞬心同侧时，ω_3 与 ω_1 同向；当相对瞬心在两绝对瞬心中间时，ω_3 与 ω_1 反向。

C 点的速度即为瞬心点 P_{23} 的速度，则有

$$v_C = \omega_2 \overline{P_{24}P_{23}} \mu_l = \omega_3 \overline{P_{23}P_{34}} \mu_l$$
$$\omega_2 = v_C / (\overline{P_{24}P_{23}} \mu_l) = v_B / (\overline{P_{24}P_{12}} \mu_l)$$

方向由 v_C 或 v_B 确定。

3.1.2 杆组法及其应用

1. 杆组法

由机构的组成原理可知，任何平面机构都可以分解为若干个基本杆组、单杆构件的原动件和机架三个部分。因此，只要分别对单杆构件和常见的基本杆组进行运动分析并编制成相应的子程序，那么在对机构进行运动分析时，就可以根据机构组成的不同结构，依次调用这些子程序，从而完成对整个机构的运动分析。这就是杆组法的基本思路。该方法的主要特点在于将一个复杂的机构分解成一个个较简单的基本杆组，在用计算机对机构进行运动分析时，可直接调用已编好的子程序，从而大大简化了主程序的编写。

Ⅱ级机构是工程实际中最常使用的机构，它由一个或多个Ⅱ级杆组分别连接于原动件和机架上所组成，最常见的Ⅱ级杆组有三种形式，如图 3-5 所示。

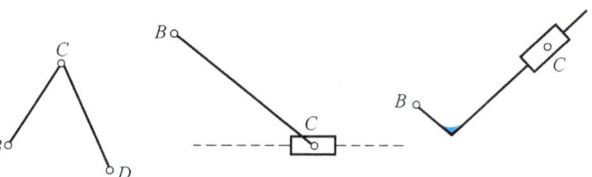

图 3-5 常见的Ⅱ级杆组

2. 刚体和Ⅱ级杆组的运动分析

下面介绍单杆构件和三种常见Ⅱ级杆组运动分析的方法及其子程序编写和调用时应注意

的问题,并通过实例说明多杆机构运动分析的方法和步骤。

(1) 单杆构件的运动分析 如图 3-6 所示的单杆构件,已知其上 A、B 两点间的距离 l,A 点的位置坐标 x_A、y_A,速度 v_A,加速度 a_A,构件的角位置 φ、角速度 ω 和角加速度 ε,求构件上另一点 B 的位置坐标 x_B、y_B,速度 v_B 和加速度 a_B。

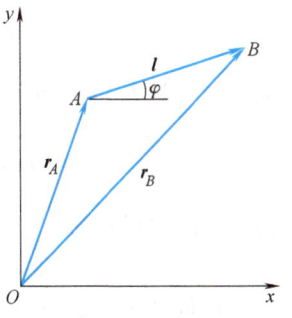

图 3-6 单杆构件的分析

1) 位置分析。如图 3-6 所示,构件上点 A、B 的位置分别用矢量 $\boldsymbol{r}_A$、$\boldsymbol{r}_B$ 表示,用矢量 $\boldsymbol{l}$ 连接已知点 A 和待求点 B,可得点 B 的位置矢量方程为

$$\boldsymbol{r}_A + \boldsymbol{r}_B = \boldsymbol{l}$$

将上式在 x 轴、y 轴投影得

$$\left. \begin{array}{l} x_B = x_A + l\cos\varphi \\ y_B = y_A + l\sin\varphi \end{array} \right\} \tag{3-2}$$

2) 速度分析。将式 (3-2) 对时间求导,得速度方程为

$$\left. \begin{array}{l} v_{Bx} = x'_B = x'_A - l\varphi'\sin\varphi = v_{Ax} - l\omega\sin\varphi = v_{Ax} - \omega(y_B - y_A) \\ v_{By} = y'_B = y'_A + l\varphi'\cos\varphi = v_{Ay} + l\omega\cos\varphi = v_{Ay} + \omega(x_B - x_A) \end{array} \right\} \tag{3-3}$$

3) 加速度分析。再将式 (3-3) 对时间求导,即得加速度方程为

$$\left. \begin{array}{l} a_{Bx} = x''_B = x''_A - l(\varphi')^2\cos\varphi - l\varphi''\sin\varphi \\ \quad = a_{Ax} - \omega^2 l\cos\varphi - \varepsilon l\sin\varphi = a_{Ax} - \omega^2(x_B - x_A) - \varepsilon(y_B - y_A) \\ a_{By} = y''_B = y''_A - l(\varphi')^2\sin\varphi + l\varphi''\cos\varphi \\ \quad = a_{Ay} - \omega^2 l\sin\varphi + \varepsilon l\cos\varphi = a_{Ay} - \omega^2(y_B - y_A) + \varepsilon(x_B - x_A) \end{array} \right\} \tag{3-4}$$

对于做定轴转动的曲柄,此时 A 点固定不动,则速度 v_A 和加速度 a_A 均为零,故其上点 B 的位置、速度和加速度方程为

$$\left. \begin{array}{l} x_B = x_A + l\cos\varphi \\ y_B = y_A + l\sin\varphi \end{array} \right\} \tag{3-5}$$

$$\left. \begin{array}{l} v_{Bx} = -l\omega\sin\varphi \\ v_{By} = l\omega\cos\varphi \end{array} \right\} \tag{3-6}$$

$$\left. \begin{array}{l} a_{Bx} = -\omega^2 l\cos\varphi - \varepsilon l\sin\varphi \\ a_{By} = -\omega^2 l\sin\varphi + \varepsilon l\cos\varphi \end{array} \right\} \tag{3-7}$$

(2) RRR Ⅱ 级杆组的运动分析 如图 3-7 所示的 RRR Ⅱ 级杆组,它由三个转动副组成。已知杆组两外副 B、D 的位置坐标 x_B、y_B、x_D、y_D,速度 $\boldsymbol{v}_B$、$\boldsymbol{v}_D$,加速度 $\boldsymbol{a}_B$、$\boldsymbol{a}_D$,杆长 l_2、l_3,求构件 2 和 3 的角位置 φ_2、φ_3,角速度 ω_2、ω_3,角加速度 ε_2、ε_3,以及其内副 C 的坐标 x_C、y_C,速度 $\boldsymbol{v}_C$,加速度 $\boldsymbol{a}_C$。

1) 位置分析。由图 3-7 所示的杆组杆长关系可知,该 Ⅱ 级杆组的装配条件为 $d \leq (l_2 + l_3)$ 和 $d \geq |l_2 - l_3|$。若不满足此装配条件,则该 Ⅱ 级杆组不能成立。因此,在对该 Ⅱ 级杆组进行运动分析时,应首先由已知条件计算 d 值,即

$$d = \sqrt{(x_D - x_B)^2 + (y_D - y_B)^2} \tag{3-8}$$

若计算出的 d 值不满足上述装配条件,则应退出程序。

若矢量 d 与 x 轴的夹角为

$$\delta = \arctan \frac{y_D - y_B}{x_D - x_B} \quad (3\text{-}9)$$

矢量 d 与矢量 l_2 的夹角为

$$\gamma = \arccos \frac{d^2 + l_2^2 - l_3^2}{2dl_2} \quad (3\text{-}10)$$

则构件 2 的位置角为

$$\varphi_2 = \delta \pm \gamma \quad (3\text{-}11)$$

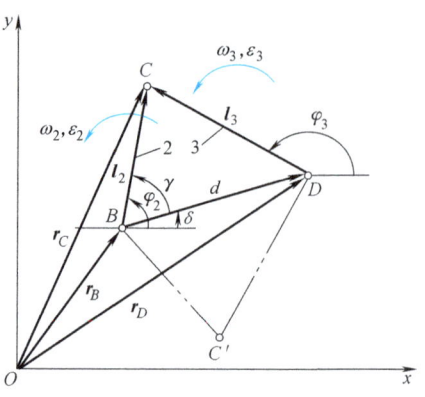

图 3-7 RRR Ⅱ 级杆组的运动分析

式中的正负号表明 φ_2 有两个解，它们分别对应于图中的实线位置 BCD 和虚线位置 $BC'D$。由图中可以看出，当Ⅱ级杆组处于图中实线位置 BCD 时，角 γ 是由矢量 d 沿逆时针方向转到矢量 l_2 的，故 γ 前应取正号；当Ⅱ级杆组处于图中虚线位置 $BC'D$ 时，角 γ 是由矢量 d 沿顺时针方向转到矢量 l_2 的，故 γ 前应取负号。一般情况下，当机构的初始位置确定后，由运动连续条件可知，机构在整个运动循环中 γ 角的方向是不变的，因此在编写该Ⅱ级杆组运动分析子程序时，可将式 (3-11) 写成

$$\varphi_2 = \delta + M\gamma \quad (3\text{-}12)$$

式中，M 为位置模式系数。

在调用该子程序时，应预先根据机构的初始位置确定装配形式，将 M 赋以 +1 或 -1。

求得 φ_2 后，即可根据已知条件确定 C 点的位置方程

$$\left.\begin{array}{l} x_C = x_B + l_2 \cos\varphi_2 \\ y_C = y_B + l_2 \sin\varphi_2 \end{array}\right\} \quad (3\text{-}13)$$

而构件 3 的位置角为

$$\varphi_3 = \arctan \frac{y_C - y_D}{x_C - x_D} \quad (3\text{-}14)$$

2) 速度分析。由图 3-7 可知

$$\boldsymbol{r}_C = \boldsymbol{r}_B + \boldsymbol{l}_2 = \boldsymbol{r}_D + \boldsymbol{l}_3 \quad (3\text{-}15)$$

将其在 x 轴、y 轴投影得

$$\left.\begin{array}{l} x_B + l_2 \cos\varphi_2 = x_D + l_3 \cos\varphi_3 \\ y_B + l_2 \sin\varphi_2 = y_D + l_3 \sin\varphi_3 \end{array}\right\} \quad (3\text{-}16)$$

将式 (3-16) 对时间求导为

$$\left.\begin{array}{l} x'_B - l_2 \varphi'_2 \sin\varphi_2 = x'_D - l_3 \varphi'_3 \sin\varphi_3 \\ y'_B + l_2 \varphi'_2 \cos\varphi_2 = y'_D + l_3 \varphi'_3 \cos\varphi_3 \end{array}\right\}$$

即

$$\left.\begin{array}{l} v_{Bx} - l_2 \omega_2 \sin\varphi_2 = v_{Dx} - l_3 \omega_3 \sin\varphi_3 \\ v_{By} + l_2 \omega_2 \cos\varphi_2 = v_{Dy} + l_3 \omega_3 \cos\varphi_3 \end{array}\right\} \quad (3\text{-}17)$$

第3章 平面机构的性能分析

用

$$\left.\begin{array}{l}l_2\sin\varphi_2=y_C-y_B\\ l_2\cos\varphi_2=x_C-x_B\\ l_3\sin\varphi_3=y_C-y_D\\ l_3\cos\varphi_3=x_C-x_D\end{array}\right\} \quad (3\text{-}18)$$

代入式（3-17）得

$$\left.\begin{array}{l}-\omega_2(y_C-y_B)+\omega_3(y_C-y_D)=v_{Dx}-v_{Bx}\\ \omega_2(x_C-x_B)-\omega_3(x_C-x_D)=v_{Dy}-v_{By}\end{array}\right\} \quad (3\text{-}19)$$

解此方程组得

$$\left.\begin{array}{l}\omega_2=\dfrac{(v_{Dx}-v_{Bx})(x_C-x_D)+(v_{Dy}-v_{By})(y_C-y_D)}{(y_C-y_D)(x_C-x_B)-(y_C-y_B)(x_C-x_D)}\\ \omega_3=\dfrac{(v_{Dx}-v_{Bx})(x_C-x_B)+(v_{Dy}-v_{By})(y_C-y_B)}{(y_C-y_D)(x_C-x_B)-(y_C-y_B)(x_C-x_D)}\end{array}\right\} \quad (3\text{-}20)$$

由于 B、C 同为构件 2 上的两点，故在求得 ω_2 的情况下，C 点的速度可由式（3-3）求得，即

$$\left.\begin{array}{l}v_{Cx}=v_{Bx}-\omega_2(y_C-y_B)\\ v_{Cy}=v_{Bx}+\omega_2(x_C-x_B)\end{array}\right\} \quad (3\text{-}21)$$

3）加速度分析。将式（3-17）对时间求导，并用式（3-18）代入，整理后可得

$$-\varepsilon_2(y_C-y_B)+\varepsilon_3(y_C-y_D)=E$$
$$\varepsilon_2(x_C-x_B)-\varepsilon_3(x_C-x_D)=F$$

式中

$$E=a_{Dx}-a_{Bx}+\omega_2^2(x_C-x_B)-\omega_3^2(x_C-x_D)$$
$$F=a_{Dy}-a_{By}+\omega_2^2(y_C-y_B)-\omega_3^2(y_C-y_D)$$

解上述方程组可得

$$\left.\begin{array}{l}\varepsilon_2=\dfrac{E(x_C-x_D)+F(y_C-y_D)}{(x_C-x_B)(y_C-y_D)-(x_C-x_D)(y_C-y_B)}\\ \varepsilon_3=\dfrac{E(x_C-x_B)+F(y_C-y_B)}{(x_C-x_B)(y_C-y_D)-(x_C-x_D)(y_C-y_B)}\end{array}\right\} \quad (3\text{-}22)$$

由于 B、C 同为构件 2 上的两点，故在求得 ε_2 后，C 点的加速度可由式（3-4）求得，即

$$\left.\begin{array}{l}a_{Cx}=a_{Bx}-\omega_2^2(x_C-x_B)-\varepsilon_2(y_C-y_B)\\ a_{Cy}=a_{By}-\omega_2^2(y_C-y_B)+\varepsilon_2(x_C-x_B)\end{array}\right\} \quad (3\text{-}23)$$

（3）RRP Ⅱ 级杆组的运动分析　RRP Ⅱ 级杆组如图 3-8 所示，它由两个转动副和一个移动副组成，其中转动副 C 为内副。

已知构件 2 的长度 l_2，外副 B 的位置坐标 x_B、y_B，速度 $\boldsymbol{v}_B$，加速度 $\boldsymbol{a}_B$，及移动副导路上的参考点 P 的位置坐标 x_P、y_P，速度 $\boldsymbol{v}_P$，加速度 $\boldsymbol{a}_P$ 和滑块 3 的位置角 φ_3（矢量 $\boldsymbol{S}_r$ 的正方向与 x 轴正方向的夹角，逆时针为正），角速度 ω_3，角加速度 ε_3。求构件 2 的位置角 φ_2，

角速度 ω_2，角加速度 ε_2，内副 C 的位置坐标 x_C、y_C、速度 v_C、加速度 a_C，及滑块3上 C 点相对于导路上的参考点 P 的位移 S_r、速度 v_r 和加速度 a_r。

1）位置分析。由图3-8可知，内副 C 的位置矢量为

$$r_C = r_B + l_2 = r_P + S_r \quad (3-24)$$

将其在 x 轴、y 轴上投影得

$$\left. \begin{array}{l} x_B + l_2\cos\varphi_2 = x_P + S_r\cos\varphi_3 \\ y_B + l_2\sin\varphi_2 = y_P + S_r\sin\varphi_3 \end{array} \right\} \quad (3-25)$$

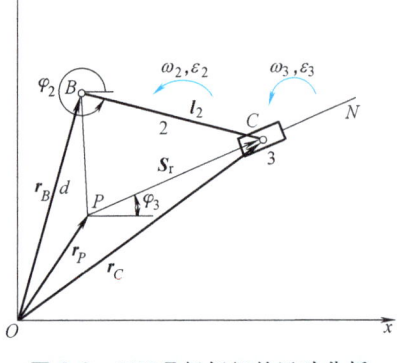

图 3-8 RRP Ⅱ级杆组的运动分析

整理后可得

$$S_r^2 + ES_r + F = 0 \quad (3-26)$$

式中

$$E = 2[(x_P - x_B)\cos\varphi_3 + (y_P - y_B)\sin\varphi_3]$$

$$F = (x_P - x_B)^2 + (y_P - y_B)^2 - l_2^2 = d^2 - l_2^2$$

求解式（3-26）得

$$S_r = \frac{\left| -E \pm \sqrt{E^2 - 4F} \right|}{2} \quad (3-27)$$

式中，若 $E^2 < 4F$，则表示以 B 为圆心，以 l_2 为半径的圆弧与导路无交点，即此时该Ⅱ级杆组无法装配，在编程时若出现这种情况，则应退出程序；若 $E^2 = 4F$，则表示上述圆弧与导路相切，此时根号前的正负号无实际意义，S_r 有唯一解；若 $E^2 > 4F$，它表示上述圆弧与导路相交，此时根号前的正负号可按以下两种情况来判断：

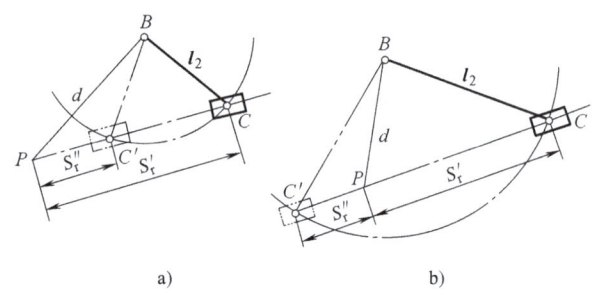

图 3-9 RRP Ⅱ级杆组的装配形式分析

① 若 $l_2 < d$，上述圆弧与导路的两个交点 C 和 C' 如图3-9a所示，即该双杆组有两种装配形式，它们分别对应于 S_r 的两个解 S_r' 和 S_r''。当装配形式为图3-9a中的实线位置时，式（3-27）中根号前取正号（注意，此时 $\angle BCP < 90°$）；当装配形式为图3-9a中的双点画线位置时，式（3-27）中根号前取负号（此时 $\angle BC'P > 90°$）。

② 若 $l_2 > d$，上述圆弧与导路的两个交点 C 和 C' 如图3-9b所示，两交点位于参考点 P 的两侧。由于规定 φ_3 角为矢量 S_r 的正方向与 x 轴的正方向之间的夹角，故对应于图3-9b中的两个交点 C 和 C'，φ_3 角相差180°。可以证明，对应于图3-9b中实线位置和双点画线位置，式（3-27）中根号前均应取正号（注意，此时 $\angle BCP$ 和 $\angle BC'P$ 均小于90°）。

在编程时，可将式（3-27）写成如下形式

第3章 平面机构的性能分析

$$S_r = \frac{\left| -E + M\sqrt{E^2 - 4F} \right|}{2} \quad (3\text{-}28)$$

式中，M 是位置模式系数。在调用该子程序时，应事先根据机构的初始位置确定该杆组的装配形式，给 M 赋值，即若 $\angle BCP < 90°$，则 $M = +1$，反之 $M = -1$。

求得 S_r 后，点 C 的位置坐标 x_C、y_C 和构件 2 的位置角 φ_2 即可确定，即

$$\left. \begin{array}{l} x_C = x_P + S_r \cos\varphi_3 \\ y_C = y_P + S_r \sin\varphi_3 \end{array} \right\} \quad (3\text{-}29)$$

$$\varphi_2 = \arctan\left(\frac{y_C - y_B}{x_C - x_B} \right) \quad (3\text{-}30)$$

2）速度分析。将式（3-25）对时间求导，整理后可得

$$\left. \begin{array}{l} -l_2 \omega_2 \sin\varphi_2 - v_r \cos\varphi_3 = E_1 \\ l_2 \omega_2 \cos\varphi_2 - v_r \sin\varphi_3 = F_1 \end{array} \right\} \quad (3\text{-}31)$$

式中

$$E_1 = v_{Px} - v_{Bx} - S_r \omega_3 \sin\varphi_3$$
$$F_1 = v_{Py} - v_{By} + S_r \omega_3 \cos\varphi_3$$

解式（3-31）可得

$$\left. \begin{array}{l} \omega_2 = \dfrac{-E_1 \sin\varphi_3 + F_1 \cos\varphi_3}{l_2 \sin\varphi_2 \sin\varphi_3 + l_2 \cos\varphi_2 \cos\varphi_3} \\ v_r = \dfrac{-(E_1 \cos\varphi_2 + F_1 \sin\varphi_2)}{\sin\varphi_2 \sin\varphi_3 + \cos\varphi_2 \cos\varphi_3} \end{array} \right\} \quad (3\text{-}32)$$

求得 ω_2 之后，可进一步求得 C 点的速度分量为

$$\left. \begin{array}{l} v_{Cx} = v_{Bx} - l_2 \omega_2 \sin\varphi_2 \\ v_{Cy} = v_{By} + l_2 \omega_2 \cos\varphi_2 \end{array} \right\} \quad (3\text{-}33)$$

3）加速度分析。将式（3-31）对时间求导，整理后可得

$$\left. \begin{array}{l} -l_2 \varepsilon_2 \sin\varphi_2 - a_r \cos\varphi_3 = E_2 \\ l_2 \varepsilon_2 \cos\varphi_2 - a_r \sin\varphi_3 = F_2 \end{array} \right\} \quad (3\text{-}34)$$

式中

$$E_2 = a_{Px} - a_{Bx} + l_2 \omega_2^2 \cos\varphi_2 - 2\omega_3 v_r \sin\varphi_3 - \varepsilon_3 S_r \sin\varphi_3 - \omega_3^2 S_r \cos\varphi_3$$
$$F_2 = a_{Py} - a_{By} + l_2 \omega_2^2 \sin\varphi_2 + 2\omega_3 v_r \cos\varphi_3 + \varepsilon_3 S_r \cos\varphi_3 - \omega_3^2 S_r \sin\varphi_3$$

解式（3-34）可得

$$\left. \begin{array}{l} \varepsilon_2 = \dfrac{-E_2 \sin\varphi_3 + F_2 \cos\varphi_3}{l_2 \sin\varphi_2 \sin\varphi_3 + l_2 \cos\varphi_2 \cos\varphi_3} \\ a_r = -\dfrac{E_2 \cos\varphi_2 + F_2 \sin\varphi_2}{\sin\varphi_2 \sin\varphi_3 + \cos\varphi_2 \cos\varphi_3} \end{array} \right\} \quad (3\text{-}35)$$

求得 ε_2 以后，可进一步求得 C 点的加速度分量为

$$\left.\begin{aligned}a_{Cx} &= a_{Bx} - \omega_2^2 l_2 \cos\varphi_2 - \varepsilon_2 l_2 \sin\varphi_2 \\ a_{Cy} &= a_{By} - \omega_2^2 l_2 \sin\varphi_2 + \varepsilon_2 l_2 \cos\varphi_2\end{aligned}\right\} \quad (3\text{-}36)$$

（4）RPRⅡ级杆组的运动分析 图 3-10 所示为 RPRⅡ级杆组，它由滑块 2、导杆 3 及两个转动副、一个移动副组成。其中两个转动副 B、C 为已知外副，移动副为内副。

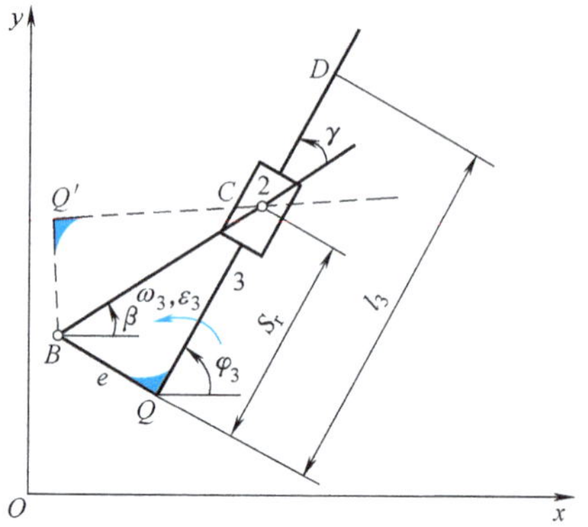

已知两外副 B、C 的位置坐标 x_B、y_B、x_C、y_C，速度 v_B、v_C，加速度 a_B、a_C，及尺寸参数 e 和 l_3。求导杆 3 的角位移 φ_3、角速度 ω_3、角加速度 ε_3；导杆上点 D 的位置坐标 x_D、y_D，速度 v_D；加速度 a_D；滑块相对于导杆的位置 S_r、速度 v_r 和加速度 a_r。

1）位置分析。由图 3-10 可知

图 3-10 RPRⅡ级杆组的运动分析

$$S_r = \sqrt{(x_C - x_B)^2 + (y_C - y_B)^2 - e^2} \quad (3\text{-}37)$$

$$\gamma = \arctan\left(\frac{e}{S_r}\right) \quad (3\text{-}38)$$

$$\beta = \arctan\left(\frac{y_C - y_B}{x_C - x_B}\right) \quad (3\text{-}39)$$

$$\varphi_3 = \beta \pm \gamma \quad (3\text{-}40)$$

式（3-40）表示 φ_3 有两个值，分别对应于该Ⅱ级杆组的两种装配形式，当矢量 BC 沿逆时针方向转过 γ 角与矢量 S_r 平行且方向相同时，γ 取正号，如图 3-10 中实线位置 BQC 所示；当矢量 BC 沿顺时针方向转过 γ 角与矢量 S_r 平行且方向相同时，γ 取负号，如图 3-10 中虚线位置 $BQ'C$ 所示。编程时，将式（3-40）写成如下形式

$$\varphi_3 = \beta + M\gamma \quad (3\text{-}41)$$

式中，M 是位置模式系数。在调用该子程序时，应事先根据机构的初始位置确定该杆组的装配形式，给 M 赋以 +1 或 -1。

由图 3-10 可知，点 D 的位置矢量为

$$\boldsymbol{r}_D = \boldsymbol{r}_B + \boldsymbol{e} + \boldsymbol{l}_3$$

其投影为

$$\left.\begin{aligned}x_D &= x_B + e\sin\varphi_3 + l_3\cos\varphi_3 \\ y_D &= y_B - e\cos\varphi_3 + l_3\sin\varphi_3\end{aligned}\right\} \quad (3\text{-}42)$$

2）速度分析。由图 3-10 可知 C 点的位置矢量为

$$\boldsymbol{r}_C = \boldsymbol{r}_B + \boldsymbol{e} + \boldsymbol{S}_r \quad (3\text{-}43)$$

将其在 x 轴、y 轴上投影得

$$\left.\begin{aligned}x_C &= x_B + e\sin\varphi_3 + S_r\cos\varphi_3 \\ y_C &= y_B - e\cos\varphi_3 + S_r\sin\varphi_3\end{aligned}\right\} \quad (3\text{-}44)$$

将式（3-44）对时间求导，整理可得

$$\left.\begin{array}{r}-\omega_3(S_r\sin\varphi_3-e\cos\varphi_3)+v_r\cos\varphi_3=v_{Cx}-v_{Bx}\\ \omega_3(S_r\cos\varphi_3+e\sin\varphi_3)+v_r\sin\varphi_3=v_{Cy}-v_{By}\end{array}\right\} \quad (3\text{-}45)$$

解方程组（3-45），并将

$$\left.\begin{array}{r}S_r\sin\varphi_3-e\cos\varphi_3=y_C-y_B\\ S_r\cos\varphi_3+e\sin\varphi_3=x_C-x_B\end{array}\right\} \quad (3\text{-}46)$$

代入可得

$$\left.\begin{array}{r}\omega_3=\dfrac{(v_{Cy}-v_{By})\cos\varphi_3-(v_{Cx}-v_{Bx})\sin\varphi_3}{(x_C-x_B)\cos\varphi_3+(y_C-y_B)\sin\varphi_3}\\ v_r=\dfrac{(v_{Cy}-v_{By})(y_C-y_B)+(v_{Cx}-v_{Bx})(x_C-x_B)}{(x_C-x_B)\cos\varphi_3+(y_C-y_B)\sin\varphi_3}\end{array}\right\} \quad (3\text{-}47)$$

求出 ω_3 后，可进一步求得点 D 的速度分量为

$$\left.\begin{array}{r}v_{Dx}=v_{Bx}-\omega_3(y_D-y_B)\\ v_{Dy}=v_{By}+\omega_3(x_D-x_B)\end{array}\right\} \quad (3\text{-}48)$$

3）加速度分析。将式（3-45）对时间求导，并用式（3-46）代入，整理后可得

$$\left.\begin{array}{r}-\varepsilon_3(y_C-y_B)+a_r\cos\varphi_3=E\\ \varepsilon_3(x_C-x_B)+a_r\sin\varphi_3=F\end{array}\right\}$$

式中

$$\left.\begin{array}{r}E=a_{Cx}-a_{Bx}+\omega_3^2(x_C-x_B)+2\omega_3 v_r\sin\varphi_3\\ F=a_{Cy}-a_{By}+\omega_3^2(y_C-y_B)-2\omega_3 v_r\cos\varphi_3\end{array}\right\}$$

解上述方程组得

$$\left.\begin{array}{r}\varepsilon_3=\dfrac{-E\sin\varphi_3+F\cos\varphi_3}{(x_C-x_B)\cos\varphi_3+(y_C-y_B)\sin\varphi_3}\\ a_r=\dfrac{E(x_C-x_B)+F(y_C-y_B)}{(x_C-x_B)\cos\varphi_3+(y_C-y_B)\sin\varphi_3}\end{array}\right\} \quad (3\text{-}49)$$

求出 ε_3 后，可进一步求出点 D 的加速度分量为

$$\left.\begin{array}{r}a_{Dx}=a_{Bx}-\omega_3^2(x_D-x_B)-\varepsilon_3(y_D-y_B)\\ a_{Dy}=a_{By}-\omega_3^2(y_D-y_B)+\varepsilon_3(x_D-x_B)\end{array}\right\} \quad (3\text{-}50)$$

以上仅介绍了几种常见的Ⅱ级杆组的运动分析过程，其他形式的Ⅱ级杆组也可以采用类似的方法进行分析。

3. 杆组法在运动分析中的应用

将上述单杆组和Ⅱ级杆组的运动分析过程编成子程序，在对机构进行运动分析时即可随时调用求解。下面通过实例简述对多杆机构进行运动分析的步骤。

例 3-1 图 3-11 所示为一平面六杆机构简图，已知各杆长度 $L_{AB}=100\text{mm}$，$L_{AO}=400\text{mm}$，$L_{OC}=550\text{mm}$，$L_{CD}=150\text{mm}$，$L_{OE}=520\text{mm}$，曲柄 AB 沿逆时针方向匀速转动，$\omega_H=10\text{rad/s}$。试求该机构在一个运动循环中，滑块 5 的位移、速度、加速度及构件 2、3、4

的角速度和角加速度。

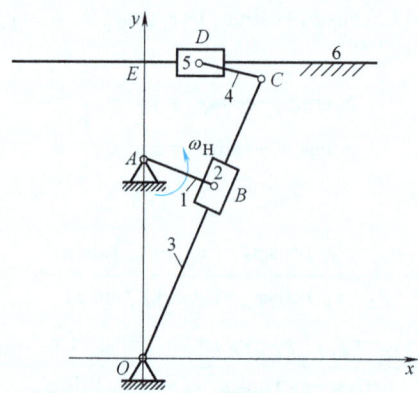

图 3-11 用杆组法对六杆机构进行运动分析

解 1）建立坐标系 xOy，并对机构中各关键点进行编号，如：

机构中的点	A	B	O	C	D	E
该点的编号	1	2	3	4	5	6

计算 A 点的坐标值。

2）根据机构组成原理，该机构可以分解为主动曲柄 AB，滑块 2、杆 3 组成的 RPR Ⅱ 级杆组和杆 4、滑块 5 组成的 RRP Ⅱ 级杆组三部分。

3）分别调用单杆构件、RPR Ⅱ 级杆组和 RRP Ⅱ 级杆组的子程序并赋值，注意分析并正确赋值各 Ⅱ 级杆组的位置模式系数，由图 3-11 可以看出由滑块 2、杆 3 组成的 RPR Ⅱ 级杆组的位置模数 $M=1$，而由滑块 4、杆 5 组成的 RRP Ⅱ 级杆组的位置模数 $M=-1$，然后依次求解，即可得点 B、C 及 D 的位移、速度、加速度及构件 2、3、4 的角速度和角加速度。

4）按此思路编程计算，打印结果。

3.2 平面机构的力分析

3.2.1 力分析的基本知识

前面对机构进行运动分析时，忽略了力的存在，但实际上随着运动的传递必然产生力的传递。作用在机械上的力，不仅是影响机械运动和动力性能的重要参数，而且也是决定构件尺寸和结构形状的重要依据。所以，不论是设计新机械还是合理地使用现有机械，都必须对机械的受力情况进行分析。

1. 作用在机械上的力

机械在运动过程中，运动机构中的每一个构件都受到各种力的作用，如原动力、生产阻力、重力、惯性力、介质阻力和运动副反力等。但就力对运动的影响，通常将作用在机械上的力分为驱动力和阻抗力两大类。

（1）驱动力　即为驱动机械运动的力。该力的方向与其作用点的速度方向相同或成锐角,所做的功为正功,称为输入功或驱动功。

(2) 阻抗力　即为阻碍机械运动的力。该力的方向与其作用点的速度方向相反或成钝角,所做的功为负功,称为阻抗功。

阻抗力又可分为有益阻力和有害阻力。有益阻力是为了完成有益的工作而必须克服的生产阻力,也称为有效阻力。例如,切削机床的切削力、起重机吊起重物的重力等均为有效阻力。克服有效阻力所做的功称为有效功或输出功。所谓有害阻力,是指机械在运转过程中所受到的非生产性无用阻力,如有害摩擦力、介质阻力等。该力所做的功称为损耗功。必须指出,摩擦力是一种主要的有害阻力,但有时却是有益阻力,如在摩擦传动和带传动中,就是靠摩擦力来传递动力的。

当重心下降时,重力是驱动力;而重心上升时,重力则为阻力。对于机械运动中的惯性力,可以虚拟地把它看作机构上的外力,当机构加速运动时,其阻碍机构加速是阻力,反之是驱动力。在机构运动的一个循环过程中,重力和惯性力做功之和等于零。

对于运动副反力,就整个机器而言是内力,对一个构件而言则为外力了。

2. 机构力分析的目的

研究机构力分析的目的主要有两方面:一是为了确定机构运动副中的约束反力。因为这些力的大小和性质决定了运动副的摩擦、磨损和机械效率以及零件的强度计算及结构设计;二是平衡力的计算,即由作用在机械上的已知外力及惯性力计算与之相平衡的未知外力,这对确定机器的最小驱动功率或所能承受的最大生产载荷都是必不可少的。

3. 机构力分析的方法

在进行机构的力分析时,对于低速轻型机械,因其惯性力小,故可忽略不计,此时只需对机械进行静力分析;而对高速及重型机械,因其惯性力很大,常常超过外力,故不可忽略。这时需对机构进行动态静力分析,常按以下步骤进行:

1) 由运动分析求出运动副和构件质心等点的位置、速度、加速度以及各构件的角速度和角加速度。

2) 已知或估算机构结构及各构件的尺寸、质量、转动惯量以及质心的位置,计算各构件的惯性力并加于构件相应位置上。

3) 将机构从力分析起始件开始按杆组进行分解。

4) 逐个对各杆组进行动态静力分析,求出各运动副的约束反力。

5) 根据机构或构件的力平衡原理,在已知条件的基础上,求出机构的平衡力(或力矩)。当平衡力(或力矩)作用在原动件上时就是驱动力(或驱动力矩),若作用在从动件上就是阻力(或阻力矩)。

在忽略摩擦的情况下,每个平面低副中的约束反力均有两个未知要素,如回转副中约束反力的大小和方向未知,反力作用点通过回转中心为已知;移动副的约束反力的大小和作用点为未知,反力作用方向垂直移动副导路为已知。

若一个杆组有 P_L 个低副,则约束反力的未知要素有 $2P_L$ 个,而每个平面构件受力平衡时,可列出三个平衡方程,当未知力数和方程数相等时,杆组满足受力静定条件,即

$$3n = 2P_L \text{ 或 } P_L = 3n/2$$

上式符合基本杆组的定义,从而可得出结论:基本杆组受力是静定的,可以以基本杆组为单

元对平面机构进行受力分析。

受力分析的顺序应从已知外力的基本杆组开始。下面简要介绍杆组法对平面连杆机构进行动态静力分析的方法。

3.2.2 用杆组法对平面机构进行动态静力分析

图 3-7 所示为 RRR Ⅱ 级杆组，为了进行受力分析，将其内运动副 C 拆开，其受力情况如图 3-12 所示。

例 3-2 已知：构件长 l_i 和 l_j，运动副 B、C、D 和两杆件质心 S_i、S_j 的位置与运动参数，构件的质量 m_i、m_j 及转动惯量 J_i、J_j，作用在质心上的外力 F_{Six}、F_{Siy} 和 F_{Sjx}、F_{Sjy}（可将作用于任意位置的外力转换到质心处），外力矩 T_i、T_j。求：各运动副的反力。

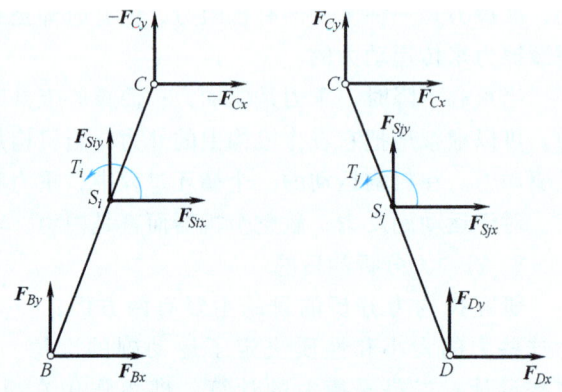

图 3-12 RRR Ⅱ 级杆组的受力分析

解 1) 计算构件外力（力矩）。首先按给定的已知参数求出惯性力 F_I 和惯性力矩 M_I，并将它们与已知外力合并于质心处，则得到作用在 l_i 杆和 l_j 杆上的合外力及合外力矩分别为

$$\left.\begin{array}{l} F_{ix} = F_{Six} - F_{Iix} \\ F_{iy} = F_{Siy} - F_{Iiy} - 9.8 m_i \\ M_i = T_i - M_{Ii} \end{array}\right\} \tag{3-51}$$

$$\left.\begin{array}{l} F_{jx} = F_{Sjx} - F_{Ijx} \\ F_{jy} = F_{Sjy} - F_{Ijy} - 9.8 m_j \\ M_j = T_j - M_{Ij} \end{array}\right\} \tag{3-52}$$

2) 求解运动副反力。分别以杆 l_i、l_j 为平衡对象，可得到以下力平衡方程

$$\sum F = 0$$

$$\left.\begin{array}{l} F_{Bx} - F_{Cx} + F_{ix} = 0 \\ F_{By} - F_{Cy} + F_{iy} = 0 \\ F_{Cx} + F_{Dx} + F_{jx} = 0 \\ F_{Cy} + F_{Dy} + F_{jy} = 0 \end{array}\right\} \tag{3-53}$$

$$\sum M_B = 0 \quad \sum M_D = 0$$

$$\left.\begin{array}{l} F_{Cx}(y_C - y_B) - F_{Cy}(x_C - x_B) - F_{ix}(y_{Si} - y_B) + F_{iy}(x_{Si} - x_B) + M_i = 0 \\ -F_{Cx}(y_C - y_D) + F_{Cy}(x_C - x_D) - F_{jx}(y_{Sj} - y_D) + F_{jy}(x_{Sj} - x_D) + M_j = 0 \end{array}\right\} \tag{3-54}$$

解方程可得

$$\left.\begin{array}{l} F_{Cx} = [FT_i(x_C - x_D) + FT_j(x_C - x_B)] / GG \\ F_{Cy} = [FT_i(y_C - y_D) + FT_j(y_C - y_B)] / GG \end{array}\right\} \tag{3-55}$$

式中

$$FT_i = F_{ix}(y_{Si}-y_B) - F_{iy}(x_{Si}-x_B) - M_i$$
$$FT_j = F_{jx}(y_{Sj}-y_D) - F_{jy}(x_{Sj}-x_D) - M_j$$
$$GG = (x_C-x_D)(y_C-y_B) - (y_C-y_D)(x_C-x_B)$$

将式（3-55）中求得的 F_{Cx}、F_{Cy} 代入式（3-53）可得

$$\left.\begin{aligned} F_{Bx} &= F_{Cx} - F_{ix} \\ F_{By} &= F_{Cy} - F_{iy} \\ F_{Dx} &= -F_{Cx} - F_{jx} \\ F_{Dy} &= -F_{Cy} - F_{jy} \end{aligned}\right\} \quad (3\text{-}56)$$

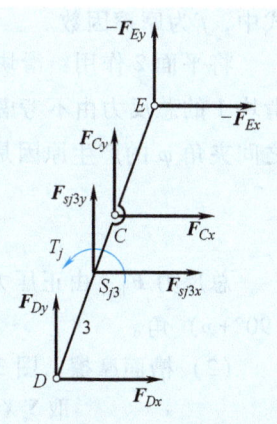

图 3-13 三副构件的受力分析

3）三副构件上已知外力的计算。对于图 3-13 所示的三副构件的已知外力的计算，只需在计算合外力和合外力矩时，同时把 E 点的外力综合考虑列式计算即可。

RRPⅡ级杆组、RPRⅡ级杆组、单杆构件都可用同样的思路去分析求解，并将得到的数学模型编成子程序以备计算时调用。

例 3-3 如图 3-11 所示的平面机构简图，已知各构件的尺寸、质心位置及质量大小，各构件绕其质心的转动惯量，滑块 5 在水平方向上的工作阻力，曲柄角速度 ω_1。求：在一个运动循环中，各运动副中的反力及需要加在曲柄 AB 上的平衡力矩 T。

解 1）先进行运动分析，求出各运动副及构件质心的运动参数。

2）静力分析先从已知外力构件的杆组开始分析，分别调用 RRPⅡ级杆组、RPRⅡ级杆组和单杆构件的子程序，依次求出移动副 E、转动副 D、C、B、A 及平衡力矩 T。具体的求解可结合课程设计进行练习。

3.2.3 运动副中的摩擦及考虑摩擦时机构的受力分析

在机械运转的一般情况下，摩擦是一种主要的有害阻力，它将使运动副产生磨损、降低效率，甚至出现使机械卡死等现象，在这种情况下要设法减小摩擦力；但有时摩擦却是有益的，常常可以利用摩擦传递运动，如摩擦轮传动、带传动等，这时则要设法增大摩擦力；另外，当摩擦对机械运转具有显著的影响而又无法进一步减小时，则应在考虑摩擦的情况下对机器的运动和受力进行分析和计算。由此必须对运动副中的摩擦进行研究。

1. 移动副中的摩擦

（1）平面摩擦 如图 3-14 所示，平面 2 上作用一平面滑块 1，设滑块 1 的重力为 G，平面 2 给滑块 1 的法向反力即正压力为 F_{N21}，向滑块 1 施加一水平力 F 使其匀速运动，则在运动方向的反方向产生一摩擦力 F_{r21}，其大小等于 F，由运动平衡条件和库仑定律可知

$$F = -F_{r21} = -fF_{N21} = fG \quad (3\text{-}57)$$

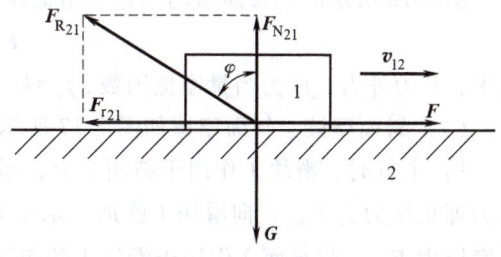

图 3-14 平面摩擦分析

式中，f 为摩擦因数。

将平面 2 作用给滑块 1 的正压力 $F_{N_{21}}$ 和摩擦力 $F_{r_{21}}$ 合成为一总反力 $F_{R_{21}}$，平面 2 作用给滑块 1 的总反力由不考虑摩擦时的正压力 $F_{N_{21}}$ 变为考虑摩擦时的总反力 $F_{R_{21}}$，$F_{R_{21}}$ 与 $F_{N_{21}}$ 之间夹角 φ 的产生原因是摩擦，所以称其为摩擦角。摩擦角和摩擦因数的关系为

$$\tan\varphi = F_{r_{21}}/F_{N_{21}} = fF_{N_{21}}/F_{N_{21}} = f$$
$$\varphi = \arctan f \tag{3-58}$$

总反力 $F_{R_{21}}$ 由正压力 $F_{N_{21}}$ 和摩擦力 $F_{r_{21}}$ 合成而来，故其方向必然与运动方向相反并成 $(90°+\varphi)$ 角。

(2) 槽面摩擦 图 3-15 所示为槽面移动摩擦，由图示受力分析可知

$$\text{取} \sum X = 0, \text{则 } F = 2F_{r_{21}} = 2fF_{N_{21}} \tag{1}$$
$$\sum Y = 0, \text{则 } G = 2F_{N_{21}}\sin\theta, 2F_{N_{21}} = G/\sin\theta \tag{2}$$

将式 (2) 代入式 (1)，则 $F = fG/\sin\theta$，当 G 不变的情况下，由于公式中出现了 $\sin\theta$ 而影响了摩擦力的大小，故可把 $f/\sin\theta$ 写为 f_v，称为当量摩擦因数。此时上式可写为

$$F = f_v G \tag{3-59}$$
$$f_v = f/\sin\theta$$

则
$$\varphi_v = \arctan f_v \tag{3-60}$$

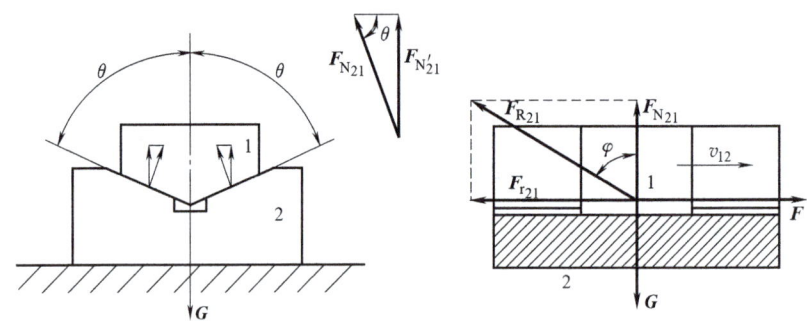

图 3-15 槽面移动副的摩擦分析

因为 $\sin\theta \leq 1$，所以 $f_v \geq f$。

注意：槽面使反力发生了变化，而摩擦因数并未变化。对于槽面（楔面）摩擦的摩擦力总是大于同一外载作用下的平面摩擦力的这种现象，称为槽面（楔面）效应。在需要利用摩擦力工作的地方，可采用槽面来增大摩擦力，如 V 带传动、管螺纹联接等。

图 3-16 所示的圆弧面移动摩擦与槽面摩擦相似，关系式同样可写为

$$F = f_v G$$

式中，F 为外力；f_v 为当量摩擦因数，$f_v = kf = (1 \sim 1.57)f$；$f$ 为摩擦因数；G 为重力。

(3) 斜面摩擦 斜面摩擦如图 3-17 所示，分上行和下行两种情况。

1) 上行时，滑块 1 作用于斜面 2 上，滑块 1 的重力为 G，斜面 2 施加给滑块 1 的法向反力即正压力为 $F_{N_{21}}$，向滑块 1 施加一水平力 F 使其匀速上行，则在运动方向的反方向产生一摩擦力 $F_{r_{21}}$，将平面 2 作用于滑块 1 的正压力 $F_{N_{21}}$ 和摩擦力 $F_{r_{21}}$ 合成为一总反力 $F_{R_{21}}$。斜面 2 作用于滑块 1 的总反力由不考虑摩擦时的正压力 $F_{N_{21}}$ 变为考虑摩擦时的总反力 $F_{R_{21}}$，

F_{R21} 与 F_{N21} 之间的夹角 φ 的产生原因同样是摩擦，同样称为摩擦角。取滑块为脱离体，则 $F+G+F_{R21}=0$，画出矢量多边形，得到关系式

$$F = G\tan(\alpha+\varphi) \tag{3-61}$$

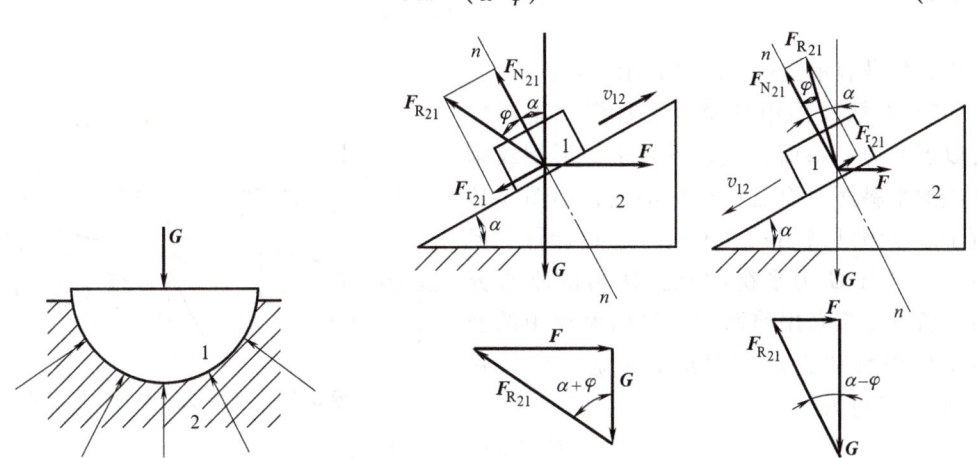

图 3-16 圆弧面移动副的摩擦分析   图 3-17 斜面摩擦分析

2）下行时，假设仍向滑块 1 施加一向右的水平力 F，使其匀速下行，取滑块为脱离体，则同样可得到矢量方程 $F+G+F_{R21}=0$，画出矢量多边形，得到关系式

$$F = G\tan(\alpha-\varphi) \tag{3-62}$$

式中，$\varphi = \arctan f$。当 $\alpha < \varphi$ 时，F 为负值，说明实际方向与开始假设的方向相反，此时要使滑块匀速下滑须向下拖，否则仅在重力的作用下滑块不动，即自锁。

（4）螺纹副中的摩擦

1）矩形螺纹副。如图 3-18 所示的矩形螺纹副，可以展开成斜面副进行研究。将螺母的

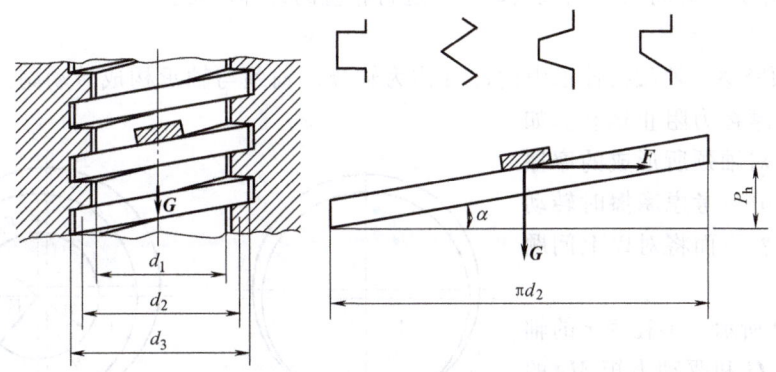

图 3-18 螺纹副中的摩擦分析

均布载荷简化为作用于中径 d_2 上的集中载荷，将螺纹从中径展开则成为图 3-18 所示的斜面，斜面的升角 α 就是原螺纹的螺纹升角，则

$$\alpha = \arctan\frac{P_h}{\pi d_2} = \arctan\frac{nP}{\pi d_2} \tag{3-63}$$

式中，P_h 为导程；n 为螺纹线数；P 为螺距。

套用斜面问题的公式则得

$$F = G\tan(\alpha \pm \varphi) \\ M = \frac{d_2 G}{2}\tan(\alpha \pm \varphi) \Bigg\} \quad (3\text{-}64)$$

式中，加号表示上行；减号表示下行。

2）管螺纹副中的摩擦。管螺纹副同样可以展开为一斜面，但它不同于矩形螺纹副展成的平斜面，而是一槽形斜面，如图3-19所示。故仍可采用式（3-64）进行计算，但由于此时与 G 力平衡的是正压力的垂直分力，所以还应套用前面讲的槽面摩擦中的当量摩擦因数和当量摩擦角的概念。于是式（3-64）可写为

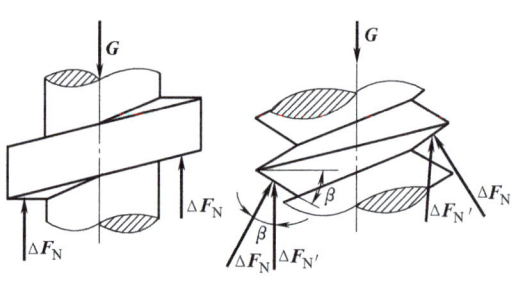

图 3-19 管螺纹副中的摩擦分析

$$F = G\tan(\alpha \pm \varphi_v) \\ M = \frac{d_2 G}{2}\tan(\alpha \pm \varphi_v) \Bigg\} \quad (3\text{-}65)$$

式中

$$\varphi_v = \arctan f_v \quad (3\text{-}66)$$

而

$$f_v = \frac{f}{\cos\beta} \quad (3\text{-}67)$$

式中，β 为螺纹的牙型半角。

管形螺纹 $\beta = 30°$，梯形螺纹 $\beta = 15°$，锯齿形螺纹牙的上半角 $\beta_1 = 3°$、下半角 $\beta_2 = 30°$，而矩形螺纹 $\beta = 0°$。当对不同的螺纹传动进行计算时，只需将相应的 β 代入式（3-67）和式（3-66）计算出 φ_v，并将其代入式（3-65）进行相应的计算即可。

2．转动副中的摩擦

（1）轴颈摩擦 轴放在轴承中的部分称为轴颈，轴颈与轴承构成转动副。接触面受载荷作用而产生摩擦力阻止运动。如何计算摩擦力对轴颈所形成的摩擦力矩呢？如何分析考虑摩擦时转动副中的反力呢？下面将对以上问题进行讨论。

如图 3-20 所示，半径为 r 的轴颈在径向载荷 G 和驱动力矩 M_d 的作用下以 ω_{12} 相对轴承匀速转动。当没有摩擦时，轴和轴承将在最低处 A 点接触；当有摩擦时，开始转动的瞬间轴将沿着轴承滚动一段，

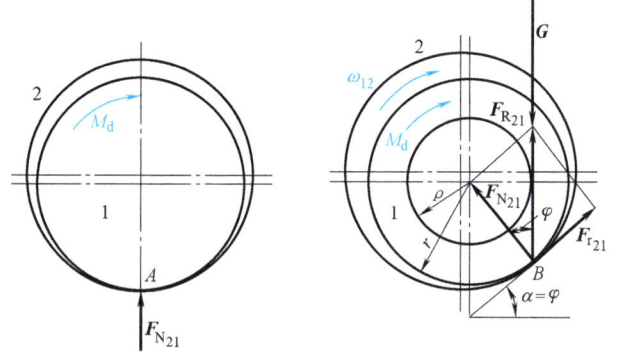

图 3-20 轴颈摩擦分析

直到超出最大静摩擦力而开始滑动，此时接触点为 B 点，在 B 点有摩擦力 $F_{r_{21}}$ 和正压力 $F_{N_{21}}$，合成为总反力 $F_{R_{21}}$。$F_{R_{21}}$ 与 $F_{N_{21}}$ 所夹锐角为摩擦角 φ，以轴心到 $F_{R_{21}}$ 的距离 ρ 为半径

所作的圆称为摩擦圆，ρ 即为摩擦圆半径。根据力平衡条件，当轴做匀速转动时，$F_{R_{21}}$ 和 G 大小相等方向相反，此时的摩擦力矩为

$$M_f = F_{r_{21}} r = F_{R_{21}} \rho \tag{1}$$

$$F_{r_{21}} = f F_{N_{21}} \tag{2}$$

由

$$F_{R_{21}}^2 = F_{N_{21}}^2 + F_{r_{21}}^2 = F_{N_{21}}^2 (1+f^2)$$

则

$$F_{N_{21}} = \frac{F_{R_{21}}}{\sqrt{1+f^2}} \tag{3}$$

将式（3）代入式（2），再将结果代入式（1）得

$$M_f = \frac{f}{\sqrt{1+f^2}} F_{R_{21}} r = f_v F_{R_{21}} r = f_v G r \tag{3-68}$$

分析：

1) 由式（3-68）可看出：当 f_v、G 不变时，r 越大，M_f 越大，故在进行轴的结构设计时不可盲目地加大轴颈。

2) 将式（3-68）与式（1）对比可知：$\rho = f_v r$，以 ρ 为半径所作的圆称为摩擦圆，此圆为假想圆，其半径与外载荷无关，仅与 f_v、r 有关。

3) $F_{R_{21}}$ 总是切于摩擦圆，它所产生的摩擦力矩 M_f 总与 ω_{12} 相反。

（2）轴端摩擦　轴用以承受轴向载荷的部分称为轴端或轴踵。如图 3-21 所示，轴 1 的轴端和承受轴向载荷 G 的推力轴承构成一平面转动副，当以力矩 M_d 驱动轴转动时，运动副处将产生摩擦力矩 M_f，其计算过程如下：

从轴端接触面上取出环形微面积 $ds = 2\pi\rho d\rho$，设微面积上的压强 p 为常数，则环形微面积上所受的正压力 $dW = pds$，摩擦力 $dF = fdW$，dF 对回转轴线的摩擦力矩 $dM_f = \rho dF = \rho f p ds$。

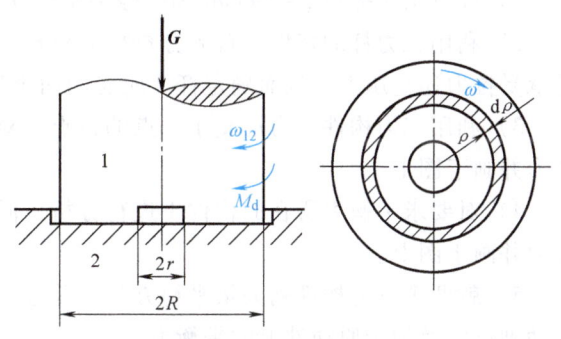

图 3-21　轴端摩擦分析

轴端所受总摩擦力矩 M_f 为

$$M_f = \int_r^R \rho f p ds = 2\pi f \int_r^R p\rho^2 d\rho \tag{3-69}$$

式（3-69）的解可分为两种假设情况进行讨论。

1) 未经磨合的轴端。对于新制成的或很少相对运动的轴端，假设整个轴端接触面上的压强 p 处处相等，即 $p = $ 常数，则

$$M_f = \frac{2}{3} fG (R^3 - r^3)/(R^2 - r^2) \tag{3-70}$$

2) 磨合的轴端。对于经常转动或经过一段时间工作后的轴端，称为磨合轴端。由于磨损的关系，这时轴端与轴承接触面各处的压强已不能假设为处处相等，而较符合实际的假设是轴端和轴承接触间处处等磨损，即近似符合 $p\rho = $ 常数的规律，于是可得

$$M_f = \frac{1}{2} fG (R + r) \tag{3-71}$$

根据 $p\rho$ = 常数，可知在轴端中心部分的压强非常大，极易压溃，故对于载荷较大的轴端常做成空心的。

3. 考虑摩擦时机构的受力分析

进行高速重载机械的受力分析时，都应考虑运动副中的摩擦。在计算机械效率时，也必须先对机构进行考虑摩擦时的受力分析。下面举例说明具体分析方法。

如图 3-22 所示的曲柄滑块机构，若已知各杆的尺寸和各转动副的半径 r，各运动副摩擦因数 f，作用在滑块上的水平阻力 F，不计各构件的重量及惯性力，试对图示位置的机构进行受力分析，计算各运动副的反力，并确定作用在点 B 并垂直于曲柄的平衡力 F_b 的大小和方向。

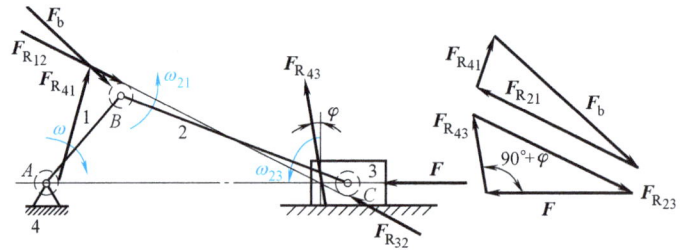

图 3-22 四杆机构的受力分析

解题步骤：

1) 计算出摩擦角 $\varphi = \arctan f$ 和摩擦圆半径 $\rho = f_v r$，并画出摩擦圆。

2) 利用二力杆的特性，首先分析杆 2 对杆 1 和杆 3 的角速度 ω_{21} 和 ω_{23}，然后根据杆 2 是承受拉力还是压力，从而确定杆 2 所受的两个反力的方向和作用点，并画于图上。

3) 利用三力构件三力汇交于一点的特点，对有已知力所在的构件 3 作受力分析，确定各力并画于图上。

4) 对要求平衡力所在的构件 1 进行分析，同样根据三力汇交于一点及力平衡条件确定各力并画于图上。

5) 就两个三力构件列矢量平衡方程，并选定比例尺画矢量多边形，依次计算即可得各运动副反力及加于原动件上的平衡力。

3.2.4 机械效率

在机械系统中，输出功 W_r 与输入功 W_d 之比称为机械效率，它反映了输入功在机械系统中的有效利用程度，通常用 η 表示，即

$$\eta = \frac{W_r}{W_d} = \frac{W_d - W_f}{W_d} = 1 - \frac{W_f}{W_d} \tag{3-72}$$

式中，W_f 为损耗功。

$$W_d = W_r + W_f$$

如将式（3-72）除以时间 t，则成为以功率表示的机械效率公式，即

$$\eta = \frac{P_r}{P_d} = \frac{P_d - P_f}{P_d} = 1 - \frac{P_f}{P_d} \tag{3-73}$$

机械效率也可以用力或力矩来表示，图 3-23 所示为一简单机械，输入端在力 F 作用下，

以速度 v_F 转动，输出端则克服载荷 F_1 以速度 v_P 转动，则可列出效率公式为

$$\eta = P_r/P_d = F_1 v_P / F v_F \quad (1)$$

当不考虑摩擦时，有

$$\eta_0 = F_1 v_P / F_0 v_F = 1 \quad (2)$$

即

$$F_1 v_P = F_0 v_F$$

将式（2）代入式（1）可得

$$\eta = F_1 v_P / F v_F = F_0 v_F / F v_F = F_0 / F$$

$$\eta = F_0 / F = M_0 / M \quad (3\text{-}74)$$

式中，F_0 为理想驱动力，即不考虑机械中的摩擦时克服生产阻力所需的驱动力；M_0 为理想驱动力矩，即不考虑机械中的摩擦时克服生产阻力矩所需的驱动力矩。

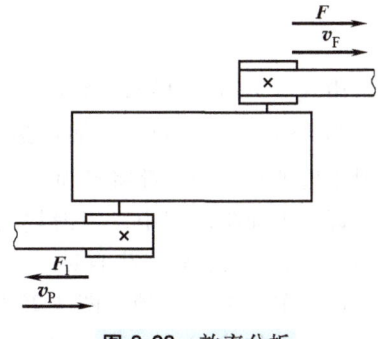

图 3-23　效率分析

从式（3-74）可知

$$\eta = \frac{\text{理想驱动力}}{\text{实际驱动力}} = \frac{\text{理想驱动力矩}}{\text{实际驱动力矩}}$$

由此式可知，斜面摩擦或螺纹摩擦的效率为：

1）上行：有摩擦时，$F = G\tan(\alpha+\varphi)$；

无摩擦时，即 $\varphi = 0$，此时 $F_0 = G\tan\alpha$，则

$$\eta = F_0/F = \tan\alpha/\tan(\alpha+\varphi)$$

2）下行：G 是动力，由 $F = G\tan(\alpha-\varphi)$ 得

$$G = F/\tan(\alpha-\varphi)$$

无摩擦时，$G_0 = F/\tan\alpha$，则

$$\eta = G_0/G = \tan(\alpha-\varphi)/\tan\alpha$$

3.2.5　机械的自锁

有些机械，从其结构上看，只要加足够大的力，就可以沿有效驱动力的方向运动，而由于摩擦的存在，却无论加多大的力也无法使其运动，这种现象就称为机械的自锁。

自锁现象在机械工程中有着重要意义。对于运动机械，必须注意合理设计以防止自锁现象的出现。而有时人们又利用自锁完成预定的工作，如螺旋千斤顶，正向举起重物要求运动自如，而反向下滑则要求在重力的作用下不管重物多重都必须自锁而不能下滑。类似的一些压紧装置也利用了自锁现象。那么自锁现象是怎么产生的？发生自锁的条件是什么呢？下面就讨论以上问题。

（1）平面移动副的自锁　如图 3-24 所示，当给滑块施加一个与导路的垂线夹角为 β 的力 F 时，它将产生两个正交分力，一个是驱动滑块运动的水平分力 F_t，另一个法向分力 F_n，则只能使滑块对导路产生压力而形成摩擦力。从图示的力关系可以看出

$$\tan\beta = F_t/F_n \qquad \tan\varphi = F_{r_{21}}/F_{N_{21}}$$

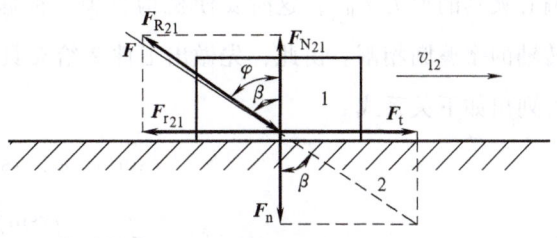

图 3-24　平面移动副的自锁分析

因为 $F_n = F_{N_{21}}$，则

$$F_t = \frac{\tan\beta}{\tan\varphi} F_{r_{21}} \tag{3-75}$$

由式（3-75）可知，当 $\beta = \varphi$ 时，$F_t = F_{r_{21}}$，保持匀速运动；当 $\beta > \varphi$ 时，$F_t > F_{r_{21}}$，加速运动；当 $\beta < \varphi$ 时，$F_t < F_{r_{21}}$，这时不管加多大的力都将自锁。

即在平面移动副中，当滑块的驱动力 F 作用在摩擦角之内（$\beta < \varphi$）时，将发生自锁。

（2）转动副的自锁 图 3-25 所示为转动副摩擦，设作用于轴颈上的载荷为一重力 G，当 G 的作用线与摩擦圆相切时轴做匀速转动，在摩擦圆之外时轴做加速转动，而与摩擦圆相割时，由于 G 总是等于 $F_{R_{21}}$，而此时 $e'' < \rho$，则驱动力矩 $M_d = Ge''$ 小于阻力矩 $M_r = F_{R_{21}}\rho$，这时无论驱动力矩增加到多大都不会使轴转动，而使转轴出现自锁。转动副的自锁条件为：驱动力作用线与摩擦圆相割（$e < \rho$）。

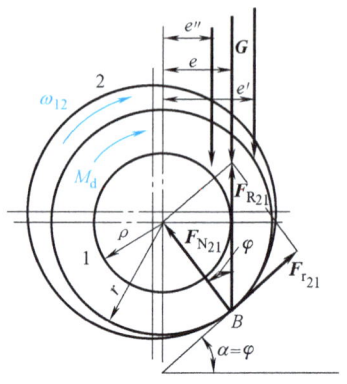

图 3-25 转动副的自锁分析

例 3-4 在图 3-26 所示的偏心夹具中，已知偏心圆盘 1 的半径为 r，转轴的轴径及摩擦圆半径 ρ，偏心距 e，求当由力 F 压紧工件后再去掉机构自锁的最大楔紧角 α。

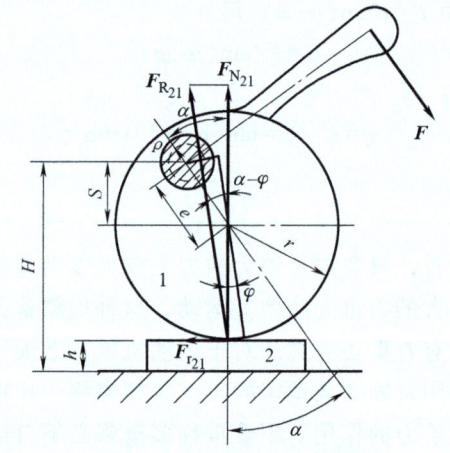

图 3-26 偏心夹具的自锁分析

解 压紧工件再去掉力 F 后，偏心夹具将绕转轴反转，使工件松脱的力是工件 2 给偏心夹具的反力 $F_{R_{21}}$，这时要使机构自锁，根据转动副的自锁条件，则应使反力 $F_{R_{21}}$ 与转轴的摩擦圆相割。由此，先做出工件 2 给夹具 1 的总反力 $F_{R_{21}}$，根据图示的几何关系。可列出如下关系式

$$e\sin(\alpha - \varphi) - r\sin\varphi \leq \rho$$

即

$$\alpha \leq \arcsin\left(\frac{r\sin\varphi + \rho}{e}\right) + \varphi$$

第3章 平面机构的性能分析

(3) 利用效率公式判断机构的自锁 作为运动机械的效率 η 越高越好，而当 $\eta=0$ 时，即为全部输入功都用来克服损耗功，原来动则空转，原来不动则自锁。自锁条件为

$$\eta \leqslant 0$$

如斜滑块下滑时的自锁条件为

$$\eta = \tan(\alpha-\varphi)/\tan\alpha \leqslant 0$$

即

$$\alpha - \varphi \leqslant 0$$

则其自锁条件为

$$\alpha \leqslant \varphi$$

对于斜滑块上行，一般是要保证不自锁，则 $\eta>0$，即

$$\eta = \tan\alpha/\tan(\alpha+\varphi) > 0$$

即

$$\tan(\alpha+\varphi) < \infty$$

则

$$\alpha+\varphi < 90°$$

对于螺旋机构的分析，基本与以上分析相同，只是其中的 φ 为 φ_v，$\varphi_v = \arctan f_v$，$f_v = f/\cos\beta$，而 β 根据不同的牙型代入不同的牙型半角。

矩形螺纹：$\beta = 0°$；管螺纹：$\beta = 30°$；梯形螺纹：$\beta = 15°$；锯齿形螺纹：$\beta_1 = 3°$，$\beta_2 = 30°$。

知识要点与拓展

本章主要介绍了平面机构的性能分析基础，包括平面机构的运动分析和力学分析。运动分析和力学分析的结果不仅可以检验所作机构设计满足设计要求的程度，它还将为技术设计提供必要的运动参数和力学参数。

1. 机构的运动分析

机构的运动分析方法包括图解法和解析法，图解法又包括速度瞬心法和矢量方程法。速度瞬心法是利用速度瞬心求解，因此须先找对瞬心（注意三心定理的运用）。对于简单的平面高、低副机构求解很方便；但机构较复杂时，瞬心太多反而求解不便，另外速度瞬心法不能求解加速度。

随着计算机的普及，解析法已显示出它的优越性。常用的方法大体有两类，一类是针对具体机构进行分析列出计算公式，然后编程上机求解，这种方法对于简单机构很方便；另一类则是事先编好子程序，求解时调用，如本章介绍的杆组法，这种方法通用性好。另外，在建立和求解上述方程时，由于所用的数学工具不同而又分为投影法、矢量分析法、复数矢量法、矩阵法等，但思路和步骤是基本相似的。感兴趣的读者可参阅参考文献[1]、[2]、[4]、[7]。

2. 机构的受力分析

1) 要会分析机构中存在的各种力，但要注意并非是任何机构都要考虑可能存在的各种力，如对于质量不大而往复运动加速度很大的内燃机活塞，其质量往往可忽略不计，但其惯性力却是不可忽视的。而对于一些重型机械，质量又是不可忽视的。因此，要考虑对机构产生影响的主要力。

2) 机构的动静法分析在理论力学中已学过，本章仅作了简单介绍，目的是让读者对机械设计的方案设计阶段的主要内容有系统的了解，也为课程设计提供便利条件。

3）运动副的摩擦及考虑摩擦时的受力分析是本章的重点内容，应能对各种典型的运动副进行摩擦分析，在考虑摩擦的基础上，对机构进行受力分析和机械效率及自锁分析。

参考文献［27］是由华大年等编著的《连杆机构设计与应用创新》，它是一本关于连杆机构的专著，该书包括机构组成与创新设计、运动分析、力分析与平衡、连杆机构的设计等，内容十分丰富，建议学习时参考。

思考题及习题

3-1 在机械设计中，进行机构运动分析的任务和目的是什么？

3-2 常用的运动分析方法有几种？各有什么特点？

3-3 什么是速度瞬心？机构瞬心的数目如何确定？相对瞬心和绝对瞬心的区别是什么？直接组成运动副的构件瞬心位置如何确定？

3-4 什么是三心定理？不直接组成运动副的构件瞬心位置如何确定？

3-5 瞬心法一般适用于什么场合？能否用速度瞬心法对机构进行加速度分析？

3-6 速度多边形及加速度多边形各有什么特点？

3-7 用解析法进行运动分析的关键是什么？

3-8 机构运动分析的图解法和解析法各有什么特点？各适用于什么场合？

3-9 用杆组法进行机构运动分析的基本思路是什么？

3-10 对常见Ⅱ级杆组进行运动分析时，其位置模数系数 M 如何确定？

3-11 对机构进行受力分析的目的和任务是什么？

3-12 机构中有哪些常见力？

3-13 机构惯性力和惯性力矩的大小及方向如何确定？同一构件上的惯性力和惯性力矩应怎样合成？

3-14 研究机械中摩擦的目的是什么？试举例说明摩擦对机械在工作中的危害及功用。

3-15 图 3-14 中平面 2 作用于滑块 1 的摩擦力与平面 1 相对于滑块 2 的速度方向有什么关系？

3-16 在几种典型运动副中，考虑摩擦时的总反力方向如何确定？

3-17 什么是当量摩擦因数？当量摩擦因数的引入是否意味着表面摩擦因数的变化？

3-18 为什么槽面摩擦大于平面摩擦？

3-19 什么是摩擦圆？其大小与哪些因素有关？

3-20 试述传动螺纹与联接螺栓的螺纹牙型的区别。

3-21 何谓机械效率？在使用 $\eta = F_0/F = M_0/M$ 公式时应注意什么问题？

3-22 何为自锁现象？对于机械自锁时效率 $\eta \leq 0$ 应如何理解？

3-23 自锁机构是否就是不能运动的机构？

3-24 对串联、并联及混联机组的效率应如何计算？

3-25 试求图 3-27 所示的各机构在图示位置时全部瞬心的位置。

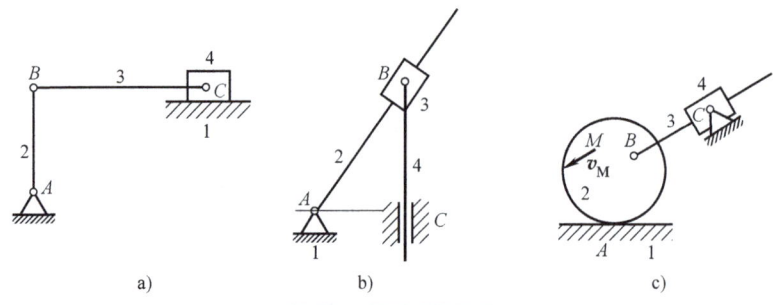

图 3-27 题 3-25 图

3-26　在图 3-28 所示的齿轮-连杆组合机构中，试用瞬心法求齿轮 1 与 3 的传动比 ω_1/ω_3。

3-27　在图 3-29 所示的四杆机构中，$l_{AB} = 60\mathrm{mm}$，$l_{CD} = 90\mathrm{mm}$，$l_{AD} = l_{BC} = 120\mathrm{mm}$，$\omega_2 = 10\mathrm{rad/s}$，试用瞬心法求：

1）当 $\varphi = 165°$ 时，点 C 的速度 v_C；

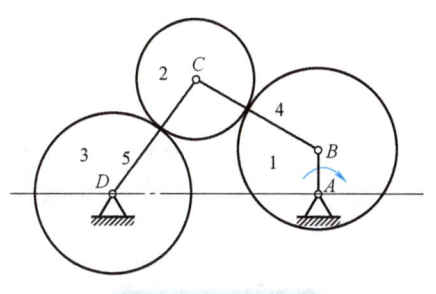

图 3-28　题 3-26 图

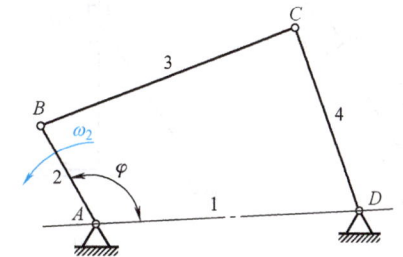

图 3-29　题 3-27 图

2）当 $\varphi = 165°$ 时，构件 3 的 BC 线上（或其延长线上）速度最小的一点 E 的位置及其速度的大小；

3）当 $v_C = 0$ 时，φ 角的值（有两个解）。

3-28　在图 3-30 所示的凸轮机构中，已知 $r = 50\mathrm{mm}$，$l_{OA} = 30\mathrm{mm}$，$l_{AC} = 90\mathrm{mm}$，$\varphi_1 = 90°$，凸轮 1 以角速度 $\omega_1 = 10\mathrm{rad/s}$ 做逆时针方向转动。试用瞬心法求从动件的角速度 ω_2。

3-29　在图 3-31 所示的各机构中，已知各构件的尺寸及点 B 的速度 v_B，试作出在图 3-31 所示位置时的速度多边形。

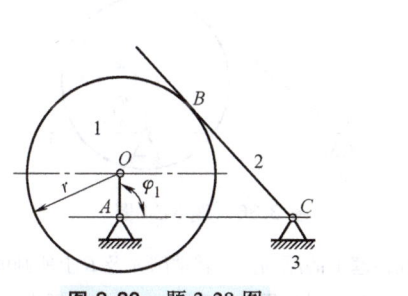

图 3-30　题 3-28 图

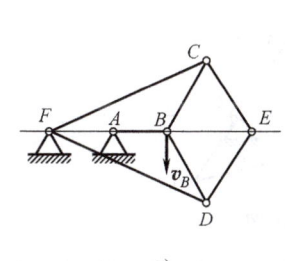

图 3-31　题 3-29 图

3-30　在图 3-32 所示的各机构中，设已知各构件的尺寸，原动件 1 以等角速度 ω_1 做顺时针方向转动，试以图解法求机构在图 3-32 所示位置时构件 3 上 C 点的速度及加速度。

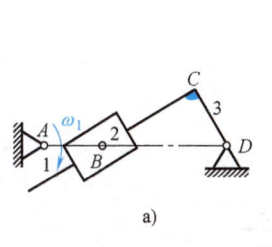

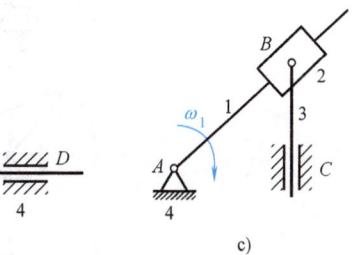

图 3-32　题 3-30 图

3-31　试判断在图 3-33 所示的两机构中 B 点是否存在科氏加速度。科氏加速度存在的必要条件是什么？科氏加速度何时为零？试作图分析说明。

3-32 在图 3-34 所示的摇块机构中，已知 $l_{AB}=30\text{mm}$，$l_{AC}=100\text{mm}$，$l_{BD}=50\text{mm}$，$l_{DE}=40\text{mm}$，曲柄以等角速度 $\omega_1=10\text{rad/s}$ 回转。试用图解法或解析法求解机构在 $\varphi_1=45°$ 位置时，点 D 和点 E 的速度和加速度，以及构件 2 的角速度和角加速度。

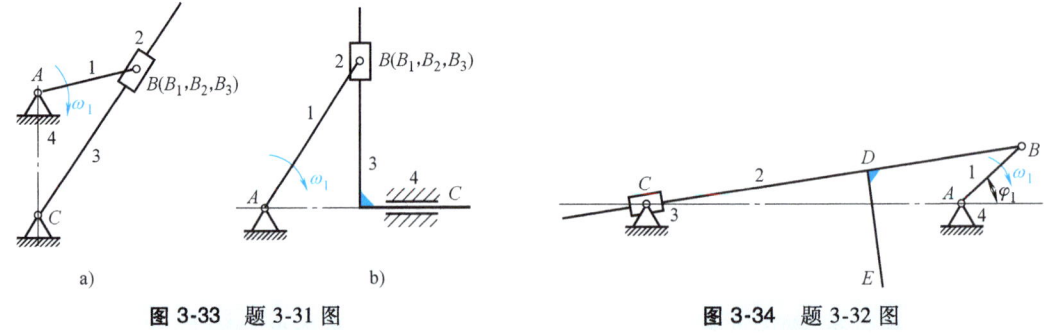

图 3-33 题 3-31 图 　　　　　　图 3-34 题 3-32 图

3-33 在图 3-35 所示的机构中，已知 $l_{AE}=70\text{mm}$，$l_{AB}=40\text{mm}$，$l_{EF}=60\text{mm}$，$l_{DE}=35\text{mm}$，$l_{CD}=75\text{mm}$，$l_{BC}=50\text{mm}$，原动件以等角速度 $\omega_1=10\text{rad/s}$ 回转。试用图解法或解析法求解在 $\varphi_1=50°$ 位置时，点 C 的速度 v_C 和加速度 a_C。

3-34 在图 3-36 所示的凸轮机构中，已知凸轮 1 以等角速度 $\omega_1=10\text{rad/s}$ 转动，凸轮为一偏心圆，其半径 $r=25\text{mm}$，$l_{AB}=15\text{mm}$，$l_{AD}=50\text{mm}$，$\varphi_1=90°$。试用图解法或解析法求构件 2 的角速度 ω_2 与角加速度 ε_2。

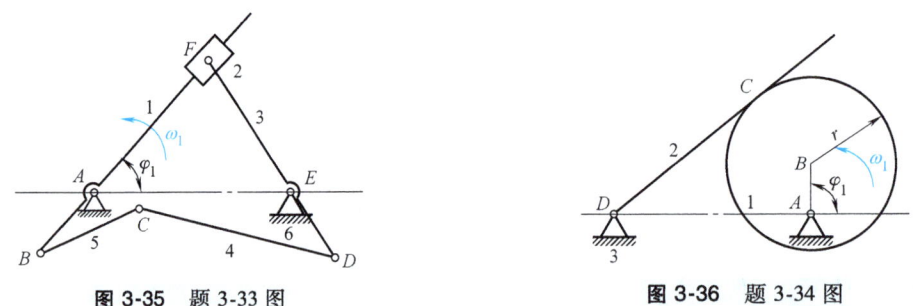

图 3-35 题 3-33 图 　　　　　　图 3-36 题 3-34 图

3-35 图 3-37 所示为一曲柄滑块机构的三个位置，F 为作用在活塞上的原动力，转动副 A 及 B 上所画的虚线小圆为摩擦圆，在忽略构件自重及惯性力的情况下，试画出在这三个位置时作用在运动副 A、B 上的反力。

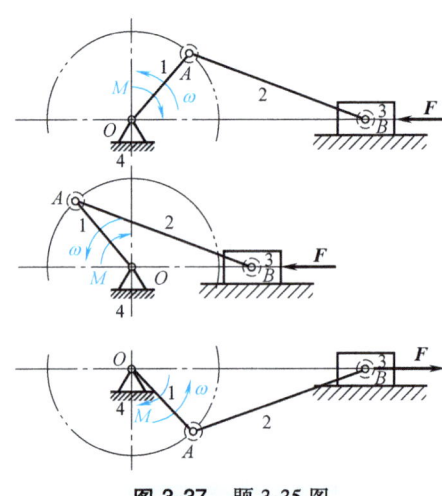

图 3-37 题 3-35 图

3-36 图 3-38 所示为一摆动推杆盘形凸轮机构，凸轮 1 沿逆时针方向回转，F 为作用在推杆 2 上的外载荷，试确定凸轮 1 及机架 3 作用于推杆 2 的总反力 $F_{R_{12}}$ 及 $F_{R_{32}}$ 的方位（忽略构件的自重及惯性力，图中虚线小圆为摩擦圆）。

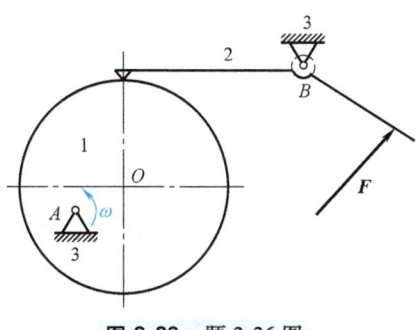

图 3-38　题 3-36 图

3-37 图 3-39a 所示为一焊接用的楔形夹具，利用该夹具可把两块要焊接的工件 1 及工件 1′预先夹紧，以便焊接。图中 2 为夹具体，3 为楔块。试确定当夹紧后，楔块 3 不会自动松脱出来的自锁条件。

图 3-39b 所示为一颚式破碎机，要求矿石在破碎时不致被向上挤出，试问：α 角应满足什么条件？经分析可得出什么结论？

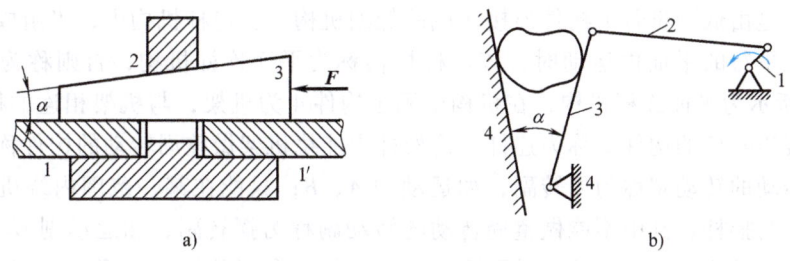

图 3-39　题 3-37 图

3-38 图 3-40 所示为一超越离合器，当星轮 1 沿顺时针方向转动时，滚柱 2 将被楔紧在楔形间隙中从而带动外圈 3 也沿顺时针方向转动。设已知摩擦因数 $f=0.08$，$R=50$mm，$h=40$mm。为保证机构能正常工作，试确定滚珠直径 d 的合适范围。

提示：解此题需用上题的结论。

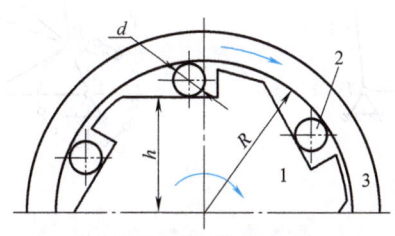

图 3-40　题 3-38 图

3-39 一单线矩形螺纹千斤顶，已知其螺距 $P=4$mm，中径 $d_2=20$mm，摩擦因数 $f=0.15$。求：
1) 提升起 $F=5$kN 载荷时所需的力矩 M_d，以及此时的机械效率 η；
2) 放下 $F=5$kN 载荷时所需的力矩 M_d，此时的机械效率 η。

第4章

连杆机构及其设计

第 2 章和第 3 章介绍的都是关于机构分析的内容，但分析的目的还是为了机构设计。从本章开始，我们将对几种常用机构的原理、类型、应用及设计的内容进行系统介绍。

客车车门的巧妙开合、挖掘机如同手臂般灵活的动作、能走且会摇头摆尾的玩具狗等，这些动作是靠什么来实现的呢？连杆机构在其中起到了重要作用。

连杆机构是由低副将若干构件连接而成的低副机构。在连杆机构中，当组成机构的所有构件都在相互平行的平面内运动时，该连杆机构称为平面连杆机构，否则称为空间连杆机构。图 4-1a 所示为平面连杆机构，在机构中固定构件 4 为机架，与机架相连的构件 1、3 为连架杆，连接连架杆的构件 2 称为连杆。连架杆中能绕机架做整周转动的构件称为曲柄，其中能做整周转动的转动副称为周转副，如运动副 A、B；只能在某一范围内绕机架做往复摆动的构件 3 称为摇杆，其中不能做整周转动的转动副称为摆转副，如运动副 C、D。两连架杆可以实现预期的运动规律；连杆做平面运动，连杆上各点的轨迹能形成不同的封闭曲线，如图 4-1b 所示。因此，不同尺寸的连杆机构可以获得不同的运动规律和运动轨迹。

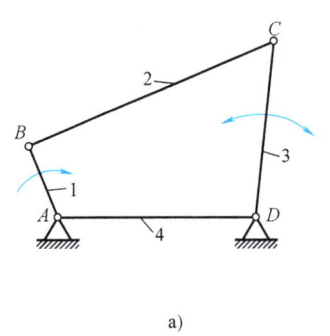
a)

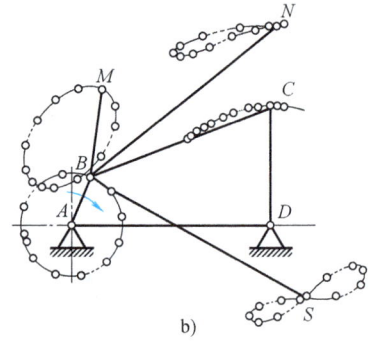
b)

图 4-1　平面连杆机构

虽然平面连杆机构在结构和设计上都不如高副机构简单，而且运动副的累积误差较大，并有构件惯性力难平衡等缺点，但由于它能够实现多种运动规律和运动轨迹的要求，而且低副连接是面接触，单位面积上的压力较小，易润滑、磨损轻、工作可靠、寿命较长；另外，其接触表面都是圆柱面或平面，制造比较简单，易于获得较高的制造精度。所以，平面连杆机构广泛应用于各种机械和仪器设备中。

由四个构件组成的平面连杆机构称为平面四杆机构，它不仅应用广泛，而且是多杆机构的基础。

本章主要讨论平面四杆机构的基本类型、特点和常用的设计方法。

4.1 平面四杆机构的基本类型及其演化

所有运动副都是转动副的平面四杆机构称为铰链四杆机构，它是平面连杆机构中最基本的形式，其他各种平面连杆机构都可以看作由它演变而来的。

在铰链四杆机构中，机架和连杆总是存在的，因此可根据连架杆是曲柄还是摇杆将其分为三种基本类型，即曲柄摇杆机构、双曲柄机构和双摇杆机构。这三种机构类型既不相同又有其内在联系，而其关键是有无曲柄存在和机架的选择。所以，下面先研究曲柄存在的条件。

4.1.1 铰链四杆机构中曲柄存在的条件

下面以图 4-2 所示曲柄摇杆机构 ABCD 为例进行分析。设图中机构的各杆长为 a、b、c、d，先取 AD 杆为机架，AB 为曲柄。从图中可以看出，当机构运动时，只要曲柄 AB 的 B 点能通过 B_1、B_2 两点位置（即曲柄与连杆的两次共线位置能够存在），AB 杆就能做整周转动，则曲柄存在。而此时图中形成了 $\triangle AC_1D$ 和 $\triangle AC_2D$，由三角形的边长关系可知：

在 $\triangle AC_1D$ 中　　$b+a \leq c+d$

在 $\triangle AC_2D$ 中　　$b-a+d \geq c$

　　　　　　　　　　$b-a+c \geq d$

将以上三式整理后可得到此时机构的杆长关系为

$$\left.\begin{array}{l}a+b \leq c+d \\ a+c \leq b+d \\ a+d \leq b+c\end{array}\right\} 和\ a \leq b,\ a \leq c,\ a \leq d$$

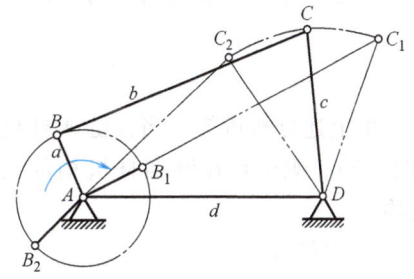

图 4-2　曲柄存在条件

即可得曲柄摇杆机构存在曲柄的必要杆长条件为：最短杆与最长杆长度之和小于或等于其他两杆长度之和。

但这不是充分条件，还要看取哪个构件为机架。若如图 4-3a 所示，取与最短杆 AB 相邻的构件 AD 为机架，此时两连架杆中构件 AB 为曲柄、CD 为摇杆，则此机构为曲柄摇杆机构，机构存在曲柄；若如图 4-3b 所示，以与最短杆 AB 相邻的另一构件 BC 为机架，同样可得以上结果。此时两种情况最短杆都是连架杆。

由上面分析的曲柄摇杆机构两种情况可以看出，此时与最短杆 AB 相连的两个转动副 A、B 均为周转副，而 C、D 副均为摆转副。考虑运动的相对性，如图 4-3c 所示，以构件 AB 为机架，则构件 AD 和 BC 必能同时绕构件 AB 的 A、B 副做整周转动，此时两连架杆均为做整周转动的曲柄，故为双曲柄机构。此时的最短杆为机架。同样道理，如图 4-3d 所示，以构件 CD 为机架，此时的两连架杆 AD、BC 只能是绕 C、D 两副做往复摆动的摇杆，因此是双摇杆机构。注意这时最短杆既不是机架，也不是连架杆，而是连杆。

由此得铰链四杆机构曲柄存在的充分条件为：

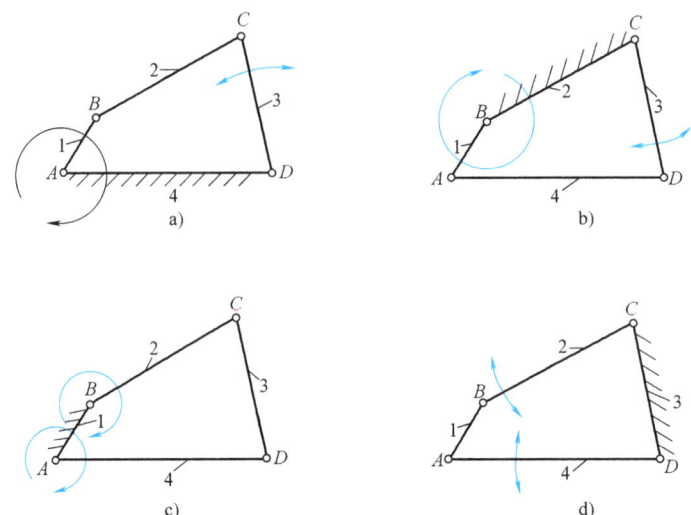

图 4-3 铰链四杆机构的基本类型及其演化
a)、b) 曲柄摇杆机构　c) 双曲柄机构　d) 双摇杆机构

1) 最短杆与最长杆长度之和小于或等于另外两杆长度之和。
2) 最短杆为机架或连架杆。

上述两个条件必须同时满足，否则机构便不可能存在曲柄，而只能是双摇杆机构。

4.1.2 铰链四杆机构的基本类型及其演化

由上述分析可知，当铰链四杆机构满足存在曲柄的杆长条件时，取不同的杆件为机架（图4-3），则可得铰链四杆机构的三种基本类型，即曲柄摇杆机构、双曲柄机构、双摇杆机构。

1. 曲柄摇杆机构

当取与最短杆相邻的构件为机架时（图 4-3a、b），此时两连架杆中，一个为曲柄，一个为摇杆，则此机构称为曲柄摇杆机构。这种机构常常以曲柄为原动件，可将曲柄的连续转动转变成摇杆的往复摆动。此种机构应用广泛，如图4-4所示的雷达天线俯仰角调整机构。另外，此时连杆做平面运动，连杆上各点的轨迹能形成不同的封闭曲线，如引言中提到的会走动的小狗腿的动作就是靠连杆的平面运动来实现的。

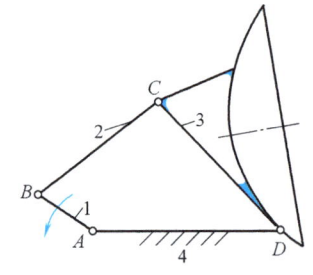

图 4-4 雷达天线俯仰角调整机构

在曲柄摇杆机构中若以摇杆为原动件，则可将摇杆的往复摆动转变为曲柄的连续转动，如图 4-5 所示的缝纫机踏板机构等。

2. 双曲柄机构

若以最短杆为机架（图 4-3c），则因两连架杆都是曲柄，而称为双曲柄机构。如图 4-6 所示的惯性筛机构，它可以将原动曲柄的等速转动转变为从动曲柄的变速转动，从而使筛子具有较大的惯性力而筛分物料。

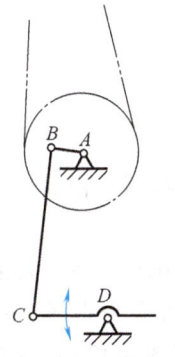

图 4-5 缝纫机踏板机构

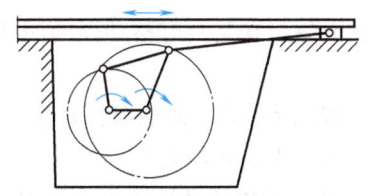

图 4-6 惯性筛机构

在双曲柄机构中,若其相对两杆平行且相等,则成为正平行四边形机构,如图 4-7 所示。这种机构在运动中,其两曲柄的转向相同、角速度相等,而其连杆做平移运动。图 4-8 所示的机车车轮驱动机构就是应用平行四边形机构来传递动力的。图 4-9 所示的摄影平台升降机构,则是应用其连杆做平移运动的。

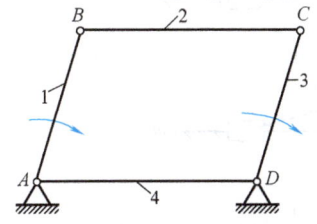

图 4-7 正平行四边形机构

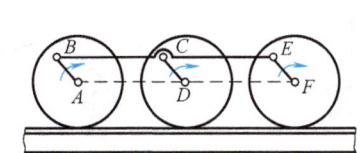

图 4-8 机车车轮驱动机构

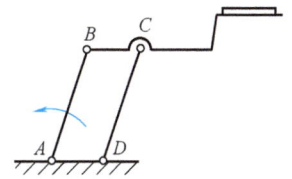

图 4-9 摄影平台升降机构

在双曲柄机构中,若其对边相等而不平行时,则成为反平行四边形机构,如图 4-10 所示的车门机构,运动时主、从动曲柄做反向转动,使两扇车门同时敞开或关闭。

3. 双摇杆机构

若以与最短杆相对的构件为机架(图 4-3d),则因两连架杆均为摇杆,而称其为双摇杆机构。图 4-11 所示的鹤式起重机即为双摇杆机构的应用实例,当摇杆 AB 摆动时,另一摇杆随之摆动,使悬挂在 E 点上的重物在近似水平直线上运动,避免重物平移时因不必要的升降而消耗能量。

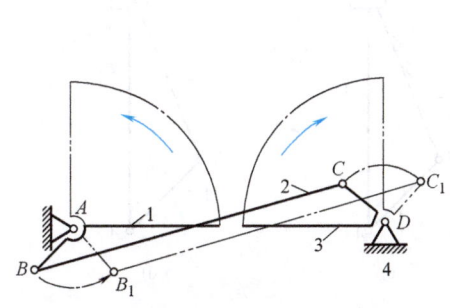

图 4-10 车门机构

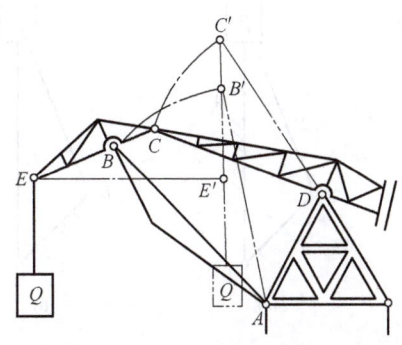

图 4-11 鹤式起重机机构

4.1.3 具有移动副的四杆机构及其演化

1. 曲柄滑块机构

曲柄滑块机构是具有移动副的四杆机构的基本形式，它可以看作由曲柄摇杆机构演化而来的。

图 4-12a 所示为一曲柄摇杆机构，其铰链 C 的运动轨迹为弧线 $\overparen{mm}$。如果将摇杆 3 的长度增加到无穷大，转动副 D 将移至无穷远处，则铰链 C 的轨迹变为直线。若将构件 3 用滑块代替，则 D 副由转动副转化为移动副，原机构也就演化成了图 4-12b 所示的形式了。铰链 C 的轨迹 $\overparen{mm}$ 与曲柄 1 的固定铰链 A 的距离 e 称为偏距。当 $e \neq 0$ 时，称为偏置式曲柄滑块机构，如图 4-12b 所示；当 $e = 0$ 时，称为对心式曲柄滑块机构，如图 4-12c 所示。曲柄滑块机构在活塞式内燃机、往复式水泵、空气压缩机、压力机等机械中有着广泛的应用。

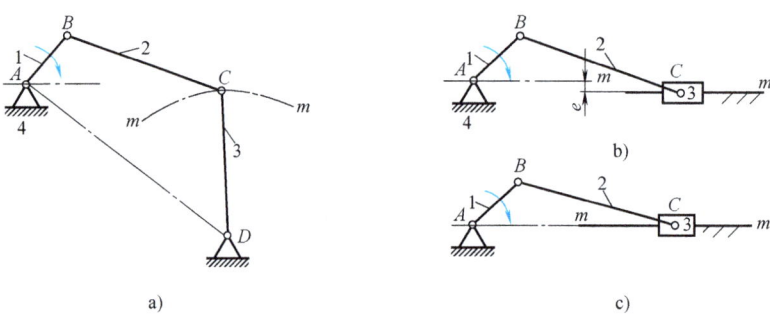

图 4-12 铰链四杆机构的演化

在曲柄滑块机构的基础上，再选择不同的构件为机架，则又可以演化出其他几种滑块机构。

2. 导杆机构

图 4-13a 所示为曲柄滑块机构，当取杆 1 为机架时，即得到图 4-13b 所示的导杆机构。其中杆 4 称为导杆，滑块 3 相对导杆 4 滑动，并随杆 2 一起转动，一般取杆 2 为原动件。当 $l_1 \leq l_2$ 时，杆 2 和杆 4 均可做整周转动，称为转动导杆机构；当 $l_1 > l_2$ 时，杆 4 只能做往复摆动，

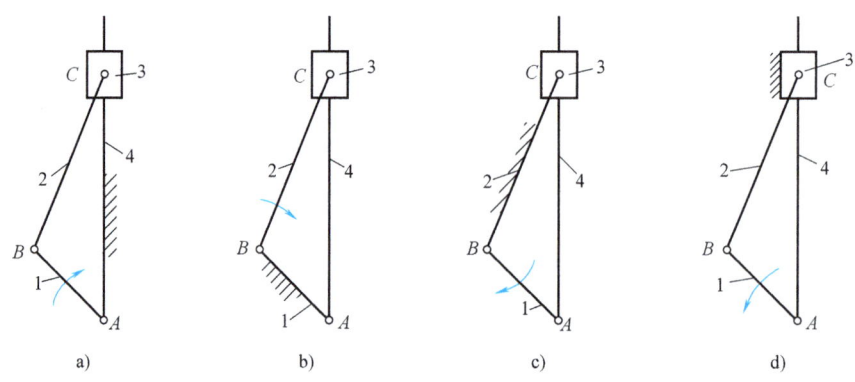

图 4-13 曲柄滑块机构的演化

称为摆动导杆机构。导杆机构可用作回转式液压泵、牛头刨床、插床等机器的主体机构。

3. 摇块机构和定块机构

若取图 4-13a 所示的曲柄滑块机构的杆 2 为机架，即得到图 4-13c 所示的摇块机构。一般取杆 1 和杆 4 为原动件，当杆 1 做转动和摆动时，杆 4 相对杆 3 滑动，并一起绕 C 点摆动，杆 3 即为滑块。这种机构广泛应用于液压驱动装置、摆缸式内燃机等机械中。图 4-14 所示的货车车厢自动翻转卸料机构就是摇块机构的应用实例。另外，挖掘机相邻两杆之间的开合动作也是由摇块机构来实现的。

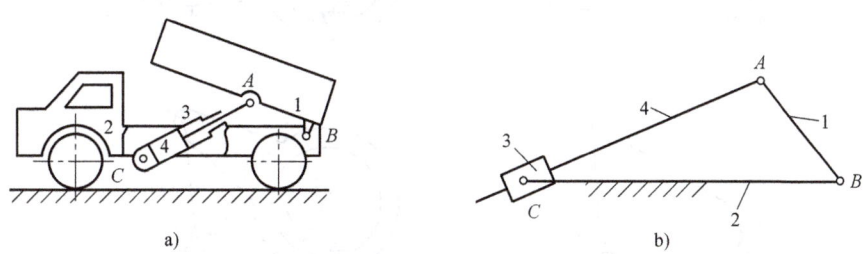

图 4-14 货车车厢自动翻转卸料机构

若再将图 4-13a 中的机架改取为 3，即得到图 4-13d 所示的定块机构了。这种机构一般取杆 1 为原动件，使杆 2 绕 C 点往复摆动，而杆 4 仅相对杆 3 做往复移动，杆 3 为定块，这种机构用于抽水泵和抽油泵中。

4. 双滑块机构

双滑块机构则是含有两个移动副的四杆机构，它也可以看成是由曲柄滑块机构演化而来的。在图 4-15a 所示的曲柄滑块机构中，由于铰链 B 相对于铰链 C 运动的轨迹为圆弧 aa，所以若将连杆 2 做成滑块形式并使之沿圆弧导轨 aa 运动（图 4-15b），显然其运动性质并未发生变化，若再将图 4-15a 中杆 2 的长度增至无限长，则圆弧导轨 aa 将成为直线，于是该机构将演化成图 4-15c 所示的双滑块机构。在此机构中，由于从动件 3 的位移 s 与原动件 1 的转角 φ 的正弦成正比，即 $s = l_1 \sin\varphi$，所以通常称其为正弦机构。这种机构多应用在一些仪表和解算装置中。

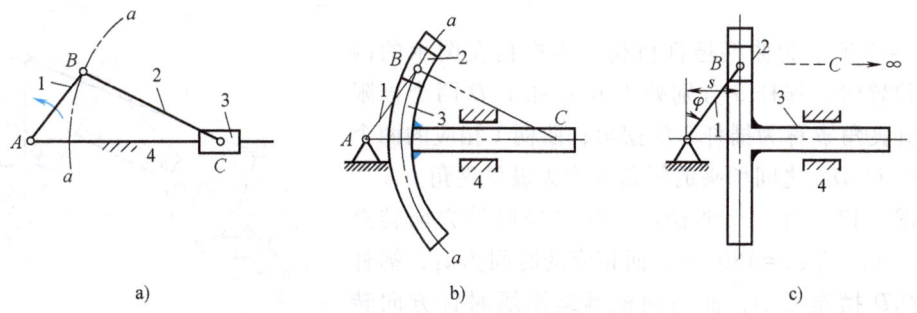

图 4-15 曲柄滑块机构演化为双滑块机构

用类似的方法，还可以将曲柄滑块机构演化成正切机构、双滑块机构等。

除此之外，通过改变构件的形状和尺寸还可以演化出一些其他形式的四杆机构。图 4-16a 所示为一曲柄滑块机构，当因结构需要使曲柄尺寸过小而不便加工，或因运动要求需加大曲柄的质量以增大惯性力时，则将转动副 B 同心放大至将 A 也包括在内，使图 4-16a 中的杆 1

放大成图 4-16b 中的圆盘 1，圆盘 1 的几何中心为 B，转动中心则为偏心 A，故称圆盘 1 为偏心轮，该机构则称为偏心轮机构。当偏心轮 1 转动时，通过杆 2 使滑块 3 往复移动。偏心轮中 A 点和 B 点的距离称为偏心距 e，它与原曲柄长度相等，其他各杆长也都相等，故图 4-16a 和图 4-16b 所示的两机构为等效机构。

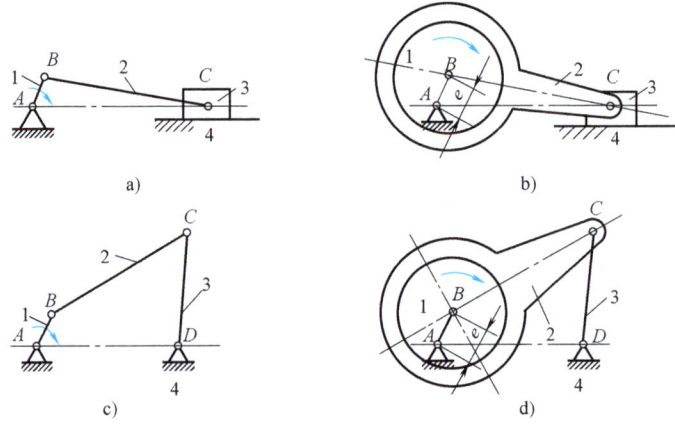

图 4-16 偏心轮机构的演化

同理，图 4-16c 所示的曲柄摇杆机构与图 4-16d 所示的偏心轮机构同样等效。偏心轮机构广泛应用于剪床、压力机、颚式破碎机等机械中。

综上所述，虽然不同形式的四杆机构各具特点，但存在着规律性的内在联系，可以认为是由曲柄摇杆机构演化而来的。

4.2 平面四杆机构的基本特性

4.2.1 急回特性及行程速比系数 K

图 4-17 所示为曲柄摇杆机构，当机构在图示的两个极限位置时，摇杆 3 分别处于 C_1D 和 C_2D 两个极限位置，其夹角 ψ 称为摇杆 3 的摆角；曲柄 1 相应的两个位置 AB_1 和 AB_2 之间所夹的锐角 θ 称为极位夹角。

由图 4-17 可知，当曲柄由 AB_1 沿顺时针方向转至 AB_2 时，其转角 $\varphi_1 = 180° + \theta$，而相应的时间为 t_1，摇杆 3 则由 C_1D 摆至 C_2D；而当曲柄继续沿顺时针方向转动，由 AB_2 转至 AB_1 时，其转角 $\varphi_2 = 180° - \theta$，相应的时间为 t_2，摇杆 3 由 C_2D 摆回至 C_1D。当曲柄等速转动时，

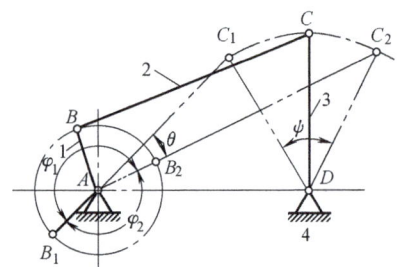

图 4-17 曲柄摇杆机构的急回特性
1—曲柄 2—连杆 3—摇杆

因 $\varphi_1 > \varphi_2$，则 $t_1 > t_2$，由此可知，铰链 C 由 C_1 至 C_2 的平均速度 $v_1 = \widehat{C_1C_2}/t_1$ 必小于由 C_2 至 C_1 的平均速度 $v_2 = \widehat{C_2C_1}/t_2$，即 $v_1 < v_2$。令 K 为从动件的行程速比系数，它表示从动件在往返行程中平均速度的比值。则

$$K=\frac{v_2}{v_1}=\frac{\widehat{C_2C_1}/t_2}{\widehat{C_1C_2}/t_1}=\frac{t_1}{t_2}=\frac{\varphi_1}{\varphi_2}=\frac{180°+\theta}{180°-\theta} \qquad (4\text{-}1)$$

由式（4-1）可知，行程速比系数 K 与极位夹角有关，当 $\theta\neq 0$ 时，$K>1$，即从动件往返行程速度不等，这种性质称为机构的急回特性。K 值越大，表示机构的急回特性越明显，当 $\theta=0$ 时，$K=1$，则机构无急回特性。

由式（4-1）可得

$$\theta=180°\frac{K-1}{K+1} \qquad (4\text{-}2)$$

对于有急回特性的机械（如插床、牛头刨床等），常根据所给定的 K 值，先由式（4-2）算出 θ 角，再结合其他条件进行设计。

对于对心式曲柄滑块机构，因为 $e=0$，所以 $\theta=0$、$K=1$，则该机构无急回特性，而偏置式曲柄滑块机构，因为 $\theta\neq 0$、$K>1$，故有急回特性。

4.2.2　压力角与传动角

对于机构的设计，不仅要满足预定的运动规律和运动轨迹的要求，还希望有良好的运动性能，效率高、运转轻便。图 4-18 所示为曲柄摇杆机构，曲柄 1 为原动件，摇杆 3 为从动件，若不计摩擦并忽略连杆 2 的质量，则连杆 2 为二力杆，那么曲柄 1 通过连杆 2 作用在摇杆 3 上的压力 F 的方向与 BC 共线，则从动件所受压力 F 的方向与受力点 C 的速度 v_C 的方向之间所夹的锐角 α 称为压力角。力 F 的切向分力（沿 v_C 方向）为 $F_t=F\cos\alpha$，它是使从动件运动的有效分力，此分力越大越有利于从动件的运动；力 F 的法向分力（在垂直 v_C 的方向）为 $F_n=F\sin\alpha$，该力只能增加运动副的正压力而增大摩擦，故其越小对从动件越有利，显然，压力角 α 越小越好。压力角的余角 γ 称为传动角，传动角越大越有利于从动件的运动。使用上为了度量方便常以传动角来判断机构传动性能的优劣。

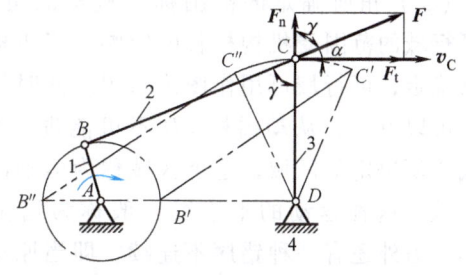

图 4-18　曲柄摇杆机构的压力

机构运动中传动角是变化的，为了保证机构传动性能良好，设计时对其最小传动角是有要求的。若只传递运动，通常使机构的最小传动角 $\gamma_{min}\geq 40°$ 即可，而在传递动力时，应取 $\gamma_{min}\geq 50°$。由机构的几何关系可以推证出，对于曲柄摇杆机构，最小传动角 γ_{min} 出现在曲柄与机架共线的位置，如图 4-18 中的 $\angle B'C'D$ 和 $\angle B''C''D$。

4.2.3　机构的死点位置

在曲柄摇杆机构中，若以摇杆为原动件而曲柄从动，当摇杆处于两极限位置时，连杆与曲柄共线，出现了传动角 $\gamma=0°$ 的情况。这时，通过连杆作用于从动件 AB 上的力恰好通过其回转中心，对曲柄 AB 不产生转动力矩，机构的此种位置称为死点位置，此时从动件出现卡住现象。在以滑块为原动件的曲柄滑块机构中也同样有这种现象。例如图 4-5 所示的缝纫机踏板机构和图 1-1 所示的内燃机机构就会出现这种现象。

在传动机构中必须能顺利通过死点位置，常常可以采用机构错位排列，即将两组以上的机构组合起来，而使各组机构的死点相互错开或采用安装飞轮加大惯性的办法来闯过死点位置，如多缸内燃机的错位排列。

在工程中，也常常利用机构的死点位置来满足一定的工作要求。图4-19所示的工件夹紧机构就是利用死点位置来夹紧工件的，以保证加工时不松脱。

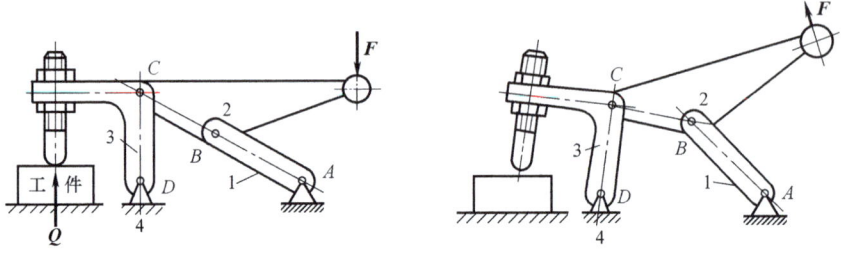

图4-19 利用死点位置

4.2.4 连杆机构运动的连续性

在连杆机构中，当原动件连续运动时，从动件也能连续地占据给定的各个位置，这称为机构具有运动的连续性。如图4-20所示，当曲柄连续转动时，从动件 CD 根据安装形式的不同，可分别在 C_1D 至 C_2D 的 φ 角范围内或在 $C_1'D$ 至 $C_2'D$ 的 φ' 角范围内往复摆动，由 φ（φ'）角所确定的范围称为机构的可行域。可行域的范围受机构杆长的影响，当机构杆长已确定，可行域可用作图法求得。同时从图中也可以看出，从动摇杆 CD 不可能进入角度 δ 或 δ' 所决定的区域，这个区域称为运动的不可行域。这种运动的不连续一般称为错位不连续。另外还有一种错序不连续，即当原动件转动方向发生变化时，从动件连续占据几个给定位置的顺序可能变化，这种不连续一般称为错序不连续。当然，在设计连杆机构时，要注意避免错位和错序不连续的问题。

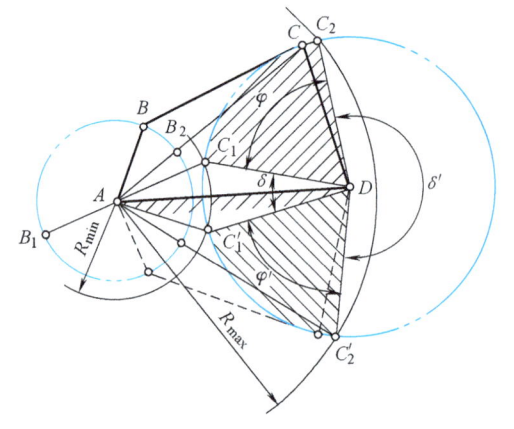

图4-20 运动的连续性

4.3 平面连杆机构设计

4.3.1 平面连杆机构设计的基本问题

所谓连杆机构设计的基本问题，就是指根据给定要求选定机构的问题。如前所述，平面连杆机构在工程实际中应用广泛，这些范围广泛的应用问题通常可以归纳为三大类设计问题。

1. 满足刚体给定位置的设计

这类问题通常称为刚体导引机构的设计。要求所设计的机构能引导刚体顺利通过一系列给定位置，该刚体一般是机构的连杆，如图 4-21 所示。

2. 满足预定运动规律的设计

这类问题通常称为函数生成机构的设计。要求所设计机构的主从动连架杆之间的运动关系能满足某种给定的函数关系。例如图 4-10 所示的车门启闭机构，工作要求两连架杆的转角满足大小相等但转向相反的运动关系，以实现车门的开启和闭合。

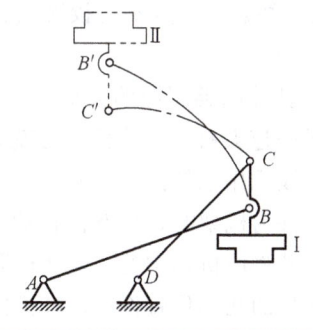

图 4-21 满足刚体给定位置的设计

3. 满足预定轨迹的设计

这类问题通常称为轨迹生成机构的设计。要求所设计的机构在运动过程中，连杆上某点的轨迹能符合预定的轨迹要求，如图 4-11 所示。

连杆机构的设计方法有图解法、解析法和实验法。三种方法各有特点，选用哪种方法进行设计，应视具体情况而定。

4.3.2 用图解法设计四杆机构

1. 刚体导引机构的设计

如图 4-22 所示，设已知刚体在运动中依次占据三个位置，试设计一个铰链四杆机构，引导该刚体实现给定的运动。

首先根据刚体的具体结构选择合适的铰链点，如 B、C 的位置。B、C 确定后，BC 刚体的三个位置即可看作机构连杆的三个位置，此时该设计问题就成为确定连架杆铰链 A、D 的问题了。在铰链四杆机构中，由于连架杆 1 和 3 分别绕两个固定铰链

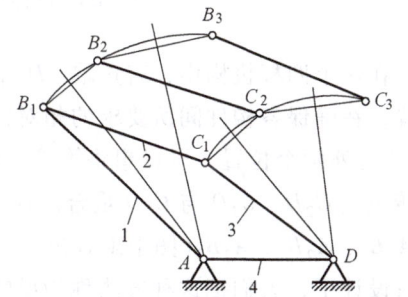

图 4-22 按连杆三位置设计铰链四杆机构

A 和 D 做定轴转动，所以连架杆上点 B 的三个位置 B_1、B_2、B_3 应位于以 A 为圆心以 AB 为半径的圆周上。因此，分别连接 B_1、B_2 点及 B_2、B_3 点，得连线 B_1B_2 与 B_2B_3，并作两连线的中垂线，其交点即为固定铰链 A。同理可求得连架杆 3 的固定铰链 D。连线 AD 即为机架的长度。AB_1C_1D 即为所求的铰链四杆机构。

如果只给定连杆的两个位置，则点 A 和点 D 可分别在 B_1B_2 和 C_1C_2 各自的中垂线上任意选择，因此有无穷多个解。为了得到确定的解，可根据具体情况添加辅助条件，例如给定最小传动角或提出其他结构上的要求等。

这类问题还可以用等视角定理法（即半角定理法）来进行设计，具体内容可参见参考文献 [16]。

2. 函数生成机构的设计

这类设计问题即通常所说的按两连架杆预定的对应位置设计四杆机构。如图 4-23 所示，已知四杆机构机架 AD 的长度和两连架杆的三个对应位置 AB_1、AB_2、AB_3 和 DE_1、DE_2、

DE_3(注意:E 点不是铰链点,它仅是摇杆 3 上反映位置关系的相关点),试设计该铰链四杆机构。

设计此类问题的关键是求出连杆 BC 上活动铰链点 C 的位置,因为 C 确定了,连杆 BC 及另一连架杆 DC 的长度也就确定了。

设想用已知连杆的几个位置设计四杆机构的方法来解决这种问题。在四杆机构中,当任取一构件为机架时,虽然机构的性质会有所不同,但不会影响构件间的相对运动关系。既然如此,若将原机构中的一连架杆取为机架,那么另一连架杆即为连杆。这样,就可以把原来已知连架杆的几个位置设计四杆机构的问题转化为已知连杆的几个位置设计四杆机构的问题了。

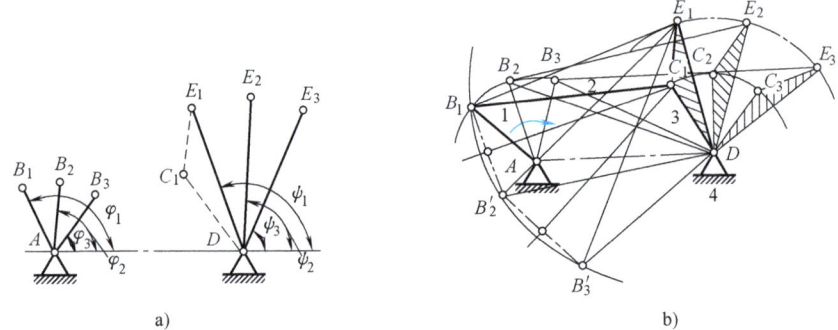

图 4-23 已知连杆的三个对应位置设计四杆机构

在这个四杆机构中,若选取 CD 杆为机架,AB 杆便是连杆,AB_1 便是连杆所在的第一个位置,在确保各构件间所要求的相对位置不变的条件下,为了求得当取 CD 杆为机架时连杆 AB 的另外两个位置,可设想将第二、第三位置的机构刚化,并使它们分别绕 CD 杆的轴心 D 反转至使 C_2D、C_3D 与 C_1D 重合。这样就求得了取 CD 杆为机架时连杆 AB 所占据的三个位置 A_1B_1、A_2B_2'、A_3B_3'(图中未画出),显然此时该四杆机构就可以按已知连杆的几个位置来进行设计了,人们把这种方法称为反转法。

设计时因为 D 点已知,故只需由 B 点的几个位置来确定 C 点即可。确定方法如下:

1) 按选定的比例尺作已知的几个位置图。

2) 分别以 D 为圆心以 DB_2 为半径和以 E_1 为圆心以 E_2B_2 为半径画弧,两圆弧相交于 B_2' 点;再以 D 为圆心以 DB_3 为半径和以 E_1 为圆心以 E_3B_3 为半径画弧,相交于 B_3' 点。

3) 连接 B_1B_2' 和 $B_2'B_3'$,并分别作其中垂线,其交点即为 C_1 点。图中 AB_1C_1D 即为所求机构。

3. 急回机构的设计

这类设计问题即通常所说的按给定的行程速比系数 K 设计四杆机构,它也属于函数生成机构的设计。

已知曲柄摇杆机构中的摇杆长度 c、其摆角 ψ 及其行程速比系数 K,试设计该曲柄摇杆机构。

此类设计问题的实质是确定曲柄的固定铰链点 A 的位置。一般可根据已知的行程速比系数 K 计算出极位夹角 θ,从而便可利用其他条件作出机构的两个极限位置而确定 A 点,进一步再确定机构的尺寸。做法如下:

1) 根据式(4-2)计算出极位夹角 θ。

2）任选一点 D（图 4-24），作摇杆 3 的两个极限位置 C_1D 和 C_2D，使其长度等于 c，其间夹角等于 ψ。

3）连直线 C_1C_2，作 $\angle C_1C_2O = 90°-\theta$，并与 C_1C_2 的中垂线交于 O 点。则 $\angle C_1OC_2 = 2\theta$，由于同弧的圆周角为圆心角的一半，以 O 为圆心以 OC_1 为半径作圆 P，则该圆周上任意点 A 与 C_1、C_2 连线间的夹角 $\angle C_1AC_2 = \theta$。由于 A 点位置可以在 $\overset{\frown}{C_1E}$ 或 $\overset{\frown}{C_2F}$ 上任取，故有无穷多解。此时若已给出附加条件，如已给出曲柄尺寸或机架位置等，则 A 点位置即确定；若未给出附加条件，一般应以满足 $\gamma_{\min} \geq [\gamma]$ 为原则来确定 A 点。

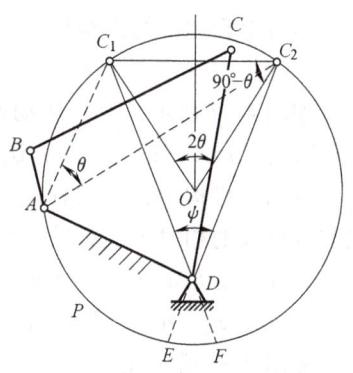

图 4-24 急回机构的设计

4）A 点确定后，由于曲柄摇杆机构在极限位置时曲柄和连杆共线，连接 A、C_1 和 A、C_2，则得

$$AC_1 = b - a$$
$$AC_2 = b + a$$

式中，a、b 分别为曲柄和连杆的长度。

将上两式联立，可解得

$$a = (AC_2 - AC_1)/2$$
$$b = (AC_2 + AC_1)/2$$

连线 AD 的长度即为机架的长度 d。

5）检验 $\gamma_{\min}$，使其满足 $\gamma_{\min} \geq [\gamma]$，按设计所得尺寸画出机构简图 $ABCD$。

摆动导杆机构和偏置式曲柄滑块机构也均有急回特性，也可按给定的行程速比系数 K 来设计，如图 4-25 和图 4-26 所示。应注意，在摆动导杆机构中，导杆的摆角等于极位夹角，即 $\psi = \theta$；在偏置式曲柄滑块机构中，滑块的导路中心与曲柄固定铰链中心 A 的垂直距离为偏心距 e，这给作图带来了方便。

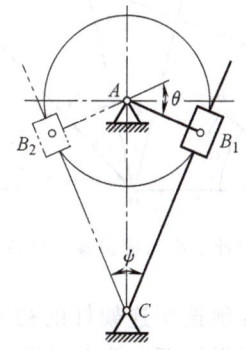

图 4-25 按 K 设计摆动导杆机构

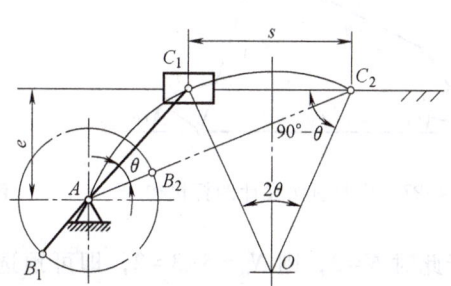

图 4-26 按 K 设计偏置式曲柄滑块机构

4.3.3 用解析法设计四杆机构

解析法实际上就是数学上的函数逼近问题，其实质是建立机构尺度参数与运动参数的解析式，运动参数由已知条件给定或由预期函数计算得到，将其代入包含尺度参数的方程中求

解,即可得到相应的机构尺寸参数。

1. 按预定的两连架杆对应位置设计

如图 4-27 所示,要求从动件 3 与主动件 1 的转角之间满足一系列的对应位置关系,即 $\varphi_i = f(\alpha_i)$,$i = 1、2、\cdots、n$,试设计此四杆机构。

在图示机构中,连架杆之间的转角 φ 和 α 关系为已知值,θ_i 角未知,而 φ 和 α 的关系仅与各杆长的相对尺寸有关,与绝对尺寸无关。现在若以 AB 的长度 a 为参考长度,取相对尺寸 $a/a = 1$,$b/a = l$,$c/a = m$,$d/a = n$,则两连架杆转角间的运动关系可表达为:$\varphi = F(l, m, n, \alpha_0, \varphi_0, \alpha_i)$,即影响机构运动关系的参数为 $l、m、n、\alpha_0、\varphi_0$,共 5 个。

如图 4-27 所示建立坐标系 xOy,并把各矢量向坐标轴投影,可得

$$\left.\begin{array}{l} l\cos\theta_i = n + m\cos(\varphi_i + \varphi_0) - \cos(\alpha_i + \alpha_0) \\ l\sin\theta_i = m\sin(\varphi_i + \varphi_0) - \sin(\alpha_i + \alpha_0) \end{array}\right\} \quad (4-3)$$

为了消去未知角 θ_i,将式(4-3)两端各自平方后相加,经整理可得

$$\cos(\alpha_i + \alpha_0) = m\cos(\varphi_i + \varphi_0) - (m/n)\cos(\varphi_i + \varphi_0 - \alpha_i - \alpha_0) + (m^2 + n^2 + 1 - l^2)/(2n)$$

令 $P_0 = m$,$P_1 = -m/n$,$P_2 = (m^2 + n^2 + 1 - l^2)/(2n)$,则上式可简化为

$$\cos(\alpha_i + \alpha_0) = P_0\cos(\varphi_i + \varphi_0) + P_1\cos(\varphi_i + \varphi_0 - \alpha_i - \alpha_0) + P_2 \quad (4-4)$$

式(4-4)中有 5 个待定参数 P_0、P_1、P_2、α_0、φ_0,要使方程可解,方程式数目应与待定未知数的数目相等,故四杆机构最多可给出两连架杆的 5 个对应位置而得到确定的解;若两连架杆的对应位置数 $N > 5$,将使问题不可解,此时,设计要求仅能近似地得到满足;当要求的两连架杆的对应位置数 $N < 5$ 时,可预选某些参数,设可预选的某些参数数目为 N_0,则 $N_0 = 5 - N$,此时,由于可预选某些参数,故有无穷多解。

例如图 4-28 所示的铰链四杆机构,设计要求其两连架杆满足如下三组对应位置关系:$\alpha_1 = 45°$,$\varphi_1 = 50°$;$\alpha_2 = 90°$,$\varphi_2 = 80°$;$\alpha_3 = 135°$,$\varphi_3 = 110°$。

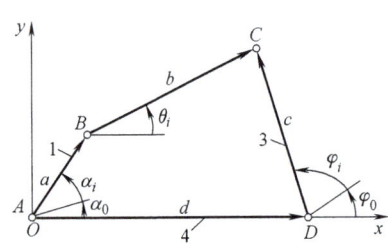

图 4-27 用解析法设计四杆机构

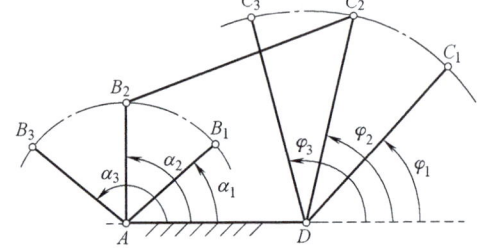

图 4-28 满足两连架杆三组对应位置设计四杆机构

由于此时 $N = 3$,则 $N_0 = 5 - 3 = 2$,即可预选两个参数,通常预选两连架杆的初始角 α_0、φ_0,如取 $\alpha_0 = \varphi_0 = 0°$,并将已知的三组对应值代入式(4-4),可得如下线性方程组

$$\left.\begin{array}{l} \cos 45° = P_0\cos 50° + P_1\cos(50° - 45°) + P_2 \\ \cos 90° = P_0\cos 80° + P_1\cos(80° - 90°) + P_2 \\ \cos 135° = P_0\cos 110° + P_1\cos(110° - 135°) + P_2 \end{array}\right\}$$

解此方程组可得 $P_0 = 1.5330$,$P_1 = -1.0628$,$P_2 = 0.7805$。进而可求出 $m = 1.533$、$n = 1.422$、$l = 1.783$。再根据实际结构选定曲柄 AB 的长度,即可进一步确定其他构件的长度。

当对所得解不满意时还可重选 α_0、φ_0，直至满意为止。

2. 按期望函数设计

如果设计要求两连架杆实现某期望函数 $y=f(x)$，由于连杆机构的待定参数较少，故一般不能准确实现该期望函数。此时可采用插值逼近法来进行设计。设逼近函数 $y=F(x)$，设计时只能使逼近函数 $y=F(x)$ 在给定的自变量 x 的变化区间 $x_0 \sim x_m$ 内的某些点上，与预期函数的函数值相等。从几何意义上看，即使 $y=F(x)$ 与 $y=f(x)$ 两函数曲线在某些点相交，如图 4-29 所示。这些交点称为插值结点，显然在结点处有

$$f(x)-F(x)=0$$

即在插值结点上逼近函数可以实现预期函数的准确值，而其他各点则存在不同程度的偏差，其偏差为 $\Delta y=f(x)-F(x)$。偏差的大小与结点的数目及其分布有关，结点数多则有利于精度的

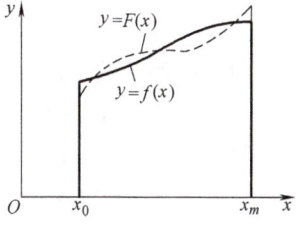

图 4-29 插值结点的选择

提高，但由前文内容可知，结点数最多为 5 个。而其分布可根据函数逼近理论，利用契贝谢夫插值结点分布关系式初步选取，即

$$x_i = \frac{1}{2}(x_m+x_0) - \frac{1}{2}(x_m-x_0)\cos\frac{(2i-1)\pi}{2m} \qquad (4-5)$$

式中，$i=1、2、\cdots、m$，m 为插值结点总数。

由于此种函数关系的实现是通过连架杆转角关系来模拟实现的，故在求得了逼近函数 $y=F(x)$ 的几对函数值后，还应将其按一定比例转换成相应的角位移值，即可按上述的两连架杆对应位置进行设计了。

例 4-1 试设计一铰链四杆机构，以近似实现给定函数 $y=1/x$。自变量 x 的变化区间为 $1 \le x \le 2$。两连架杆的总转角要求为 $\alpha_m = 90°$ 和 $\varphi_m = -90°$（正值表示逆时针转向，负值表示顺时针转向）。

解 自变量 x 的边界值为 $x_0=1$ 和 $x_m=2$，对应的转角 $\alpha_m=90°$，相应的因变量 y 的边界值为 $y_0=1$ 和 $y_m=0.5$，对应的转角 $\varphi_m=-90°$。

(1) 选取插值点

$$x_i = \frac{1}{2}(x_m+x_0) - \frac{1}{2}(x_m-x_0)\cos\frac{(2i-1)\pi}{2m}$$

$$x_1 = \frac{1}{2}\times(2+1) - \frac{1}{2}\times(2-1)\cos\frac{(2\times1-1)\times180°}{2\times3} = 1.067$$

$$x_2 = \frac{1}{2}\times(2+1) - \frac{1}{2}\times(2-1)\cos\frac{(2\times2-1)\times180°}{2\times3} = 1.5$$

$$x_3 = \frac{1}{2}\times(2+1) - \frac{1}{2}\times(2-1)\cos\frac{(2\times3-1)\times180°}{2\times3} = 1.933$$

与此对应的因变量为

$$y_1 = 1/x_1 = 0.9372$$
$$y_2 = 1/x_2 = 0.6667$$
$$y_3 = 1/x_3 = 0.5173$$

(2) 换算比例系数并作相应计算

$$\mu_\alpha = \frac{x_m - x_0}{\alpha_m} = \frac{2-1}{90°} = \frac{1}{90°}$$

$$\mu_\varphi = \frac{y_m - y_0}{\varphi_m} = \frac{0.5-1}{-90°} = \frac{1}{180°}$$

利用比例系数求出插值结点处的连架杆角位移为

$$\alpha_1 = \frac{x_1 - x_0}{\mu_\alpha} = \frac{1.067-1}{\frac{1}{90°}} = 6°, \quad \varphi_1 = \frac{y_1 - y_0}{\mu_\varphi} = \frac{0.9372-1}{\frac{1}{180°}} = -11.3°$$

$\alpha_2 = 45°, \quad \varphi_2 = -60°$

$\alpha_3 = 84°, \quad \varphi_2 = -86.9°$

(3) 试取初始角 α_0 和 φ_0

取 $\alpha_0 = 39°, \varphi_0 = 101.3°$。选取时应考虑传动性能好、计算方便等条件。

(4) 将各值代入方程并求解

$\cos(\alpha_i + \alpha_0) = P_0\cos(\varphi_i + \varphi_0) + P_1\cos(\varphi_i + \varphi_0 - \alpha_i - \alpha_o) + P_2$

$\cos(6° + 39°) = P_0\cos(-11.3° + 101.3°) + P_1\cos(-11.3° + 101.3° - 6° - 39°) + P_2$

$\cos(45° + 39°) = P_0\cos(-60° + 101.3°) + P_1\cos(-60° + 101.3° - 45° - 39°) + P_2$

$\cos(84° + 39°) = P_0\cos(-86.9° + 101.3°) + P_1\cos(-86.9° + 101.3° - 84° - 39°) + P_2$

联立求解此线性方程组,得

$P_0 = -0.81862, \quad P_1 = 0.44710, \quad P_2 = 0.39096$

进而求得各杆的相对长度为

$l = 1.8866, \quad m = -0.81862, \quad n = 1.83096$

当选定了 a 的长度后即可求得机构各杆的长度,并画出机构简图。

(5) 检查偏差值 $\Delta\varphi$ 对于所设计的四杆机构,除结点之外各点的偏差一般均需要检验。由式(4-3)可求得逼近函数值为

$$\varphi = 2\arctan\left[\left(A \pm \sqrt{A^2 + B^2 - C^2}\right)/(B+C)\right] - \varphi_0$$

式中

$$A = \sin(\alpha + \alpha_0)$$

$$B = \cos(\alpha + \alpha_0) - n$$

$$C = (1 + m^2 + n^2 - l^2)/(2m) - n\cos(\alpha + \alpha_0)/m$$

期望函数值则为

$$\varphi' = \left[\lg(x_0 + \mu_\alpha \alpha) - y_0\right]/\mu_\varphi$$

则偏差为

$$\Delta\varphi = \varphi - \varphi'$$

若偏差过大,则应适当调整初始角、转角变化范围等有关参数,重新进行设计。

3. 按预定的连杆位置设计四杆机构

对于实现连杆两位置或三位置的问题，一般用图解法解决，既简单又方便。但若给定的位置数大于3，则应考虑用解析法进行计算。

连杆在机构中做平面运动，它的位置可以用连杆平面上的任意两点表示，也可以用连杆上的一个点和方向角来表示。因此，按预定的连杆位置设计四杆机构的要求，可表示为要求连杆上的 M 点能占据一系列预定的位置 $M_i(x_{Mi}, y_{Mi})$，且连杆具有一系列相应的转角 θ_i。

如图 4-30 所示，建立坐标系 xOy，将四杆机构分为左侧、右侧两个双杆组来讨论。建立左侧双杆组的矢量封闭图，可得封闭矢量方程为

$$OA+AB_i+B_iM_i-OM_i=0$$

将其在 x 轴、y 轴上进行投影，得

$$\left. \begin{array}{l} x_A+a\cos\alpha_i+k\cos(\gamma+\theta_i)-x_{Mi}=0 \\ y_A+a\sin\alpha_i+k\sin(\gamma+\theta_i)-y_{Mi}=0 \end{array} \right\}$$

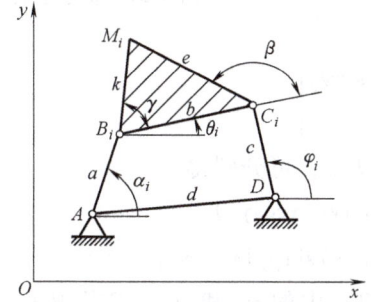 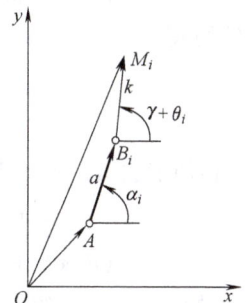

图 4-30 按预定的连杆位置设计四杆机构

消去上式中的 α_i，并整理可得

$$(x_{Mi}^2+y_{Mi}^2+x_A^2+y_A^2+k^2-a^2)/2-x_A x_{Mi}-y_A y_{Mi}+k(x_A-x_{Mi})\cos(\gamma+\theta_i)+k(y_A-y_{Mi})\sin(\gamma+\theta_i)=0$$

上式中共有 5 个待定参数 x_A、y_A、a、k、γ，故最多也只能按 5 个预定的连杆位置精确求解。若预定位置数小于 5，可预选相应的参数，如预定位置参数为 3，并预选 x_A、y_A 后，上式可化为线性方程

$$X_0+A_{1i}X_1+A_{2i}X_2+A_{3i}=0 \tag{4-6}$$

式中，$X_0=(k^2-a^2)/2$，$X_1=k\cos\gamma$，$X_2=k\sin\gamma$，均为新变量；$A_{1i}=(x_A-x_{Mi})\cos\theta_i+(y_A-y_{Mi})\sin\theta_i$，$A_{2i}=(y_A-y_{Mi})\cos\theta_i-(x_A-x_{Mi})\sin\theta_i$，$A_{3i}=(x_{Mi}^2+y_{Mi}^2+x_A^2+y_A^2)/2-x_A x_{Mi}-y_A y_{Mi}$，均为已知系数。

由式（4-6）解得 X_0、X_1、X_2 后，即可求得待定参数

$$k=\sqrt{X_1^2+X_2^2}, \quad a=\sqrt{k^2-2X_0}, \quad \tan\gamma=X_2/X_1$$

B 点的坐标为

$$\left. \begin{array}{l} x_{Bi}=x_{Mi}-k\cos(\gamma+\theta_i) \\ y_{Bi}=y_{Mi}-k\sin(\gamma+\theta_i) \end{array} \right\}$$

应用相同的方法可计算右侧双杆组的参数。这时只要在上列相关式中以 x_D、y_D、c、e、

β、x_C、y_C 分别代替 x_A、y_A、a、k、γ、x_B、y_B，即可求得 e、c、β 及 x_{Ci}、y_{Ci}。

求出左右侧双杆组的参数后，可求得四杆机构的连杆长 b 和机架长 d 为

$$\left.\begin{array}{l} b = \sqrt{(x_{Bi}-x_{Ci})^2+(y_{Bi}-y_{Ci})^2} \\ d = \sqrt{(x_A-x_D)^2+(y_A-y_D)^2} \end{array}\right\}$$

4. 轨迹生成机构的设计

轨迹生成机构的设计即通常所说的按给定的运动轨迹设计四杆机构。用解析法求解轨迹机构的主要任务是找出要求轨迹 M 点的坐标 (x, y) 与机构尺寸之间的函数关系。在图 4-31 所示的坐标系 xOy 中，机构尺寸如图所示，$M(x, y)$ 点的坐标值为

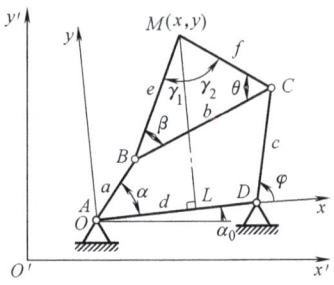

图 4-31 轨迹生成机构的设计

$$\left.\begin{array}{l} x = a\cos\alpha + e\sin\gamma_1 \\ y = a\sin\alpha + e\cos\gamma_1 \end{array}\right\} \quad (1)$$

由四边形 $DCML$ 可得

$$\left.\begin{array}{l} x = d + c\cos\varphi - f\sin\gamma_2 \\ y = c\sin\varphi + f\cos\gamma_2 \end{array}\right\} \quad (2)$$

将式（1）平方相加消去 α，式（2）平方相加消去 φ，可分别得

$$x^2+y^2+e^2-a^2 = 2e(x\sin\gamma_1+y\cos\gamma_1)$$

$$(d-x)^2+y^2+f^2-c^2 = 2f[(d-x)\sin\gamma_2+y\cos\gamma_2]$$

由图 4-31 可知 $\gamma_1+\gamma_2=\gamma$ 的关系，消去式（2）中的 γ_1 和 γ_2，求得 M 点的位置方程，即连杆曲线方程为

$$U^2+V^2=W^2 \quad (4\text{-}7)$$

式中

$$U = f[(x-d)\cos\gamma+y\sin\gamma](x^2+y^2+e^2-a^2)-ex[(x-d)^2+y^2+f^2-c^2]$$
$$V = f[(x-d)\sin\gamma-y\cos\gamma](x^2+y^2+e^2-a^2)+ey[(x-d)^2+y^2+f^2-c^2]$$
$$W = 2ef\sin\gamma[x(x-d)+y^2-dy\cos\gamma]$$

上式中共有 6 个待定参数 a、c、d、e、f、γ，故可在预期的轨迹中选取 6 个点的坐标值代入方程，独立求解即可得全部尺寸。若如图 4-31 所示引入坐标系 $x'O'y'$，即引入了表示机架在 $x'O'y'$ 坐标系中位置的 3 个待定参数 x_A、y_A、α_0，然后用坐标变换的方法将式（4-7）变换到坐标系 $x'O'y'$ 中，即可得到在该坐标系中的连杆曲线方程为

$$F(x', y', a, c, d, e, f, x_A, y_A, \gamma, \alpha_0) = 0 \quad (4\text{-}8)$$

上式中共有 9 个待定参数，即该机构连杆上的一点最多能精确地通过给定轨迹上的 9 个点。若在预期的轨迹中选取 9 个点的坐标值代入式（4-8），即可得到 9 个非线性方程，利用数值方法求解即可得所求尺寸。

4.3.4 用实验法设计四杆机构

当运动要求比较复杂，需要满足的位置较多，特别是对于按预定轨迹要求设计四杆机构时，用实验法设计有时会更简便。

1. **按两连架杆多对对应位置设计四杆机构**

如图 4-32 所示，要求设计一个四杆机构，满足从动连架杆和原动连架杆之间的多对转角关系 $\varphi_i = f(\alpha_i)$。

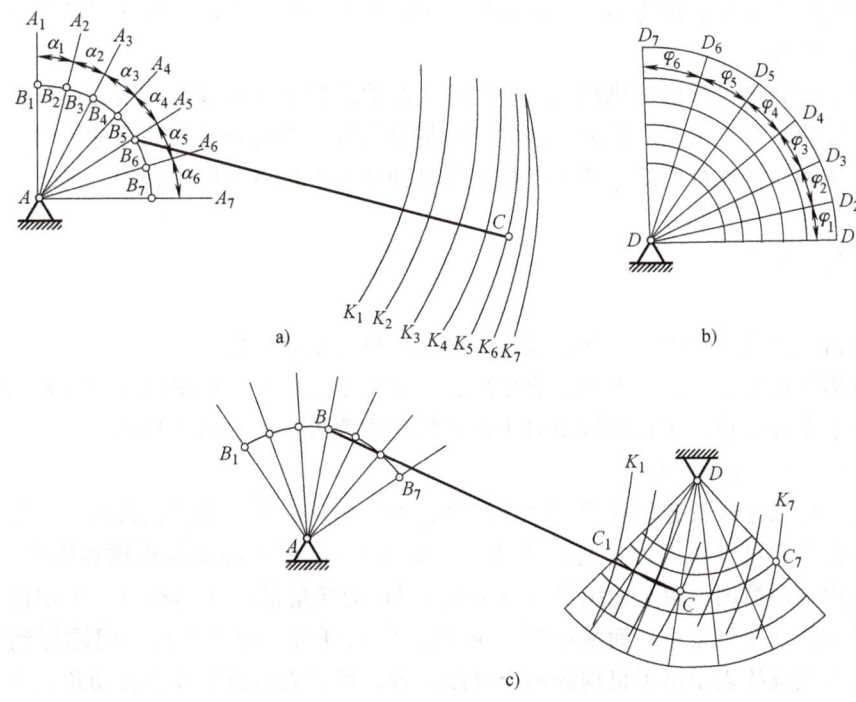

图 4-32 按两连架杆多对对应位置设计四杆机构

设计时，可先在一张纸上取一固定点 A，并按角位移 α_i 作出原动件的一系列位置线，选适当的原动件长度 $\overline{AB}$，作圆弧与上述位置线分别相交于 B_1、B_2、…、B_i；再选择一适当的连杆长度 $\overline{BC}$ 为半径，分别以点 B_1、B_2 等为圆心画弧 K_1、K_2、…、K_i。

然后在一透明纸上选一固定点 D，并按已知的角位移 φ_i 作出从动件的一系列位置线，再以点 D 为圆心，以不同的长度为半径作一系列同心圆。

把透明纸覆盖在第一张图纸上，并移动透明纸，力求找到这样一个位置，即从动件位置线 DD_1、DD_2、… 与相应的圆弧线 K_1、K_2、… 的交点位于（或近似位于）以 D 为圆心的某一同心圆上。此时把透明纸固定下来，点 D 即为另一固定铰链所在的位置，$\overline{AD}$ 即为机架长度，$\overline{CD}$ 则为从动连架杆的长度。这个过程往往需要反复，直至达到要求为止。

2. **按预定轨迹设计四杆机构**

如图 4-33 所示，设要求实现的轨迹为 mm。现准备两个构件，使它们铰接在点 B。其中构件 1 为

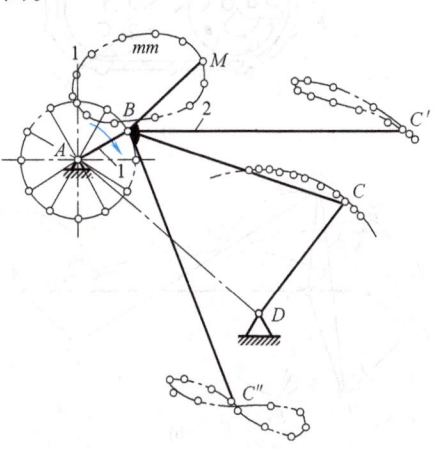

图 4-33 按预定轨迹设计四杆机构

长度可调的构件,并可绕固定铰链 A 转动;构件 2 为有若干分枝且其角度和长度都可调的构件。让 M 点沿着预期轨迹运动,构件 2 上各点也将描出各自的连杆曲线。在这些曲线中,找出圆弧或近似圆弧的曲线,于是即可将描绘圆弧曲线的点 C 作为连杆上的另一活动铰链点,而此曲线的曲率中心即为另一固定铰链点 D。若不满足,可以调整各杆参数再试,直至满足设计要求为止。

按照预定的轨迹设计四杆机构还可以利用连杆曲线图谱进行设计。因为四杆机构的连杆曲线的形状取决于各杆的相对长度和连杆上的描点位置。故可查阅相关参考资料,找出与要求实现的轨迹相似的连杆曲线,其四杆机构各杆的相对长度可从图中查得。

4.4 多杆机构

一般将由五个或五个以上构件组成的连杆机构称为多杆机构。

四杆机构结构简单,设计方便,应用广泛,但对于工程实际中提出的一些复杂问题,则往往要借助于多杆机构。多杆机构相对于四杆机构主要可以达到以下目的。

1. 可获得有利的传动比

当机构外廓尺寸或铰链位置受到严格限制,而机构从动件摆角又较大时,采用多杆机构比用四杆机构往往可以获得更有利的传动角。如图 4-34a 所示的洗衣机搅拌机构,图 4-34b 所示为其机构运动简图。由于输出摇杆(叶轮)FG 的摆角很大($>180°$),采用曲柄摇杆机构时,其最小传动角将很小。而采用图 4-34 所示的六杆机构即可使这一问题得到很好的解决。图中用双点画线表示出了机构的两个极限位置,可以看出机构没有传动角过小的情况。

2. 可获得较大的机械增益

如图 4-35 所示的机构,因其 DCE 的构型如同人的肘关节一样而被称为肘杆机构。当从动滑块 5 接近于下死点时,由于速比 v_B/v_5 很大,故可用加于曲柄 AB 上的很小的力 F 克服很大的生产阻力 G,即可获得较大的机械增益,因此广泛应用于锻压设备中。

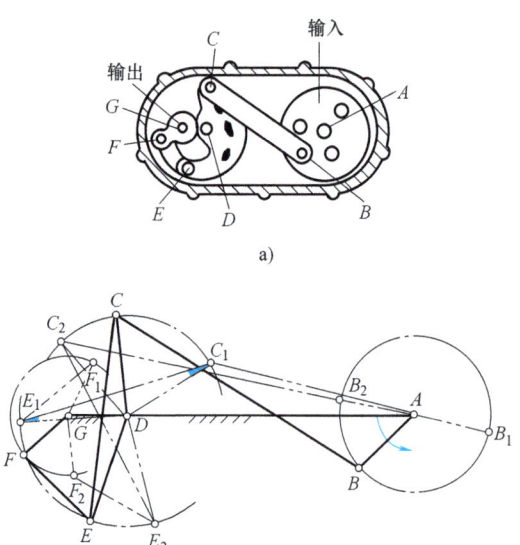

图 4-34 可获得有利传动角的多杆机构

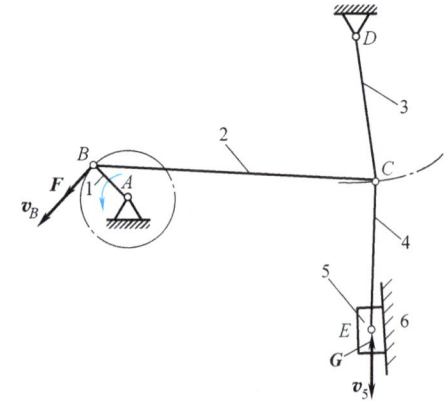

图 4-35 可获得较大机械增益的机构

3. 可改善从动件的运动特性

刨床、插床等很多机器中的主传动机构，都要求其工作行程为等速运动以保证加工质量，而回程则有急回特性以提高工作效率。一般的四杆机构能满足急回特性，但工作行程的等速性却不好，而采用多杆机构则能得到较好的改善。图 4-36 所示的 Y52 插齿机的主传动机构就采用了一个六杆机构，使插刀在工作行程中得到近似等速运动。

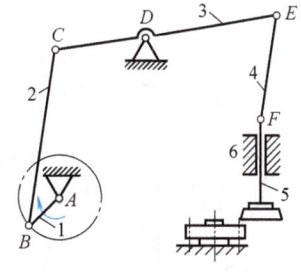

图 4-36　可改善运动性能的机构

4. 可实现从动件的停歇运动

某些机械（如织布机）要求在原动件连续运转的过程中，其从动件能有较长时间的停歇，而整个运动过程还应是连续平稳的，利用多杆机构能较好地实现停歇运动。图 4-37 所示即为一具有停歇运动的六杆机构，构件 1、2、3、6 组成一曲柄摇杆机构，连杆 2 上的轨迹为一腰形曲线，该曲线中的 $\widehat{\alpha\alpha}$ 弧和 $\widehat{\beta\beta}$ 弧两段为近似的圆弧（其半径相等），圆心分别在点 F 和 F' 处。构件 4 的长度与圆弧的曲率半径相等，故当点 E 在 $\widehat{\alpha\alpha}$ 弧和 $\widehat{\beta\beta}$ 弧曲线段上运动时，从动件 5 将处于近似停歇状态。

5. 可扩大机构从动件的行程

图 4-38 所示为一物料推送机构运动简图，很显然，由于采用了多杆机构，从动件 5 的行程得到扩大。

6. 可实现特定要求下的平面导引

由于多杆机构的尺度参数较多，因此它可以满足更为复杂的或实现更加精确的运动规律要求和轨迹要求。

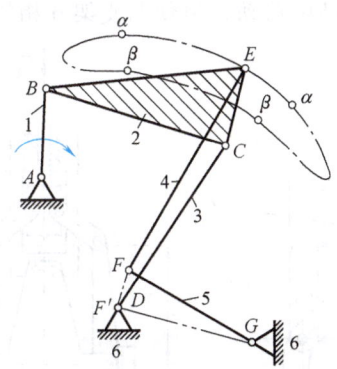

图 4-37　具有停歇运动的六杆机构

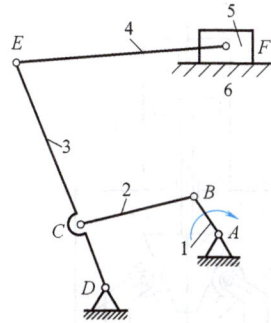

图 4-38　可扩大从动件行程的机构

4.5　杆件组在工业机器人中的应用

杆件组在工业机器人中有着广泛的应用。

1. 工业机器人操作机

典型的工业机器人操作机如图 4-39 所示，它是一个六自由度工业机器人，由六个杆件组成，即杆 1~6。

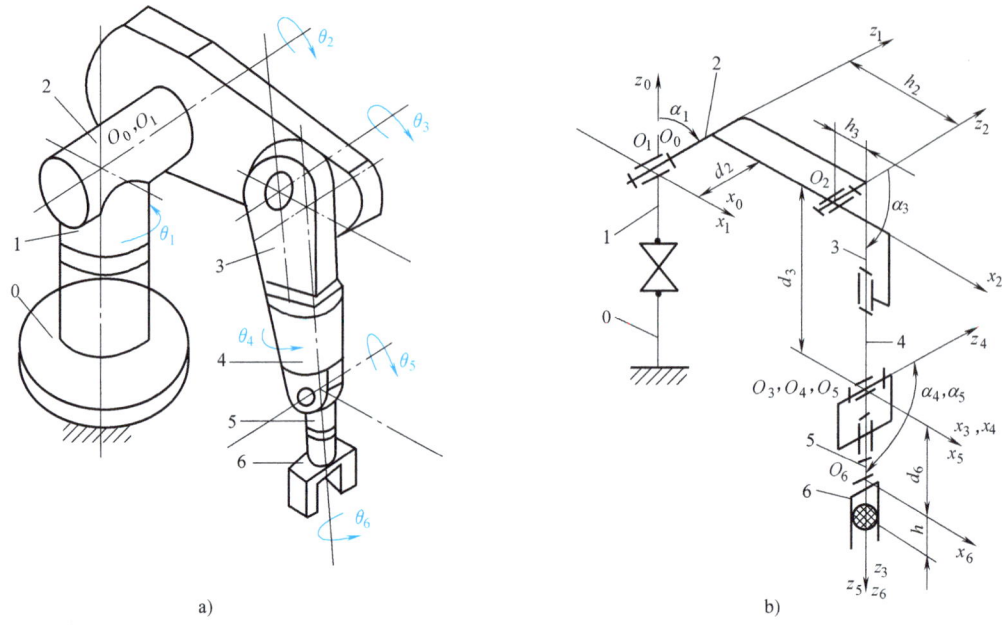

图 4-39 典型的工业机器人操作机

2. 机械夹持器

(1) 回转型机械夹持器 图 4-40a 所示为楔块杠杆式回转型机械夹持器。当夹持器驱动器向前推进时,通过楔块 4 的楔面和杠杆 1,使手爪产生夹紧动作和夹紧力;当楔块 4 后移时,靠弹簧 2 的拉力使手爪松开。图 4-40b 所示为滑槽杠杆式回转型机械夹持器,当驱动器的驱动杆 7 向上运动时,圆柱销 8 在两杠杆 9 的滑槽中移动,迫使与支架 6 相铰接的两手爪

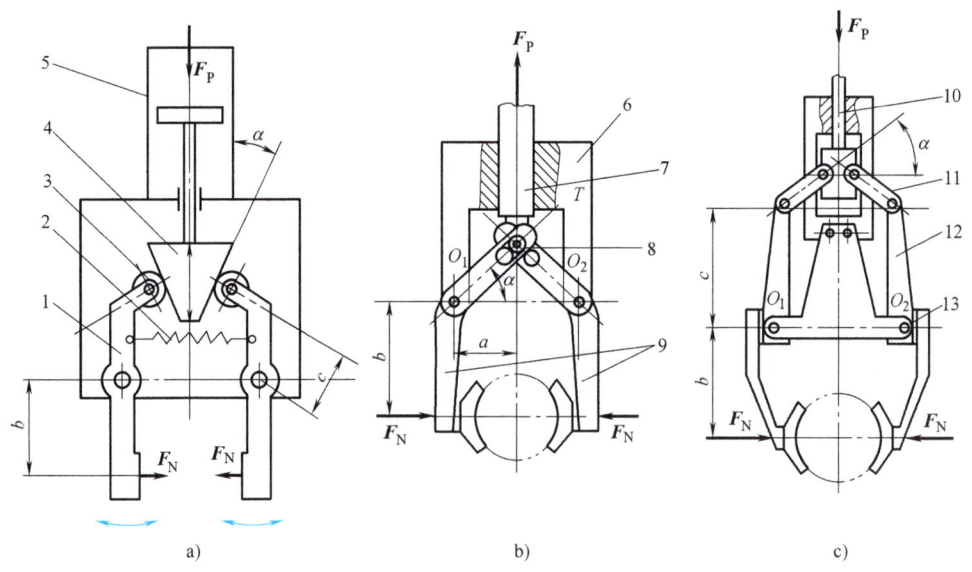

图 4-40 回转型机械夹持器

a) 楔块杠杆式回转型机械夹持器 b) 滑槽杠杆式回转型机械夹持器 c) 连杆杠杆式回转型机械夹持器

1、9—杠杆 2—弹簧 3—滚子 4—楔块 5—驱动器 6—支架
7、10—杆 8—圆柱销 11—连杆 12—摆动钳爪 13—调整垫片

产生夹紧动作和夹紧力;当杆7向下运动时,手爪松开。图4-40c所示为连杆杠杆式回转型机械夹持器,当驱动推杆10上下移动时,由杆10、连杆11、摆动钳爪12和夹持器体构成四杆机构,迫使钳爪完成夹紧和松开动作。

(2)平移型机械夹持器 图4-41a所示为齿轮齿条平行连杆式平移型机械夹持器,电磁式驱动器3驱动齿条杆2和两个扇形齿轮1,扇形齿轮带动连杆5绕O_1、O_2旋转。连杆5、6,钳爪

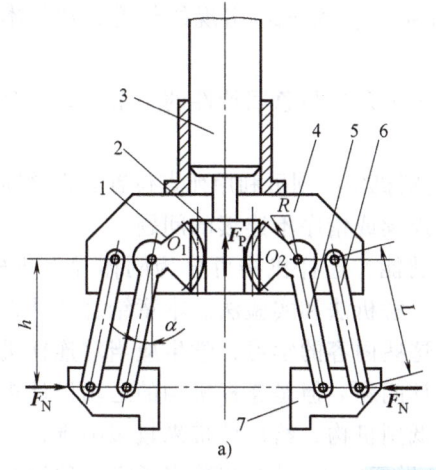
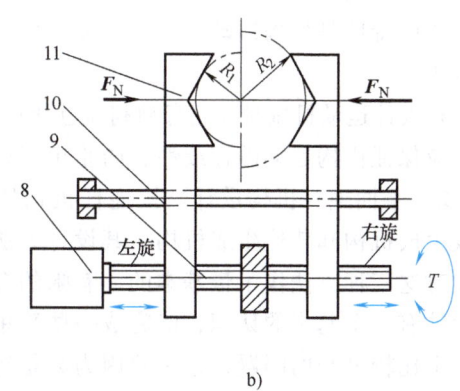

图4-41 平移型机械夹持器

a)齿轮齿条平行连杆式平移型机械夹持器 b)左右旋丝杠式平移型机械夹持器
1—扇形齿轮 2—齿条杆 3—电磁式驱动器 4—夹持器体 5、6—连杆
7—钳爪 8—电动机 9—丝杠 10—导轨 11—钳爪杆

7和夹持器体4构成一个平行四杆机构,驱动两钳爪7做平移以夹紧和松开工件。图4-41b所示为左右旋丝杠式平移型机械夹持器,由电动机8驱动一对旋向相反的丝杠9提供准确的移动夹紧动作;两丝杠协调一致地安装在同一轴上,由导轨10保证钳爪杆11的平移运动。这种夹持器如果配置一个单独的伺服电动机或步进电动机驱动,可方便地通过编程控制电动机的旋转来夹紧不同尺寸规格的工件;如果采用滚珠丝杠和滚动导轨,能得到很高的重复定位精度。

(3)内撑型机械夹持器 内撑型机械夹持器采用四连杆机构传递撑紧力,如图4-42所示。其撑紧方向与外夹型(回转型、平移型)相反。钳爪3从工件内孔撑紧工件,为使撑紧后能准确地用内孔定位,多采用三个钳爪(图中只画了两个钳爪)。

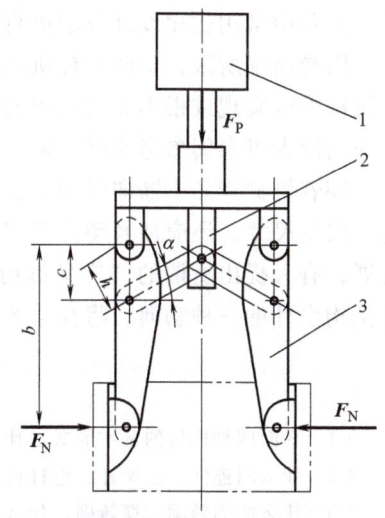

图4-42 内撑型机械夹持器
1—驱动器 2—杆 3—钳爪

知识要点与拓展

本章所讲内容是"机械原理"课程中的重要内容之一,是机械设计中在方案设计阶段用于机构设计的基础知识。主要介绍了平面连杆机构的类型、特点、演化、基本知识及其设计。

1)铰链四杆机构是连杆机构的基本形式,要掌握其机构特点。将铰链四杆机构通过变

换机架、运动副性质、构件尺寸等因素，又可演化出若干种不同类型的机构，应掌握这些演化方法。曲柄存在的条件是机构演化的基础，通过对杆长关系式的全面分析，确定和演化机构类型是本章的重点也是难点内容之一。

机构压力角和传动角是机构的传力特性参数，要深入理解其定义及其物理意义。传动角是压力角的余角，压力角越小传动角越大，传力性能越好，在设计时要满足许用值的要求。但要注意，压力角和传动角是机构位置的函数，要搞清 α_{max} 和 γ_{min} 出现的位置，这是本章的难点内容之一。

急回特性是机构运动的一个重要特性，要理解极位夹角 θ 与急回特性的关系，掌握公式的应用。

在设计运动机械时要注意顺利通过死点位置，在自锁机构中则可利用死点位置实现自锁。

应保证机构运动的连续性，防止出现机构错位不连续或错序不连续的问题。

2）平面连杆机构设计。按连杆机构所能实现的功能，连杆机构可分为刚体导引机构、函数生成机构和轨迹生成机构，其设计方法有图解法、解析法和实验法。本章结合几种设计命题对这三种方法作了最基本的、有限的介绍，通过这些内容的学习，学生应当对连杆机构的设计有一个基本的认识，能完成一些简单机构的设计问题。但是连杆机构的运动设计毕竟是一个比较复杂的问题，这主要因为它是约束较多的低副机构，给设计带来较多困难，但同时它又具有运动形式和连杆曲线的多样性，所以自18世纪末19世纪初奠定了它的理论和方法至今仍受到国内外学者的广泛重视和深入研究。若想进一步学习和研究，可参阅参考文献［16］、［28］、［49］。这几本书对设计理论及方法都进行了深入的介绍并有具体的实例。

当对机构设计提出的要求条件较多时，仅用本章介绍的设计方法难以得到满意的设计结果，工程中常用优化设计方法进行设计。详细内容可参阅参考文献［33］。

因受篇幅所限，空间连杆机构的内容本章未作介绍，但它有许多特点，可以实现平面连杆机构难以实现或根本无法实现的运动，不过其分析和设计都比较复杂，需作专门研究，感兴趣的读者可参阅参考文献［8］。

随着机械产品不断向轻型、高速和高精度方向发展，不少学者提出机构设计要解决的问题不仅是尺寸，还应涉及动力等综合性的问题。另外，由于自动化程度和机器人技术的不断发展，有人提出所谓的"广义机构学"，包括液压、气动、电器等装置，这也是研究平面连杆机构设计的一种动向，将在第8章作简要介绍。

思考题及习题

4-1 平面四杆机构的基本形式是什么？它有哪些演化形式？其演化目的是什么？

4-2 什么叫连杆、连架杆、连杆机构？连杆机构适用于什么场合？不适用于什么场合？

4-3 什么叫周转副、摆转副？什么叫曲柄？曲柄一定是最短杆吗？四杆机构具有曲柄的条件是什么？

4-4 什么叫连杆机构的急回特性？什么叫极位夹角？它与急回特性有什么关系？

4-5 什么叫连杆机构的压力角、传动角？几种常见四杆机构的最大压力角发生在什么位置？研究传动角的意义是什么？

4-6 什么叫"死点"？它在什么情况下发生？它与"自锁"现象在本质上有无区别？如何利用和避免"死点"？

4-7 什么叫连杆机构运动的连续性？如何确定运动连续性的可行域？

4-8 平面连杆机构设计的基本命题有哪些？设计方法有哪些？它们分别适用于什么条件？

4-9 在用图解法进行函数生成机构的设计时，刚化、反转的目的是什么？其依据是什么？

第4章 连杆机构及其设计

4-10 试画出图 4-43 所示的两种机构的机构运动简图,并说明它们为何种机构。

在图 4-43a 中,偏心圆盘 1 绕固定轴 O 转动,迫使滑块 2 在圆盘 3 的槽中来回滑动,而圆盘 3 又相对于机架转动。

在图 4-43b 中,偏心圆盘 1 绕固定轴 O 转动,通过构件 2 使滑块 3 相对于机架往复移动。

4-11 如图 4-44 所示,设已知四杆机构各构件的长度为 $a=300\text{mm}$,$b=600\text{mm}$,$c=450\text{mm}$,$d=500\text{mm}$。试问:(1)当取杆 d 为机架时,是否有曲柄存在?此时为什么机构?(2)若各杆长度不变,能否获得双曲柄机构和双摇杆机构?如何获得?(3)若 a、b、c 三杆长度不变,取杆 d 为机架,要获得曲柄摇杆机构,d 的取值范围应为何值?

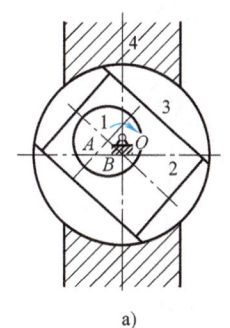

a)

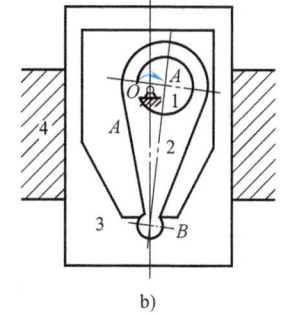

b)

图 4-43 题 4-10 图

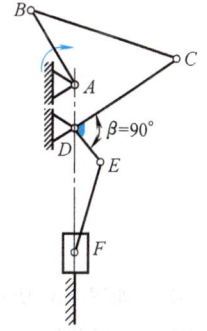

图 4-44 题 4-11 图

4-12 试画图表示曲柄摇杆机构的极位夹角 θ、摆角 ψ、传动角 γ、压力角 α、最小传动角 $\gamma_{\min}$ 和死点出现的位置。

4-13 试问:曲柄滑块机构最小传动角 $\gamma_{\min}$ 出现在什么位置?当忽略摩擦时,导杆机构的压力角是多少?

4-14 在图 4-45 所示的连杆机构中,已知各构件的尺寸为:$l_{AB}=160\text{mm}$,$l_{BC}=260\text{mm}$,$l_{CD}=200\text{mm}$,$l_{AD}=80\text{mm}$;构件 AB 为原动件,沿顺时针方向匀速回转,试确定:

1)四杆机构 ABCD 的类型;
2)该机构的最小传动角 $\gamma_{\min}$;
3)滑块 F 的行程速比系数 K。

4-15 试设计一翻料四杆机构,其连杆长 $BC=400\text{mm}$,连杆的两个位置关系如图 4-46 所示,要求机架 AD 与 B_1C_1 平行,且在其下相距 350mm。

4-16 试设计一铰链四杆机构作为加热炉门的启闭机构(图 4-47)。要求炉门打开成水平位置时,炉门温度较低的一面朝上(用双点画线表示),设固定铰链在 O—O 轴线上,其相关尺寸如图 4-47 所示。

4-17 已知摇杆 $l_{CD}=80\text{mm}$,机架 $l_{AD}=120\text{mm}$,摇杆的一个极限位置与机架成 45°夹角,$K=1.4$,试设计该曲柄摇杆机构。

4-18 试设计一曲柄滑块机构(图 4-48),已知滑块的行程 $H=200\text{mm}$,偏心距 $e=50\text{mm}$,行程速比系数 $K=1.25$,求曲柄和连杆的长度 l_1 和 l_2。

4-19 如图 4-49 所示,已知缝纫机踏板长 $l_{CD}=360\text{mm}$,踏板到大带轮轴线的距离 $l_{AD}=320\text{mm}$,踏板偏离水平位置上下各 15°,试求该四杆机构的 l_{AB} 和 l_{BC}。

4-20 图 4-50 所示为一已知的曲柄摇杆机构,现要求用一连杆将摇杆 CD 和滑块 F 连接起来,使摇杆的三个位置 C_1D、C_2D、C_3D 和滑块的三个位置 F_1、F_2、F_3 相对应(图示尺寸是按比例绘制的)。试确定此连杆的长度及其与摇杆 CD 铰接点的位置。

4-21 试用解析法设计一四杆机构,使其两连架杆的转角关系能实现期望函数 $y=\sqrt{x}$,$1 \leq x \leq 10$。

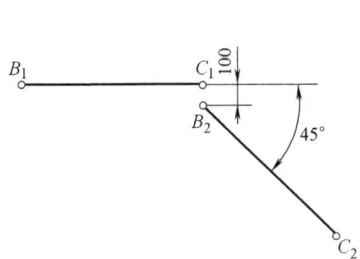

图 4-46 题 4-15 图

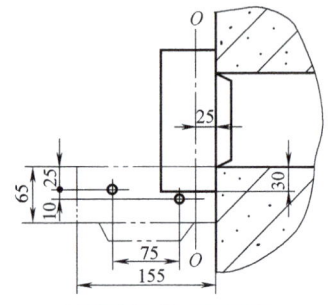

图 4-47 题 4-16 图

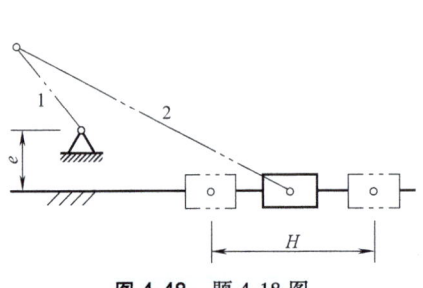

图 4-48 题 4-18 图

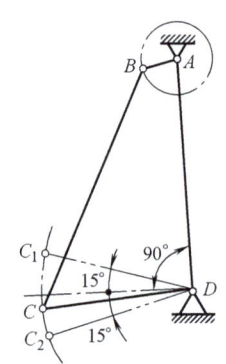

图 4-49 题 4-19 图

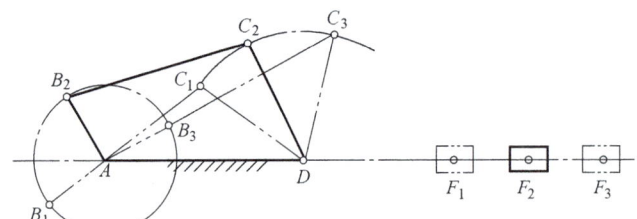

图 4-50 题 4-20 图

4-22 如图 4-51 所示，设要求四杆机构两连架杆的三组对应位置分别为：$\alpha_1 = 35°$，$\varphi_1 = 50°$，$\alpha_2 = 80°$，$\varphi_2 = 75°$，$\alpha_3 = 125°$，$\varphi_3 = 105°$。试以解析法设计此四杆机构。

4-23 设计一曲柄摇杆机构，已知摇杆的长度 $l_{CD} = 290\text{mm}$，摇杆两极限位置间的夹角 $\psi = 32°$，行程速比系数 $K = 1.25$，若曲柄的长度 $l_{AB} = 75\text{mm}$，求连杆的长度 l_{BC} 和机架的长度 l_{AD}，并校验最小传动角 $\gamma_{\min}$。

4-24 设计一夹紧机构，如图 4-52 所示，已知连杆 BC 的长度 $l_{BC} = 40\text{mm}$，它的两个位置如图所示，现要求到达夹紧位置 B_2C_2 时，机构处于死点位置，且摇杆 C_2D 处于铅垂位置，求其余杆件尺寸 l_{AB}、l_{CD}、l_{AD}。

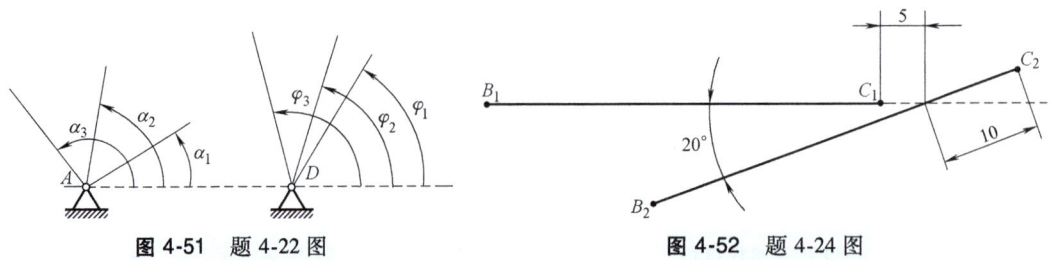

图 4-51 题 4-22 图　　　　　图 4-52 题 4-24 图

第5章

凸轮机构及其设计

通过对连杆机构的学习,我们已经知道:低副机构只能近似地实现给定的运动规律。当推杆必须准确地按照某种预期的运动规律运动时,低副机构一般无法实现;而采用凸轮机构则完全可以实现,它已广泛地应用于各种机械中。凸轮机构的组成和应用情况如何?它能实现怎样的运动规律?如何设计凸轮机构?这都是本章将要介绍的主要内容。

5.1 凸轮机构的类型及应用

5.1.1 凸轮机构的组成及应用

图 5-1 所示为内燃机配气机构。凸轮1是原动件,气阀2是从动件,当凸轮1做等速转动时,若向径变化的曲线轮廓部分与气阀2的平底接触,则气阀2有规律地开启和闭合(闭合是借弹簧反力实现的)。若向径不变的圆弧轮廓部分与气阀2的平底接触,则气阀2静止不动,从而形成了气阀2动—停—动—停的规律性工作循环。气阀2的运动规律则取决于凸轮轮廓曲线的形状。

图 5-2 所示为自动机床进刀机构,图中具有曲线凹槽的构件——凸轮1是原动件,绕 O

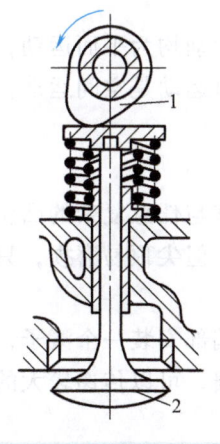

图 5-1 内燃机配气机构
1—凸轮 2—气阀

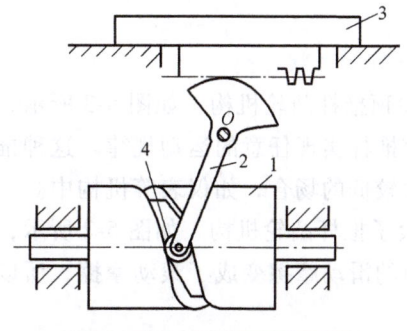

图 5-2 自动机床进刀机构
1—凸轮 2—构件 3—刀架 4—滚子

点摆动的构件 2 是从动件，当凸轮 1 做等速回转时，曲线凹槽的侧面通过滚子 4 推动从动件 2 绕 O 点做往复摆动，从而控制刀架 3 的进刀和退刀运动。刀架的运动规律则取决于凸轮 1 上曲线凹槽的形状。

由以上两例可见：凸轮是一个具有曲线轮廓或凹槽的构件，被凸轮直接推动的构件称为推杆（因其多为从动构件，故又称其为从动件）；当凸轮运动时，通过其曲线轮廓与推杆的高副接触，带动推杆实现预期运动规律。因此，凸轮机构是由凸轮、推杆和机架这三个基本构件所组成的一种高副机构。

5.1.2 凸轮机构的分类

凸轮机构的形式多种多样，常用的分类方法如下：

1. 按凸轮的形状分类

（1）盘状凸轮机构　如图 5-1 所示，凸轮为具有变化向径的盘状构件，当其绕固定轴转动时，可推动推杆在垂直于凸轮转轴的平面内运动。它结构简单，应用广泛，但不能要求推杆的行程太大，否则将导致凸轮尺寸过大。

（2）移动凸轮机构　当盘状凸轮的回转中心趋于无穷远时，盘状凸轮机构就演化为图 5-3 所示的移动凸轮机构，凸轮呈板状，它相对于机架做直线移动。

（3）圆柱凸轮机构　在这种凸轮机构中，凸轮是一个具有曲线凹槽（图 5-2）或端面曲线轮廓（图 5-4）的圆柱，可以看作将移动凸轮卷成圆柱体演化而成的。

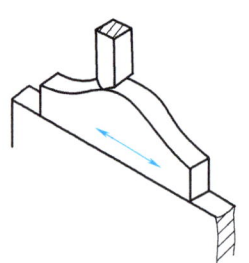　　　　　　　　　　　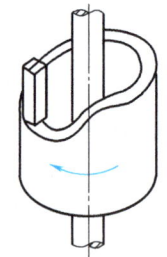

图 5-3　移动凸轮机构　　　　　　　图 5-4　端面圆柱凸轮机构

在盘状凸轮和移动凸轮机构中，凸轮与推杆之间的相对运动均为平面运动，故又统称为平面凸轮机构。而在圆柱凸轮机构中，凸轮与推杆之间的相对运动是空间运动，故属于空间凸轮机构。

2. 按推杆的形状分类

（1）尖顶推杆凸轮机构　如图 5-3 所示，推杆的尖顶能够与任意复杂的凸轮轮廓保持接触，从而使推杆实现任意的运动规律。这种推杆结构最简单，但尖顶易磨损，只适用于传力较小和速度较低的场合，如仪表等机构中。

（2）滚子推杆凸轮机构　如图 5-2 所示，在尖顶推杆的端部安装一个滚子，把尖顶推杆与凸轮之间的滑动摩擦变成了滚动摩擦，所以这种推杆耐磨损，可以传递较大的动力，应用最普遍。

（3）平底推杆凸轮机构　如图 5-1 所示，推杆的平底与凸轮的轮廓之间易形成动压油膜，润滑较好。此外，在不计摩擦时，凸轮对推杆的作用力始终垂直于推杆的平底，压力角为常数,故受力平稳,常用于高速场合。其缺点是与推杆配合的凸轮轮廓必须全部为外凸形状。

3. 按推杆的运动形式分类

根据推杆的运动形式不同,推杆可分为直动推杆(图 5-1、图 5-3、图 5-4)和摆动推杆(图 5-2)两种。其中直动推杆做往复直线移动,而摆动推杆做往复摆动。由此组成的凸轮机构分别称为直动推杆凸轮机构和摆动推杆凸轮机构。

根据其推杆的轴线是否通过凸轮的回转轴心,直动推杆凸轮机构又可以进一步分成对心直动推杆凸轮机构(图 5-1、图 5-6a)和偏置直动推杆凸轮机构(图 5-11)。

4. 按凸轮与推杆维持高副接触的方法分类

根据维持高副接触的方法不同,凸轮机构又可以分为力封闭和几何封闭两类。

(1)力封闭的凸轮机构 利用推杆的重力、弹簧力(图 5-1)或其他外力使推杆与凸轮轮廓始终保持接触。

(2)几何封闭的凸轮机构 利用高副元素特定的几何形状使推杆与凸轮轮廓始终保持接触。如图 5-5a 所示的凸轮机构,凸轮上凹槽的法向宽度等于推杆的滚子直径,所以能使推杆与凸轮在运动过程中始终保持接触。这种方式结构简单,但加大了凸轮的尺寸和质量,并且只适用于滚子推杆。图 5-5b 所示为等宽凸轮机构,其推杆做成矩形框架形状,而凸轮轮廓线上任意两条平行切线间的距离都等于框架内侧的宽度,因此凸轮轮廓曲线与平底可始终保持接触。图 5-5c 所示为等径凸轮机构,其推杆上装有两个滚子,凸轮理论轮廓线在过回转中心的径向线上两点之间的距离处处相等,且等于推杆上两个滚子的中心距,故可使凸轮轮廓线与两滚子始终保持接触。等宽、等径凸轮机构有一个共同的缺点,即当 180°范围内的凸轮轮廓线根据推杆的运动规律确定后,另外 180°范围内的凸轮轮廓线必须根据等宽、等径的原则来确定,因此推杆运动规律的选择也受到一定的限制。图 5-5d 所示为共轭凸轮机构,用两个固结在一起的凸轮控制一个具有两滚子的推杆,一个凸轮为主凸轮推动推杆完成正行程的运动,另一个凸轮为回凸轮推动推杆完成反行程的运动,故这种凸轮机构又称为主回凸轮机构。它克服了等宽、等径凸轮机构的缺点,使推杆的运动规律可以在 360°范围内任意选取;其缺点是结构较复杂,制造精度要求较高。

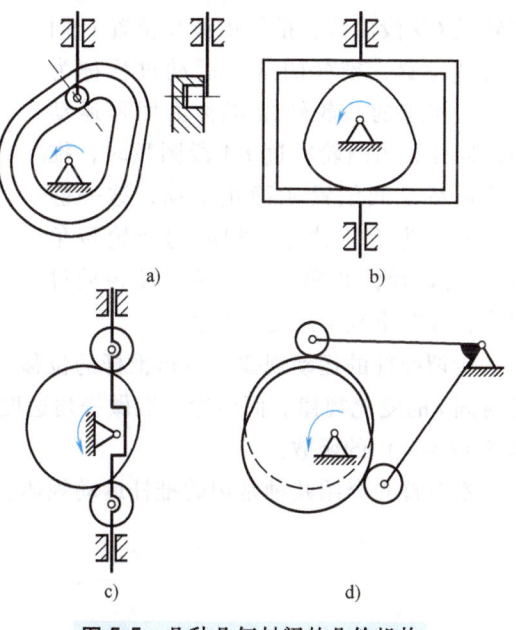

图 5-5 几种几何封闭的凸轮机构

以上是常见的几种分类方法,将不同类型的凸轮和推杆组合起来,就可以得到不同形式的凸轮机构,可根据工作要求和使用场合的不同加以选择。

5.2 推杆的运动规律设计

如前所述,推杆的运动规律取决于凸轮轮廓曲线的形状,即特定的凸轮轮廓形状使推杆产生特定的运动规律；或者说，要求推杆实现不同的运动规律，凸轮就必须具有相应的轮廓形状。因此，凸轮机构设计的基本任务就是根据工作要求和使用场合，选择推杆的运动规律，然后根据选定的运动规律来设计凸轮的轮廓形状。本节将介绍几种常用的推杆运动规律。

5.2.1 凸轮机构的运动循环和基本概念

图 5-6a 所示为一对心直动尖顶推杆盘状凸轮机构，图 5-6b 所示为推杆的位移线图。以凸轮的回转中心为圆心，以凸轮轮廓的最小向径 r_0 为半径所作的圆称为凸轮的基圆，r_0 称为基圆半径。凸轮的轮廓由 AB、BC、CD、DA 四段曲线组成，且 BC、DA 段为以 O 为圆心的圆弧。图示位置为推杆开始上升的最低位置。当凸轮以等角速度 ω 转过 AB 段曲线时，推杆由最低位置 A 被推到最高位置 B。推杆的这一运动过程称为推程，推杆上升的最大距离 h 称为升距，相应的凸轮转角 δ_0 称为推程运动角。当凸轮转过 BC 段圆弧时，推杆停留在最高位置 B 处不动，这一静止过程称为远程休止，相应的凸轮转角 δ_{01} 称为远程休止角。然后凸轮继续转过 CD 段曲线，推杆由最高位置 C 回到最低位置，推杆的这一运动过程称为回程，相应的凸轮转角 δ_0' 称为回程运动角。同样，当凸轮转过 DA 段圆弧时，推杆停留在最低位置 A 静止不动，这一静止过程称为近程休止，相应的凸轮转角 δ_{02} 称为近程休止角。在凸轮连续转动过程中，推杆重复上述运动过程。

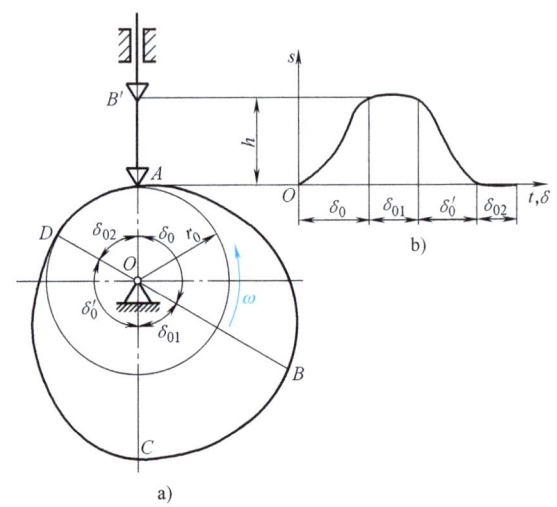

图 5-6 对心直动尖顶推杆盘状凸轮机构
a) 尖顶推杆盘状凸轮机构　b) 推杆的位移线图

所谓推杆的运动规律，是指推杆的位移 s、速度 v、加速度 a、跃度 j（加速度的变化率）随时间 t 的变化规律。而凸轮一般做等角速度转动，因此推杆的运动规律又可表示为凸轮转角 δ（$\delta = \omega t$）的函数。

本节首先介绍几种常用的推杆运动规律，然后介绍运动规律的组合方法。

5.2.2 推杆常用的运动规律

1. 多项式运动规律

其运动规律的表达形式为

$$s = C_0 + C_1\delta + C_2\delta^2 + \cdots + C_n\delta^n$$

式中，s 为推杆的位移；δ 为凸轮的转角；C_0、C_1、C_2、$\cdots$、C_n 为待定系数，必须由边界条件来确定。

（1）一次多项式运动规律　下面以推程为例推导推杆的运动规律。设凸轮以等角速度 ω 转过 δ 时推杆的升程为 s，可得推杆的运动规律为

$$\left.\begin{array}{l}s = C_0 + C_1\delta \\ v = C_1\omega \\ a = 0\end{array}\right\} \quad (5\text{-}1)$$

提取边界条件为：

起始点：$\delta = 0$，$s = 0$

终止点：$\delta = \delta_0$，$s = h$

将边界条件代入式（5-1），可得推杆的运动规律为

$$\left.\begin{array}{l}s = h\delta/\delta_0 \\ v = h\omega/\delta_0 \\ a = 0\end{array}\right\} \quad (5\text{-}2)$$

同样可推导出推杆回程阶段的运动规律。

图 5-7 所示为其运动规律线图。推杆在运动起始和终止位置时速度有突变，此时加速度为无穷大，从而使推杆突然产生无穷大的惯性力。虽然由于材料的弹性，加速度和惯性力不至于达到无穷大，但仍会使机构产生极大的冲击，这种冲击称为刚性冲击。

（2）二次多项式运动规律　二次多项式运动规律的表达形式为

$$\left.\begin{array}{l}s = C_0 + C_1\delta + C_2\delta^2 \\ v = C_1\omega + 2C_2\omega\delta \\ a = 2C_2\omega^2\end{array}\right\} \quad (5\text{-}3)$$

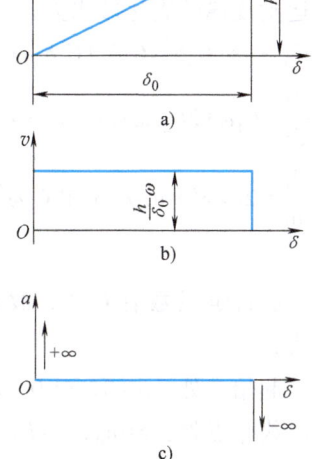

图 5-7　等速运动规律线图

由此可见，推杆运动的加速度为常数。而推杆在升程或回程的起始和终止位置的速度皆为零，所以推杆在运动过程中必须先做等加速运动后再做等减速运动（又称等加速、等减速运动规律）。为研究方便，假定加速、减速阶段加速度的绝对值相等，加速、减速阶段所用的时间相等。因此，加速、减速阶段推杆的位移自然也相等。下面以推程为例来推导推杆的运动规律。

提取推杆在加速阶段的边界条件为：

起始点：$\delta = 0$，$s = 0$，$v = 0$

终止点：$\delta = \delta_0/2$，$s = h/2$

将边界条件代入式（5-3），可得推杆在加速阶段的运动规律为

$$\left.\begin{array}{l}s = 2h\delta^2/\delta_0^2 \\ v = 4h\omega\delta/\delta_0^2 \\ a = 4h\omega^2/\delta_0^2\end{array}\right\} \quad (5\text{-}4)$$

推杆在减速阶段的边界条件为：

起始点：$\delta = \delta_0/2$，$s = h/2$

终止点：$\delta = \delta_0$，$s = h$，$v = 0$

将边界条件代入式（5-3），可得推杆在减速阶段的运动规律为

$$s = h - 2h(\delta_0 - \delta)^2/\delta_0^2$$
$$v = 4h\omega(\delta_0 - \delta)/\delta_0^2$$
$$a = -4h\omega^2/\delta_0^2$$
(5-5)

同样可推导出推杆回程阶段的运动规律。

推杆推程的运动规律线图如图 5-8 所示，虽然速度曲线连续，不会产生刚性冲击，但由于加速度曲线不连续，仍然有冲击存在。因为加速度的变化为有限值，即加速度所产生的惯性力为有限值，所以这种冲击称为柔性冲击。它适用于中速运动的场合。

（3）五次多项式运动规律　五次多项式运动规律的表达形式为

$$s = C_0 + C_1\delta + C_2\delta^2 + C_3\delta^3 + C_4\delta^4 + C_5\delta^5$$
$$v = \frac{ds}{dt} = C_1\omega + 2C_2\omega\delta + 3C_3\omega\delta^2 + 4C_4\omega\delta^3 + 5C_5\omega\delta^4$$
$$a = \frac{dv}{dt} = 2C_2\omega^2 + 6C_3\omega^2\delta + 12C_4\omega^2\delta^2 + 20C_5\omega^2\delta^3$$
(5-6)

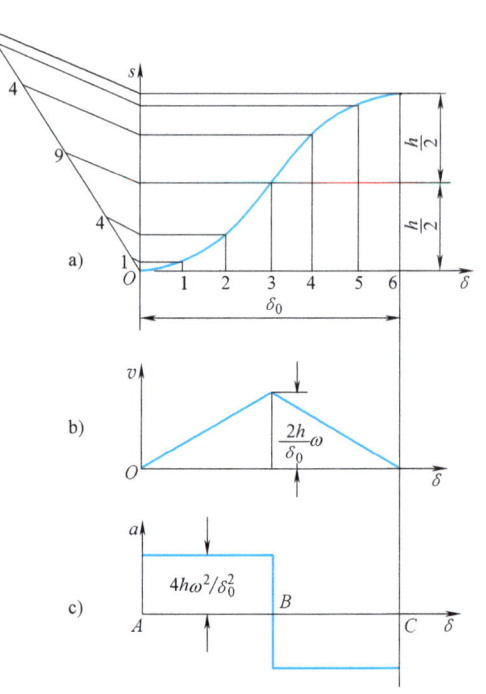

图 5-8　等加速、等减速运动线图

因待定系数有 6 个，故设 6 个边界条件为：

起始点处：$\delta = 0$，$s = 0$，$v = 0$，$a = 0$
终止点处：$\delta = \delta_0$，$s = h$，$v = 0$，$a = 0$

将边界条件代入式（5-6），可解得

$$C_0 = C_1 = C_2 = 0$$
$$C_3 = 10\frac{h}{\delta_0^3}, \quad C_4 = -15\frac{h}{\delta_0^4}, \quad C_5 = 6\frac{h}{\delta_0^5}$$

从动件在推程中的位移方程为

$$s = 10h\left(\frac{\delta}{\delta_0}\right)^3 - 15h\left(\frac{\delta}{\delta_0}\right)^4 + 6h\left(\frac{\delta}{\delta_0}\right)^5$$

将上式对时间两次求导，分别得

$$s = h\left[10\left(\frac{\delta}{\delta_0}\right)^3 - 15\left(\frac{\delta}{\delta_0}\right)^4 + 6\left(\frac{\delta}{\delta_0}\right)^5\right]$$
$$v = \frac{h}{t_0}\left[30\left(\frac{\delta}{\delta_0}\right)^2 - 60\left(\frac{\delta}{\delta_0}\right)^3 + 30\left(\frac{\delta}{\delta_0}\right)^4\right]$$
$$a = \frac{h}{t_0^2}\left[60\left(\frac{\delta}{\delta_0}\right) - 180\left(\frac{\delta}{\delta_0}\right)^2 + 120\left(\frac{\delta}{\delta_0}\right)^3\right]$$
(5-7)

因为式（5-7）位移方程中仅含有 3、4、5 次幂，故这种运动规律又称为 3-4-5 次多项式运动规律。此运动规律既无刚性冲击又无柔性冲击,适用于高速中载工况。

根据工作要求还可以推导出其他运动规律,但当边界条件增多时,会使设计计算复杂,加工精度也难以达到,故目前太高次数的多项式运动规律应用不多,常用的是 5 次多项式运动规律。

2. 简谐运动规律

简谐运动规律又称为余弦加速度运动规律,即其加速度按余弦曲线变化。简谐运动规律的几何解释是:质点在圆周上做匀速运动时,它在直径上的投影运动即为简谐运动规律。推杆的简谐运动规律为

$$\left.\begin{array}{l} s = h[1-\cos(\pi\delta/\delta_0)]/2 \\ v = h\pi\omega\sin(\pi\delta/\delta_0)/(2\delta_0) \\ a = h\pi^2\omega^2\cos(\pi\delta/\delta_0)/(2\delta_0^2) \end{array}\right\} \quad (5\text{-}8)$$

同样可推导出推杆回程阶段的运动规律。

从图 5-9 可知,其加速度曲线在运动的起始和终止位置有突变,因此也会产生柔性冲击。但当推杆做连续的往复运动时,加速度曲线变为连续曲线,从而可避免柔性冲击,它适用于中速运动场合。

3. 摆线运动规律

摆线运动规律又称为正弦加速度运动规律,即其加速度按正弦曲线变化。摆线运动规律的几何解释是:当滚圆沿纵轴做匀速纯滚动时,其上任一点在纵轴上的投影运动即为摆线运动规律。推杆的摆线运动规律为

$$\left.\begin{array}{l} s = h[(\delta/\delta_0)-\sin(2\pi\delta/\delta_0)/2\pi] \\ v = h\omega[1-\cos(2\pi\delta/\delta_0)]/\delta_0 \\ a = 2\pi h\omega^2\sin(2\pi\delta/\delta_0)/\delta_0^2 \end{array}\right\} \quad (5\text{-}9)$$

同样可推导出推杆回程阶段的运动规律。

由图 5-10 可知,其速度曲线和加速度曲线均连续而无突变,故它既无刚性冲击又无柔性冲击,适用于高速运动场合。

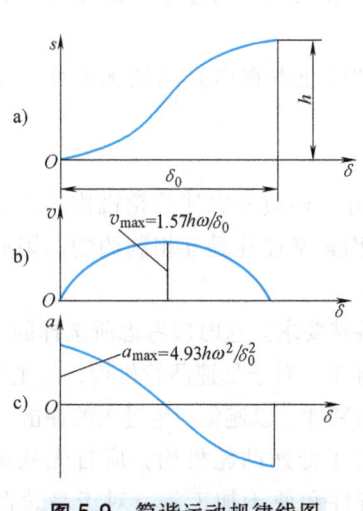

图 5-9 简谐运动规律线图

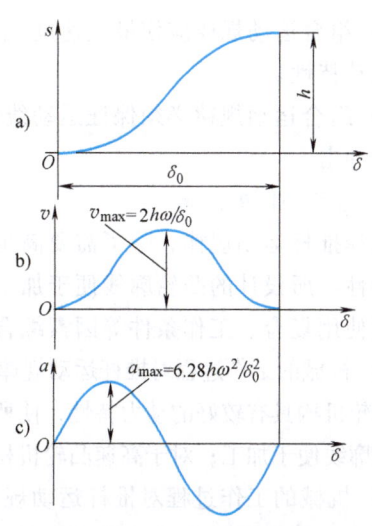

图 5-10 摆线运动规律线图

4. 从动件常用运动规律特性比较及适用场合

运动规律	冲击特性	v_{max}	a_{max}	j_{max}	适合场合
等速	刚性	$1.00\dfrac{h\omega}{\delta}$	∞	—	低速轻载
等加速、等减速	柔性	$2.00\dfrac{h\omega}{\delta}$	$4.00\dfrac{h\omega^2}{\delta^2}$	∞	中速轻载
余弦	柔性	$1.57\dfrac{h\omega}{\delta}$	$4.93\dfrac{h\omega^2}{\delta^2}$	∞	中速中载
正弦	无	$2.00\dfrac{h\omega}{\delta}$	$6.28\dfrac{h\omega^2}{\delta^2}$	$39.5\dfrac{hw^2}{\delta^2}$	高速轻载
5次多项式	无	$1.88\dfrac{h\omega}{\delta}$	$5.77\dfrac{h\omega^2}{\delta^2}$	$60.0\dfrac{hw^2}{\delta^2}$	高速中载

5.2.3 运动规律的组合及其选择

1. 运动规律的组合

以上介绍的几种运动规律是较常用的，除此以外还有很多类型的运动规律，在实际工作中，可以选择其他形式的运动规律或把几种常用的运动规律组合起来加以使用，以改善推杆的运动和动力特性。例如，当推杆必须选用等速运动规律又要避免刚性冲击时，即保证推杆在运动过程中其速度、加速度都不产生突变，必须对推杆的等速运动规律加以修正，具体操作时可以把等速运动规律在速度、加速度有突变的地方，用摆线运动规律加以修正，这种做法称为运动规律的组合或运动曲线的拼接。

使用组合运动规律的关键问题在于：

1）组合运动规律的运动线图在各段运动规律的结合点上必须连续无突变。这是保证推杆运动过程连续的基本条件。

2）组合运动规律在起始点和终止点处的运动参数必须满足边界条件。这是满足推杆工作要求的基本条件。

3）组合运动规律应使最大速度 v_{max} 和最大加速度 a_{max} 的值尽可能小。这是为了获得更好的运动特性。

4）组合运动规律必须保证运动线图（包括起始点和终止点在内）连续无突变。这是为了避免冲击。

2. 运动规律的选择

选择推杆运动规律，除了需要满足机械的工作要求外，还应考虑使凸轮机构具有良好的动力特性和所设计的凸轮廓线便于加工等因素。而这些因素又往往是互相制约的。因此，必须根据使用场合、工作条件等因素综合考虑。

1）机械的工作过程对推杆运动规律除行程外无其他特殊要求。这时应考虑所选择的运动规律使凸轮机构具有较好的动力特性，使所设计的凸轮便于加工。对于低速凸轮机构，应主要考虑凸轮轮廓线便于加工；对于高速凸轮机构，应首先考虑动力特性，以避免产生过大的冲击。

2）机械的工作过程对推杆运动规律有特殊要求。对于低速凸轮机构，应首先从满足工作要求的角度来选择其运动规律，然后再考虑其动力特性和便于加工等。对于高速凸轮机构，应兼顾两者来设计推杆的运动规律。通常可考虑把不同形式的常用运动规律恰当地组合起来，形成既能满足工作对运动的特殊要求，又具有良好动力性能的运动规律。除了要考虑其冲击特性外，还应考虑其具有的最大速度、最大加速度，因为这些值直接影响到推杆系统的振动和工作平稳性，特别是对于高速凸轮机构，希望其越小越好。

5.3 平面凸轮的轮廓设计

当凸轮机构的类型、基本尺寸、凸轮转向和推杆的运动规律确定后，即可进行凸轮轮廓曲线设计。凸轮轮廓线的设计方法有图解法和解析法，它们所依据的基本原理都是相同的。本节首先介绍平面凸轮轮廓设计的基本原理，然后分别介绍图解法和解析法的设计方法。

5.3.1 平面凸轮轮廓设计的基本原理

平面凸轮轮廓设计所依据的基本原理就是反转法原理。下面以偏置直动尖顶推杆盘状凸轮机构为例来说明反转法的原理。如图 5-11 所示，凸轮以等角速度 ω 绕轴 O 转动时，推动推杆在导路中按预定的运动规律运动。现在设想让整个凸轮机构在运动的同时再以一个公共角速度 $-\omega$ 一起绕 O 点转动，此时凸轮将相对于运动平面静止不动，而推杆则一方面在导路中做相对直动，同时随导路一起以角速度 $-\omega$ 转动。由于推杆尖顶在运动过程中始终与凸轮轮廓保持接触，所以推杆尖顶所占据的位置一定是凸轮轮廓曲线上的一点。如果连续反转一周，推杆尖顶的复合运动轨迹即为凸轮的轮廓曲线。这种方法即反转法，它适用于各种凸轮轮廓曲线的设计。

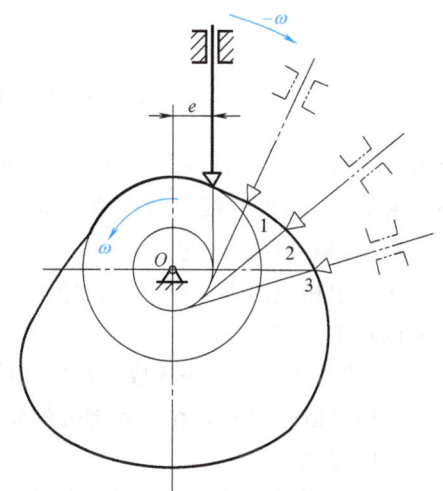

图 5-11 偏置直动尖顶推杆盘状凸轮机构反转法的原理图

5.3.2 用图解法设计凸轮轮廓线

1. 直动推杆盘状凸轮机构中凸轮轮廓线的设计

（1）直动尖顶推杆盘状凸轮机构　已知凸轮的基圆半径为 r_0，偏心距为 e。当凸轮以等角速度 ω 沿逆时针方向转动时，推杆的位移曲线如图 5-12b 所示。试设计一偏置直动尖顶推杆盘状凸轮机构。

下面以推程为例，讨论按照反转法原理设计直动尖顶推杆盘状凸轮轮廓曲线的方法。

1）将位移曲线的推程运动角进行等分，得各个等分点的位移 $11'$、$22'$、$\cdots$。

2）选取与位移线图相同的比例尺，以 O 为圆心，以 r_0 为半径作凸轮的基圆，以 e 为半径作偏心距圆，并选定推杆的偏置方向，画出推杆的导路位置线，并与偏心圆切于 K_A 点。与基圆的交点 A 是推杆尖顶的初始（最低）位置。

3）自 K_A 点开始，沿 $-\omega$ 方向量取推程运动角并进行相应等分，得到偏心距圆上各个等

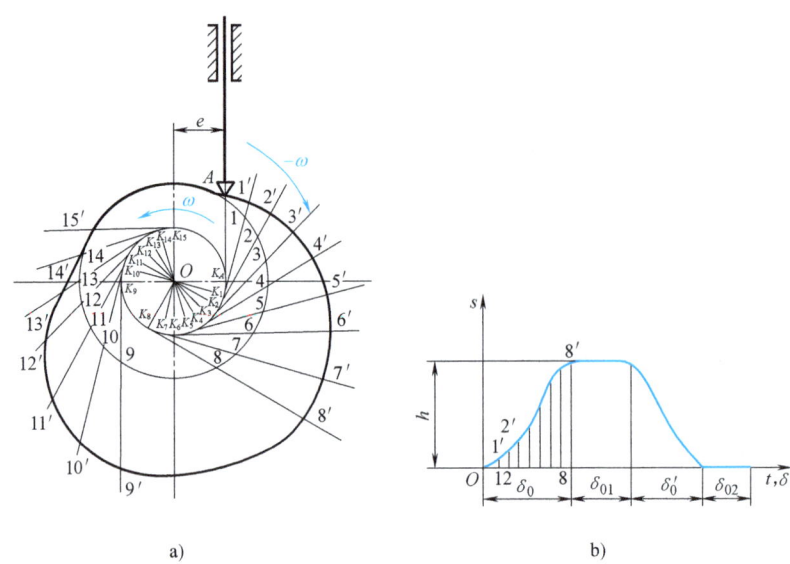

图 5-12 直动尖顶推杆盘状凸轮轮廓曲线设计

分点 K_1、K_2、…。过各等分点作偏心距圆的切线（当 $e=0$ 时，直接将各个等分点与基圆圆心 O 相连），这些切线（或连线）即为推杆在反转过程中的导路位置线。

4）在偏心距圆的切线（$e=0$ 时为连心线）上，从基圆起向外截取线段，使其分别等于位移曲线中相应的等分点位移，即 $11'$、$22'$、…，这些点即代表反转过程中推杆尖顶依次占据的位置 $1'$、$2'$、…。

5）将点 $1'$、$2'$、…连成光滑的曲线，即得所求的凸轮在推程部分的轮廓曲线。

同样可以作出凸轮在回程部分的轮廓曲线，而远程休止和近程休止的轮廓曲线均为以 O 为圆心的圆弧。

（2）直动滚子推杆盘状凸轮机构　对于直动滚子推杆盘状凸轮机构的凸轮轮廓曲线设计，具体作图步骤如下：

1）如图 5-13 所示，将滚子中心 A 作为尖顶推杆的尖顶，按照上述方法作出反转过程中滚子中心 A 的运动轨迹，称其为凸轮的理论廓线。

2）在理论廓线上取一系列的点为圆心，以滚子半径 r_r 为半径作一系列的滚子圆，再作此滚子圆族的内包络线，它就是凸轮的实际廓线（或称为凸轮的工作廓线）。

应该注意的是：实际廓线和理论廓线是法向等距曲线，其距离为滚子半径；作滚子圆族的包络线时，根据工作情况，可能作其内包络线，也可能作其外包络线，或同时作其内、外包络线；在滚子推杆盘状凸轮机构的设计中，基圆半径 r_0 是针对理论廓线而言的。

（3）直动平底推杆盘状凸轮机构　如图 5-14 所示，平底推杆盘状凸轮机构凸轮轮廓曲线的设计方法与滚子推杆盘状凸轮机构相似，具体设计步骤如下：

1）将平底与导路中线的交点 A 作为尖顶推杆的尖顶，按照尖顶推杆盘状凸轮的设计方法，求出尖顶反转过程中的一系列位置 $1'$、$2'$、…。

2）过点 $1'$、$2'$、…，作出各点处代表平底的直线，这一直线族就是推杆在反转过程中平底依次占据的位置。

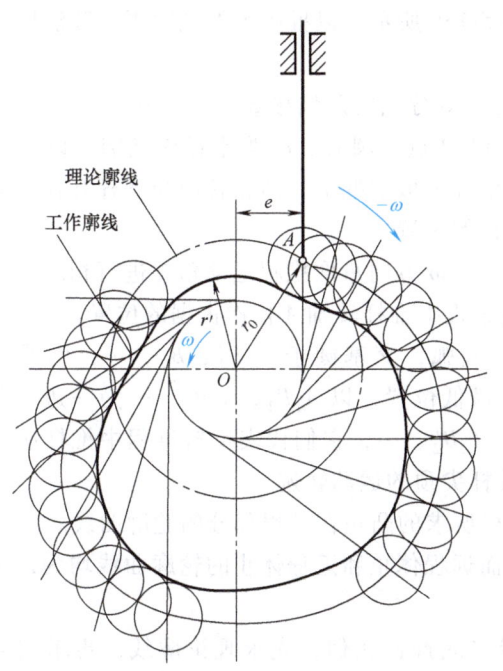
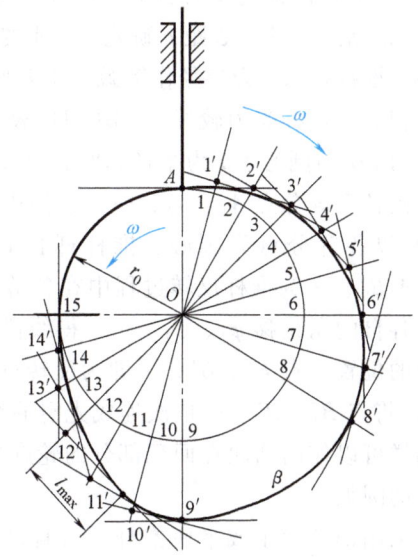

图 5-13 直动滚子推杆盘状凸轮轮廓曲线设计　　图 5-14 直动平底推杆盘状凸轮轮廓曲线设计

3) 作该直线族的包络线,即可得到凸轮的实际廓线。

如前所述,平面移动凸轮机构是平面盘状凸轮机构的一种特例,即移动凸轮机构可以看作回转中心在无穷远处的盘状凸轮机构,所以二者的设计过程相似。由于移动凸轮回转中心在无穷远处,因此,机构反转法变成了机构反向移动法。

2. 摆动从动件盘状凸轮机构中凸轮轮廓线的设计

图 5-15a 所示为一摆动尖顶摆杆盘状凸轮机构。已知凸轮的基圆半径为 r_0,摆杆长度为 l,摆杆的回转中心 A 与凸轮回转中心 O 的中心距为 a,摆杆的最大摆角为 Φ,凸轮以等角

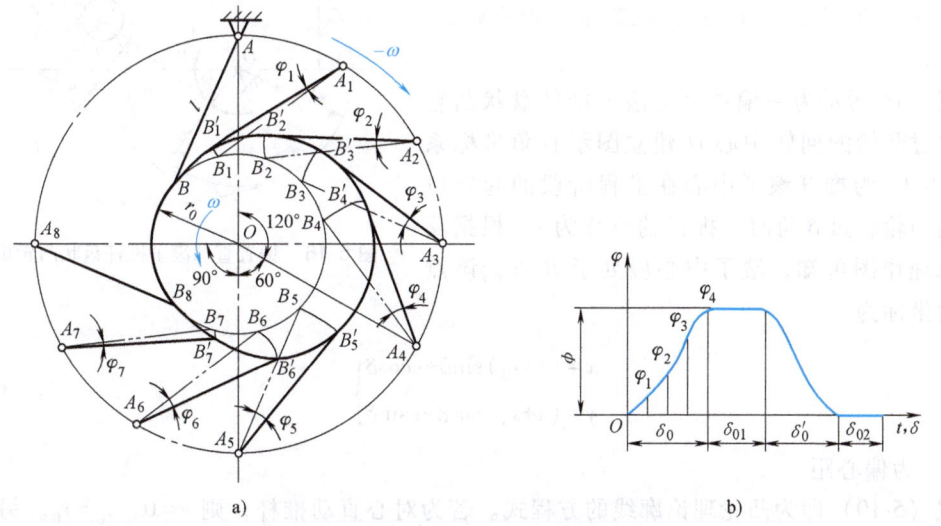

图 5-15 摆动尖顶摆杆盘状凸轮廓线的设计

速度 ω 做逆时针方向转动，摆杆的运动规律如图 5-15b 所示。以推程为例说明用反转法原理设计凸轮轮廓曲线的方法。

1) 将推程位移曲线的横坐标进行等分，得各个等分点的角位移 φ_1、φ_2、…。

2) 根据给定的中心距 a 确定 O、A 的位置，以 O 点为圆心、r_0 为半径作基圆，以 A 点为圆心、推杆杆长 l 为半径作圆弧，交基圆于 B 点（一般情况下，凸轮转向与摆杆升程时的转向应相反，这样受力较好）。AB 即代表推杆的初始位置。

3) 以 O 为圆心、a 为半径画圆，自 A 点开始沿 $-\omega$ 方向量取推程运动角并进行相应的等分，得到各个等分点 A_1、A_2、…，它们代表反转过程中推杆转轴 A 依次占据的位置。

4) 以各等分点为圆心、推杆杆长 l 为半径画弧，交基圆于点 B_1、B_2、…，则线段 A_1B_1、A_2B_2、…为推杆反转过程中在各等分点的最低位置，以 A_1B_1、A_2B_2、…为一边，分别量取各自的角位移 φ_1、φ_2、…，得线段 A_1B_1'、A_2B_2'、…，它们代表反转过程中推杆所依次占据的位置。点 B_1'、B_2'、…即为反转过程中推杆尖顶的运动轨迹。

5) 将点 B_1'、B_2'、…依次连成光滑曲线，即得所求的凸轮在推程部分的轮廓曲线。

同样可以作出凸轮在回程部分的轮廓曲线，而远程休止和近程休止的轮廓曲线均为以 O 为圆心的圆弧。

若采用摆动滚子或平底推杆，与直动滚子或平底推杆相似，先求理论廓线，再求实际廓线。

5.3.3 用解析法设计凸轮轮廓线

随着机械不断朝着高速、精密、自动化方向发展，计算机和各种数控加工机床在生产中的广泛应用，用解析法设计凸轮轮廓线越来越广泛地应用于生产实践中。解析法设计凸轮轮廓线的根本问题是将所求出的凸轮轮廓线用数学方程式来表示。下面介绍几种常用的采用解析法设计的凸轮机构。

1. 直动滚子推杆盘状凸轮机构中凸轮轮廓曲线的设计

图 5-16 所示为一偏置直动滚子推杆盘状凸轮机构。过凸轮的回转中心 O 建立图示直角坐标系 xOy。点 B_0 为推杆滚子中心在推程阶段的起始位置。当凸轮转过 δ 角时，推杆的位移为 s。根据反转法原理作图可知，滚子中心应处于 B 点，该点的直角坐标为

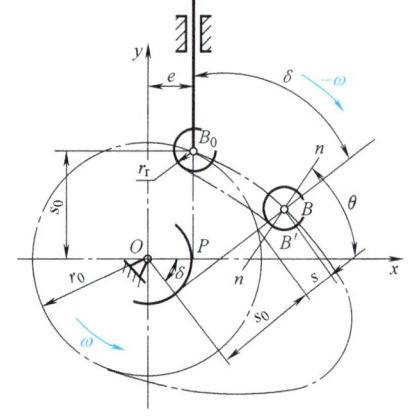

图 5-16 偏置直动滚子推杆盘状凸轮机构

$$\left. \begin{array}{l} x = (s+s_0)\sin\delta + e\cos\delta \\ y = (s+s_0)\cos\delta - e\sin\delta \end{array} \right\} \quad (5\text{-}10)$$

式中，e 为偏心距。

式（5-10）即为凸轮理论廓线的方程式。若为对心直动推杆，则 $e=0$，$s_0=r_0$。另外，e 的值为代数值，其正负作如下规定：当凸轮沿逆时针方向转动时，若推杆位于凸轮转动中心

的右侧，则 e 的值为正，反之为负；当凸轮沿顺时针方向转动时，若推杆位于凸轮转动中心的左侧，则 e 的值为正，反之为负。

凸轮的实际廓线与理论廓线为等距曲线，且在法线方向的距离等于滚子半径 r_r。所以当已知理论廓线上任一点 B 的坐标 (x,y) 时，只要沿理论廓线在该点的法线方向取距离 r_r，即可得到实际廓线上相应点 B' 的坐标 (x',y')。

由高等数学知识可知，曲线上任一点的法线斜率与该点的切线斜率互为负倒数，故理论廓线上 B 点处的法线 nn 的斜率为

$$\tan\theta = -dx/dy = -(dx/d\delta)/(dy/d\delta) = \sin\theta/\cos\theta \tag{5-11}$$

其中

$$\left.\begin{array}{l} dx/d\delta = (ds/d\delta - e)\sin\delta + (s+s_0)\cos\delta \\ dy/d\delta = (ds/d\delta - e)\cos\delta - (s+s_0)\sin\delta \end{array}\right\} \tag{5-12}$$

由式（5-11）和式（5-12）可得

$$\left.\begin{array}{l} \sin\theta = (dx/d\delta)/\sqrt{(dx/d\delta)^2 + (dy/d\delta)^2} \\ \cos\theta = -(dy/d\delta)/\sqrt{(dx/d\delta)^2 + (dy/d\delta)^2} \end{array}\right\} \tag{5-13}$$

由图 5-16 可以看出，实际廓线上对应点 B' 的坐标为

$$\left.\begin{array}{l} x' = x \mp r_r\cos\theta \\ y' = y \mp r_r\sin\theta \end{array}\right\} \tag{5-14}$$

式（5-14）即为凸轮实际廓线的方程式。式中"+"号用于外包络线，"-"号用于内包络线。

2. 直动平底推杆盘状凸轮机构中凸轮轮廓曲线的设计

图 5-17 所示为一对心直动平底推杆盘状凸轮机构。以凸轮的回转中心 O 为原点，推杆的导路中心为 y 轴建立直角坐标系 xOy。当推杆处于起始位置时，平底与凸轮轮廓线切于点 B_0；当凸轮转过 δ 角度时，推杆的位移为 s。根据反转法可知，平底与凸轮轮廓切于点 B。其坐标 (x,y) 为

$$\left.\begin{array}{l} x = (s+r_0)\sin\delta + \overline{OP}\cos\delta \\ y = (s+r_0)\cos\delta - \overline{OP}\sin\delta \end{array}\right\} \tag{5-15}$$

由三心定理可知，P 点为推杆与凸轮的瞬心，故推杆在该瞬时的运动速度为

$$v = v_P = \overline{OP}\omega$$

或

$$\overline{OP} = v/\omega = ds/d\delta \tag{5-16}$$

可得 B 点的坐标 (x,y)，凸轮实际廓线的方程式为

$$\left.\begin{array}{l} x = (s+r_0)\sin\delta + (ds/d\delta)\cos\delta \\ y = (s+r_0)\cos\delta - (ds/d\delta)\sin\delta \end{array}\right\} \tag{5-17}$$

3. 摆动滚子推杆盘状凸轮机构中凸轮轮廓曲线的设计

图 5-18 所示为一摆动滚子推杆盘状凸轮机构。已知凸轮转动轴心 O 与摆杆摆动轴心 A_0 之间的中心距为 a，摆杆长度为 l，以凸轮的回转中心 O 为原点，OA_0 为 y 轴，建立直角坐标系 xOy。当摆杆处于起始位置时，滚子中心处于 B_0 点，摆杆与连心线 OA_0 间的夹角为

φ_0;当凸轮转过 δ 角度后,推杆摆角为 φ。由反转法可知,此时滚子中心将处于 B 点,其坐标 (x, y) 即凸轮理论廓线方程为

$$\left.\begin{array}{l} x = a\sin\delta - l\sin(\delta + \varphi + \varphi_0) \\ y = a\cos\delta - l\cos(\delta + \varphi + \varphi_0) \end{array}\right\} \quad (5\text{-}18)$$

凸轮实际廓线方程的推导思路与直动滚子推杆盘状凸轮机构相同,不再赘述。

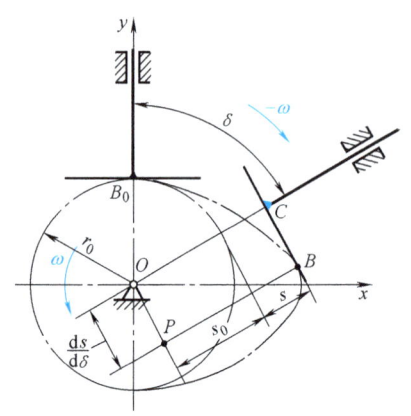

图 5-17 对心直动平底推杆盘状凸轮机构

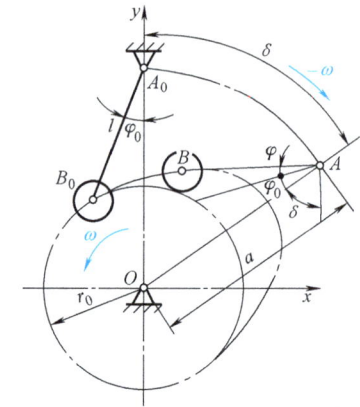

图 5-18 摆动滚子推杆盘状凸轮机构

例 5-1 图 5-19a 所示为一移动滚子盘形凸轮结构,滚子中心位于点 B_0 时为该凸轮的起始位置。试求:

(1) 当滚子与凸轮轮廓线在点 B'_1 接触时,所对应的凸轮转角 φ_1。

(2) 当滚子中心位于点 B_2 时,所对应的凸轮机构的压力角 α_2。

解 (1) 利用反转法求解步骤如下:

1) 正确作出偏心圆,如图 5-19b 所示。

2) 用反向包络线法求出在点 B'_1 附近凸轮的部分理论廓线 η。具体方法为:以凸轮实际廓线上点 B'_1 附近的各点为圆心,以滚子半径作一系列滚子圆,然后作这些滚子圆的外包络线,即得理论廓线 η,如图 5-19b 所示。

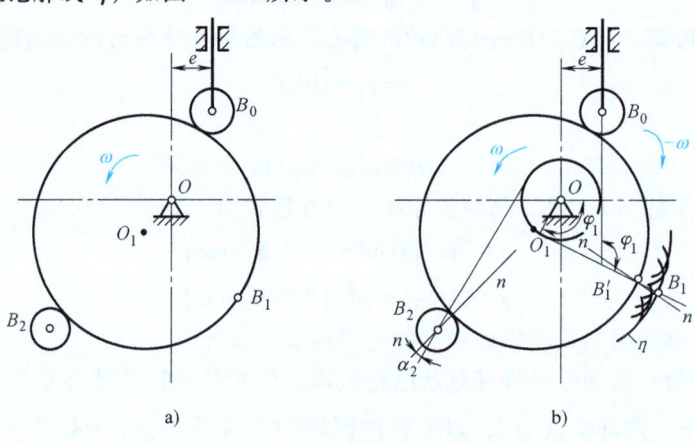

图 5-19 例 5-1 图

3）过点 B_1' 正确作出凸轮轮廓线的法线 nn，该法线交 η 于点 B_1，B_1、B_1' 两点间的距离等于滚子半径 r_r。点 B_1 即为滚子与凸轮在点 B_1' 接触时滚子中心的位置。

4）过点 B_1 作偏心圆的切线，该切线即为滚子与凸轮在点 B_1' 接触时从动件的位置线，该位置线与从动件起始位置线间的夹角，即为所求的凸轮转角 φ_1。

（2）在图 5-19b 中，已知凸轮轮廓线，利用反转法求解步骤如下：

1）过点 B_2 正确作出偏心圆的切线，该切线代表在反转过程中，当滚子中心位于点 B_2 时从动件的位置线，如图 5-19b 所示。

2）过点 B_2 正确作出凸轮轮廓线的法线 nn，该法线必通过滚子中心 B_2，同时通过滚子与凸轮轮廓线的切点，即滚子中心与凸轮轮廓线圆的连心线，它代表从动件的受力方向线。

3）该法线与从动件位置线间所夹的锐角，即为机构在该处的压力角 α_2。

5.4 凸轮机构基本尺寸设计

在讨论凸轮轮廓曲线设计时，除了根据工作要求选定推杆的运动规律外，还预先给定了凸轮机构的一些基本参数，如基圆半径 r_0、偏心距 e、滚子半径 r_r 等。而实际上这些参数都是未知量，需要设计者来确定。这些参数的选择除了保证推杆能够准确地实现预期的运动规律外，还关系到机构的受力情况是否合理、结构是否紧凑等。如果这些参数选择不当，将会引起一系列问题。所以本节讨论凸轮机构基本尺寸的设计方法。

5.4.1 凸轮机构的压力角及其许用值

凸轮机构的压力角是指在不计摩擦的情况下，凸轮对推杆作用力的方向线与推杆上力作用点的速度方向之间所夹的锐角 α。它是衡量凸轮机构传力特性的一个重要参数。下面主要讨论压力角对作用力、机构尺寸的影响。

1. 凸轮机构的压力角 α

图 5-20 所示为一凸轮机构在某一位置时的受力情况，其中凸轮对推杆的作用力为 F，推杆承受的载荷为 G，导路对推杆的反力为 F_{r1}、F_{r2}，φ_1、φ_2 分别为凸轮与推杆、推杆与导轨之间的摩擦角，α 为凸轮机构在图示位置的压力角，即推杆所受正压力的方向（凸轮轮廓区在接触点处的法线方向）与推杆受力点 B 的速度方向之间所夹的锐角。根据力的平衡条件可得

$$-F\sin(\alpha+\varphi_1)+(F_{r1}-F_{r2})\cos\varphi_2=0$$
$$F\cos(\alpha+\varphi_1)-(F_{r1}+F_{r2})\sin\varphi_2-G=0$$
$$F_{r2}\cos\varphi_2(l+b)-F_{r1}\cos\varphi_2 b=0$$

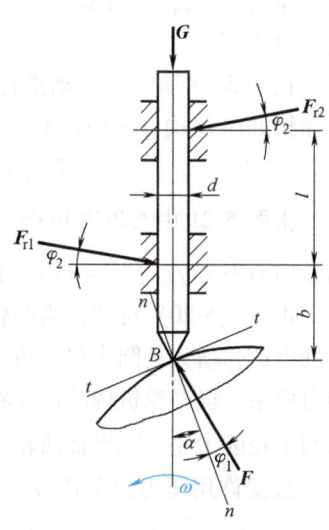

图 5-20 凸轮机构在某位置时的受力情况

整理后可得

$$F=\frac{G}{\cos(\alpha+\varphi_1)-(1+2b/l)\sin(\alpha+\varphi_1)\tan\varphi_2} \quad (5\text{-}19)$$

分析式（5-19）可知：在同样的情况下，压力角 α 越大，分母的值越小，凸轮对推杆所施加的作用力 F 就越大；当压力角 α 增大到一定值后，分母将为零，这时无论凸轮给推杆的作用力 F 有多大，都不能推动推杆运动，即机构将发生自锁，此时的压力角称为临界压力角 α_c。因此，为减小推力，避免自锁，改善机构的受力状况，应首先保证机构的最大压力角 $\alpha_{max} < \alpha_c$，且压力角 α 的值越小越好。另外，临界压力角 α_c 的值还与凸轮机构的几何尺寸有关，增大导轨长度、减小悬臂尺寸都将增大临界压力角 α_c 的值。

2. 凸轮机构的许用压力角 [α]

在一般情况下，凸轮机构的传力特性和机构的紧凑性是互相制约的，因此在设计凸轮机构时，应统筹考虑。实践证明，当最大压力角 α_{max} 接近临界压力角 α_c 时，虽然机构未发生自锁，但是所需的驱动力急剧增加，导致机构的效率下降、工作条件恶化。因此，在实际应用中，一般规定一个压力角的许用值 [α]，且 [α] 远小于临界压力角 α_c，在保证 $\alpha_{max} \leq$ [α] 的前提下，尽可能选取较小的基圆半径。根据工程实践的经验，推荐推程的许用压力角为：移动推杆 [α] = 30°~38°；当要求凸轮尺寸尽可能小时，可取 [α] = 45°；摆动推杆 [α] = 40°~45°；回程时，由于推杆通常受力较小无自锁问题，故许用压力角可取得大些，通常取 [α] = 70°~80°。

5.4.2 凸轮基圆半径的确定

当凸轮机构的类型选定后，压力角 α 的值与推杆的运动规律和机构尺寸有关。当推杆的运动规律选定后，基圆半径越大，机构最大压力角 α_{max} 的值越小，传力效果越好，但凸轮机构的尺寸也越大，浪费空间和材料。基圆半径越小，虽然凸轮机构的尺寸紧凑，但机构最大压力角 α_{max} 的值增大，传力效果较差。下面以图 5-21 为例加以说明。

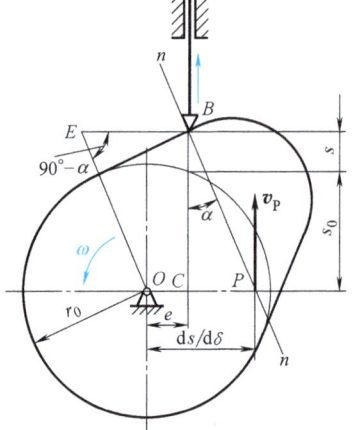

图 5-21 直动推杆盘状凸轮机构

在图 5-21 所示的直动推杆盘状凸轮机构中，根据速度瞬心知识并参照式（5-16）有

$$\overline{OP}=v/\omega=\mathrm{d}s/\mathrm{d}\delta$$

由图 5-21 中 $\triangle BCP$ 可得

$$\tan\alpha=(\overline{OP}-e)/(s_0+s)=(\mathrm{d}s/\mathrm{d}\delta-e)/(\sqrt{r_0^2-e^2}+s) \quad (5\text{-}20)$$

由式（5-20）可知：当凸轮机构的偏心距和推杆的运动规律确定后，增大基圆半径，可减小机构的压力角 α，从而提高传力效果，但凸轮机构的尺寸将随之增大。因此，应合理选择基圆半径的大小，既保证凸轮机构的尺寸不会过大，又保证机构的最大压力角 $\alpha_{max} \leq$ [α]。

根据许用压力角条件 $\alpha_{max} \leq$ [α] 可知，凸轮机构的最小基圆半径为

$$r_0 \geq \sqrt{\left[\frac{\frac{\mathrm{d}s}{\mathrm{d}\delta}-e}{\tan[\alpha]}-s\right]^2+e^2} \quad (5\text{-}21)$$

值得注意的是：①根据式（5-21）求 $r_{0\min}$，随 $ds/d\delta$ 的不同而不同，需要确定基圆半径的极值，给实际应用带来不便；②由此求出的 $r_{0\min}$ 值一般比较小，有可能无法满足凸轮的结构和强度等方面的要求。因此，在实际工作中，一般都是先根据具体情况预选一个凸轮的基圆半径，待凸轮轮廓曲线设计完成后，再检查其最大压力角是否满足 $\alpha_{\max} \leq [\alpha]$；当凸轮与轴加工成凸轮轴时，凸轮轮廓线的最小向径应略大于凸轮轴的直径。当凸轮与轴分别制造时，凸轮轮廓线的最小向径应大于凸轮轮毂的直径。一般情况下，凸轮轮廓线的最小向径应大于凸轮轴径的 1.6~2 倍。

5.4.3 滚子半径的选择

如前所述，当选用滚子推杆时，盘状凸轮的实际廓线是理论廓线的等距曲线。因此，凸轮实际廓线的形状与滚子半径的大小有关。在选择滚子半径时，应综合考虑滚子的结构、强度及凸轮轮廓形状等因素，分析凸轮实际廓线形状与滚子半径的关系。图 5-22a 所示为内凹的凸轮轮廓曲线，粗实线 a 为实际廓线，点画线 b 为理论廓线。实际廓线的曲率半径 ρ_a 等于理论廓线的曲率半径 ρ 与滚子半径 r_r 之和，即 $\rho_a = \rho + r_r$，因此，无论滚子半径大小如何选择，都可以根据理论廓线作出圆滑的实际廓线。但是，对于外凸的凸轮轮廓线，实际廓线的曲率半径 ρ_a 等于理论廓线的曲率半径 ρ 与滚子半径 r_r 之差，即 $\rho_a = \rho - r_r$。当 $\rho > r_r$ 时，$\rho_a > 0$（图 5-22b），实际廓线可以准确地作出；若 $\rho = r_r$ 时，$\rho_a = 0$，实际廓线将出现尖点（图 5-22c），由于尖点处很容易磨损，故不能实际使用；若 $\rho < r_r$ 时，$\rho_a < 0$，这时实际廓线将出现交叉（图 5-22d），在切削加工时，交叉部分将被刀具切掉，致使推杆不能准确地实现预期的运动规律，这种现象称为运动失真。

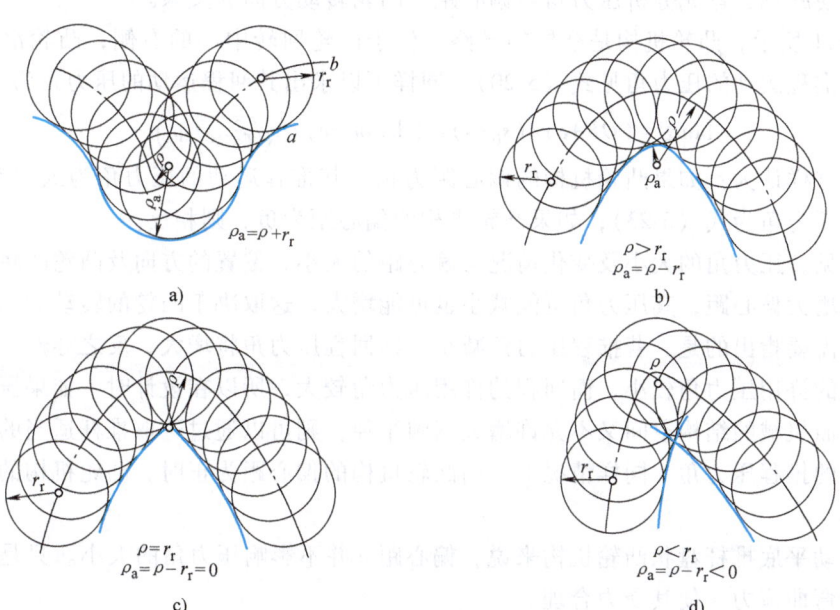

图 5-22 滚子半径与运动失真

由以上分析可知，凸轮机构产生运动失真的根本原因在于其理论廓线的最小曲率半径 $\rho_{\min}$ 小于滚子半径 r_r，即 $\rho_{\min} - r_r < 0$。因此，为避免运动失真，可从两方面进行考虑：一是减

小滚子半径 r_r；二是增大理论廓线的最小曲率半径 ρ_{min}。但是，减小滚子半径的同时，还应该考虑滚子的结构和强度，因此，滚子半径的值也不能取太小，一般取滚子半径 $r_r = (0.1 \sim 0.5)r_0$。另外，增大理论廓线的最小曲率半径 ρ_{min} 势必增大凸轮的基圆半径，从而增大凸轮机构的总体尺寸，因此，为了防止凸轮产生运动失真或过度磨损，应保证凸轮实际廓线的最小曲率半径 $\rho_{amin} = \rho_{min} - r_r > 3 \sim 5$ mm。

用解析法设计凸轮机构时，通常是先根据结构和强度条件选择滚子半径 r_r，然后校核 $\rho_{amin} = \rho_{min} - r_r > 3 \sim 5$ mm，若不满足，则应增大基圆半径重新设计。

5.4.4 平底宽度的确定

对于平底推杆盘状凸轮机构，在机构的运转过程中，必须保证推杆的平底与凸轮轮廓线始终正常接触，因此，必须确定平底的宽度。由式（5-16）可知，凸轮与平底的接触点至平底中心的距离为

$$l_{max} = |ds/d\delta|_{max} + (5 \sim 7) \text{mm} \qquad (5-22)$$

其中，$|ds/d\delta|_{max}$ 应对推程和回程的运动规律分别计算后，取二者的较大值。

为了确保推杆平底与凸轮轮廓线在任何位置都能正常接触及保证平底的对称性，平底的最小宽度应为

$$l \geq 2l_{max}$$

5.4.5 推杆偏置方向的选择

为了方便起见，首先分析压力角与偏心距、凸轮转动方向的关系。

如图 5-21 所示，凸轮机构是推杆的导路，位于凸轮回转中心的右侧，凸轮沿逆时针方向转动。其推程运动的压力角见式（5-20）。同样可以求出其回程运动的压力角为

$$\tan\alpha' = (\overline{OP} + e)/(s_0 + s) = (ds/d\delta + e)/(\sqrt{r_0^2 - e^2} + s) \qquad (5-23)$$

也可以这样认为：如果凸轮机构的偏心距为正，其推程运动的压力角为式（5-20），其回程运动的压力角为式（5-23）；如果凸轮机构的偏心距为负，则相反。

由此可见，压力角的大小及变化情况与偏心距的大小、偏置的方向及凸轮的转动方向有关，单纯地增大偏心距，其压力角可能减小也可能增大，这取决于凸轮的转动方向和推杆的偏置方向。需要指出的是，若推程压力角减小，则回程压力角将增大，反之亦然。但是，由于规定推程的许用压力角较小，而回程的许用压力角较大，所以在设计时，如果压力角超过了许用值，而机械的结构空间又不允许增大基圆半径，则可以通过选取推杆适当的偏置方向来获得较小的推程压力角。同样情况下，当凸轮机构的偏心距为正时，凸轮机构的推程压力角较小。

对于移动平底推杆盘状凸轮机构来说，偏心距 e 并不影响压力角的大小。只是为了减小推杆所受的弯曲应力，使其受力合理。

知识要点与拓展

本章主要介绍了凸轮机构的类型、特点、常用运动规律、凸轮轮廓及基本尺寸设计方法。

第5章 凸轮机构及其设计

1) 合理选择或设计推杆的运动规律,是凸轮机构设计的关键一步,它直接影响机构的运动特性和动力特性。本章介绍了几种常用运动规律及其组合方法,应掌握各种运动规律的特点和适用场合。但是,仅靠这几种运动规律远远不能满足工程实际的要求,为了获得更好的运动和动力特性,经常选择其他形式的运动规律,有关这方面的理论介绍可见参考文献 [44] 等。目前,仍有学者在进行这方面的研究,探寻更好的运动规律。

2) 在凸轮机构的设计方面,本章主要介绍了图解法和解析法。图解法简单、直观,同时它又是解析法的基础,应首先理解机构反转法的原理,并掌握其设计过程;解析法虽然解题过程烦琐,但精度高,并且它是计算机辅助设计的基础,在解析法解题过程中,数学模型的建立是至关重要的一步,必须掌握。

3) 在设计凸轮机构时,基圆半径、滚子半径、压力角、偏心距等参数都是假定已知的,实质上都是未知量,需要设计者来确定。如果参数选择不当,就可能造成压力角过大甚至机构的自锁和运动失真。本章对此进行了介绍,应掌握由于参数选择不当可能造成的问题及应采取的对策。尤其应注意基圆半径与压力角的关系及偏心距的大小和偏置方向对压力角的影响。有关这方面的理论介绍可见参考文献 [2]。

4) 本章在机构设计过程中一直把各构件视为刚体,不考虑弹簧及各构件弹性变形对运动的影响。当凸轮转速较高或构件刚性较低时,构件的弹性变形的影响便不能忽略,此时应将整个机构看作一个弹性系统,这就引出了高速凸轮机构的问题。有关这方面的理论介绍可见参考文献 [38] 等。计算机辅助设计、优化设计在凸轮机构设计中也有应用,有关这方面的知识可见参考文献 [2]、[44] 等。

思考题及习题

5-1 什么是凸轮机构?它有哪些优缺点?凸轮机构是如何分类的?

5-2 什么是推程运动角、回程运动角、近程休止角、远程休止角?它们的度量起始位置分别是哪里?

5-3 何谓推杆的运动规律?为什么经常将推杆的运动规律表示为凸轮转角 δ 的函数?常用的推杆运动规律有哪几种?

5-4 何谓凸轮机构传动中的刚性冲击和柔性冲击?请指出哪些运动规律有刚性冲击,哪些运动规律有柔性冲击,哪些运动规律没有冲击。

5-5 图解法和解析法各有何特点?

5-6 什么是凸轮机构的压力角、基圆半径?应如何选择它们的数值大小?这对凸轮机构的运动特性、动力特性有何影响?

5-7 何谓运动失真?为何会产生运动失真?它对凸轮机构的工作有何影响?应如何避免?

5-8 何谓推杆的偏心距?它的正负如何确定?它对压力角有何影响?

5-9 在某对心直动尖顶推杆盘状凸轮机构中,推杆在推程和回程中分别采用等加速、等减速和等速运动规律。已知:$h=50$mm,$\delta_0=120°$,$\delta_{01}=60°$,$\delta_0'=100°$,$\delta_{02}=80°$,求推杆在各运动阶段的位移、速度、加速度方程式,并画出其相应的运动规律线图,并指出哪里有冲击,以及冲击的类型。

5-10 设计一摆动尖顶推杆盘状凸轮机构。已知:凸轮沿顺时针方向等速转动,中心距为80mm,凸轮基圆半径为35mm,推杆长度为65mm,推杆的最大摆角 $\varphi=14°$,$\delta_0=140°$,$\delta_{01}=0°$,$\delta_0'=120°$,$\delta_{02}=100°$,推杆在推程、回程皆采用简谐运动规律,用图解法绘制凸轮轮廓线。

5-11 某偏置直动滚子推杆盘状凸轮机构,已知:凸轮沿逆时针方向等速转动,凸轮基圆半径为45mm,偏心距为12mm,推杆的行程为35mm,滚子半径为10mm,$\delta_0=140°$,$\delta_{01}=40°$,$\delta_0'=130°$,$\delta_{02}=50°$,推杆在推程、回程皆采用简谐运动规律,试选定推杆的偏置方向,并绘出凸轮的理论廓线与实际廓线。

5-12 用图解法设计一对心直动平底推杆盘状凸轮机构。已知凸轮基圆半径为28mm，推杆平底与轨道中心线垂直，凸轮沿顺时针方向等速转动。当凸轮转过130°时，推杆以余弦加速度运动规律上升20mm，再转过140°时，推杆又以摆线运动规律回到起点，其余时间推杆静止不动。问：

1）这种凸轮机构压力角的变化规律如何？是否存在自锁？若存在自锁应如何避免？

2）设计凸轮轮廓曲线。

5-13 已知摆动滚子推杆盘状凸轮机构的基圆半径为30mm，中心距为65mm，摆杆长度为55mm，滚子半径为10mm。凸轮沿顺时针方向等速转动，当凸轮转过180°时，推杆以摆线运动规律向上摆动30°；凸轮再转过60°时，推杆静止不动；凸轮转过其余角度时，推杆以等速运动摆回到起始位置。试以图解法设计凸轮轮廓曲线。

5-14 试用解析法求习题5-10所述凸轮机构的凸轮轮廓曲线方程。

5-15 试用解析法求习题5-11所述凸轮机构的凸轮轮廓曲线方程。

5-16 试用解析法求习题5-12所述凸轮机构的凸轮轮廓曲线方程。

5-17 在图5-23所示的凸轮机构中，从动件的起始上升点均为C点。

1）试在图上标注出从C点接触到D点接触时，凸轮转过的角度ψ及从动件的位移。

2）标出在D点接触时凸轮机构的压力角。

5-18 图5-24所示为一对心直动滚子从动件盘形凸轮机构，凸轮的实际廓线为一圆，圆心在A点，半径$R=40$mm，凸轮绕轴心做逆时针方向转动，$l_{OA}=25$mm，滚子半径$r=10$mm，试求：

1）凸轮基圆半径r_0；

2）从动杆升程h；

3）画出图示位置的压力角α，求出推程中的最大压力角；

4）凸轮的理论廓线为何种曲线？

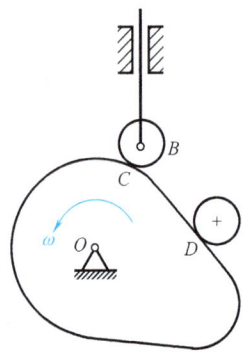

图5-23 题5-17图

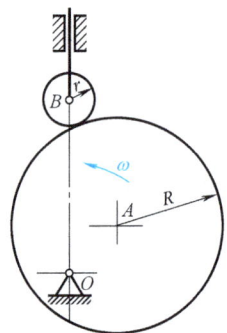

图5-24 题5-18图

第6章

齿轮机构及其设计

齿轮机构用于传递两轴之间的运动和动力。在前两章中介绍的连杆机构和凸轮机构都有其各自的特点，与连杆机构相比，齿轮机构显示了其高副机构传递运动准确的优越性；同样是高副机构，与凸轮机构相比，其传递功率的范围要大得多，而且有传动比恒定和传递力方向不变的优势，使传动稳定。本章将以渐开线直齿圆柱齿轮机构传动为重点，对齿轮机构作较为全面的介绍。

6.1 齿轮机构的特点及类型

齿轮机构靠主动轮轮齿依次拨动从动轮轮齿来传递运动和动力，是应用最为广泛的一种传动机构。它可以传递空间任意两轴之间的运动和动力，并具有结构紧凑、传动平稳、效率高、寿命长、能保证恒定的传动比，以及传递的功率和使用的速度范围大等优点。但在制造和安装精度方面，齿轮机构要求较高，故其成本较高。

齿轮传动的类型很多，按照一对齿轮传动比是否恒定，可将齿轮机构分为圆形齿轮机构和非圆形齿轮机构。圆形齿轮机构的传动比是恒定的，即主、从动轮按一定的角速度做等速转动；而非圆形齿轮机构的传动角速度是变化的，即主动轮做等角速度转动时，从动轮按一定运动规律做变速转动，非圆形齿轮只用于一些具有特殊要求的机械中。本章主要介绍使用广泛的圆形齿轮，对非圆形齿轮只做简要介绍。

圆形齿轮的类型很多，按两传动轴线的相对位置不同，可分为平面齿轮机构与空间齿轮机构两类。

6.1.1 平面齿轮机构

平面齿轮机构用于传递两平行轴之间的运动和动力，按照轮齿的排列方向不同，平面齿轮机构又分为以下几种。

1. 直齿圆柱齿轮传动

图 6-1 所示为直齿圆柱齿轮传动的三种形式，轮齿与轴线是互相平行的，简称直齿轮。其中图 6-1a 所示为外啮合直齿轮传动，两齿轮的转动方向相反；图 6-1b 所示是内啮合直齿轮传动，两轮的转动方向相同；图 6-1c 所示是齿轮齿条传动，当直齿轮传动中一个外齿轮的齿数无穷多时，将演变成齿条，当齿轮转动时，齿条做直线运动。

 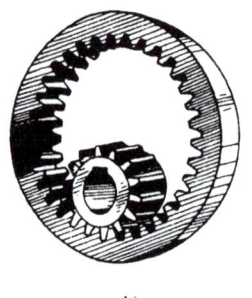 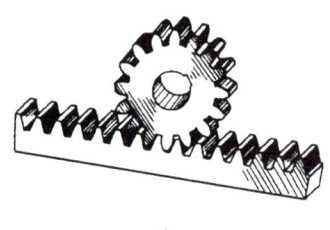

图 6-1　直齿圆柱齿轮传动

2. 斜齿圆柱齿轮传动

图 6-2 所示为斜齿圆柱齿轮传动，简称斜齿轮传动。其轮齿的齿向与轴线倾斜一个角度，称为螺旋角，按螺旋角的旋向分为右旋和左旋斜齿轮传动。它与直齿轮传动一样也有外啮合传动、内啮合传动和齿轮齿条传动三种类型。

3. 人字齿轮传动

图 6-3 所示为人字齿轮传动，它相当于由两排旋向相反的斜齿轮对称组成。

图 6-2　斜齿圆柱齿轮传动　　　　图 6-3　人字齿轮传动

6.1.2　空间齿轮机构

空间齿轮机构用于传递两相交轴和交错轴之间的运动和动力。常用的有以下几种：

1. 锥齿轮传动

图 6-4 所示为锥齿轮传动，用于传递相交两轴间的运动和动力，轮齿排列在截圆锥体的表面上，也有直齿、斜齿和曲线齿之分。

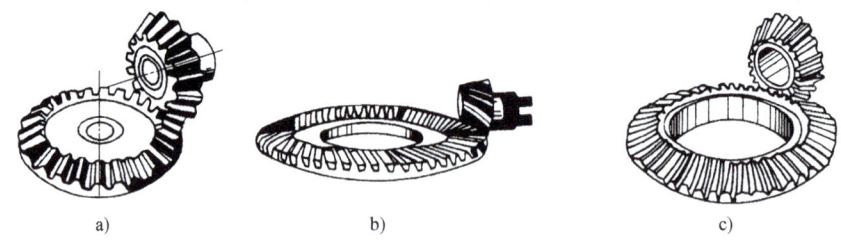

图 6-4　锥齿轮传动
a) 直齿　b) 斜齿　c) 曲线齿

2. 交错轴齿轮传动

常见的用于交错轴间传动的齿轮机构（图 6-5）有三种类型：交错轴斜齿轮传动、蜗杆传动、准双曲面齿轮传动。

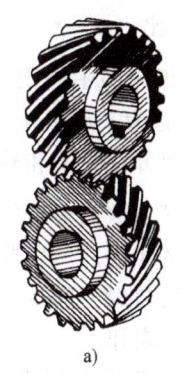
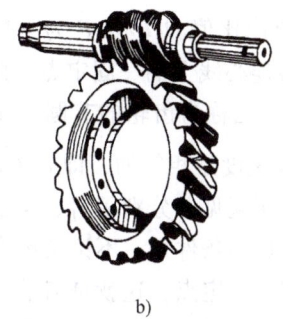
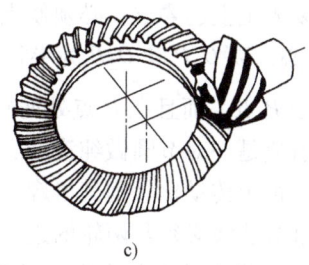

图 6-5 交错轴齿轮传动

a) 交错轴斜齿轮传动 b) 蜗杆传动 c) 准双曲面齿轮传动

齿轮机构的类型很多，直齿圆柱齿轮是其中最基本、最简单，同时也是应用最为广泛的一种。所以，本章将以直齿圆柱齿轮传动为重点，就其啮合原理、传动参数和几何计算等问题进行较为详细的分析，在此基础上，对其他类型齿轮传动的特点进行扼要介绍。

6.2 齿轮齿廓的设计

6.2.1 齿廓啮合基本定律

齿轮传动是依靠主动轮轮齿的齿廓推动从动轮轮齿的齿廓来实现的，两轮的瞬时角速度之比（$i_{12} = \omega_1/\omega_2$）称为传动比。齿轮传动的基本要求之一是传动平稳，即要求齿轮传动过程中其瞬时传动比为常数，若两轮的传动能实现预定规律的传动比，则两轮互相接触传动的一对齿廓称为共轭齿廓。下面对齿轮齿廓曲线与两轮传动比的关系进行讨论。

图 6-6 所示是一对相互啮合的齿轮，O_1 和 O_2 分别为各自的回转中心，两轮轮齿的齿廓在某一点 K 接触，而两齿廓上点 K 处的线速度分别为 v_{K1} 和 v_{K2}。

为保证两齿廓既不分离又不互相嵌入地连续工作，在齿廓接触点的法线方向，两齿廓间不能有相对运动，即两齿廓接触点公法线方向上的分速度要相等，$v_{n1} = v_{n2}$，而两齿廓接触点间的相对速度 v_{K1K2} 只能沿着两齿廓接触点的切线方向。

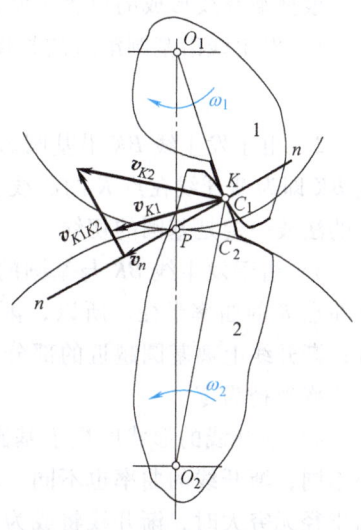

图 6-6 齿廓啮合基本定律

根据第 3 章讲过的三心定理可知，两啮合齿廓在接触点处的公法线 nn 与两齿轮连心线 O_1O_2 的交点 P 就是两齿轮的相对速度瞬心。所以两轮的传动比为

$$i_{12} = \omega_1/\omega_2 = \overline{O_2P}/\overline{O_1P} \tag{6-1}$$

式（6-1）表明：互相啮合传动的一对齿轮，齿廓在任意位置接触时的传动比，都等于其连心线 O_1O_2 被其啮合齿廓在接触点处的公法线所分成的两线段的反比。

要使两齿轮的传动比保持不变，应使比值 $\overline{O_2P}/\overline{O_1P}$ 为常数。而两齿轮的中心距 O_1O_2 为定长，要满足上述要求，必须使点 P 为连心线上的一固定点，此定点 P 称为节点。分别以 O_1、O_2 为圆心，以 O_1P 和 O_2P 为半径所作的圆称为齿轮的节圆，而由上述可知，轮1和轮2的节圆相切于 P 点，而且在 P 点处两轮的线速度是相等的，即 $\omega_1\overline{O_1P}=\omega_2\overline{O_2P}$，故两齿轮的啮合传动可以看成是一对节圆做纯滚动，为方便起见，分别用 r_1'、r_2' 表示节圆的半径。所以要使两齿轮传动为恒定传动比，则其齿廓必须满足的条件是：不论两齿廓在何位置接触，过接触点所作的两齿廓公法线必须与两轮的连心线交于一定点，这就是齿廓啮合的基本定律。

凡满足齿廓啮合基本定律的齿廓称为共轭齿廓。从理论上讲，共轭齿廓曲线有很多种，定传动比齿轮传动可采用渐开线、摆线、圆弧线等。但考虑到啮合特性、制造、安装、互换、使用等问题，目前常用的还是渐开线齿廓。

6.2.2 渐开线齿廓

1. 渐开线的形成

如图 6-7 所示，当直线 BK 沿一圆周做纯滚动时，直线上任一点 K 的轨迹 AK 称为该圆的渐开线。这个圆称为渐开线的基圆，用 r_b 表示基圆的半径，直线 BK 称为渐开线的发生线，角 θ_K 称为渐开线上 K 点的展角。

2. 渐开线的性质

根据渐开线形成的过程可知渐开线具有下列性质：

1）发生线沿基圆滚过的长度等于基圆上被滚过的圆弧长度，即

$$\overline{BK}=\widehat{AB}$$

2）由于发生线 BK 沿基圆做纯滚动，它与基圆的切点 B 即为其速度瞬心。所以，发生线 BK 即为渐开线在点 K 的法线，又因发生线恒切于基圆，所以可得出结论：渐开线上任一点的法线一定是基圆的切线。

3）由于发生线 BK 与基圆的切点 B 也是渐开线在点 K 的曲率中心，而线段 BK 是渐开线在点 K 的曲率半径。所以，渐开线上离基圆越远的部分，其曲率半径越大，渐开线越平直；渐开线上离基圆越近的部分，其曲率半径越小，渐开线越弯曲；渐开线在基圆起始点处的曲率半径为零。

4）渐开线的形状取决于基圆半径的大小，如图 6-8 所示，在相同的展角处，基圆的大小不同，渐开线的曲率也不同。基圆越小，渐开线越弯曲；基圆越大，渐开线越平直。当基圆半径无穷大时，渐开线将成为一条直线，故齿条的齿廓曲线就变直线的渐开线。

5）基圆内没有渐开线。

3. 渐开线齿廓的压力角

由图 6-7 可知，齿廓在接触点 K 所受的正压力方向（即齿廓在该点的法线方向）与该齿轮绕轴心 O 转动的线速度方向（垂直于 OK）之间所夹的锐角，称为渐开线上点 K 的压力角，用 α_K 表示。由图 6-7 所示的几何关系可以看出，$\overline{OB}$ 与 $\overline{OK}$ 间的夹角在数值上就等于 α_K。所以

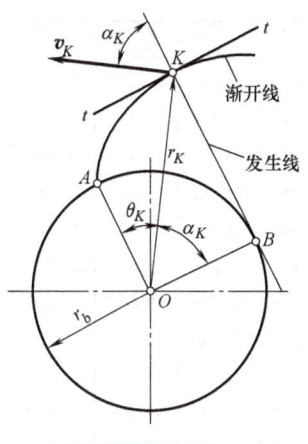
图6-7 渐开线的形成

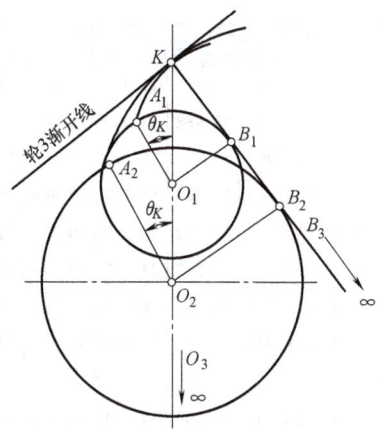
图6-8 渐开线的形状

$$\cos\alpha_K = \overline{OB}/\overline{OK} = r_b/r_K \tag{6-2}$$

式中，r_K 为渐开线上任一点 K 的向径。

式（6-2）表明，压力角的大小随点 K 的位置不同而发生变化，点 K 离基圆中心 O 越远，其压力角越大。由于渐开线起点处的向径 $r_K = r_b$，因此 $\alpha_b = 0°$，即渐开线在基圆上的压力角等于零。

4. 渐开线方程

根据渐开线的性质可以推导出渐开线方程。如图6-7所示，以 OA 为极坐标轴，渐开线上的任一点 K 可用向径 r_K 和展角 θ_K 来确定。由该图可知

$$\tan\alpha_K = \overline{BK}/\overline{OB} = \widehat{AB}/r_b = r_b(\alpha_K + \theta_K)/r_b = \alpha_K + \theta_K$$

故得
$$\theta_K = \tan\alpha_K - \alpha_K$$

由上式可以看出，展角 θ_K 是压力角 α_K 的函数，工程上常用 $\mathrm{inv}\alpha_K$ 表示，即 $\theta_K = \mathrm{inv}\alpha_K = \tan\alpha_K - \alpha_K$。综上所述，可得渐开线的极坐标参数方程为

$$\left.\begin{array}{l} r_K = r_b/\cos\alpha_K \\ \theta_K = \mathrm{inv}\alpha_K = \tan\alpha_K - \alpha_K \end{array}\right\} \tag{6-3}$$

当基圆半径 r_b 一定时，应用式（6-3）并以 α_K 为参量，便可描绘出所需的渐开线。为了计算方便，将部分不同压力角的渐开线函数列入表6-1中，以便查用。

表6-1 渐开线函数 $\mathrm{inv}\alpha_K = \tan\alpha_K - \alpha_K$（节录）

$\alpha_K/(°)$	次	0′	5′	10′	15′	20′	25′	30′	35′	40′	45′	50′	55′
11	0.00	23 941	24 495	25 057	25 628	26 208	26 797	27 394	28 001	28 616	29 241	29 875	30 518
12	0.00	31 171	31 832	32 504	33 185	33 875	34 575	35 285	36 005	36 735	37 474	38 224	38 984
13	0.00	39 754	40 534	41 325	42 126	42 938	43 760	44 593	45 437	46 291	47 157	48 033	48 921
14	0.00	49 819	50 729	51 650	52 582	53 526	54 482	55 448	56 427	57 417	58 420	59 434	60 460
15	0.00	61 498	62 548	63 611	64 686	65 773	66 873	67 985	69 110	70 248	71 398	72 561	73 738
16	0.0	07 493	07 613	07 735	07 857	07 982	08 107	08 234	08 362	08 492	08 623	08 756	08 889
17	0.0	09 025	09 161	09 299	09 439	09 580	09 722	09 866	10 012	10 158	10 307	10 456	10 608

(续)

$\alpha_K/(°)$	次	0′	5′	10′	15′	20′	25′	30′	35′	40′	45′	50′	55′
18	0.0	10 760	10 915	11 071	11 228	11 387	11 547	11 709	11 873	12 038	12 205	12 373	12 543
19	0.0	12 715	12 888	13 063	13 240	13 418	13 598	13 779	13 963	14 148	14 334	14 523	14 713
20	0.0	14 904	15 098	15 293	15 490	15 689	15 890	16 092	16 296	16 502	16 710	16 920	17 132
21	0.0	17 345	17 560	17 777	17 996	18 217	18 440	18 665	18 891	19 120	19 350	19 583	19 817
22	0.0	20 054	20 292	20 533	20 775	21 019	21 266	21 514	21 765	22 018	22 272	22 529	22 788
23	0.0	23 049	23 312	23 577	23 845	24 114	24 386	24 660	24 936	25 214	25 495	25 777	26 062
24	0.0	26 350	26 639	26 931	27 225	27 521	27 820	28 121	28 424	28 729	29 037	29 348	29 660
25	0.0	29 975	30 293	30 613	30 935	31 260	31 587	31 917	32 249	32 583	32 920	33 260	33 602
26	0.0	33 947	34 294	34 644	34 997	35 352	35 709	36 069	36 432	36 798	37 166	37 537	37 910
27	0.0	38 287	38 666	39 047	39 432	39 819	40 209	40 602	40 997	41 395	41 797	42 201	42 607
28	0.0	43 017	43 430	43 845	44 264	44 685	45 110	45 537	45 967	46 400	46 837	47 276	47 718
29	0.0	48 164	48 612	49 064	49 518	49 976	50 437	50 901	51 368	51 838	52 312	52 788	53 268
30	0.0	53 751	54 238	54 728	55 221	55 717	56 217	56 720	57 226	57 736	58 249	58 765	59 285

6.3 渐开线齿廓的啮合特性

6.3.1 渐开线齿廓能满足定传动比要求

图6-9所示为一对渐开线齿轮啮合的情况，当一对齿轮的齿廓在点 K 啮合时，过点 K 作这对齿廓的公法线 N_1N_2，根据渐开线的特性可知，此法线 N_1N_2 必同时与两轮的基圆相切，即 N_1N_2 为两基圆的一条内公切线。对确定的一对齿轮，两基圆的半径为定值，其在同一方向上的内公切线只有一条。

由此可见，无论这对齿廓在任何位置啮合，过啮合点所作的法线与连心线交点 P 必为一定点。这就说明了渐开线齿廓能实现恒定传动比。图中几何关系表明 $\triangle O_1N_1P \backsim \triangle O_2N_2P$，即

$$i_{12} = \omega_1/\omega_2 = \overline{O_2P}/\overline{O_1P} = r_2'/r_1' = r_{b2}/r_{b1} = 常数 \quad (6-4)$$

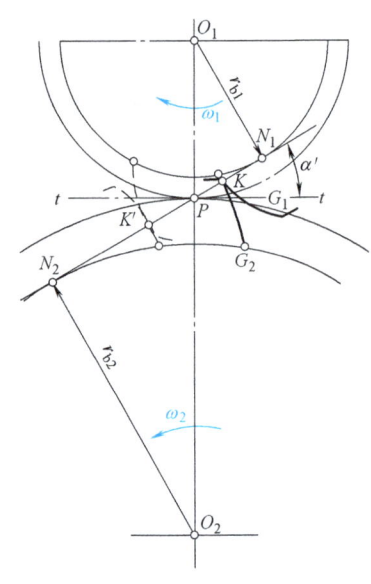

图6-9 渐开线齿廓满足齿廓啮合基本定律

6.3.2 啮合线为一条定直线

上面已经阐明，一对渐开线齿廓在任何位置啮合，接触点的公法线都是一条定直线 N_1N_2，这就说明了一对渐开线齿廓从开始啮合到脱离啮合，所有的啮合点都在 N_1N_2 线上，这条线就是啮合点 K 走过的轨迹，称为啮合线。啮合线 N_1N_2 与两齿轮节圆内公切线 t-t 所夹的锐角称为啮合角，它的大小代表了啮合线的倾斜程度。它在数值上恒等于节圆上的压力

角,故啮合角与节圆上的压力角都用 α' 表示。

由于啮合线与两齿廓接触点的公法线是同一条直线,在齿轮传动中两啮合齿廓间的正压力方向是沿着接触点的公法线方向,其啮合线和啮合角始终不变,所以,渐开线齿轮在传动过程中,两啮合齿廓间的正压力方向始终不变,这对于齿轮传动的平稳性是很有利的。

6.3.3 渐开线齿轮传动具有中心距可分性

式(6-4)表明,一对齿轮的传动比与两基圆半径成反比,而一对齿轮加工好以后,基圆的大小已经确定,所以即使由于制造和安装误差等原因而导致两齿轮的实际中心距与设计中心距略有变化,也不会影响两轮的传动比,渐开线齿廓的这一特性称为中心距可分性。这一特性对齿轮的加工、安装和使用都十分有利。

6.4 渐开线标准齿轮的基本参数及几何尺寸

6.4.1 齿轮的各部分名称

图 6-10 所示为一标准直齿外齿轮端面的一部分,其各部分的名称及代表符号如下:

1. 齿顶圆

它是指过齿轮各齿顶所作的圆,其半径用 r_a 表示,直径用 d_a 表示。

2. 齿根圆

它是指过轮齿齿槽底部所作的圆,其半径用 r_f 表示,直径用 d_f 表示。

3. 齿距、齿厚、齿槽宽

在直径为 d_i 的任意圆周上相邻两齿同侧齿廓间的弧线长度称为齿距,用 p_i 表示。在任意圆周上,轮齿的两侧齿廓间的弧线长度称为该圆上的齿厚,用 s_i 表示。在任意圆周上,相邻轮齿间的齿槽上的圆周弧长称为齿槽宽,用 e_i 表示。显然有 $p_i = s_i + e_i$。

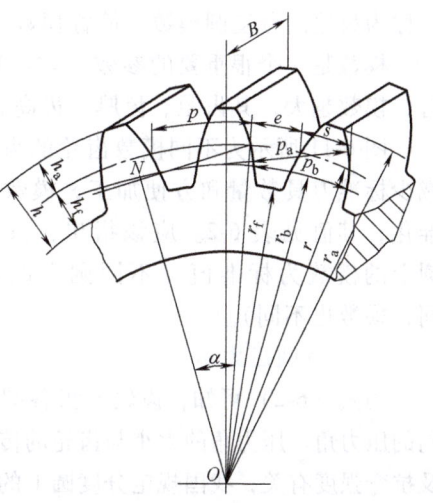

图 6-10 直齿轮各部分名称和符号

4. 分度圆

它是指齿顶圆和齿根圆之间的圆,是为设计和制造方便而规定的一个参考圆,用它作为度量齿轮尺寸的基准圆,其半径用 r 表示,直径用 d 表示。规定标准齿轮分度圆上的齿厚 s 与齿槽宽 e 相等,即 $s = e = p/2$。

5. 基圆

产生渐开线的圆称为基圆,其半径用 r_b 表示,直径用 d_b 表示。

6. 齿顶高

轮齿位于齿顶圆与分度圆之间的部分称为齿顶。齿顶部分的径向高度称为齿顶高,用 h_a 表示。

7. 齿根高

介于齿根圆与分度圆之间的轮齿部分称为齿根。齿根部分的径向高度称为齿根高，用 h_f 表示。

8. 全齿高

齿顶圆与齿根圆之间的径向距离称为全齿高，用 h 表示。显然有

$$h = h_a + h_f$$

6.4.2 渐开线齿轮的基本参数

1. 齿数 z

在齿轮整个圆周上的轮齿总数称为齿数。

2. 模数 m

齿轮的分度圆是计算各部分尺寸的基准，其周长等于 $zp = \pi d$，故分度圆直径为

$$d = zp/\pi$$

式中，π 为无理数，给设计、制造和测量带来许多不便，为此，令

$$p/\pi = m \tag{6-5}$$

m 称为齿轮的分度圆模数，简称模数，单位为 mm。

模数是一个很重要的参数，它反映了齿轮的轮齿及各部分尺寸的大小。当齿数 z 不变时，模数越大，其齿距、齿厚、齿高和分度圆直径都相应增大。

图 6-11 所示为不同模数齿轮的齿形。为减少标准刀具数量和方便加工，模数已经标准化，其值见表 6-2。应该指出，只有分度圆上的模数为标准值（不同圆上的齿距不同，模数也不同）。

3. 分度圆压力角 α

由式（6-2）可知，齿轮轮齿各圆上有不同的压力角。压力角的大小与齿轮的传力效果及抗弯强度有关，我国规定分度圆上的压力角为标准值，其值 $\alpha = 20°$。若为提高齿轮的综合强度而增大分度圆压力角时，推荐 $\alpha = 25°$，但在某些场合，也有用 $\alpha = 14.5°$、$15°$、$22.5°$的情况。这样，渐开线齿轮的分度圆还可作如下定义：齿轮上具有标准模数和标准压力角的圆。

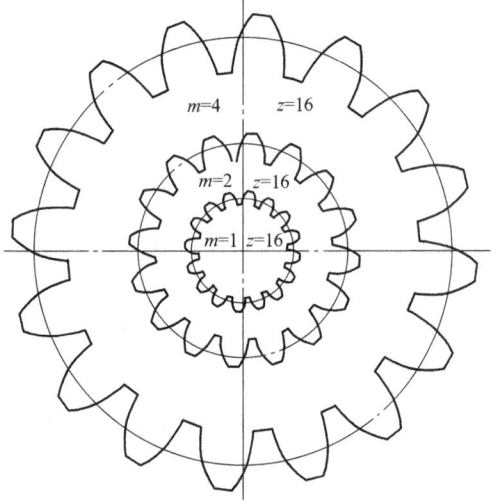

图 6-11 不同模数齿轮的齿形

表 6-2 渐开线圆柱齿轮的模数 （单位：mm）

第一系列	1	1.25	1.5	2	2.5	3	4	5	8	10
	12	16	20	25	32	40	50			
第二系列	1.125	1.375	1.75	2.25	2.75	3.5	4.5	5.5	(6.5)	7
	9	11	14	18	22	28	35	45		

注：选用模数时，应优先采用第一系列，其次是第二系列，括号内的数值尽可能不选用。

4. 齿顶高系数 h_a^* 和顶隙系数 c^*

齿顶高 h_a 用齿顶高系数 h_a^* 与模数的乘积表示，即

$$h_a = h_a^* m$$

齿根高 h_f 用齿顶高系数 h_a^* 和顶隙系数 c^* 之和与模数的乘积表示，即

$$h_f = (h_a^* + c^*) m$$

我国规定了齿顶高系数和顶隙系数均为标准值：

正常齿制标准　　　　　　　　$h_a^* = 1$，$c^* = 0.25$

短齿制标准　　　　　　　　　$h_a^* = 0.8$，$c^* = 0.3$

一个标准直齿圆柱齿轮的基本参数 z、m、α、h_a^* 及 c^* 的值确定以后，其主要尺寸及齿廓形状就完全确定了。

5. 基本齿廓

当齿轮的齿数为无穷多时，齿轮的各个圆均变成直线，渐开线齿轮就变成直线齿廓的齿条，齿条就成了齿轮的一个特例。

图 6-12 所示为一标准齿条，齿条与齿轮相比主要有以下特点：

1) 齿条齿廓是直线，所以齿廓上各点的法线是平行的。又由于齿条在传动时做平动，所以齿廓上各点的速度大小和方向都相同。所以齿廓上的压力角都相同，等于齿廓的倾斜角，称为齿形角，它等于齿轮分度圆上的压力角，为 20°。

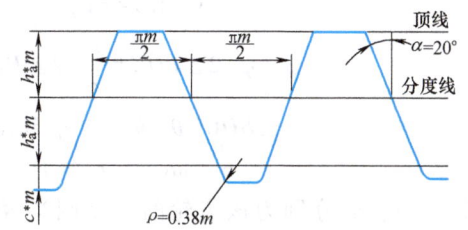

图 6-12　齿轮的基本齿廓

2) 齿条上各齿同侧齿廓都是平行的，所以不论在分度线上还是与其平行的其他直线上，齿距都相等，$p_i = p = \pi m$。

由于齿条是齿轮的特例，而且还能用这种直线齿廓的齿条包络出各种齿数的渐开线齿轮来，为此 GB/T 1356—2001 规定用图 6-12 所示的齿条表示齿轮的基本齿廓。

6.4.3　齿轮各部分的基本尺寸

齿轮各部分的尺寸均以齿轮的基本参数来表示，为了便于计算和设计，现将渐开线标准齿轮传动几何尺寸的计算公式列于表 6-3。这里所说的标准齿轮是指 m、α、h_a^*、c^* 均为标准值。

表 6-3　渐开线标准直齿圆柱齿轮几何尺寸公式表

名　称	符号	公　式
分度圆直径	d	$d_1 = mz_1$　　$d_2 = mz_2$
基圆直径	d_b	$d_{b1} = mz_1 \cos\alpha$　　$d_{b2} = mz_2 \cos\alpha$
齿顶高	h_a	$h_a = h_a^* m$
齿根高	h_f	$h_f = (h_a^* + c^*) m$
齿顶圆直径	d_a	$d_{a1} = d_1 + 2h_a = m(z_1 + 2h_a^*)$　　$d_{a2} = d_2 \pm 2h_a = m(z_2 \pm 2h_a^*)$
齿根圆直径	d_f	$d_{f1} = d_1 - 2h_f = m(z_1 - 2h_a^* - 2c^*)$　　$d_{f2} = d_2 \mp 2h_f = m(z_2 \mp 2h_a^* \mp 2c^*)$

（续）

名　称	符号	公　式
分度圆齿距	p	$p = \pi m$
分度圆齿厚	s	$s = \dfrac{1}{2}\pi m$
基圆齿距	p_b	$p_b = \pi m\cos\alpha$
中心距	a	$a = \dfrac{1}{2}m(z_2 \pm z_1)$

注：表中有"±"或"∓"符号处，上面符号用于外啮合或外啮合传动，下面符号用于内啮合或内啮合传动。

6.4.4 任意圆上的齿厚

图 6-13 所示为外啮合的一个轮齿，设 s_i 为轮齿任意半径 r_i 圆周上的弧齿厚，s 为其分度圆上的弧齿厚，并设 s_i 和 s 分别对应的中心角为 φ_i 和 φ，由图可知

$$s_i = \widehat{CC} = r_i\varphi_i$$

$$\varphi_i = \varphi - 2\angle BOC = \frac{s}{r} - 2\angle BOC$$

$$\angle BOC = \theta_i - \theta = \text{inv}\,\alpha_i - \text{inv}\,\alpha$$

$$\alpha_i = \arccos(r_b/r_i)$$

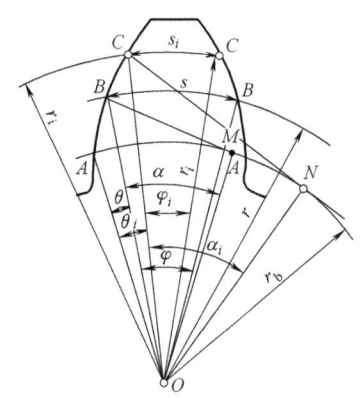

图 6-13 任意圆上的齿厚

式中，r、r_b 分别为该齿轮的分度圆半径和基圆半径；α_i、α 分别为渐开线 C 点和分度圆（B 点）压力角。

所以有

$$s_i = s\frac{r_i}{r} - 2r_i(\text{inv}\,\alpha_i - \text{inv}\,\alpha) \qquad (6\text{-}6)$$

若以不同圆的半径 r_i 和该圆上的渐开线压力角 α_i 代入式 (6-6)，即可求得相应的齿厚。

齿顶厚 s_a 的计算公式为

$$s_a = s\frac{r_a}{r} - 2r_a(\text{inv}\,\alpha_a - \text{inv}\,\alpha) = d_a\left(\frac{s}{mz} + \text{inv}\,\alpha - \text{inv}\,\alpha_a\right) \qquad (6\text{-}7)$$

式中，d_a 为齿顶圆直径；α_a 为齿顶圆压力角，$\alpha_a = \arccos(r_b/r_a)$。

基圆齿厚的计算公式为

$$s_b = s\frac{r_b}{r} - 2r_b(\text{inv}\,\alpha_b - \text{inv}\,\alpha)$$

由于基圆半径 $r_b = r\cos\alpha$，基圆压力角 $\alpha_b = 0°$，所以

$$s_b = s\cos\alpha + mz\cos\alpha\,\text{inv}\,\alpha \qquad (6\text{-}8)$$

6.5 渐开线标准直齿圆柱齿轮的啮合传动

前面讨论了有关一个渐开线齿轮的设计方面的问题，但生产中齿轮总是要成对使用的，因此，还要研究一对齿轮啮合传动过程中的基本问题。

6.5.1 一对渐开线齿轮的正确啮合条件

由前述可知，一对渐开线齿廓能够实现恒定传动比，但这并不等于任何一对渐开线齿轮都能正确啮合，而是需要满足一定的条件。现以图 6-14 为例进行分析。

一对渐开线齿轮在啮合过程中，每一对齿廓仅啮合一段时间便要分离，而由后一对齿接替。齿廓的啮合点都应位于啮合线 N_1N_2 上，若有两对齿同时参加啮合，则当前一对齿在啮合线上 K 点接触时，其后一对齿应在啮合线上另一点 K' 接触，啮合点 K 和 K' 应同时落在啮合线 N_1N_2 上，线段 $\overline{KK'}$ 又是两轮相邻同侧齿廓沿公法线上的距离 p_n，称为法向齿距。因此，要使齿轮能正确啮合传动，应使两轮的法向齿距相等。由渐开线的性质可知，齿轮的法向齿距等于齿轮的基圆齿距 p_b，即

$$p_{b1} = p_{b2}$$

基圆齿距为 $p_b = \pi d_b / z = \pi m z \cos\alpha / z = \pi m \cos\alpha$

$$p_{b1} = \pi m_1 \cos\alpha_1$$
$$p_{b2} = \pi m_2 \cos\alpha_2$$

则

$$m_1 \cos\alpha_1 = m_2 \cos\alpha_2$$

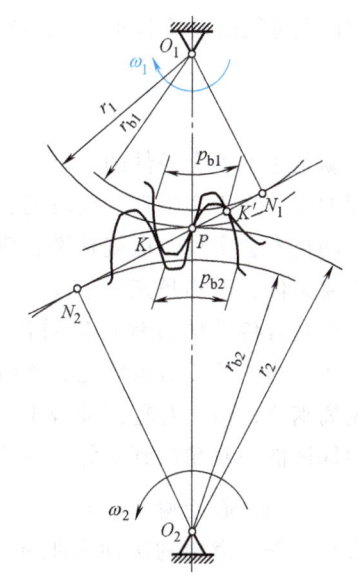

图 6-14 渐开线齿轮的正确啮合条件

由于模数和压力角已经标准化，不能随便选取，所以必须使

$$\left. \begin{array}{c} m_1 = m_2 = m \\ \alpha_1 = \alpha_2 = \alpha \end{array} \right\} \tag{6-9}$$

式（6-9）表明，一对渐开线齿轮正确啮合的条件是：两齿轮的模数和分度圆压力角分别相等。

6.5.2 一对渐开线齿轮的啮合过程

图 6-15 所示为一对渐开线齿轮的啮合传动，设齿轮 1 为主动轮，齿轮 2 为从动轮，分别以 ω_1 和 ω_2 的角速度转动。当两轮的一对齿开始啮合时，必为主动轮的齿根推动从动轮的齿顶。由于齿廓接触点必在啮合线上，所以开始啮合点是从动轮的齿顶与啮合线 N_1N_2 的交点 B_2。随着传动的进行，两齿廓的啮合点将沿着啮合线 N_1N_2 移动，同时啮合点将分别沿着主动轮的齿廓，由齿根逐渐走向齿顶；沿着从动轮的齿廓，由齿顶逐渐移向齿根。可以看出每个轮齿参与啮合的齿廓是有限的，如图 6-15 中的剖面线部分。当啮合进行到主动轮的齿顶圆与啮合线的交点 B_1 时，两轮齿即将脱离啮合，主动轮的齿顶圆与啮合线 N_1N_2 的交点 B_1 为这对齿开始分离

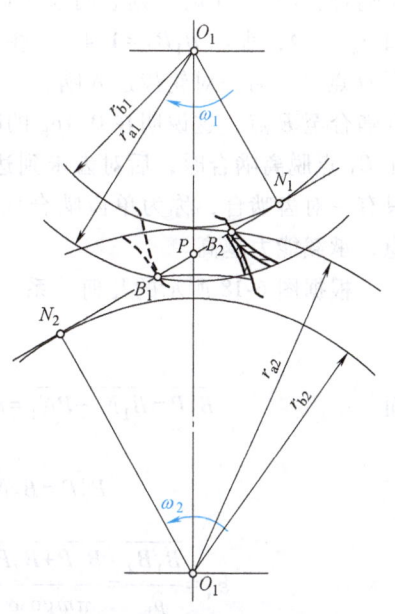

图 6-15 齿轮啮合过程

的点。从一对轮齿的啮合过程来看，啮合点实际走过的轨迹只是啮合线 $\overline{N_1N_2}$ 上的一段 $\overline{B_2B_1}$，所以，线段 $\overline{B_2B_1}$ 为啮合点的实际轨迹，称为实际啮合线。当齿高增大时，实际啮合线将延长。但因基圆内没有渐开线，所以实际啮合线不可能超过极限啮合点 N_1 和 N_2。因此，线段 $\overline{N_1N_2}$ 是理论上可能的最长啮合线段，称为理论啮合线。而点 N_1、N_2 则称为啮合极限点。

6.5.3 一对渐开线齿轮连续传动条件

满足正确啮合条件的一对齿轮，有可能在啮合线上两点同时啮合。但是，如果该两啮合点间的距离大于实际啮合线段的长度，则两点不会同时啮合，连续传动也不会实现。也就是说，满足正确啮合条件只是连续传动的必要条件，而不是充分条件。

由啮合传动的过程可以看出，一对轮齿的啮合区间是有限的，所以为了使一对齿轮能够连续传动，必须保证前一对轮齿还没脱离啮合，后一对轮齿能及时进入啮合，为了达到这一目的，必须保证前一对轮齿到达终止啮合点 B_1 以前，后一对轮齿已到达或刚好到达起始啮合点 B_2，这就要求实际啮合线段 $\overline{B_2B_1}$ 应大于或至少等于齿轮的法向齿距 p_n，也等于其基圆齿距 p_b，如图 6-16 所示。

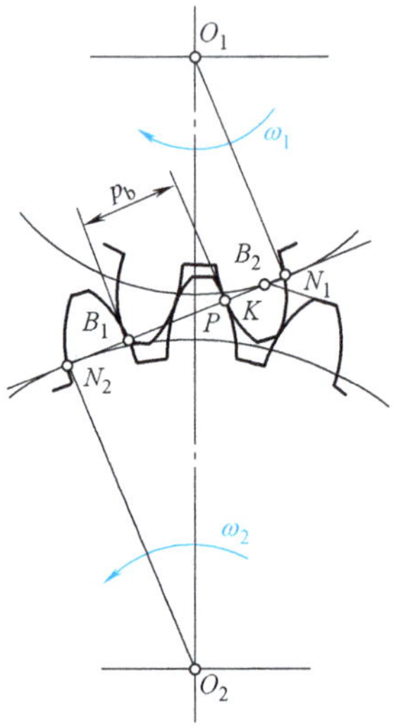

实际啮合线段 $\overline{B_2B_1}$ 与基圆齿距 p_b 的比值称为重合度，用 ε_α 表示，因此，一对齿轮连续传动的条件是

$$\varepsilon_\alpha = \overline{B_2B_1}/p_b \geq 1 \tag{6-10}$$

图 6-16 连续传动的条件

重合度的大小表明同时参与啮合轮齿对数的平均值，当 $\varepsilon_a = 1$ 时，表明始终只有一对轮齿啮合；当 $\varepsilon_a < 1$ 时，则表明齿轮传动有部分时间不连续。图 6-17 所示为 $\varepsilon_a > 1$ 的情形，例如 $\varepsilon_a = 1.4$，表示 $B_1B_2 = 1.4 p_b$。由图可以看出，当进入啮合的一对轮齿由 B_2 转了一个齿距到 D 点时，后一对轮齿进入啮合；前一对轮齿由 D 点到 B_1 点啮合的同时，后一对轮齿由 B_2 点啮合至 E 点，这说明在 $0.4p_b$ 的啮合区内有两对齿同时啮合，称为双齿啮合区；而前对齿在 B_1 点脱离啮合时，后对齿未到达 D 点前，第三对齿还未进入啮合，即在 $0.6p_b$ 啮合区内只有一对齿啮合，称为单齿啮合区。由此可知，重合度越大，双齿啮合区越大，传动越平稳，承载能力越高。

根据图 6-18 所示的几何关系，可以推导出重合度和齿轮各基本参数之间的关系，即

$$\overline{B_1B_2} = \overline{B_1P} + \overline{B_2P}$$

而

$$\overline{B_1P} = \overline{B_1N_1} - \overline{PN_1} = r_b(\tan\alpha_{a1} - \tan\alpha') = \frac{mz_1}{2}\cos\alpha(\tan\alpha_{a1} - \tan\alpha')$$

$$\overline{B_2P} = \overline{B_2N_2} - \overline{PN_2} = \frac{mz_2}{2}\cos\alpha(\tan\alpha_{a2} - \tan\alpha')$$

$$\varepsilon_\alpha = \frac{\overline{B_1B_2}}{p_b} = \frac{\overline{B_1P} + \overline{B_2P}}{\pi m \cos\alpha} = \frac{1}{2\pi}[z_1(\tan\alpha_{a1} - \tan\alpha') + z_2(\tan\alpha_{a2} - \tan\alpha')] \tag{6-11}$$

式中，α_{a1}、α_{a2} 分别为齿轮 1、2 的齿顶圆压力角；α' 为啮合角。

第6章 齿轮机构及其设计

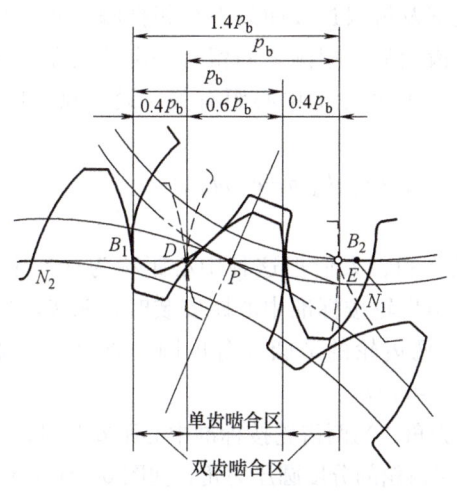

图 6-17 齿轮传动的重合度

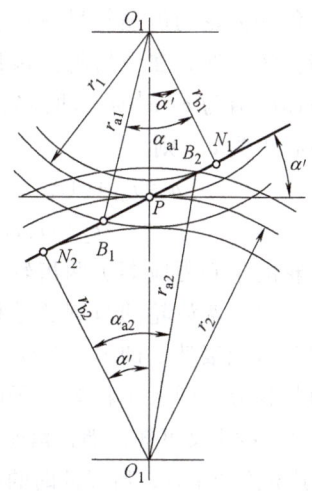

图 6-18 $\overline{B_1B_2}$ 的几何尺寸关系

从式（6-11）中可以看出，齿数越多，重合度越大；啮合角 α' 越大，重合度降低，在无侧隙啮合传动中，重合度与模数无关。

6.5.4 标准中心距 a 与实际中心距 a'

齿轮传动的中心距分为标准中心距和实际中心距，图 6-19 所示为一对标准齿轮外啮合传动，其中一齿轮节圆上的齿槽宽与另一齿轮节圆上的齿厚之差称为齿侧间隙。在齿轮加工时，刀具轮齿与工件轮齿之间是没有齿侧间隙的；在齿轮传动中，为了消除反向传动空程和减少撞击，也要求齿侧间隙等于零。但实际情况中，为了便于在相互啮合的齿廓间进行润滑，避免由于制造和装配误差，以及轮齿受力变形和因摩擦发热而膨胀所引起的挤压现象，在轮齿的非工作齿侧间总要留有一定的间隙，只是这种间隙很小，由制造公差来保证。而在计算中心距时，都是按齿侧间隙为零来考虑的，故 $s_1 = e_1 = s_2 = e_2 = \pi m/2$。

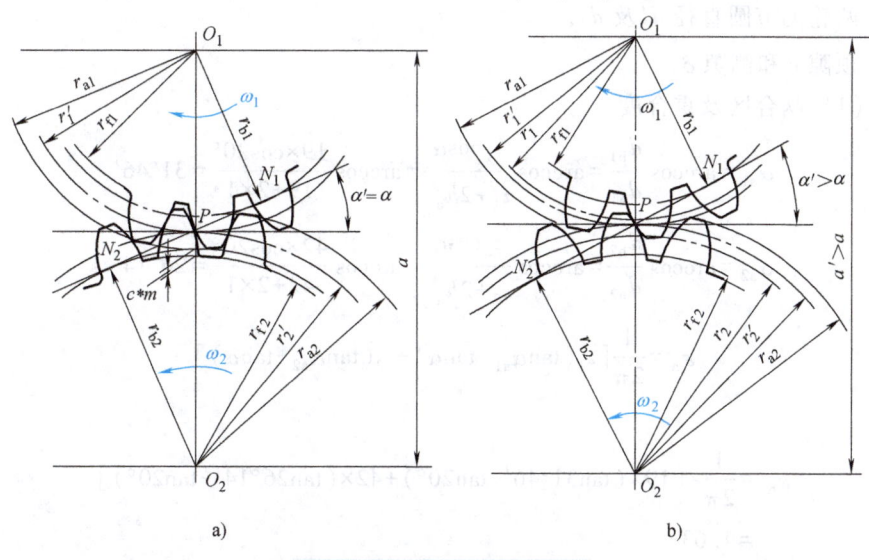

图 6-19 标准中心距与顶隙

为了避免一齿轮的齿顶与另一齿轮的齿槽底部及齿根过渡曲线部分相抵触，并留有一定空隙以便储存润滑油，在一齿轮的齿顶圆与另一齿轮的齿根圆之间留有一定的间隙，称为顶隙。顶隙的标准值为 $c=c^*m$，两齿轮的顶隙大小与两齿轮的中心距有关。设顶隙为标准值，两齿轮的中心距为 a，则

$$a = r_{a1}+c+r_{f2} = (r_1+h_a^* m)+c^* m+(r_2-h_a^* m-c^* m)$$
$$= r_1+r_2 = m(z_1+z_2)/2 \tag{6-12}$$

即两齿轮的中心距应等于两齿轮分度圆半径之和，人们把这种中心距称为标准中心距。一对齿轮啮合时，两齿轮的节圆总是相切的，当两齿轮按标准中心距安装时，两齿轮的分度圆也是相切并做纯滚动，即 $r_1'+r_2'=r_1+r_2$，此时，两齿轮的节圆和分度圆是重合的，即此时齿轮的节圆与其分度圆大小相等，所以有 $a=r_1'+r_2'=r_1+r_2$。

根据啮合角的定义可知，啮合角就等于节圆压力角，当两齿轮按标准中心距安装时，由于齿轮的节圆与其分度圆重合，所以此时的啮合角也等于齿轮的分度圆压力角，如图 6-19a 所示。

当两齿轮的实际中心距 a' 不等于标准中心距时，两齿轮的节圆与分度圆将不再重合。图 6-19b 所示为 $a'>a$ 的情形，这时两齿轮的分度圆不再相切，而是离开一段距离。两齿轮的节圆半径将大于各自的分度圆半径，其啮合角 α' 也将大于分度圆压力角 α。根据 $r_b = r\cos\alpha = r'\cos\alpha'$ 的关系，可得

$$r_{b1}+r_{b2} = (r_1+r_2)\cos\alpha = a\cos\alpha$$

以及
$$r_{b1}+r_{b2} = (r_1'+r_2')\cos\alpha' = a'\cos\alpha'$$

于是就有
$$a\cos\alpha = a'\cos\alpha' \tag{6-13}$$

例 6-1 一正常齿标准外啮合直齿圆柱齿轮传动，已知 $\alpha=20°$，$m=5\mathrm{mm}$，$z_1=19$，$z_2=42$。试求其重合度 ε_α，并绘出单齿及双齿啮合区；如果将其中心距 a 加大直至刚好连续传动，试求：

(1) 啮合角 α'；
(2) 两分度圆之间的距离 y；
(3) 两轮的节圆直径 d_1' 及 d_2'；
(4) 顶隙 c 和侧隙 δ。

解 (1) 啮合区及重合度

$$\alpha_{a1} = \arccos\frac{d_{b1}}{d_{a1}} = \arccos\frac{z_1\cos\alpha}{z_1+2h_a^*} = \arccos\frac{19\times\cos 20°}{19+2\times 1} = 31°46'$$

$$\alpha_{a2} = \arccos\frac{d_{b2}}{d_{a2}} = \arccos\frac{z_2\cos\alpha}{z_2+2h_a^*} = \arccos\frac{42\times\cos 20°}{42+2\times 1} = 26°14'$$

$$\varepsilon_\alpha = \frac{1}{2\pi}[z_1(\tan\alpha_{a1}-\tan\alpha)+z_2(\tan\alpha_{a2}-\tan\alpha)]$$

故
$$\varepsilon_\alpha = \frac{1}{2\pi}\times[19\times(\tan 31°46'-\tan 20°)+42\times(\tan 26°14'-\tan 20°)]$$
$$= 1.63$$

此传动的单齿及双齿啮合区如图 6-20 所示。

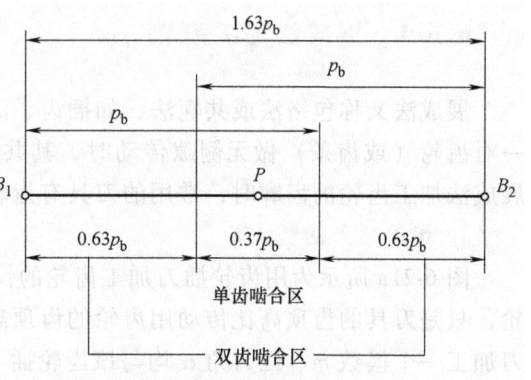

图 6-20 例 6-1 图

（2）在刚好连续传动情况下

1）啮合角 α'。刚好连续传动时，$\varepsilon_\alpha = 1$，于是得

$$\alpha' = \arctan[(z_1\tan\alpha_{a1} + z_2\tan\alpha_{a2} - 2\pi)/(z_1+z_2)]$$
$$= \arctan[(19 \times \tan31°46' + 42 \times \tan26°14' - 2\pi)/(19+42)] = 23.229°$$

2）两分度圆的距离。

$$y = \frac{(z_1+z_2)m}{2}\left(\frac{\cos\alpha}{\cos\alpha'} - 1\right) = \frac{(19+42) \times 5}{2} \times \left(\frac{\cos20°}{\cos23.229°} - 1\right)\text{mm} = 3.442\text{mm}$$

3）两轮节圆直径。

$$d_1' = z_1 m \frac{\cos\alpha}{\cos\alpha'} = 19 \times 5 \times \frac{\cos20°}{\cos23.229°}\text{mm} = 97.146\text{mm}$$

$$d_2' = z_2 m \frac{\cos\alpha}{\cos\alpha'} = 42 \times 5 \times \frac{\cos20°}{\cos23.229°}\text{mm} = 214.743\text{mm}$$

4）顶隙和侧隙。

$$c = mc^* + y = (5 \times 0.25 + 3.442)\text{mm} = 4.692\text{mm}$$
$$\delta = p' - (s_1' + s_2')$$

而

$$p' = p\frac{\cos\alpha}{\cos\alpha'} = \pi \times 5 \times \frac{\cos20°}{\cos23.229°}\text{mm} = 16.063\text{mm}$$

$$s_1' = s\frac{r_1'}{r_1} - 2r_1'(\text{inv}\alpha' - \text{inv}\alpha)$$
$$= \left[\frac{5\pi}{2} \times \frac{48.573}{47.5} - 97.146 \times (\text{inv}23.229° - \text{inv}20°)\right]\text{mm} = 7.169\text{mm}$$

$$s_2' = s\frac{r_2'}{r_2} - 2r_2'(\text{inv}\alpha' - \text{inv}\alpha)$$
$$= \left[\frac{5\pi}{2} \times \frac{107.37}{105} - 214.743 \times (\text{inv}23.229° - \text{inv}20°)\right]\text{mm} = 6.125\text{mm}$$

故 $\delta = [16.063 - (7.169 + 6.125)]\text{mm} = 2.769\text{mm}$

6.6 渐开线齿廓的加工与变位

齿轮的加工方法很多，有切削法、铸造法、热轧法、冲压法等，最常用的为切削法。切削法加工也有很多种，目前常用的是展成法。

6.6.1 展成法加工齿轮

展成法又称包络法或共轭法,如插齿、滚齿、剃齿、磨齿等都属于这种方法。它是利用一对齿轮(或齿条)做无侧隙传动时,其共轭齿廓互为包络线的原理进行齿轮加工的。用展成法加工齿轮的齿廓时,常用的刀具有齿轮形刀具和齿条形刀具两大类。

1. 齿轮插刀切制齿轮

图 6-21a 所示为用齿轮插刀加工齿轮的情形。齿轮插刀是一个齿廓为切削刃的外啮合齿轮,只是刀具的齿顶高比传动用齿轮的齿顶高高出一个顶隙 c。当用一把齿数为 z_0 的齿轮插刀加工一个模数 m、压力角 α 均与该齿轮插刀相同而齿数为 z 的齿轮时,将插刀和轮坯装在专用插齿机床上,通过机床的传动系统使插刀与轮坯按恒定的传动比 $i = \omega_0/\omega = z/z_0$ 回转,如同一对齿轮啮合一样(如运动 Ⅰ、Ⅱ),并使插齿刀沿轮坯的轴线方向做往复切削运动(如运动 Ⅲ)。显然,插刀切削刃在各个位置的包络线(图 6-21b)即为被加工齿轮的齿廓,这样,刀具的渐开线齿廓就在轮坯上包络出与刀具渐开线齿廓相共轭的渐开线齿廓来。为了避免插刀切削刃在回程与轮坯摩擦,轮坯(或插刀)还需做径向让刀运动。

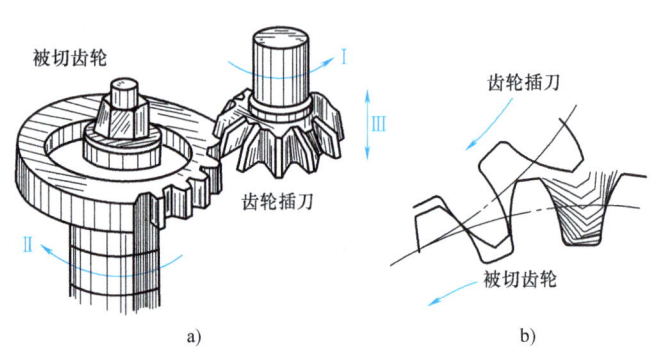

图 6-21 展成法加工齿轮

因为插刀的齿廓是渐开线,所以被插制的齿轮齿廓也是渐开线。根据正确啮合条件,被切齿轮的模数和压力角必定与插刀的模数和压力角相等,故用同一把插刀切制出来的齿轮都能正确啮合。因为齿轮插刀的形状与外啮合齿轮相似,它不但可以加工外啮合齿轮,还能加工内啮合齿轮和双联齿轮等。

2. 用齿条形刀具加工齿轮

图 6-22 所示为用齿条插刀插齿的情形。齿条插刀是齿廓为切削刃的齿条,加工时刀具和轮坯的展成运动相当于齿轮和齿条的啮合传动,为保证刀具节线与齿轮毛坯分度圆之间的纯滚动,应使齿条插刀的移动速度 $v_刀$ 与被加工齿轮(齿数为 z,角速度为 ω)分度圆线速

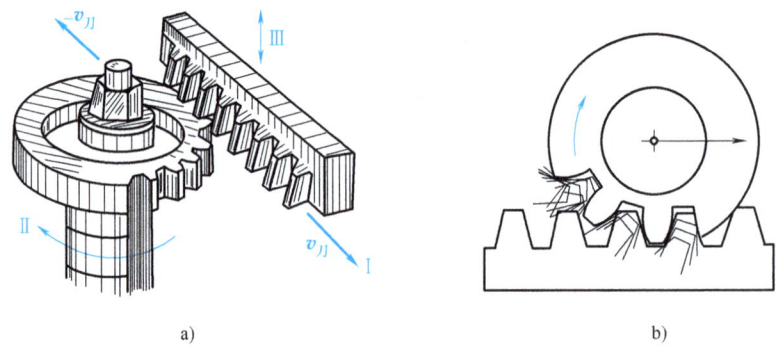

图 6-22 齿条形刀具加工齿轮

度相等，即 $v_刀 = r\omega = \frac{1}{2}\omega m z$。当齿轮齿条啮合时，因齿轮的渐开线齿廓和齿条的直线齿廓是共轭齿廓，它们是互为包络的，所以当切削刃齿廓为直线时，切制出来的齿轮齿廓也一定是渐开线，如图 6-22b 所示，其切齿原理与用齿轮插刀加工齿轮的原理相同。

3. 滚刀切制齿轮

图 6-23 所示为用滚刀加工齿轮的情形。滚刀的形状类似一开有刀口的螺旋线（图 6-23b），加工时，滚刀轴线与轮坯断面之间应有一个 γ 的安装角，此角为滚刀螺旋线的导程角。在用滚刀加工直齿轮时，滚刀的轴线与轮坯断面之间的夹角应等于滚刀螺旋线的导程角（图 6-23c），这样，在啮合处滚刀螺旋线的切线方向恰与轮坯的齿向相同。而滚刀在端面上的投影相当于一个齿条（图 6-23d），滚刀转动时，一方面产生切削运动，另一方面相

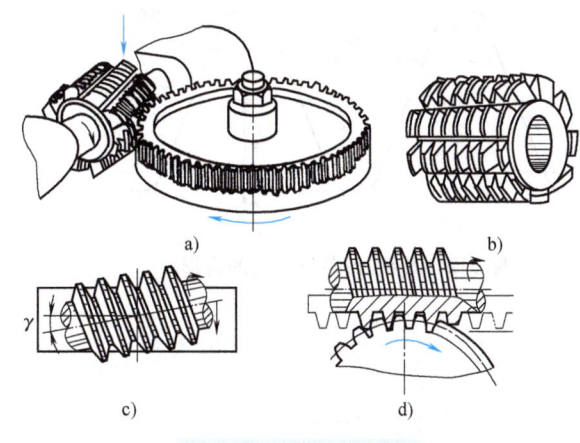

图 6-23 滚刀加工齿轮

当于这个齿条在移动。因滚刀螺旋线通常是单线的，故当滚刀转一周时，就相当于这个齿条移动过一个齿距。因此，滚刀连续转动就相当于一根无限长的齿条在做连续移动，而转动的轮坯则成为与其啮合的齿轮。所以滚刀加工的展成运动实质上与齿条插刀展成加工原理基本相同。不过齿条插刀的切削运动和展成运动被滚刀切削刃的螺旋运动所代替。为了切制具有一定轴向宽度的齿轮，滚刀在回转的同时，还需沿轮坯轴线方向做缓慢的进给运动。

综上所述，不论用齿轮插刀还是用齿条插刀加工齿轮，其切削都是不连续的，这就影响了生产率的提高；而用齿轮滚刀加工时，切削是连续的，故生产率高，适用于大批生产。另外，用展成法加工齿轮时，只要刀具和被加工齿轮的模数和压力角相同，则不管被加工齿轮的齿数有多少，都可以用一把刀具来加工。因此，在生产中采用滚刀来加工齿轮更广泛。

6.6.2 用标准齿条形刀具切制齿轮

标准齿条形刀具的齿形如图 6-24 所示。它是根据渐开线圆柱齿轮的基本齿廓设计的（图 6-12），仅比标准齿条在齿顶部高出 $c^* m$ 一段，其他部分完全一样。刀具的顶刃和侧刃之间用圆弧角光滑过渡。加工齿轮时，刀具顶刃切出齿根圆，而侧刃切出渐开线齿廓。至于圆弧角切削刃，则切出轮齿根部的非渐开线齿廓曲线，称为过渡曲线，该曲线把渐开线齿廓和齿根圆光滑地连接起来。在正常情况下，齿廓过渡曲线不参加啮合。刀具齿根部的 $c^* m$ 段高度为刀具和轮坯之间的顶隙。为方便讨论，在以后讨论渐开线齿廓的切制时，刀具齿顶部分的高度将不再计算，而认为齿条形刀具的齿顶高为 $h_a^* m$，刀具顶刃线以下的刀具侧刃为直线，它切出齿轮齿廓的渐开线部分。

图 6-25 所示为切制标准齿轮的情形，首先根据被切齿轮的基本参数选择相应的刀具。其次应使刀具的分度线刚好与轮坯的分度圆相切，此时刀具的分度线为加工节线，轮坯的分度圆为加工节圆。这样用展成法加工出来的齿轮和刀具具有相同的模数和压力角，而且它的

齿顶高为 $h_a^* m$，齿根高为 $(h_a^*+c^*)m$。又由于刀具中线与轮坯分度圆做纯滚动，而刀具中线的齿厚和齿槽宽是相等的，故切出的齿轮在分度圆上的齿厚与齿槽宽也相等，并且均为标准值，即 $s=e=\pi m/2$。显然这样加工出来的齿轮是标准齿轮。

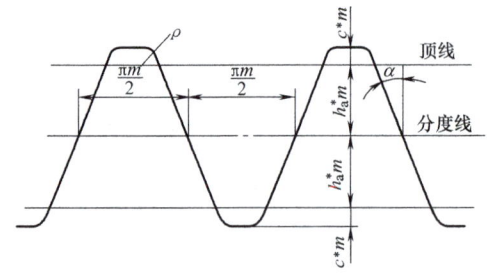

图 6-24 标准齿条形刀具的齿形

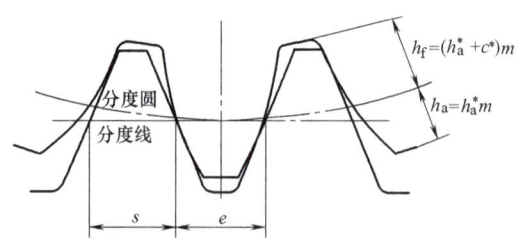

图 6-25 标准齿条形刀具切制标准齿轮

6.6.3 根切现象及其避免方法

1. 根切现象及产生原因

在用展成法加工渐开线齿轮过程中，有时刀具齿顶会把被加工齿轮根部的渐开线齿廓切去一部分，这种现象称为根切，如图 6-26a 所示。产生严重根切的齿轮，一方面将削弱齿根弯曲强度；另一方面还会使齿轮传动的重合度有所降低，影响传动质量，应尽量避免。

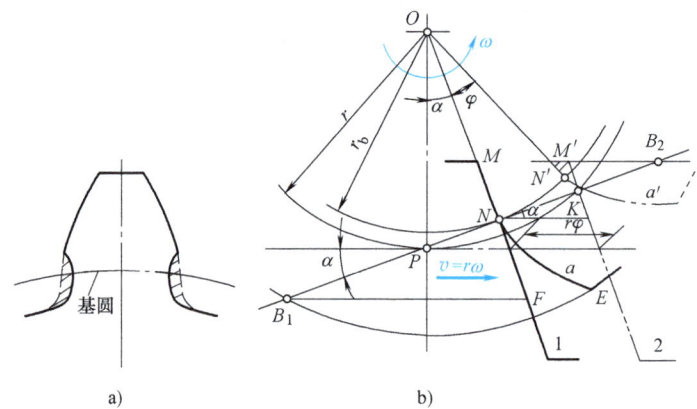

图 6-26 根切现象及产生原因
a) 根切现象　b) 产生根切的原因

图 6-26b 所示为用齿条形刀具切制标准齿轮的情形。齿条刀具的中线与被切齿轮的分度圆切于节点 P，而刀具齿顶线 MM' 与啮合线的交点 B_2 已经超过了被切齿轮的极限点 N'，图中点 B_1 为被切齿轮齿顶圆与啮合线的交点。当刀具齿廓从点 B_1 开始向右送进到它通过点 N 的位置 1 时，刀具齿廓的 NF 段便切出轮坯的渐开线齿廓 NE 段。在这一段切削过程中，刀具齿顶没有切入轮坯齿根的渐开线齿廓。但是，机床的传动系统将按恒定的传动比强制刀具和轮坯继续做展成运动，即当刀具继续向右移动时，便开始发生根切现象，直至达到点 B_2 为止。设刀具移动距离为 $r\varphi$，则因刀具的中线与轮坯的分度圆做纯滚动，故轮坯转过的角度为 φ。这时轮坯和刀具的齿廓分别位于位置 a' 和 2。齿廓 2 与啮合线垂直交于点 K，所以有

$$\overline{NK} = r\varphi\cos\alpha = r_b\varphi$$

这时轮坯上的点 N 转过的弧长为 $\widehat{NN'} = r_b\varphi$,因此得

$$\widehat{NN'} = \overline{NK}$$

由于 $\overline{NK}$ 为点 N 到直线齿廓 2 的垂直距离,而 $\widehat{NN'}$ 为圆弧,所以点 N' 必在齿廓 2 的左边。又因 N' 是齿廓 a' 在基圆上的始点,故刀具的齿顶必定切入轮坯的齿根,不但基圆内的齿廓切去一部分,而且基圆外的齿廓也被切去一部分,即发生根切现象。

2. 避免根切的方法

(1) 被切齿轮的齿数应多于不产生根切的最少齿数 当采用展成法加工齿轮时,若刀具的齿顶线超过了啮合极限点 N_1,必将发生根切现象。所以,要避免根切就必须使刀具的齿顶线不超过点 N_1。图 6-27 所示为用标准齿条插刀切削标准齿轮的情形,这时刀具的分度线与被切齿轮的分度圆相切。为了避免根切,需要刀具的齿顶线在啮合极限点 N_1 之下,为此应满足

$$\overline{PN_1} \geq \overline{PB} \tag{1}$$

由 △PN_1O_1 可知

$$\overline{PN_1} = r\sin\alpha = (mz\sin\alpha)/2 \tag{2}$$

由 △PBB' 可知
$$\overline{PB} = h_a^* m/\sin\alpha \tag{3}$$

将式 (2)、式 (3) 代入式 (1) 并整理,可得切制标准齿轮不发生根切的最少齿数为

$$z_{\min} \geq 2h_a^*/\sin^2\alpha \tag{6-14}$$

由此可见,标准齿轮不发生根切现象的最少齿数是齿顶高系数 h_a^* 及分度圆压力角 α 的函数。当 $h_a^* = 1$,$\alpha = 20°$时,$z_{\min} = 17$。由此可得,用展成法切制标准齿轮的齿数应多于最少齿数。

(2) 减小齿顶高系数 h_a^* 由式 (6-14) 可知,当 h_a^* 减小时,$z_{\min}$ 即可减少,但由重合度的分析可知,当 h_a^* 减小后,齿轮传动的重合度将随之减小,因而影响传动的连续性和平稳性,这样的齿轮要用非标准刀具来切制。

(3) 加大刀具压力角 α 由式 (6-14) 可知,当角 α 加大时,可减少 $z_{\min}$。但角 α 增大后,齿廓间的正压力及轴承中的压力都将增大,因而增加了功率的损耗。而且角 α 与刀具的标准化有关,因此改变角 α 需采用非标准刀具。

(4) 移动齿条刀具使之远离轮坯中心 由前述可知,要使被切齿轮不产生根切,只要使刀具的齿顶线不超过理论啮合极限点 N_1 即可。如图 6-28 所示,当刀具在双点画线位置时,因其齿顶线超过了 N_1 点,所以被切齿轮必将发生根切现象。但如将刀具远离轮坯中心一段距离 xm (x 为变位系数,m 为模数),如图 6-28 中实线位置,显然就不会再发生根切现象了。

如图 6-28 所示,应使 $\overline{PB} \leq \overline{PN_1}$。

由于
$$\overline{PB} = (h_a^* - x)m/\sin\alpha$$
$$\overline{PN_1} = \frac{mz}{2}\sin\alpha$$

整理得
$$x \geq h_a^* - \frac{z}{2}\sin^2\alpha$$

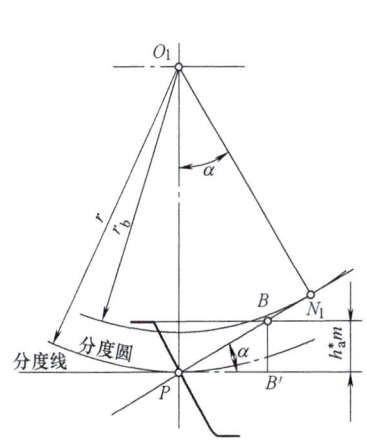
图6-27 标准齿轮不产生根切的最少齿数

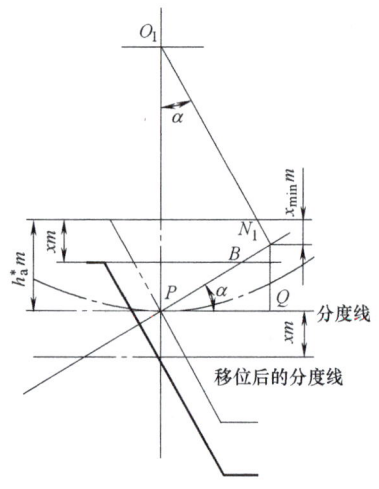
图6-28 移位后的最小变位系数

可见用标准齿条切制少于最少齿数的标准齿轮而不发生根切时，刀具远离轮坯中心最小的移距量为

$$x_{\min} m = \left(h_a^* - \frac{z}{2}\sin^2\alpha \right) m \tag{6-15}$$

将式（6-14）代入式（6-15）整理可得

$$x_{\min} = h_a^* \left(1 - \frac{z}{z_{\min}} \right)$$

对于切制 $h_a^*=1$，$\alpha=20°$，$z<17$ 的标准齿轮，刀具的最小变位系数为

$$x_{\min} = \frac{17-z}{17} \tag{6-16}$$

6.6.4 变位齿轮传动

1. 变位齿轮的概念

如前所述，用展成法加工标准齿轮时，齿条刀具的分度线与齿轮分度圆相切并做纯滚动。如果齿条刀具的分度线不与齿轮的分度圆相切，而是与齿轮的分度圆相离或相割，这样与被切齿轮分度圆相切并做纯滚动的已不再是刀具的分度线，而是另一条与分度线平行的直线，称为加工节线。由于与齿条中线相平行的节线上的齿厚不等于齿槽宽，这样加工出来的齿轮是非标准齿轮，称为变位齿轮。如图6-29所示，当刀具分度线与轮坯分度圆相离 xm 时，$x>0$，加工出来的齿轮称为正变位齿轮；当刀具分度线与轮坯分度圆相割 xm 时，$x<0$，加工出来的齿轮称为负变位齿轮。xm 称为变位量，x 称为变位系数，$x=0$ 时为标准齿轮。

由齿条与齿轮啮合特点可知，不论其是否正确安装，齿轮的分度圆总是等于节圆，所以用齿条刀具切制的齿轮分度圆也与其节圆重合，其上的模数和压力角分别等于刀具的模数和压力角，因此变位齿轮与同参数标准齿轮的分度圆、基圆、齿距相同，它们的齿廓曲线是由相同基圆展出的渐开线，只是所选取的部位不同，因而齿廓的曲率半径就不同（图6-30）。

正变位齿轮应用离基圆较远的一段渐开线，其平均曲率半径较大；负变位齿轮应用离基圆较近的一段渐开线，其平均曲率半径较小。

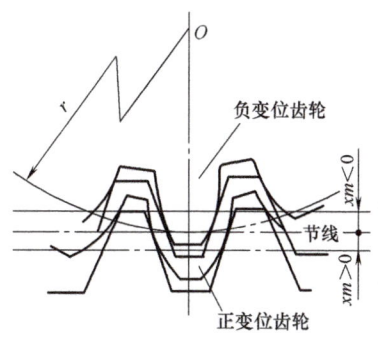

图 6-29 变位齿轮概念

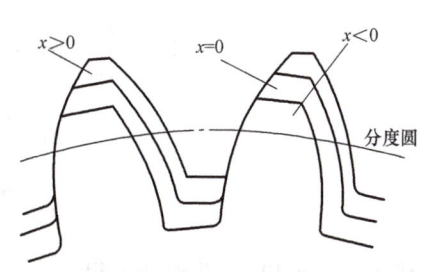

图 6-30 变位齿轮的齿

2. 变位齿轮的几何尺寸

（1）分度圆齿厚和齿槽宽　图 6-31 所示为用齿条刀具加工正变位齿轮的情形，刀具中线远离轮坯中心移动了 xm 的距离，即 $xm>0$。此时刀具节线上的齿槽宽较分度线上的齿槽宽增大了 $2\overline{KJ}$，由于轮坯分度圆与刀具节线做纯滚动，故知其齿厚也增大了 $2\overline{KJ}$。而由 $\triangle IJK$ 可知，$\overline{KJ}=xm\tan\alpha$。因此，正变位齿轮的齿槽宽为

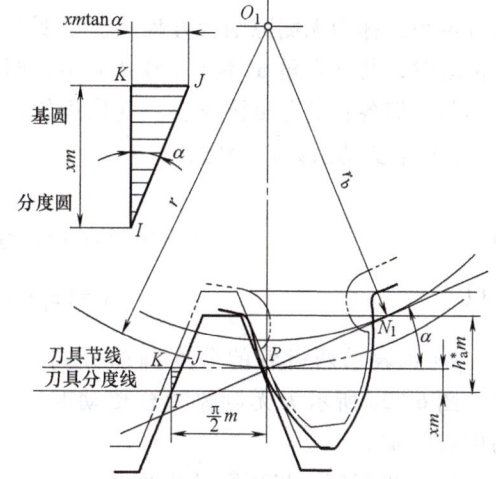

图 6-31 变位齿轮原理

$$e=\frac{\pi m}{2}-2\overline{KJ}=m\left(\frac{\pi}{2}-2x\tan\alpha\right) \qquad (6-17)$$

而分度圆齿厚为

$$s=\frac{\pi m}{2}+2\overline{KJ}=m\left(\frac{\pi}{2}+2x\tan\alpha\right) \qquad (6-18)$$

对于负变位齿轮也可用上述两式计算，只需将式中的变位系数 x 用负值代入即可。

（2）无侧隙啮合方程式　标准齿轮的分度圆齿厚等于其齿槽宽，因而一对标准齿轮啮合时，只要保证两齿轮的分度圆相切，就可以保证齿轮无侧隙啮合传动。虽然变位齿轮的分度圆齿厚随变位系数的变化可能增大或减小，但仍要求无齿侧间隙，显然应使一个齿轮节圆上的齿厚等于另一个齿轮节圆上的齿槽宽，即 $s_1'=e_2'$ 或 $s_2'=e_1'$。因此两齿轮节圆上的齿距为

$$p'=s_1'+e_1'=s_2'+e_2'=s_1'+s_2' \qquad (6-19a)$$

根据 $r_b=r'\cos\alpha'=r\cos\alpha$，可得

$$p'/p=\frac{2\pi r'}{z}\bigg/\frac{2\pi r}{z}=\frac{r'}{r}=\frac{\cos\alpha}{\cos\alpha'}$$

$$p'=p\frac{\cos\alpha}{\cos\alpha'} \qquad (6-19b)$$

将上两式合并后可得

$$p\frac{\cos\alpha}{\cos\alpha'}=s'_1+s'_2 \qquad (6\text{-}19\text{c})$$

由式（6-6）可得
$$s'_1=s_1\frac{r'_1}{r_1}-2r'_1(\text{inv}\alpha'-\text{inv}\alpha)$$

$$s'_2=s_2\frac{r'_2}{r_2}-2r'_2(\text{inv}\alpha'-\text{inv}\alpha)$$

式中
$$s_1=\frac{\pi m}{2}+2x_1 m\tan\alpha$$

$$s_2=\frac{\pi m}{2}+2x_2 m\tan\alpha$$

再将其代入式（6-19a）并整理可得

$$\text{inv}\alpha'=\frac{2(x_1+x_2)}{(z_1+z_2)}\tan\alpha+\text{inv}\alpha \qquad (6\text{-}20)$$

式（6-20）称为无侧隙啮合方程式。说明两变位齿轮变位系数之和不为零，两轮做无侧隙啮合传动时，其啮合角 α' 不等于压力角 α；两轮的中心距 a' 不等于标准中心距 a；各齿轮的节圆不与它们各自的分度圆重合。变位齿轮传动的中心距与标准中心距之差为 ym（m 为模数，y 为中心距变动系数）。显然

$$a'=ym+a \qquad (6\text{-}21)$$

即
$$ym=a'-a=(r_1+r_2)\cos\alpha/\cos\alpha'-(r_1+r_2)$$

所以
$$y=(z_1+z_2)\left(\frac{\cos\alpha}{\cos\alpha'}-1\right)/2 \qquad (6\text{-}22)$$

ym 也表示两齿轮的分度圆的分离量。图 6-32a 所示为无侧隙啮合传动时的中心距 a'。

（3）齿根圆、齿顶圆及齿顶高变动系数　加工变位齿轮时，刀具分度线与节线分离，移出 xm 距离，因此正变位齿轮的齿根圆比标准齿轮的齿根圆大，而齿根高则减小了 xm，即 $h_f=(h_a^*+c^*)m-xm$，故齿根圆半径为

$$r_f=\frac{mz}{2}-(h_a^*+c^*-x)m \qquad (6\text{-}23)$$

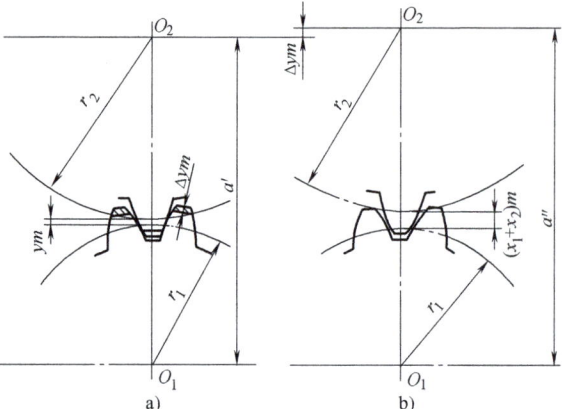

图 6-32　中心距与侧隙

为保持全齿高不变，其齿顶高应较标准齿轮增大 xm 一段，这时齿顶高为

$$h_a=h_a^* m+xm$$

则齿顶圆半径为

$$r_a=\frac{mz}{2}+(h_a^*+x)m \qquad (6\text{-}24)$$

此时变位齿轮的全齿高为

$$h = (2h_a^* + c^*)m$$

即全齿高不变。

对于负变位齿轮，上述公式同样适用，只需注意其变位系数 x 为负即可。

如果既保证两齿轮的全齿高为标准值，又保证标准顶隙，则会出现侧隙，如图 6-32b 所示。两轮的中心距为

$$a'' = r_{a2} + c + r_{f1} = r_1 + r_2 + (x_1 + x_2)m$$

因此，为保证齿轮按无侧隙的中心距 a' 安装，又保证顶隙，应将两轮的顶隙削减 Δym，使 $a'' - \Delta ym = a'$。由此可得出

$$\Delta ym = (x_1 + x_2)m - ym$$

即

$$\Delta y = x_1 + x_2 - y \tag{6-25}$$

式中，Δy 为齿顶高变动系数。

外啮合变位直齿圆柱齿轮的几何尺寸计算可参看表 6-4。

表 6-4 外啮合变位直齿圆柱齿轮的几何尺寸计算

名 称	符号	计算公式	备 注
分度圆直径	d	$d_i = mz_i$	
基圆直径	d_b	$d_{bi} = d_i \cos\alpha$	
齿顶圆直径	d_a	$d_{ai} = d_i + 2h_{ai}$	
齿根圆直径	d_f	$d_{fi} = d_i - 2h_{fi}$	
节圆直径	d'	$d_i' = d_i \cos\alpha / \cos\alpha'$	
齿顶高	h_a	$h_{ai} = (h_a^* + x_i - \Delta y)m$	
齿根高	h_f	$h_{fi} = (h_a^* + c^* - x_i)m$	
啮合角	α'	$\alpha' = \arccos(a\cos\alpha / a')$ $\mathrm{inv}\,\alpha' = 2\tan\alpha(x_1+x_2)/(z_1+z_2) + \mathrm{inv}\,\alpha$	1）表中的 z、m、h_a^*、c^*、α 为已知参数 2）公式中下标 $i=1、2$ 3）计算标准齿轮几何尺寸时，将变位系数 $x_1=0$、$x_2=0$ 代入公式
标准中心距	a	$a = \dfrac{1}{2}(d_1 + d_2)$	
实际中心距	a'	$a' = (d_1' + d_2')/2 \quad a' = a\cos\alpha / \cos\alpha'$ $a' = a + ym$	
齿顶高变动系数	Δy	$\Delta y = x_1 + x_2 - y$	
中心距变动系数	y	$y = (a' - a)/m$	
齿距	p	$p = \pi m$	
基节	p_b	$p_b = p\cos\alpha$	
分度圆齿厚	s	$s_i = (\pi/2 + 2x_i \tan\alpha)m$	
分度圆齿槽宽	e	$e_i = (\pi/2 - 2x_i \tan\alpha)m$	

3. 变位齿轮传动的类型及特点

根据相互啮合的两齿轮的变位系数和 $(x_1 + x_2)$ 的不同，变位齿轮传动分为三种基本类型。

（1）$x_1 + x_2 = 0$，且 $x_1 = x_2 = 0$　此类齿轮传动就是标准齿轮传动。

（2）$x_1 + x_2 = 0$，且 $x_1 = -x_2 \neq 0$　此类齿轮传动称为等变位齿轮传动（又称为高度变位齿轮传动），根据式（6-13）、式（6-21）、式（6-22）和式（6-25），可得

$$\alpha' = \alpha, \quad a' = a, \quad y = 0, \quad \Delta y = 0$$

即中心距等于标准中心距，啮合角等于分度圆压力角，节圆与分度圆重合，且齿顶高不需要降低。

等变位齿轮传动的变位系数是一正一负，从强度观点出发，显然小齿轮应采用正变

位，而大齿轮应采用负变位，这样可以使大、小齿轮的强度趋于接近，从而使一对齿轮的承载能力可以相对提高。而且，采用正变位可以制造 $z_1<z_{\min}$ 且无根切的小齿轮，因而可以减少小齿轮的齿数。这样，在模数和传动比不变的情况下，能使整个齿轮机构的结构更加紧凑。

（3）$x_1+x_2\neq 0$　此类齿轮传动称为不等变位齿轮传动（又称为角度变位齿轮传动）。其中 $x_1+x_2>0$ 时称为正传动，$x_1+x_2<0$ 时称为负传动。

1）正传动。由于此时 $x_1+x_2>0$，根据式（6-13）、式（6-21）、式（6-22）和式（6-25）可知

$$\alpha'>\alpha,\ a'>a,\ y>0,\ \Delta y>0$$

即在正传动中，中心距 a' 大于标准中心距 a，啮合角 α' 大于分度圆压力角 α，又由于 $\Delta y>0$，故两轮的齿全高都比标准齿轮减短了 Δym。

正传动的优点是可以减小齿轮机构的尺寸，而且由于两轮均采用正变位，或小轮采用较大的正变位，而大轮采用较小的负变位，能使齿轮机构的承载能力有较大提高。正传动的缺点是，由于啮合角增大和实际啮合线段减小，会使重合度较小。

2）负传动。由于 $x_1+x_2<0$，根据式（6-13）、式（6-21）、式（6-22）和式（6-25）可知

$$\alpha'<\alpha,\ a'<a,\ y<0,\ \Delta y>0$$

负传动的优缺点与正传动的优缺点相反，即重合度略有增加，但轮齿的强度有所下降，所以负传动只用于配凑中心距这种特殊需要的场合中。

综上所述，采用变位齿轮来制造渐开线齿轮，不仅当被切齿轮的齿数 $z_1<z_{\min}$ 时可以避免根切，而且与标准齿轮相比，这样切出的齿轮除了分度圆、基圆及齿距不变外，其齿厚、齿槽宽、齿廓曲线的工作段、齿顶高和齿根高等都发生了变化。因此，可以运用这种方法来提高齿轮机构的承载能力、配凑中心距和减小机构的几何尺寸等，而且在切制这种齿轮时，仍使用标准刀具，并不增加制造的困难。正因为如此，变位齿轮传动在各种机械中被广泛地采用。

6.7　斜齿圆柱齿轮传动

6.7.1　斜齿轮齿廓曲面的形成及啮合特点

如前所示，直齿轮的齿廓是由发生线在基圆上做纯滚动而形成的。由于轮齿具有一定的宽度，因此，直齿轮的轮齿齿廓曲面实际上是发生面在基圆柱上做纯滚动时，其上某一条与基圆柱母线平行的直线 KK 在空间形成的渐开面，如图 6-33 所示。

这种齿轮啮合时，齿面的接触线与齿轮的轴线平行，轮齿沿整个齿宽同时进入或退出啮合，因而轮齿上的载荷是突然加上或卸掉，容易引起噪声，传动平稳性较差。

斜齿轮的齿廓形成原理与直齿轮基本相同，只是齿廓曲面上的直线 KK 与基圆柱上的轴线不平行，而是有一夹角 β_b，β_b 称为基圆柱上的螺旋角。当发生面 S 沿基圆柱做纯滚动时，发生面上的直线 KK 在空间展开的轨迹为斜齿轮的齿廓曲面（图 6-34）。

一对斜齿轮啮合时，齿面接触线是斜直线（图 6-34b），接触线先由短变长，而后又由

长变短,直至脱离啮合。所以在传动中,载荷是逐渐加上的,这种接触方式使齿轮传动的冲击振动减小,传动较平稳,故适合于高速传动。

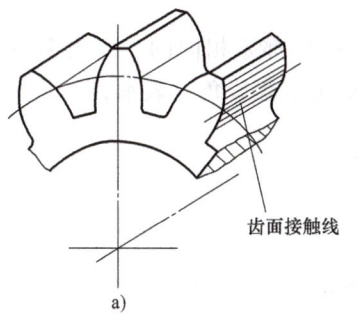
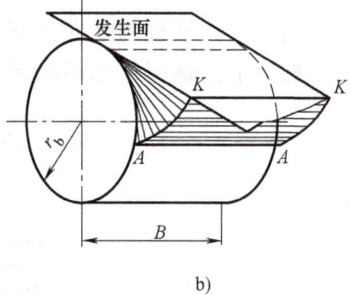

图 6-33 直齿轮齿廓曲面

a) 直齿轮齿面接触线 b) 直齿轮的齿面形成

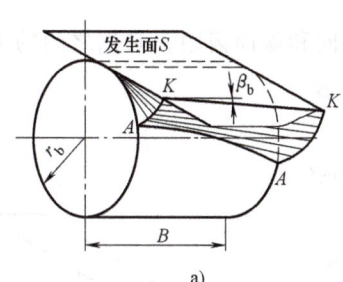
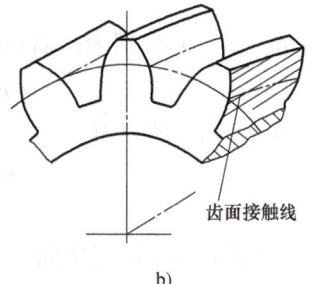

图 6-34 斜齿轮齿廓曲面

a) 斜齿轮的齿面形成 b) 斜齿轮齿面接触线

6.7.2 斜齿轮的主要参数及几何尺寸

因斜齿轮的轮齿成螺旋形,所以其基本参数有端面(垂直于轮齿轴线的平面)参数和法向(垂直于轮齿的截面)参数之分。在斜齿轮的加工中,常采用齿条形刀具或齿轮铣刀。切齿时,刀具沿齿廓螺旋线方向进入,故斜齿轮的法向参数与刀具的参数相同。因此,斜齿轮的法向参数规定标准值,包括法向模数 m_n、法向压力角 α_n、法向齿顶高系数 h_{an}^*、法向顶隙系数 c_n^*。

1. 螺旋角

螺旋角是斜齿轮区别于直齿轮的一个重要参数。把斜齿轮的分度圆柱面展开成一个长方形,如图 6-35 所示,其中阴影线部分为轮齿,空白部分为齿槽。b 为斜齿轮的轴向宽度,πd 为分度圆周长。将分度圆柱面展成平面后,分度圆柱面与轮齿齿面相贯所得的螺旋线便成为一条斜直线,它与轴线的夹角称为斜齿轮分度圆柱上的螺

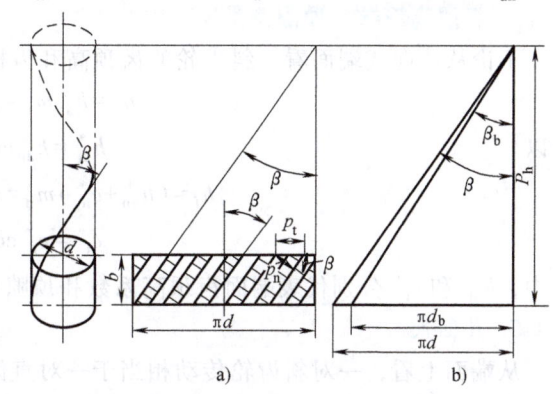

图 6-35 斜齿轮的螺旋角

旋角，简称斜齿轮的螺旋角，用 β 表示。设螺旋线的导程为 P_h，则由图 6-35 可知

$$\tan\beta = \frac{\pi d}{P_h} \quad (6\text{-}26)$$

对于同一个斜齿轮，任意圆柱面上螺旋线的导程 P_h 都是相同的。但因不同圆柱面的直径不同，故各圆柱面上的螺旋角也不相同。基圆柱面上的螺旋角可表示为

$$\tan\beta_b = \frac{\pi d_b}{P_h} \quad (6\text{-}27)$$

由上两式可得

$$\frac{\tan\beta_b}{\tan\beta} = \frac{d_b}{d} = \cos\alpha_t \quad (6\text{-}28)$$

或

$$\tan\beta_b = \tan\beta\cos\alpha_t$$

式中，α_t 为斜齿轮的端面压力角。

2. 齿距和模数

如图 6-35 所示，p_n、p_t 分别表示斜齿轮的法向和端面齿距，它们之间的关系为

$$p_n = p_t\cos\beta \quad (6\text{-}29)$$

考虑到 $p_n = \pi m_n$，$p_t = \pi m_t$，所以有

$$m_n = m_t\cos\beta \quad (6\text{-}30)$$

3. 压力角

为便于分析，用斜齿条来说明法向压力角与端面压力角之间的关系。如图 6-36 所示，斜齿条的法向（ACC'）与端面（ABB'）的夹角为 β，由于斜齿轮的法向和端面的齿高相等，所以在 Rt△ACC'、Rt△ABB' 和 Rt△ACB 中，$\tan\alpha_t = \dfrac{\overline{AB}}{\overline{BB'}}$，

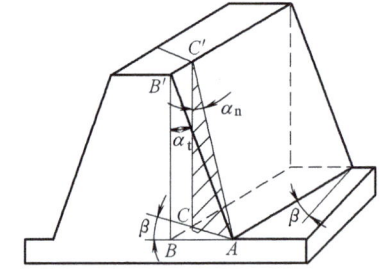

图 6-36 斜齿轮的端面压力角和法向压力角

$\tan\alpha_n = \dfrac{\overline{AC}}{\overline{CC'}}$，$\overline{AC} = \overline{AB}\cos\beta$，因为 $\overline{BB'} = \overline{CC'}$，可得

$$\tan\alpha_n = \tan\alpha_t\cos\beta \quad (6\text{-}31)$$

4. 齿顶高系数、顶隙系数

不论从法向或端面看，斜齿轮的齿顶高和齿根高都是相同的，即

$$h_a = h_{an}^* m_n = h_{at}^* m_t$$

所以

$$h_{at}^* = h_{an}^* \cos\beta \quad (6\text{-}32)$$

$$h_f = (h_{an}^* + c_n^*) m_n = (h_{at}^* + c_t^*) m_t \quad (6\text{-}33)$$

$$c_t^* = c_n^* \cos\beta \quad (6\text{-}34)$$

式中，h_{at}^* 和 c_t^* 分别代表端面齿顶高系数和顶隙系数。

5. 几何尺寸

从端面上看，一对斜齿轮传动相当于一对直齿轮传动，故可将直齿轮的几何尺寸计算公式用于斜齿轮。外啮合标准斜齿圆柱齿轮基本尺寸计算公式见表 6-5。

第6章 齿轮机构及其设计

表 6-5 外啮合标准斜齿圆柱齿轮基本尺寸计算公式

名　称	符　号	计　算　公　式
分度圆直径	d	$d_i = m_t z_i = \dfrac{m_n}{\cos\beta} z_i$
基圆直径	d_b	$d_{bi} = d_i \cos\alpha_t$
齿顶高	h_a	$h_{ai} = h_{an}^* m_n$
齿根高	h_f	$h_{fi} = (h_{an}^* + c_n^*) m_n$
齿顶圆直径	d_a	$d_{ai} = m_n z_i / \cos\beta + 2 h_{an}^* m_n$
齿根圆直径	d_f	$d_{fi} = m_n z_i / \cos\beta - 2(h_{an}^* + c_n^*) m_n$
端面齿厚	s_t	$s_t = \dfrac{1}{2} \pi m_n / \cos\beta$
端面齿距	p_t	$p_t = \pi m_n / \cos\beta$
端面基圆齿距	p_{bt}	$p_{bt} = p_t \cos\alpha_t$
中心距	a	$a = \dfrac{1}{2} m_n (z_1 + z_2) / \cos\beta$

注：公式中下标 $i = 1, 2$。

6.7.3 一对斜齿轮的啮合传动

1. 一对斜齿轮的正确啮合条件

和直齿轮一样，斜齿轮除了两个齿轮的模数及压力角应分别相等外，它们的螺旋角还必须相匹配，以保证两轮在啮合处的齿廓螺旋面相切。因此，一对斜齿轮正确啮合时，两轮的螺旋角对于外啮合，应大小相等，方向相反；对于内啮合，应大小相等，方向相同。因此，一对斜齿轮的正确啮合条件为

$$\left. \begin{array}{l} m_{n1} = m_{n2} = m_n \\ \alpha_{n1} = \alpha_{n2} \\ \beta_1 = \pm \beta_2 \end{array} \right\} \quad (6\text{-}35)$$

又因互相啮合的两轮螺旋角绝对值相等，所以其端面模数及压力角也分别相等。即

$$m_{t1} = m_{t2} \quad \alpha_{t1} = \alpha_{t2}$$

2. 一对斜齿轮传动的重合度

为便于分析斜齿轮的重合度，将端面参数与直齿轮参数相当的斜齿轮进行比较，图 6-37 表示直齿圆柱齿轮传动和斜齿圆柱齿轮传动的啮合面，$B_1 B_1$、$B_2 B_2$ 为啮合区。

对于直齿轮传动来说，轮齿在 $B_2 B_2$ 处是沿整个齿宽进入啮合，在 $B_1 B_1$ 处脱离啮合时，也是沿整个齿宽同时脱离，故直齿轮的重合度为 $\varepsilon_a = L/p_b$。

对于斜齿圆柱齿轮来说，由于轮齿倾斜了 β_b 角度，当一对轮齿在前端面的 $B_2 B_2$ 处进入啮合时，后端面还未进入啮合，同样该对轮齿的前端面在 $B_1 B_1$ 处脱离啮合时，后端面还未脱离啮合，直到该轮齿转到图中虚线位置时，这对轮齿才完全脱离接触。这样，斜齿轮传动的实际啮合区比直齿轮传动增大了 $\Delta L = b \tan\beta_b$。因此，斜齿轮传动的重合度比直齿轮传动大，设其

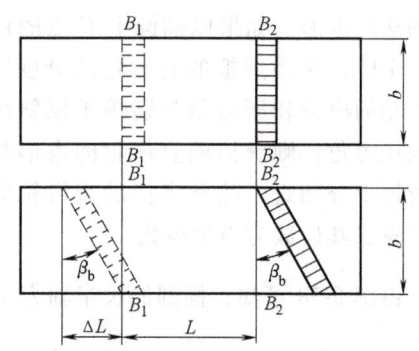

图 6-37　斜齿轮的实际啮合线

增加部分的重合度以 ε_β 表示，则

$$\varepsilon_\beta = \Delta L/p_b = b\tan\beta_b/p_b$$

由于
$$\tan\beta_b = \pi d_b/p_n = \pi d\cos\alpha_t/p_n = \tan\beta\cos\alpha_t$$

$$\varepsilon_\beta = b\tan\beta\cos\alpha_t/(p_t\cos\alpha_t) = b\tan\beta/(p_n/\cos\beta) = b\sin\beta/(\pi m_n)$$

所以，斜齿轮传动的重合度为

$$\varepsilon = \varepsilon_\alpha + \varepsilon_\beta \tag{6-36}$$

式中，ε_α 为端面重合度。从端面上看，斜齿轮的啮合与直齿轮完全一样，因此，用端面啮合角 α_t' 和端面齿顶压力角 α_{at1}、α_{at2} 代入公式（6-11）中求得

$$\varepsilon_\alpha = [z_1(\tan\alpha_{at1} - \tan\alpha_t') + z_2(\tan\alpha_{at2} - \tan\alpha_t')]/(2\pi) \tag{6-37}$$

所以斜齿轮传动的总重合度 ε 为

$$\varepsilon = \varepsilon_\alpha + \varepsilon_\beta$$

由于 ε_β 随 β 和齿宽 b 的增加而增大，所以斜齿轮传动的重合度比直齿轮的重合度大得多。

6.7.4　斜齿轮的当量齿轮与当量齿数

如前所述，由于切制斜齿轮时，刀具是沿螺旋形齿槽方向进刀的，而且在计算斜齿轮轮齿强度时，力也是作用在法向内的，所以选择刀具时以法向参数为依据。为了研究斜齿轮的法向齿形而虚拟一个直齿轮，这个直齿轮的齿形与斜齿轮的法向齿形相当，则这一虚拟齿轮称为该斜齿轮的当量齿轮。这个当量齿轮的模数与压力角，就是该斜齿轮的法向模数和法向压力角，其齿数称为该斜齿轮的当量齿数，以 z_v 表示。

如图 6-38 所示，过斜齿轮分度圆上的点 C 作轮齿螺旋线的法面 nn，将此斜齿轮的分度圆柱剖开，得一椭圆剖面。在此剖面上 C 点附近的齿形可以近似视为该斜齿轮的法向齿形。如果以椭圆上 C 点的曲率半径 ρ 为半径作一个圆，作为虚拟的直齿轮的分度圆，并设此虚拟的直齿轮的模数和压力角分别等于该斜齿轮的法向模数和法向压力角。则虚拟的直齿轮的齿形与上述斜齿轮的法向齿形十分相近，故此虚拟的直齿轮即为该斜齿轮的当量齿轮，其齿数为当量齿数。

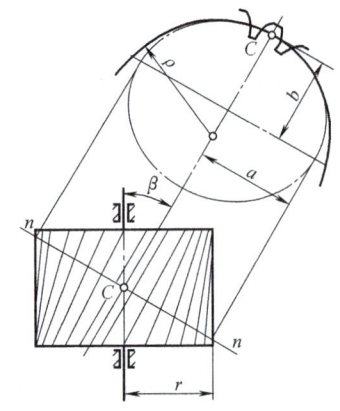

图 6-38　斜齿轮的当量齿轮

由图 6-38 可知，椭圆的长半轴为 $a = \dfrac{d}{2\cos\beta}$，短半轴为 $b = \dfrac{d}{2}$，由高等数学知识可知，椭圆在 C 点的曲率半径为 $\rho = \dfrac{a^2}{b} = \dfrac{d}{2\cos^2\beta}$。

故得
$$z_v = \frac{2\rho}{m_n} = \frac{d}{m_n\cos^2\beta} = \frac{zm_t}{m_n\cos^2\beta} = \frac{z}{\cos^3\beta} \tag{6-38}$$

式中，z 为斜齿轮的实际齿数。

当量齿轮的齿数一般不为整数。z_v 不仅是选择刀号和计算轮齿弯曲强度的依据,而且也是用于确定标准斜齿轮不产生根切的最少齿数的依据。

例 6-2 在图 6-39 所示的机构中,已知各直齿圆柱齿轮模数均为 2mm,$z_1 = 15$,$z_2 = 32$,$z_{2'} = 20$,$z_3 = 30$,要求齿轮 1 和 3 同轴线。试问:

(1) 齿轮 1、2 和齿轮 2′、3 应选什么传动类型最好?为什么?

(2) 若齿轮 1、2 改为斜齿轮传动来凑中心距,当齿数、模数不变时,斜齿轮的螺旋角为多少?

(3) 当用展成法(如用滚刀)来加工齿数 $z_1 = 15$ 的斜齿轮 1 时,是否会产生根切?

(4) 这两个斜齿轮的当量齿数是多少?

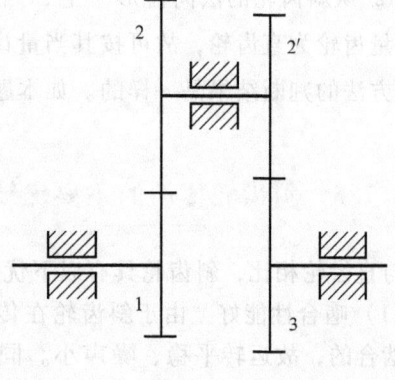

图 6-39 例 6-2 图

解 (1) 齿轮 1、2 和齿轮 2′、3 的传动中心距分别为

$$a_{12} = m(z_1+z_2)/2 = 2\times(15+32)/2 \text{mm} = 47 \text{mm}$$

$$a_{2'3} = m(z_{2'}+z_3)/2 = 2\times(20+30)/2 \text{mm} = 50 \text{mm}$$

根据其中心距,选齿轮 2′、3 为标准齿轮传动,而齿轮 1、2 为正变位传动。实际中心距取为 $a' = 50 \text{mm}$,此方案为最佳方案。因为齿轮 2′、3 的中心距较大,选其为标准传动,使该设计、加工简单,互换性好,同时也避免了齿轮 1、2 采用负变位传动不利的情况。齿轮 1、2 采用正传动,一方面可避免齿轮发生根切,如 $z_1 = 15 < 17$,故必须采用正变位;另一方面齿轮的弯曲强度及接触强度都有所提高。

(2) 齿轮 1、2 改为斜齿轮传动时,由题意要求:两轮齿数、模数不变,即 $m_n = m = 2\text{mm}$,其中心距为

$$a = m_n(z_1+z_2)/(2\cos\beta) = 2\times(15+32)/(2\cos\beta) \text{mm} = a' = 50 \text{mm}$$

则 $\cos\beta = 0.94$,$\beta = 19°56'54''$。

(3) 用展成法加工斜齿轮不发生根切的最少齿数为

$$z_{\min} = 2h_{an}^* \cos\beta / \sin^2\alpha_t$$

而 α_t 由 $\tan\alpha_n = \tan\alpha_t \cos\beta$ 求得,即

$$\alpha_t = \arctan(\tan\alpha_n / \cos\beta) = \arctan(\tan20° / \cos19°56'54'') = 21°10'$$

故得 $z_{\min} = 2h_{an}^* \cos\beta / \sin^2\alpha_t$

$$= 2\times1\times\cos19°56'54'' / (\sin21°10')^2 = 14.429$$

因 $z_1 = 15 > z_{\min}$

故用展成法滚刀加工此斜齿轮时不会发生根切。

(4) $z_{v1} = z_1 / \cos^3\beta = 15/(\cos19°56'54'')^3 = 18.06$

$$z_{v2} = z_2 / \cos^3\beta = 32/(\cos19°56'54'')^3 = 38.53$$

判别斜齿轮是否发生根切有两种方法:

① 从斜齿轮的端面齿形考虑，因与直齿轮一样，故可直接利用直齿轮不发生根切最少齿数公式来计算，这一公式是根据齿条形刀具展成加工齿轮推导出的。

② 从斜齿轮的法向齿形考虑，因斜齿轮的法向齿形是用其当量齿轮的齿形代替的，且当量齿轮为直齿轮，故可按其当量齿轮的齿数来直接进行判别，即 $z_{vmin} = z_{min} \cos^3\beta$。这两种方法的判断结果是一样的。如本题中，$z_{v1} = 18.66 > z_{min} = 17$，故不会发生根切现象。

6.7.5 斜齿轮传动的主要优缺点

与直齿轮相比，斜齿轮具有以下优点：

（1）啮合性能好　由于斜齿轮在传动中齿廓接触线是斜线，一对齿是逐渐进入啮合和脱离啮合的，故运转平稳、噪声小。同时，这种啮合方式也减少了轮齿制造误差对传动的影响。

（2）重合度大　斜齿轮的重合度随齿宽和螺旋角的增大而增大，有时可达到 10，这样不仅传动平稳，而且还降低了每对轮齿的载荷，从而提高了轮齿的承载能力。

（3）结构紧凑　由于斜齿轮不产生根切的最少齿数比直齿轮少，因此，采用斜齿轮传动可以得到更加紧凑的结构。

斜齿轮的主要缺点是由于螺旋角的存在，在运动时会产生轴向推力，如图 6-40a 所示。其轴向推力大小为 $F_a = F_t \tan\beta$。

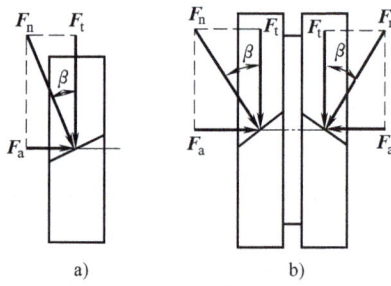

图 6-40　斜齿轮的轴向力及人字齿

当圆周力一定时，轴向推力将随螺旋角的增大而增大。为了既能发挥斜齿轮传动的优点，又不致使轴向力过大，一般螺旋角取 8°~20°。若要消除轴向推力，可采用人字齿轮，如图 6-40b 所示。这种齿轮左右两排轮齿的螺旋角大小相等，方向相反，可以使左右两边产生的轴向力互相抵消，故其螺旋角 β 可达 25°~40°。但人字齿轮制造比较麻烦。

6.8　交错轴斜齿轮传动

如果两个斜齿轮的法向模数和法向压力角分别相等，但螺旋角不相等，这样安装的两个斜齿轮的轴线既不平行也不相交，这种齿轮传动就称为交错轴斜齿轮传动，用于传递空间两交错轴之间的运动。

6.8.1　交错轴斜齿轮的几何关系

图 6-41 所示为一对交错轴斜齿轮传动，两轮的分度圆柱相切于点 P，过 P 点作其公切面，两轮轴线在两轮分度圆柱公切面上投影的夹角称为轴交角，用 Σ 表示。过切点 P 在公切面上作两轮分度圆柱面上螺旋线的公切线 tt，它与两轮轴线的夹角为齿轮的螺旋角，用 β

表示。从图中可知

$$\Sigma = |\beta_1 + \beta_2| \tag{6-39}$$

在式（6-39）中，β_1、β_2 为代数值，两轮的螺旋角大小及旋向可以任意组合，从而可以实现轴交角 Σ 为任意值的两轴之间的传动。当轴交角 $\Sigma = 0$ 时，$\beta_1 = -\beta_2$，即两轮螺旋角大小相等，方向相反，变成平行轴斜齿圆柱齿轮机构。所以平行轴斜齿轮是交错轴斜齿轮机构的一个特例。单个交错轴斜齿轮就是斜齿轮，几何尺寸的计算公式与斜齿轮也完全一样，计算齿轮的法向参数均为标准值。又因 P 点位于两交错轴的公垂线上，该公垂线的长度即为两轮的中心距，即

$$a = r_1 + r_2 = \frac{m_n}{2}\left(\frac{z_1}{\cos\beta_1} + \frac{z_2}{\cos\beta_2}\right) \tag{6-40}$$

由式（6-40）可知，可以通过改变螺旋角的大小改变中心距。

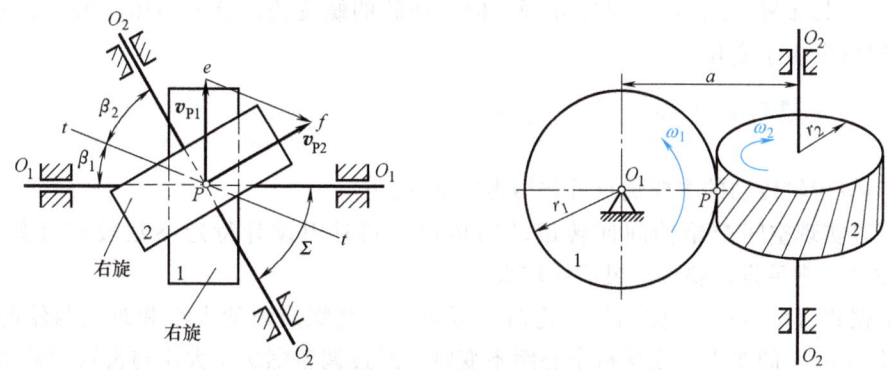

图 6-41 交错轴斜齿轮传动

6.8.2 交错轴斜齿轮的正确啮合条件

交错轴斜齿轮传动的轮齿是在法向内啮合的，因而两齿轮法向模数和法向压力角必须分别相等，即

$$m_{n1} = m_{n2} = m_n \quad \alpha_{n1} = \alpha_{n2} = \alpha_n$$

对于交错轴斜齿轮传动来说，因为两轮的螺旋角大小不一定相等，所以它们的端面模数 m_t 及端面压力角 α_t 也不一定分别相等，这是与斜齿轮不同的地方。

6.8.3 传动比和从动轮转向

由于交错轴斜齿轮传动中两轮的螺旋角不相等，两轮的端面模数不相等，因此传动比不等于两轮分度圆半径的反比。其传动比为

$$i_{12} = \frac{\omega_1}{\omega_2} = \frac{z_2}{z_1} = \frac{d_2 \cos\beta_2}{d_1 \cos\beta_1} \tag{6-41}$$

当轴交角 $\Sigma = \beta_1 + \beta_2 = 90°$ 时，有

$$i_{12} = \frac{\omega_1}{\omega_2} = \frac{z_2}{z_1} = \frac{d_2}{d_1}\tan\beta_1 \tag{6-42}$$

交错轴斜齿轮从动轮的转向与螺旋角的大小和方向有关，可通过速度矢量图解法来确定，如图 6-42a 所示，当主动轮 1 和从动轮 2 在节点 P 的速度分别为 v_{P1} 和 v_{P2} 时，可以根据重合点间速度关系确定从动轮的转向，即

$$v_{P2} = v_{P1} + v_{P2P1}$$

式中，v_{P2P1} 为两齿廓啮合点沿公切线 tt 方向的相对速度，由 v_{P2} 方向即可确定从动轮的转向。又如图 6-42b

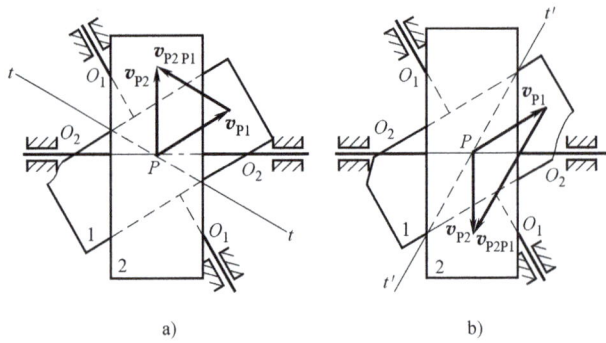

图 6-42 交错轴斜齿轮从动轮转向

所示的传动，其布置形式和图 6-42a 相同，但因两轮的螺旋角的旋向与图 6-42a 相反，则从动轮的转向就发生了变化。

6.8.4 交错轴斜齿轮传动的优缺点

交错轴斜齿轮传动的主要优点可归纳为以下几点：

1) 可以实现空间交错轴间回转运动的传递，同时因设计待定参数较多（如 z_1、z_2、m_n、β_1、β_2），满足设计要求的灵活性较大。

2) 根据式 (6-40)，当传动比一定时，可通过改变螺旋角的大小和改变两轮的分度圆直径来满足中心距的要求，或保持中心距不变时，通过调整螺旋角大小与齿数增减来得到不同的传动比。

3) 当主动轮转向不变时，可借改变螺旋角的方向来改变从动轮的转向。图 6-42a 与图 6-42b 所示的结构相同，只是将螺旋角的方向改变，则齿轮 2 的转向相反。

交错轴斜齿轮传动的主要缺点是：在传动中，除沿齿高方向有滑动外，沿齿轮的齿长方向还有相对速度 v_{P2P1}，即沿齿长方向也有相对滑动，而且其啮合两齿面为点接触，轮齿的压强和接触应力大，磨损快，机械效率低，故不适于传递较大的功率。

6.9 蜗杆传动

6.9.1 蜗杆传动及其特点

蜗杆传动是用来传递空间两交错轴间的运动和动力的，它由蜗杆和蜗轮组成，常用的是轴交角 $\Sigma = 90°$ 的减速传动。如图 6-43 所示，在分度圆柱上具有完整螺旋齿的构件 1 称为蜗杆，与蜗杆相啮合的构件 2 称为蜗轮，蜗杆与螺旋相似，也有左旋右旋之分，通常采用右旋。

蜗杆传动的主要特点是：

1) 由于蜗杆的轮齿是连续不断的螺旋齿，故蜗杆传动平稳，冲击和噪声较小。

2) 能以单级传动获得很大的传动比，通常在减速传动中，传动比的范围为 $5 \leq i_{12} \leq 70$,

在分度机构中传动比可达 10 000，故结构紧凑。

3）当蜗杆的导程角 γ_1 小于轮齿间的当量摩擦角时，机构具有自锁性，即只能由蜗杆带动蜗轮，而不能由蜗轮带动蜗杆，故常用在起重机械中，起安全保护作用。

4）蜗杆传动与交错轴斜齿轮传动相似，在啮合轮齿间有较大的相对滑动速度，易磨损，易发热，故传动效率低。

5）为了散热和减小磨损，常需采用较昂贵的抗磨材料和良好的润滑装置，故成本高。

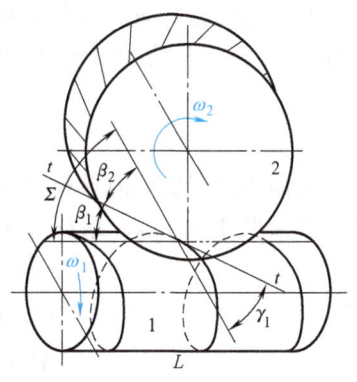

图 6-43 蜗杆传动

6.9.2 蜗杆传动的类型

根据蜗杆的形状不同，蜗杆蜗轮机构可分为圆柱蜗杆机构（图 6-44a）、环面蜗杆机构（图 6-44b）及锥蜗杆机构（图 6-44c）等类型。但常用的是圆柱形蜗杆，其中最普通的是阿基米德蜗杆，如图 6-45 所示，其端面齿形为阿基米德螺旋线。

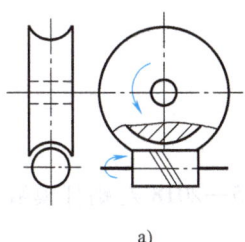 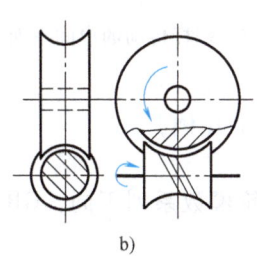 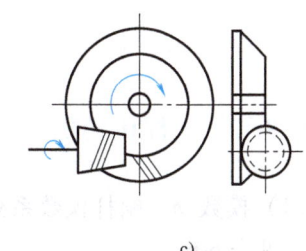

a)　　　　　　　　b)　　　　　　　　c)

图 6-44 蜗杆传动的类型

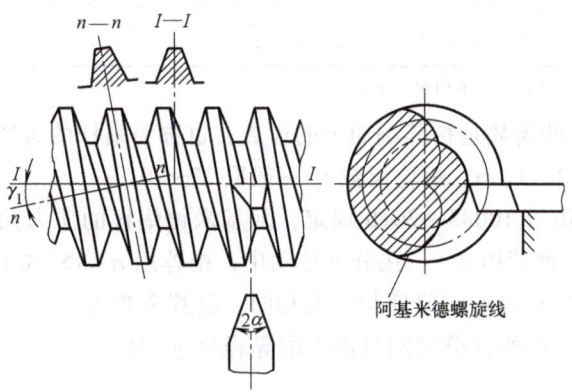

图 6-45 阿基米德蜗杆

6.9.3 蜗杆传动的正确啮合条件

图 6-46 所示为阿基米德圆柱蜗杆机构，通过蜗杆的轴线作一平面垂直于蜗轮的轴线，该平面对于蜗杆是轴剖面，对于蜗轮是端面，这个平面称为蜗杆传动的中间平面。在此平面

内，蜗杆与蜗轮的啮合相当于齿轮齿条啮合。因此，蜗杆蜗轮的正确啮合条件为：蜗杆轴向模数（m_{x1}）和压力角（α_{x1}）分别等于蜗轮端面模数（m_{t2}）和压力角（α_{t2}），即

$$\left.\begin{array}{l}m_{x1}=m_{t2}=m\\ \alpha_{x1}=\alpha_{t2}=\alpha\end{array}\right\} \tag{6-43}$$

又因蜗杆螺旋齿的导程角 $\gamma_1=90°-\beta_1$，而蜗杆与蜗轮的轴交角 $\Sigma=\beta_1+\beta_2$，故当 $\Sigma=90°$ 时，还须保证 $\gamma_1=\beta_2$，蜗杆与蜗轮的螺旋线方向相同。

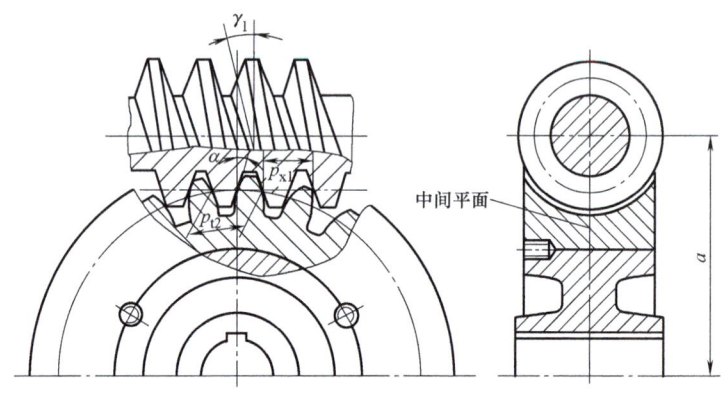

图 6-46　蜗杆传动的中间平面

6.9.4　蜗杆传动的主要参数和几何尺寸

（1）模数 m　蜗杆模数系列与齿轮模数系列不同，GB/T 10085—2018 对蜗杆模数作出规定，见表 6-6。

表 6-6　蜗杆模数系列　　　　　　　　　　　　　　　　　　　　　　（单位：mm）

第一系列	1	1.25	1.6	2	2.5	3.15	4	5	6.3	8	10	12.5	16	20	25	31.5	40
第二系列	1.5	3	3.5	4.5	5.5	6	7	12	14								

注：摘自 GB/T 10085—2018，优先采用第一系列。

（2）齿数 z　蜗杆的齿数是指其端面上的齿数，也称为蜗杆的头数，用 z_1 表示，通常取 1~10，推荐取 $z_1=1$、2、4、6。蜗轮齿数 z_2 一般取 27~80。

（3）压力角 α　GB/T 10085—2018 规定，阿基米德蜗杆的压力角 $\alpha=20°$；在动力传动中，允许增大压力角，推荐用 25°；在分度传动中，推荐用 $\alpha=15°$或 12°。

（4）导程角 γ_1　蜗杆的形成原理与螺旋相同。设其头数为 z_1，导程为 P_h，轴向齿距为 p_{x1}，分度圆直径为 d_1，则蜗杆分度圆柱面上的导程角 γ_1 为

$$\tan\gamma_1=\frac{P_h}{\pi d}=\frac{z_1 p_{x1}}{\pi d_1}=\frac{mz_1}{d_1} \tag{6-44}$$

由式（6-44）可以看出，增大 γ_1 可以提高蜗杆传动的效率，对于要求高效率的传动，常采用 $\gamma_1=15°\sim30°$，此时应采用多头蜗杆。当要求蜗杆传动有自锁性时，应取 $\gamma_1\leqslant3°30'$，此时应取 $z_1=1$。

（5）分度圆直径　在用蜗轮滚刀切制蜗轮时，滚刀的分度圆直径必须与工作蜗杆的分

度圆直径相同，为了限制蜗轮滚刀的数目，国家标准中规定将蜗杆的分度圆直径标准化，且与其模数相匹配，并令 $d_1/m=q$，q 称为蜗杆的直径系数。GB/T 10085—2018 对蜗杆的模数 m 与分度圆直径 d_1 的搭配等列出了标准系列，见表 6-7。

表 6-7 蜗杆分度圆直径与其模数匹配的标准系列　　　　　　　　　　　　　　（单位：mm）

m	d_1	m	d_1	m	d_1	m	d_1
1	18	2.5	(22.4)	4	40	6.3	(80)
1.25	20		28		(50)		112
	22.4		(35.5)		71		(63)
1.6	20	3.15	45	5	(40)	8	80
	28		(28)		50		(100)
	(18)		35.5		(63)		140
2	22.4		(45)		90	10	(71)
	(28)		56	6.3	(50)		90
	35.5	4	(31.5)		63		⋮

注：摘自 GB/T 10085—2018，括号内的数字尽可能不采用。

（6）蜗杆蜗轮传动的几何尺寸计算　蜗杆的分度圆直径 d_1 可根据传动要求从表 6-8 中选取，蜗轮的分度圆直径为

$$d_2 = mz_2 \tag{6-45}$$

蜗杆蜗轮的齿顶高、齿根高、齿全高、齿顶圆直径及齿根圆直径等尺寸，可参考圆柱齿轮相应公式计算，但顶隙系数 $c^* = 0.2$。

蜗杆机构的标准中心距 a 为

$$a = (d_1 + d_2)/2 = m(q + z_2)/2 \tag{6-46}$$

表 6-8 蜗杆蜗轮传动的基本尺寸计算

名　称	符　号	公　式	
		蜗　杆	蜗　轮
分度圆直径	d_1	$d_1 = mq$	$d_2 = mz_2$
齿顶圆直径	d_{a1}	$d_{a1} = m(q + 2h_a^*)$	$d_{a2} = m(z_2 + 2h_a^* + 2x)$
齿根圆直径	d_f	$d_{f1} = m(q - 2h_a^* - 2c^*)$	$d_{f2} = m(z_2 - 2h_a^* - 2c^* + 2x)$
齿顶高	h_a	$h_{a1} = h_a^* m$	$h_{a2} = (h_a^* + x)m$
齿根高	h_f	$h_{f1} = (h_a^* + c^*)m$	$h_{f2} = (h_a^* + c^* - x)m$
节圆直径	d'	$d_1' = d + 2xm$	$d_2' = d_2$
中心距	a'	$a' = \dfrac{m}{2}(q + z_2 + 2x)$	

注：标准蜗轮的变位系数 $x = 0$，正变位蜗轮的尺寸将 $x > 0$ 代入公式，负变位蜗轮的尺寸将 $x < 0$ 代入公式。

6.10　锥齿轮传动

6.10.1　锥齿轮传动概述

锥齿轮传动是用来传递两相交轴之间的运动和动力的，通常为 $\Sigma = 90°$，如图 6-47 所示。

锥齿轮的轮齿分布在一个圆锥面上，锥齿轮有分度圆锥、齿顶圆锥、齿根圆锥、基圆锥和节圆锥等。锥齿轮的齿廓曲面与其节圆锥的交线称为节锥齿线，根据节圆锥展开后节锥齿线的形状，可将锥齿轮分为直齿、斜齿和曲齿三类。又因锥齿轮的齿廓是分布在截圆锥体上的，轮齿由齿轮的大端到小端逐渐收缩变小，为了计算方便，通常取锥齿轮大端的参数为标准值。即大端模数按表 6-9 选取。

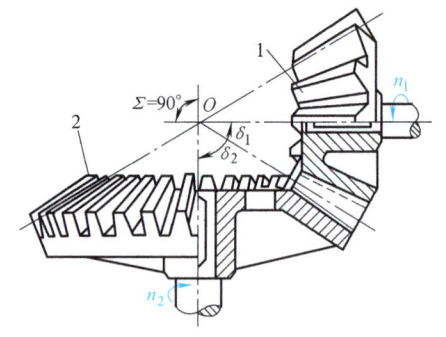

图 6-47　锥齿轮传动

表 6-9　锥齿轮标准模数系列（摘自 GB 12368—1990）　　　　　　　　　　　　（单位：mm）

…	1	1.125	1.25	1.375	1.5	1.75	2	2.25	2.5	2.75	3
3.25	3.5	3.75	4	4.5	5	5.5	6	6.5	7	8	9	10…

6.10.2　直齿锥齿轮齿廓的形成

圆柱齿轮的齿廓曲线是发生面在基圆柱上做纯滚动而形成的。锥齿轮的齿廓曲面则是在基圆锥上做纯滚动而形成的。如图 6-48 所示，以半径等于基圆锥母线长度的圆平面 S 作为发生面，它与基圆锥相切于 ON，当发生面 S 在基圆锥上做纯滚动时，K 点到 O 点的距离始终不变，所以齿廓曲面上的渐开线 AK 必在以 OA 为半径的球面上，故称为球面渐开线，其齿廓曲面称为渐开曲面。由此可知，直齿锥齿轮大端的齿廓曲线理论上应在以锥顶 O 为球心、锥距 ON 为半径的球面上。

6.10.3　背锥及当量齿数

如上所述，锥齿轮的齿廓曲线在理论上是球面渐开线，但球面不能展开成平面，这给锥齿轮的设计和制造带来很多困难，因此不得不采用近似的平面齿廓曲线代替球面渐开线。

图 6-49 的上部为一对相互啮合的直齿锥齿轮在其轴平面上的投影。$\triangle OCA$ 和 $\triangle OCB$ 分别为两轮的分度圆锥，线段 OC 称为外锥距。过大端上 C 点作 OC 的垂线与两轮的轴线分别交于 O_1 和 O_2 点，分别以 OO_1 和 OO_2 为轴线，以 O_1C 和 O_2C 为母线作两个圆锥 O_1CA 和 O_2CB，该两圆锥称为锥齿轮的背锥。背锥与球面相切于大端分度圆 CA 和 CB，并与分度圆锥直角相截。若在背锥上过点 C、A 和 B 沿背锥母线方向取齿顶高和齿根高，则由图可见，背锥面上的齿高部分与球面上的齿高部分非

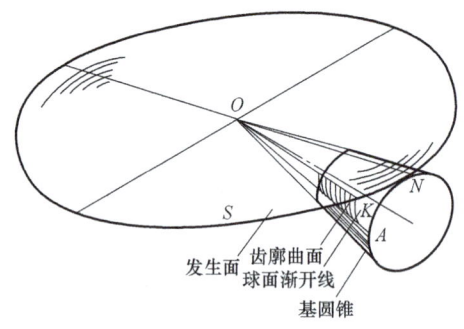

图 6-48　锥齿轮齿廓的形成

常接近，可以认为一对直齿锥齿轮的啮合近似于背锥面上的齿廓啮合。因圆锥面可展开成平面，故最终可以把球面渐开线简化成平面曲线来进行研究。

如图 6-49 下部所示，将背锥 O_1CA 和 O_2CB 展开为两个平面扇形，以 O_1C 和 O_2C 为分度圆半径，以锥齿轮大端模数为模数，并取标准压力角，按照圆柱齿轮的作图法画出两扇形齿轮的齿廓，该齿廓即为锥齿轮大端的近似齿廓，两扇形齿轮的齿数即为两锥齿轮的实际齿数。现将两扇形齿轮补足为完整的圆柱齿轮，则它们的齿数分别增加到 z_{v1} 和 z_{v2}。由图可知

$$r_{v1} = r_1/\cos\delta_1 = \frac{1}{2}mz_1/\cos\delta_1$$

而 $\qquad r_{v1} = mz_{v1}/2$

故得 $\qquad z_{v1} = z_1/\cos\delta_1$

同理得 $\qquad z_{v2} = z_2/\cos\delta_2$

式中，δ_1、δ_2 分别为两锥齿轮的分度圆锥角；z_{v1}、z_{v2} 为锥齿轮的当量齿数；上述圆柱齿轮称为锥齿轮的当量齿轮。

应用背锥和当量齿数就可以把圆柱齿轮的原理近似地应用到锥齿轮上。例如，直齿锥齿轮的最少齿数 $z_{\min}$ 与当量圆柱齿轮的最少齿数 $z_{v\min}$ 之间的关系为

$$z_{\min} = z_{v\min}\cos\delta$$

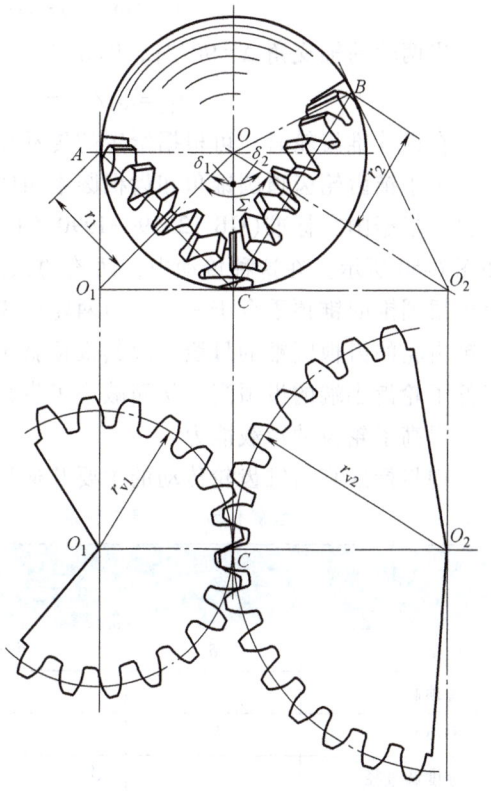

图 6-49 锥齿轮的背锥和当量齿数

由上式可见，直齿锥齿轮的最少齿数比直齿圆柱齿轮的少。例如，当 $\delta = 45°$，$\alpha = 20°$，$h_a^* = 1.0$ 时，$z_{v\min} = 17$，而 $z_{\min} = 17 \times \cos 45° \approx 12$。

直齿圆柱齿轮的正确啮合条件可从当量圆柱齿轮得到，即两轮大端模数必须相等，压力角必须相等。除此之外，两轮的外锥距还必须相等。

6.10.4 直齿锥齿轮传动的几何参数和尺寸计算

前面已经指出，锥齿轮是以大端参数为标准值，所以在计算几何尺寸时也以大端为准。

如图 6-50 所示，两锥齿轮的分度圆直径分别为

$$d_1 = 2R\sin\delta_1, \quad d_2 = 2R\sin\delta_2 \quad (6-47)$$

式中，R 为分度圆锥锥顶到大端的距离，称为锥距；δ_1、δ_2 分别为两锥齿轮的分度圆锥角。

两轮的传动比为

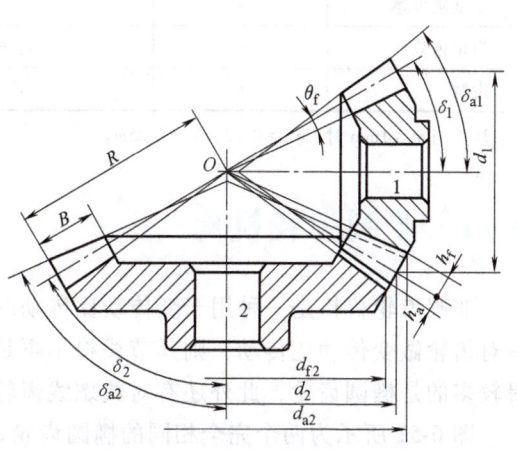

图 6-50 直齿锥齿轮传动的几何参数

$$i_{12} = \omega_1/\omega_2 = z_2/z_1 = d_2/d_1 = \sin\delta_2/\sin\delta_1 \tag{6-48}$$

当两轮的轴交角 $\Sigma = 90°$ 时，因 $\delta_1 + \delta_2 = 90°$，故式（6-48）变为

$$i_{12} = \omega_1/\omega_2 = z_2/z_1 = d_2/d_1 = \cot\delta_1 = \tan\delta_2 \tag{6-49}$$

在设计锥齿轮时，可根据给定的传动比，按式（6-49）确定两轮分度圆锥角的值。

至于锥齿轮齿顶圆锥角和齿根圆锥角的大小，则与两锥齿轮啮合传动时对其顶隙的要求有关。根据国家标准（GB 12369—1990、GB 12370—1990）规定，现多采用等顶隙锥齿轮传动，如图 6-50 所示。在这种传动中，两轮的顶隙从轮齿大端到小端是相等的，两轮的分度圆锥及齿根圆锥的锥顶重合于一点。但两轮的齿顶圆锥，因其母线各自平行于与之啮合传动的另一锥齿轮的齿根圆锥的母线，故其锥顶就不再与分度圆锥锥顶相重合了。这种锥齿轮相当于降低了轮齿小端的齿顶高，从而减小了齿顶过尖的可能性，而且可以把齿根圆角半径取大一点，提高了轮齿的承载能力。

现将标准直齿锥齿轮传动的主要几何尺寸的计算公式列于表 6-10，仅供参考。

表 6-10 标准直齿锥齿轮传动的几何参数及尺寸

名 称	符 号	计 算 公 式	
		小 齿 轮	大 齿 轮
分锥角	δ	$\delta_1 = \arctan(z_1/z_2)$	$\delta_2 = 90° - \delta_1$
齿顶高	h_a	$h_a = h_a^* m = m$	
齿根高	h_f	$h_f = (h_a^* + c^*)m = 1.2m$	
分度圆直径	d	$d_1 = mz_1$	$d_2 = mz_2$
齿顶圆直径	d_a	$d_{a1} = d_1 + 2h_a\cos\delta_1$	$d_{a2} = d_2 + 2h_a\cos\delta_2$
齿根圆直径	d_f	$d_{f1} = d_1 - 2h_f\cos\delta_1$	$d_{f2} = d_2 - 2h_f\cos\delta_2$
锥距	R	$R = m\sqrt{z_1^2 + z_2^2}/2$	
齿根角	θ_f	$\tan\theta_f = h_f/R$	
顶锥角	δ_a	$\delta_{a1} = \delta_1 + \theta_f$	$\delta_{a2} = \delta_2 + \theta_f$
根锥角	δ_f	$\delta_{f1} = \delta_1 - \theta_f$	$\delta_{f2} = \delta_2 - \theta_f$
顶隙	c	$c = c^* m$（一般取 $c^* = 0.2$）	
分度圆齿厚	s	$s = \pi m/2$	
当量齿数	z_v	$z_{v1} = z_1/\cos\delta_1$	$z_{v2} = z_2/\cos\delta_2$
齿宽	b	$b \leqslant R/3$（取整）	

注：当 $m \leqslant 1\text{mm}$ 时，$c^* = 0.25$，$h_f = 1.25m$。

6.11 非圆齿轮机构

非圆齿轮机构是一种用于变传动比传动的齿轮机构，由齿廓啮合基本定律可知，若要求一对齿轮做变传动比传动，则其节线将不再是圆，而是一条非圆的封闭曲线。工程实际中用得较多的是椭圆齿轮，此外还有对数螺线齿轮和偏心圆齿轮等。

图 6-51 所示为两个完全相同的椭圆齿轮，其长轴为 $2a$，短轴为 $2b$，焦距为 $2d$，两轮各绕其焦点 O_1、O_2 转动，在图示位置时，其节点为 C'。当主动轮 1 绕其回转中心 O_1 转过 φ_1

角时，其椭圆节线上的点 C_1 将到达连心线节线 O_1O_2 上的 C 点，此时从动轮 2 椭圆节线上的对应点 C_2 也将到达 C 点，由于两椭圆节线做纯滚动，故有

$$\widehat{C_2C'} = \widehat{C_1C'}$$

而在点 C 啮合时，两轮的瞬时传动比为

$$i_{12} = \frac{\omega_1}{\omega_2} = \frac{\overline{O_2C}}{\overline{O_1C}} = \frac{r_2}{r_1}$$

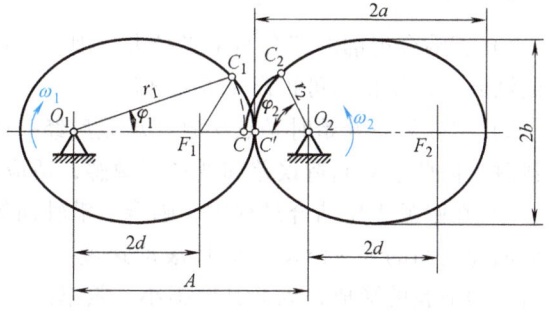

图 6-51　椭圆齿轮传动原理

由以上分析可知，非圆齿轮机构传动时，两轮节线做无滑动的纯滚动，它们具有下列性质：

1）任何瞬时两轮节曲线的向径之和等于两轮中心距 A，即

$$A = r_1 + r_2$$

2）相互滚过的两段节曲线弧长时时相等，即

$$r_1 \mathrm{d}\varphi_1 = r_2 \mathrm{d}\varphi_2$$

由上述性质可知，每当小齿轮节曲线滚过整个周长时，大齿轮节曲线的每个向量半径都应周期性地重复一次。因此，大齿轮的节曲线应由周期性重复的全等曲线线段组成，其总长度应为小齿轮节曲线的整数倍。

6.12　其他齿轮机构简介

在前面讲到的共轭齿廓概念中，凡是满足齿廓啮合基本定律的曲线都可以作为共轭齿廓，所以作为共轭齿廓的不只是渐开线齿廓，还有其他的曲线，如圆弧齿廓、摆线齿廓、抛物线齿廓等。渐开线齿轮传动满足齿廓啮合基本定律，有许多显著的优点，因此是目前应用最广泛的一种齿轮机构，但它也存在着一些固有的缺陷：①要提高渐开线齿轮的承载能力，就必须加大两齿廓接触点处的曲率半径，降低齿廓间接触应力以提高接触强度，这势必使机构的几何尺寸加大，由于机构尺寸的限制，渐开线齿轮的承载能力难以大幅度提高；②渐开线齿轮是线接触，由于制造和安装误差以及传动时轴的变形，会引起轮齿的载荷集中，从而降低齿轮的承载能力；③由于滑动系数是啮合点位置的函数，因而齿廓各部分磨损不均匀，影响齿轮的承载能力和使用寿命，同时齿廓间的磨损会降低齿轮传动效率。这些缺陷限制了齿轮承载能力和传动质量的进一步提高。为了适应日益提高的传动要求，人们寻求更合适的齿廓曲线，同样能满足齿廓啮合基本定律。目前常用的有圆弧齿轮、摆线齿轮及抛物线齿轮等其他曲线齿廓的齿轮传动，下面分别作简要介绍。

6.12.1　圆弧齿廓齿轮

圆弧齿廓齿轮形状如图 6-52 所示，它的端面齿廓或法向齿廓为圆弧，其中小齿轮的齿廓曲面为凸圆弧螺旋面，而大齿轮的齿廓曲面为凹圆弧螺旋面，其轮齿都是斜齿。

1. 圆弧齿轮传动的优点

1）相啮合齿廓的综合曲率半径大，因而其接触强度比相同尺寸的渐开线齿轮传动可提高 1.5~2 倍。

2）圆弧齿轮开始时是点接触，承载后经一段时间的磨合形成线接触，因此它对制造误差和变形不敏感，适应受载的情况。

3）在圆弧齿轮啮合过程中，啮合点沿轴向等速移动，形成两齿廓曲面之间的相对滚动，而且滚动速度很大，有利于充分磨合后齿面间油膜的形成，因此其磨损小，效率高。

4）圆弧齿轮在端面中沿齿高方向的相对滑动速度基本不变，故齿面磨损均匀，磨合性能好。

5）圆弧齿轮没有根切现象，小齿轮的齿数可以很少，故结构紧凑。

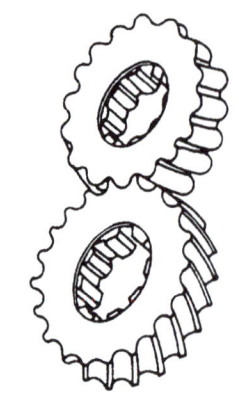

图 6-52　圆弧齿廓齿轮

2. 圆弧齿轮传动的缺点

1）圆弧齿轮的中心距及切齿深度偏差会引起齿轮在齿高方向接触位置的改变，由此导致其承载能力显著下降。

2）因为载荷不是分布在整个齿宽上，而是集中在接触线附近的区域，因此单圆弧齿轮的弯曲强度并不理想。

3）凸齿和凹齿的圆弧齿轮要分别用不同的刀具加工。

为了进一步提高圆弧齿轮的承载能力及改善其工艺性，又采用了双圆弧齿轮，如图 6-53 所示。它的齿顶为凸圆弧，齿根为凹圆弧。相啮合的齿轮具有相同的齿廓，因此可以用同一把刀具加工。在啮合时，从一个端面看，先是

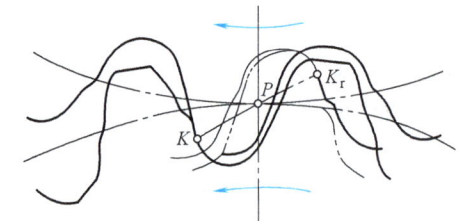

图 6-53　双圆弧齿形

主动轮的凹部推动从动轮的凸部（图中点 K_r），推一下即离开，然后又以它的凸部推动对方的凹部（图中点 K）。因此，就整个齿宽而言，一对齿有两个接触点，这两个接触点沿各自的啮合线移动。又因它的齿宽一般总是大于轴向齿距，故实际上齿轮是多齿多点接触。因此，双圆弧齿轮的承载能力和传动的平稳性明显提高，但对中心距和切齿深度的偏差仍有一定的敏感性。

6.12.2　摆线齿轮机构

摆线齿轮机构也是一种常用的传动机构，它用在一些较特殊的机械中，如钟表中就仍然采用摆线齿轮。

摆线齿轮的传动特点是：

1）能保证定传动比传动，而且由于相啮合的两齿面为一凹一凸，因而其综合曲率半径大，接触应力小。

2）传动的重合度大于渐开线齿轮。

3）无根切现象，故机构的结构紧凑。

4）齿轮的中心距没有可分性，两轮的精度要求较高。

5）齿轮在传动过程中的啮合角是变化的，因此齿廓间的作用力也是变化的，影响传动的平稳性。

6）制造加工的精度要求较高，成本高。

6.12.3 抛物线齿轮

抛物线齿轮是一种新型的圆柱齿轮机构，其外形与双圆弧齿轮很相似，其轮齿的顶部齿廓为凸齿廓，根部齿廓为凹齿廓，一对齿轮实现凹凸接触。它的轮齿也是螺旋形的，即为斜齿圆柱齿轮，之所以称为抛物线齿轮，是因为它的原始齿廓是由抛物线的滚刀切制出来的。

抛物线齿轮具有如下特点：

1）它的相对滑动率不但小而且均匀，最大值在齿根部接近节点处，所以与渐开线齿轮相比具有良好的抗磨损性能，有助于在长期运转中保持齿轮齿形的精度。

2）抛物线齿轮不发生根切的最少齿数为 $z_{min}=3$，当螺旋角大于25°时，最少齿数甚至可以少到2，而且在极少齿数的情况下，轮齿的齿顶也不会变尖。

由于抛物线齿轮的滚刀齿形比较复杂，且难以磨削，因而影响了其加工精度；抛物线齿轮不具有中心距可分性，故对中心距的精度要求较严。

6.13 齿轮传动在工业机器人中的应用

工业机器人中大量应用了齿轮传动，在机器人手腕中还经常应用特殊类型的齿轮传动。

1. 手臂

典型的六自由度关节型工业机器人如图6-54所示。机器人的大臂和小臂是用高强度铝合金材料制成的薄臂框形结构，各运动都采用齿轮传动。驱动大臂的传动机构如图6-54a所示，大臂1的驱动电动机7安装在大臂的后端（兼起配重平衡作用），运动经电动机轴上的小锥齿轮6、大锥齿轮5和一对圆柱齿轮2、3驱动大臂轴做转动 θ_2。驱动小臂17的传动机构如图6-54b所示，驱动装置安装于大臂10的框形臂架上，驱动电动机11也安装在大臂后端，经驱动轴12，锥齿轮9、8，圆柱齿轮14、15，驱动小臂轴做转动 θ_3。腰座（回转机座）的回转运动 θ_1，则由伺服电动机24经齿轮23、22、21和19驱动，如图6-54c所示。图6-54中偏心套4、13、16及20用来调整齿轮传动间隙。

2. 手腕

具有三自由度的典型工业机器人手腕结构如图6-55所示。驱动手腕运动的三个电动机安装在小臂的后端（图6-55a），这种配置方式可以利用电动机作为配重起平衡作用。三个电动机7、8、9经柔性联轴器6和传动轴5将运动传递到手腕各轴齿轮，驱动电动机7经传动轴5和两对圆柱传动齿轮4、3带动手腕1在壳体2上做偏摆运动 φ。电动机9经传动轴5驱动圆柱齿轮12和锥齿轮13，从而使传动轴15回转，实现手腕的上下摆动运动 β。电动机8经传动轴5和两对锥齿轮11、14带动轴16回转，实现手腕机械接口法兰盘17的回转运动 θ。

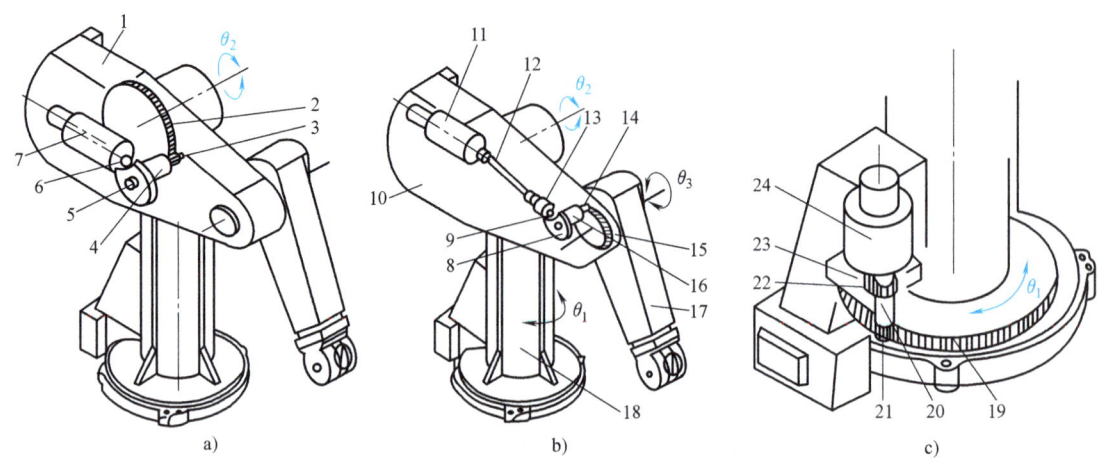

图 6-54 典型的六自由度关节型工业机器人

1、10—大臂 2、3、5、6、8、9、14、15、19、21、22、23—齿轮 4、13、16、20—偏心套
7、11—驱动电动机 12—驱动轴 17—小臂 18—腰座 24—伺服电动机

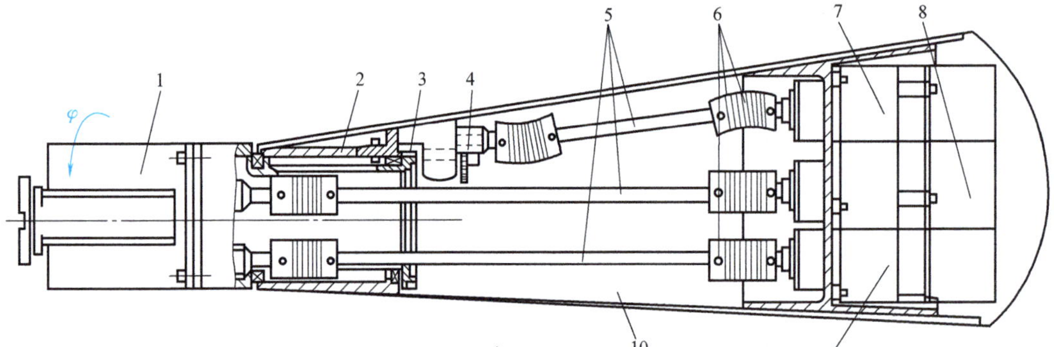

图 6-55 具有三自由度的典型工业机器人手腕结构

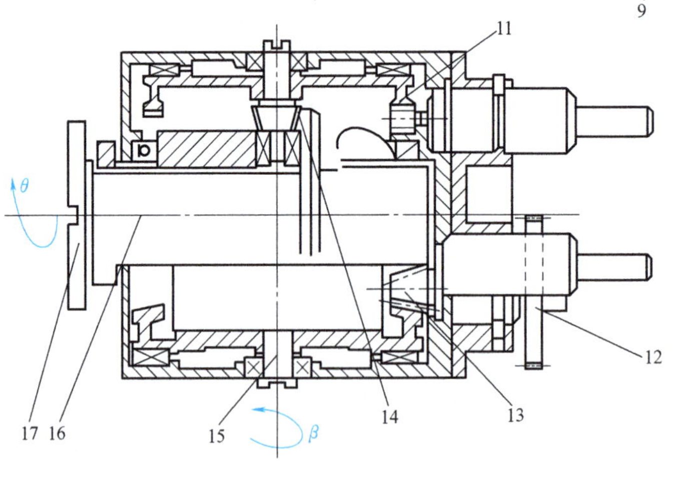

a) 手臂 b) 手腕

1—手腕 2—壳体 3、4、11、12、13、14—传动齿轮 5—传动轴 6—柔性联轴器 7、8、9—电动机
10—手臂外壳 15、16—轴 17—手腕机械接口法兰盘

第6章 齿轮机构及其设计

知识要点与拓展

本章重点以齿廓啮合基本定律为基本要求,以渐开线直齿圆柱齿轮机构设计为主线,系统讲述了圆柱齿轮机构的啮合原理、基本参数及基本尺寸计算。在此基础上,对交错轴斜齿圆柱齿轮传动、蜗杆传动、直齿锥齿轮传动等其他齿轮传动及各自的传动特点、标准参数和基本尺寸计算也作了介绍。本章的难点是共轭齿廓的确定、一对齿轮的啮合过程、变位齿轮传动、斜齿轮及锥齿轮的当量齿轮。本章的特点是名词概念多、符号公式多、理论系统性强、几何关系复杂。学习时要注意清晰掌握主要脉络,对基本概念和几何关系有透彻理解。

限于篇幅的要求,本章对以下内容没有做详尽的讨论。希望对以下内容做深入研究的读者,可参考以下资料。

1) 一个渐开线齿轮轮齿的齿廓外形是由过渡曲线组成的,在一对齿轮啮合传动时,如果一个齿轮的齿顶与相啮合齿轮的齿根部分的过渡曲线相接触,在无侧隙传动条件下,会使两齿轮"卡死"。这种现象称为过渡曲线干涉。如果齿侧间隙过大,虽然不会卡住,但由于过渡曲线不是渐开线,因此在啮合时就不能保证确定的传动比,在齿轮设计中,要避免这种现象发生。有关过渡曲线干涉的详细论述及避免措施,可参阅参考文献[45]和[48]。

2) 正确选择变位系数是设计变位齿轮的关键,如果选择不当,将会影响齿轮的啮合特性和承载能力,还会出现齿顶变尖、轮齿根切、重合度小以及发生过渡干涉等不良现象。为了满足上述要求,可根据具体情况选择查表法、封闭图法、公式计算法及优化设计法等方法。其次由于轮齿间的相对滑动会引起齿面磨损,为了使大小齿轮齿根部分的磨损接近相等,除了提高小齿轮的齿面硬度外,通常也采用变位齿轮传动,通过选择合适的变位系数来达到这一目的。有关内容可参阅参考文献[48]。

3) 其他齿轮机构有渐开线齿轮不具有的优势,限于篇幅对其他齿轮机构没有展开讨论,对这方面的理论知识感兴趣的读者可参阅参考文献[45]、[46]和[47]。

思考题及习题

6-1 渐开线具有哪些重要性质?渐开线齿轮传动具有哪些优点和缺点?

6-2 具有标准中心距的标准齿轮传动具有哪些特点?

6-3 何谓重合度?重合度的大小与齿数 z、模数 m、压力角 α、齿顶高系数 h_a^*、顶隙系数 c^* 及中心距 a 之间有何关系?

6-4 用齿条刀具加工齿轮时,被加工齿轮的模数、压力角、齿数和变位系数如何获得?

6-5 齿轮齿条啮合传动有何特点?

6-6 节圆与分度圆、啮合角与压力角有什么区别?

6-7 何谓根切?简述产生根切现象的原因和避免根切现象的方法。

6-8 齿轮为什么要变位?何谓最小变位系数?变位系数的最大值是否也有限制?

6-9 变位齿轮传动的类型有几种?其啮合特点及优缺点有哪些?

6-10 试将正变位齿轮与标准齿轮比较,哪些几何参数变化了?哪些几何参数没有变?

6-11 斜齿轮的正确啮合条件及连续传动条件与直齿轮有何异同?

6-12 为什么斜齿轮的标准参数要规定在法向上,而其几何尺寸却要按端面计算?

6-13 什么是斜齿轮的当量齿轮?为什么要提出当量齿轮的概念?

6-14 斜齿轮传动具有哪些优缺点?

6-15 若齿轮传动的设计中心距不等于标准中心距，可以用哪些方法满足中心距的要求？

6-16 平行轴和交错轴斜齿轮传动有哪些异同点？

6-17 何谓蜗杆传动的中间平面？蜗杆的直径系数有何重要意义？

6-18 什么是直齿锥齿轮的背锥和当量齿轮？

6-19 斜齿轮、蜗杆蜗轮、锥齿轮的模数、压力角、齿顶高系数及径向间隙系数的标准值以哪一个面为准？而几何尺寸计算又是按哪一个面进行的？

6-20 当 $\alpha = 20°$ 的正常齿渐开线标准齿轮的齿根圆和基圆重合时，其齿数应为多少？若齿数大于求出的数值，则基圆和齿根圆哪一个大？

6-21 已知一对直齿圆柱齿轮的中心距 $a = 320$mm，两轮基圆直径 $d_{b1} = 187.94$mm，$d_{b2} = 375.88$mm，试求两轮的节圆半径 r'_1、r'_2，啮合角 α'，两齿廓在节点的展角 θ_p 及曲率半径 ρ_1、ρ_2。

6-22 一个渐开线直齿圆柱齿轮如图 6-56 所示，用卡尺测量出三个齿和两个齿的公法线长度为 $W_{K1} = 61.83$mm 和 $W_{K2} = 37.55$mm，齿顶圆直径 $d_a = 208$mm，齿根圆直径 $d_f = 172$mm，齿数 $z = 24$。试确定该齿轮的模数 m、分度圆压力角 α、齿顶高系数 h_a^* 和顶隙系数 c^*。

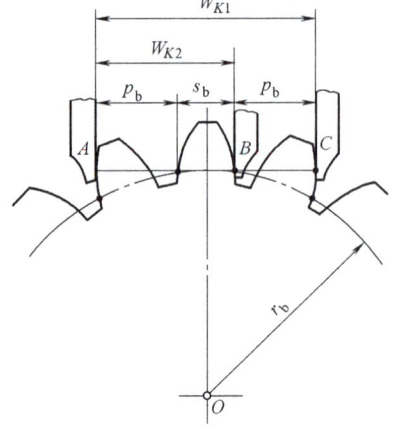

图 6-56 题 6-22 图

6-23 已知一正常标准外啮合直齿圆柱齿轮传动的 $\alpha = 20°$，$m = 4$mm，$z_1 = 21$，$z_2 = 42$。试求其重合度 ε_α，并绘出单齿和双齿啮合区；如果将中心距 a 加大至刚好连续传动，试求：

1）啮合角 α'；

2）两轮的节圆半径；

3）两分度圆之间的距离；

4）顶隙和侧隙。

6-24 一对标准齿轮 $m = 5$mm，$\alpha = 20°$，$h_a^* = 1$，$c^* = 0.25$，$z_1 = z_2 = 20$，为了提高强度，将齿轮改为正变位齿轮传动。问：1）若取 $x_1 = x_2 = 0.2$，$a' = 104$mm，该对齿轮能否正常工作？节圆齿侧有无侧隙 c'？若有侧隙，则 c' 多大？法向齿侧间隙 c_n 多大？2）若 $a' = 104$mm，那么在无侧隙传动时，两个齿轮的 x_1 和 x_2 应取多少？

6-25 在图 6-57 所示的周转轮系中，各轮均为标准齿轮，已知 $z_1 = 39$，$z_2 = 26$，试确定 z_3。又量得齿轮 1 的齿顶圆直径 $d_{a1} = 71.7$mm，求各轮模数，并计算内齿轮 3 的分度圆直径、齿顶圆直径和齿根圆直径。

6-26 一对标准渐开线圆柱直齿轮传动，已知 $\alpha = 20°$，$m = 2$mm，$h_a^* = 1$，$z_1 = 30$，$z_2 = 50$，现在运动上要求 z_1 改为 29，而中心距和齿轮 2 仍用原来的，试求变位系数 x_1。

6-27 设有一对外啮合圆柱齿轮，已知模数 $m_n = 2$mm，齿数 $z_1 = 21$，$z_2 = 22$，中心距 $a = 45$mm，现不用变位而拟用斜齿圆柱齿轮来配凑中心距。试求这对斜齿轮的螺旋角。

6-28 在某设备中有一对渐开线直齿圆柱齿轮，已知 $z_1 = 26$，$i_{12} = 5$，$m = 3$mm，$\alpha = 20°$，$h_a^* = 1$，$c^* = 0.25$，在技术改造中，提高了原动机的转速，为了改善齿轮传动的平稳性，要求在不降低轮齿的弯曲强度、不改变中心距和传动比的条件下，将直齿轮改为斜齿轮，并希望将分度圆柱螺旋角限制在 20° 以内，重合度不小于 3，试确定 z'_1、z'_2、m_n 和齿宽 b。

6-29 一对交错轴斜齿轮传动，已知 $\Sigma = 90°$，$\beta_1 = 30°$，$i_{12} = 2$，$z_1 = 35$，

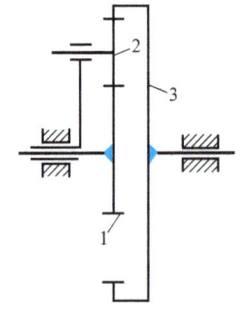

图 6-57 题 6-25 图

$p_n = 12.56$mm,试计算其中心距 a。

6-30 已知一蜗杆传动,蜗杆头数 $z_1 = 2$,蜗轮齿数 $z_2 = 40$,蜗杆轴向齿距 $p = 15.70$mm,蜗杆顶圆直径 $d_{a1} = 60$mm,试求模数 m、蜗杆直径系数 q、蜗轮螺旋角 β_2、蜗轮分度圆直径 d_2 及中心距 a。

6-31 有一对标准直齿锥齿轮,已知 $m = 3$mm,$z_1 = 24$,$z_2 = 32$,$\alpha = 20°$,$h_a^* = 1$,$c^* = 0.2$,$\Sigma = 90°$,试计算该对锥齿轮的几何尺寸。

6-32 已知一对渐开线直齿圆柱齿轮传动,其传动比 $i_{12} = 2$,模数 $m = 4$mm,压力角 $\alpha = 20°$,试求

1)若中心距为标准中心距 $a = 120$mm,其齿数 z_1、z_2 和啮合角 α';

2)若中心距 $a = 125$mm(齿数按上面求得的值),啮合角 α' 及节圆半径 r_1'、r_2',应采用何种传动类型?

第7章

轮系及其设计

在各种机械中广泛使用着齿轮机构，第 6 章讲述了齿轮机构的类型和工作原理。为了满足不同的工作要求，实际应用中的齿轮机构一般都以齿轮系的形式出现，它可以实现单一齿轮机构所不能实现的许多运动。如实现任意两轴间运动和动力的大距离传递、实现变速变向传动、实现运动的合成与分解、实现传动大比而结构紧凑的运动等。

7.1 轮系及其分类

前面研究的一对齿轮传动是齿轮传动机构的最简单形式。但在实际机械中，一对齿轮往往不能满足工作要求，为了解决原动机速度的单一性与工作机速度多样性之间的矛盾，往往需要有一系列互相啮合的齿轮传动机构，如手表、各种变速器、航空航天发动机上所用的传动装置等。这种由一系列齿轮所构成的齿轮传动系统称为轮系。

轮系的类型很多，其组成也是各式各样的，在一个轮系中可以同时包含圆柱齿轮、锥齿轮和蜗轮蜗杆等各种类型的齿轮。通常根据轮系运转中各齿轮轴线的空间位置是否固定，将轮系分为定轴轮系和周转轮系两种基本类型。

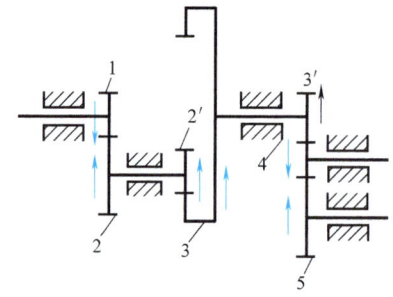

图 7-1 定轴轮系

7.1.1 定轴轮系

轮系运转时，如果各齿轮的轴线相对于机架的位置都是固定不动的，则这种轮系称为定轴轮系。图 7-1 所示即为一定轴轮系。

7.1.2 周转轮系

在轮系运转时，至少有一个齿轮轴线的位置不固定，而是绕某一固定轴线回转，则称该轮系称为周转轮系。如图 7-2 所示的轮系，外齿轮 1 和内齿轮 3 均绕着固定的轴线 OO 转动，称为太阳轮；齿轮 2 的转轴装在构件 H 的端部，而构件 H 是绕固定轴线 OO 回转的，所以当轮系转动时，齿轮 2 一边绕自身的轴线 O_1O_1 回转，另一方面又随着构件 H 绕固定轴线 OO 公转，如同行星的运动，故称齿轮 2 为行星轮；支持行星轮的构件 H 称为行星架或系杆，行星架绕之转动的轴线称为主轴线。在周转轮系中，一般都以太阳轮和行星架作为运动的输入和输出构件，故又称为周转轮系的基本构件。基本构件均绕着同一固定轴线回转。

周转轮系又可以根据自由度数的不同作进一步划分。若自由度为 2（图 7-2a），则称为差动轮系，要想使差动轮系具有确定的相对运动，需要给定轮系两个独立的运动规律；若自由度为 1（图 7-2b，其中太阳轮 3 为机架），则称为行星轮系，为了确定行星轮系的运动，只需给定轮系一个独立的运动规律即可。

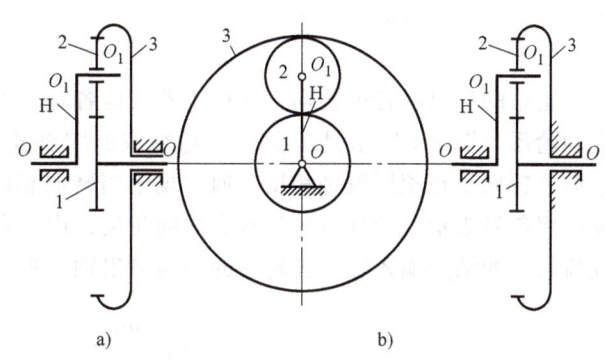

图 7-2　周转轮系及其组成
a）差动轮系　b）行星轮系

周转轮系还可根据其基本构件的不同加以分类。设轮系中的太阳轮用 K 表示，行星架用 H 表示，输出构件用 V 表示，则图 7-2 所示为 2K-H 型周转轮系。图 7-3 所示为 3K 型周转轮系，因其基本构件是三个太阳轮 1、3 和 4，而行星架只起支持行星轮 2 和 2′的作用，不传递外力矩，因此不是基本构件。在实际机械中常用 2K-H 型。

7.1.3　复合轮系

在实际机械中，除了采用单一的定轴轮系和单一的周转轮系外，还经常用到既包含定轴轮系又包含周转轮系（图 7-4a）或由几部分周转轮系组成（图 7-4b）的复杂轮系，这种轮系称为复合轮系或混合轮系。

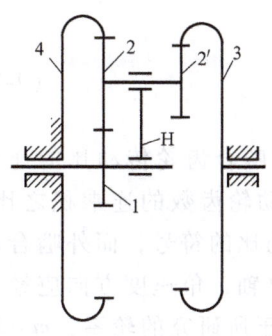

图 7-3　3K 型周转轮系

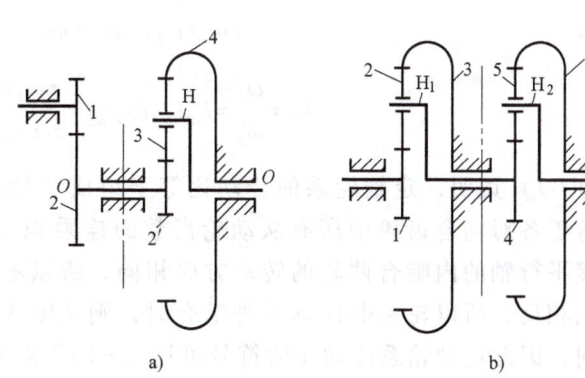

图 7-4　复合轮系

7.2 定轴轮系的传动比

所谓轮系的传动比，是指该轮系中输入、输出两构件角速度（或转速）之比。确定一个轮系的传动比，不仅要计算传动比的大小，还要确定首末两构件的转向关系。

7.2.1 平面定轴轮系传动比的计算

组成轮系的各对啮合齿轮均为圆柱齿轮，即各轮的轴线都是互相平行的，这种轮系称为平面定轴轮系。图 7-1 所示是由圆柱齿轮组成的定轴轮系，由于输入、输出两轮的轴线平行，它们的转向不是相同就是相反。通常规定当转向相同时用正号表示（或略去不写），转向相反时用负号表示，圆柱齿轮外啮合转向相反，内啮合转向相同。

设齿轮 1 的轴为输入轴，齿轮 5 的轴为输出轴，则输入轴和输出轴的传动比为

$$i_{15}=\frac{\omega_1}{\omega_5}=\frac{n_1}{n_5}$$

由图 7-1 可知，主动轮到从动轮之间的传动是通过一对对齿轮依次啮合实现的，为此首先要求出该轮系中各对啮合齿轮传动比的大小。设已知各齿轮的齿数，则可求得该轮系中各对齿轮的传动比分别为

$$i_{12}=\frac{\omega_1}{\omega_2}=\frac{z_2}{z_1}, \quad i_{2'3}=\frac{\omega_{2'}}{\omega_3}=\frac{\omega_2}{\omega_3}=\frac{z_3}{z_{2'}}$$

$$i_{3'4}=\frac{\omega_{3'}}{\omega_4}=\frac{\omega_3}{\omega_4}=\frac{z_4}{z_{3'}}, \quad i_{45}=\frac{\omega_4}{\omega_5}=\frac{z_5}{z_4}$$

为了求得整个轮系的传动比 $i_{15}=\dfrac{\omega_1}{\omega_5}$，将上述各式连乘可得

$$i_{12}i_{2'3}i_{3'4}i_{45}=\frac{\omega_1\omega_2\omega_3\omega_4}{\omega_2\omega_3\omega_4\omega_5}=\frac{\omega_1}{\omega_5}$$

因为 $\qquad \omega_{2'}=\omega_2, \quad \omega_{3'}=\omega_3$

所以 $\qquad i_{15}=\dfrac{\omega_1}{\omega_5}=i_{12}i_{2'3}i_{3'4}i_{45}=\dfrac{z_2z_3z_4z_5}{z_1z_{2'}z_{3'}z_4} \qquad (7\text{-}1)$

式（7-1）说明，定轴轮系的传动比等于组成该轮系的各对啮合齿轮传动比的连乘积，也等于各对啮合齿轮中所有从动轮齿数的连乘积与所有主动轮齿数的连乘积之比。由于连接平行轴的内啮合两轮的转动方向相同，所以不影响传动比的符号；而外啮合两轮的转向相反，所以轮系中有 m 对外啮合时，则从输入轴到输出轴，角速度方向应经过 m 次变向，因此这种轮系传动比的符号可用 $(-1)^m$ 来判断。对于所研究的轮系，$m=3$，故有

$$i_{15}=\frac{\omega_1}{\omega_5}=(-1)^m\frac{z_2z_3z_5}{z_1z_{2'}z_{3'}}=-\frac{z_2z_3z_5}{z_1z_{2'}z_{3'}}$$

式（7-1）中，z_4 同时出现在分子分母中，被消去，说明齿轮4的齿数多少并不影响传动比的大小，仅起着中间过渡和改变从动轮转向的作用，这种齿轮称为惰轮或过桥轮。

综上所述，一对平面定轴轮系的传动比可表示为

$$定轴轮系的传动比 = (-1)^m \frac{所有从动轮齿数的连乘积}{所有主动轮齿数的连乘积} \quad (7-2)$$

轮系传动比的正、负号还可以用画箭头的方法确定表示，如图7-1所示。

7.2.2 空间定轴轮系

在轮系中不但有圆柱齿轮，还有锥齿轮、蜗杆蜗轮等空间齿轮传动机构，即各轮的轴线不都是互相平行的，则这种定轴轮系称为空间定轴轮系，如图7-5所示。空间定轴轮系的传动比仍可用式（7-2）计算，但由于一对空间齿轮的轴线不是互相平行的，所以这种轮系的方向不能用 $(-1)^m$ 来确定，而只能用画箭头的方法表示。

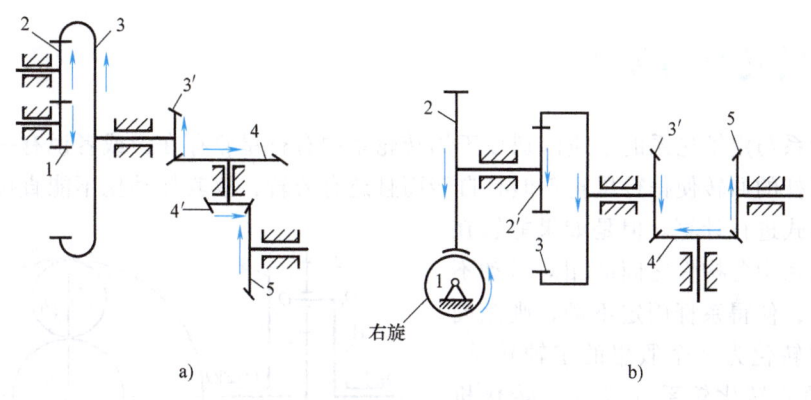

图7-5 空间定轴轮系

空间定轴轮系又分为两种情况：若输入轴和输出轴互相平行（图7-5a），则其传动比应有正负号；若轮系中的输入轴和输出轴互相不平行（图7-5b），则其传动比的符号已经没有意义，在公式中不能加正负号，而只能用画箭头的形式表示在图中，以判断输出轴的转向。因为一对外啮合的圆柱齿轮或锥齿轮在其啮合节点处的圆周速度是相同的，所以标志两者转向的箭头不是同时指向节点就是同时背离节点。根据此准则，在用箭头标出轮1的转向后，其余各轮的转向便不难依次用箭头标出。至于蜗杆传动，则须根据蜗杆的转向及其螺旋线方向来确定蜗轮的转向，具体做法见例7-1。

例7-1 在图7-6所示的轮系中，$z_1 = 16$，$z_2 = 32$，$z_{2'} = 20$，$z_3 = 40$，$z_{3'} = 2$（右旋），$z_4 = 40$。若 $n_1 = 800\text{r/min}$，求蜗轮的转速 n_4 及各轮的转向。

解 因为轮系中有锥齿轮和蜗杆蜗轮等空间齿轮，所以只能用式（7-2）计算轮系传动比的大小，不能用 $(-1)^m$ 确定其方向。

$$i_{14} = \frac{n_1}{n_4} = \frac{z_2 z_3 z_4}{z_1 z_{2'} z_{3'}} = \frac{32 \times 40 \times 40}{16 \times 20 \times 2} = 80$$

所以 $n_4 = \dfrac{n_1}{i_{14}} = \dfrac{1}{80} \times 800\text{r/min} = 10\text{r/min}$

各轮转向如图 7-6 中箭头所示。判断蜗轮的转向时，可把蜗杆看作螺杆，把蜗轮看作螺母来考察其相对运动。例如图 7-6 中的右旋蜗杆 3′ 按图示方向转动时，可借助右手判断如下：拇指伸直，其余四指握拳，令四指弯曲方向与蜗杆转动方向一致，则拇指所指（向上）即为螺杆相对螺母前进方向。因蜗杆不能轴向移动，则致使蜗轮上的啮合点向下运动，即蜗轮按逆时针方向转动。同理，对于左旋蜗杆，则应当借助左手按上述方法判断。

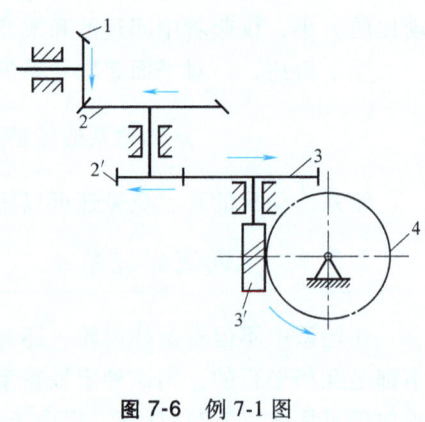

图 7-6　例 7-1 图

7.3　周转轮系的传动比

周转轮系与定轴轮系的本质区别在于周转轮系中有行星轮存在，或者说有一个转动的系杆。由于系杆的回转使得行星轮不但有自转而且还有公转，故其传动比不能直接用定轴轮系传动比的公式进行计算。但是如果能够在保持周转轮系中各构件之间的相对运动不变的条件下，使得系杆固定不动，则该周转轮系即被转化为一个假想的定轴轮系，就可以借助此转化轮系（或称为转化机构），按定轴轮系的传动比公式进行周转轮系传动比的计算，这种方法称为反转法或转化机构法。

在图 7-7 所示的周转轮系中，设 ω_1、ω_2、ω_3 及 ω_H 为齿轮 1、2、3 及行星架 H 的绝对角速度。根据相对运动原理，设想

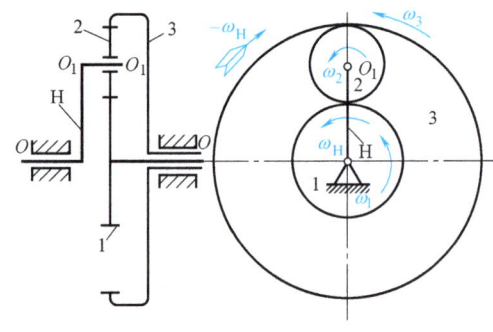

图 7-7　周转轮系

给整个周转轮系加上一个公共角速度 "$-\omega_H$"，使之绕系杆的固定轴线回转，这时各构件之间的相对运动仍将保持不变，而系杆的角速度变为 $\omega_H - \omega_H = 0$，即系杆"静止不动"了。于是周转轮系转化成了定轴轮系，转化后的各构件角速度变化见表 7-1。

角速度 ω_1^H、ω_2^H、ω_3^H 及 ω_H^H 的右上角标 H 表示构件 1、2、3 及 H 相对于构件 H 的角速度。这种转化所得的假想定轴轮系称为原周转轮系的转化轮系或转化机构，如图 7-8 所示。

转化机构中任意两平行轴的传动比都可以用定轴轮系传动比的计算方法求得，即

$$i_{13}^H = \dfrac{\omega_1^H}{\omega_3^H} = \dfrac{\omega_1 - \omega_H}{\omega_3 - \omega_H} = -\dfrac{z_2 z_3}{z_1 z_2} = -\dfrac{z_3}{z_1} \tag{7-3}$$

表 7-1 转化后的各构件角速度

构件	原有角速度	在转化轮系中的角速度（即相对于系杆的角速度）
齿轮 1	ω_1	$\omega_1^H = \omega_1 - \omega_H$
齿轮 2	ω_2	$\omega_2^H = \omega_2 - \omega_H$
齿轮 3	ω_3	$\omega_3^H = \omega_3 - \omega_H$
机架 4	ω_4	$\omega_4^H = \omega_4 - \omega_H = -\omega_H$
系杆 H	ω_H	$\omega_H^H = \omega_H - \omega_H = 0$

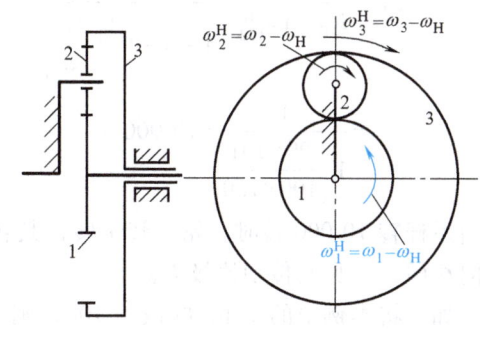

图 7-8 周转轮系转化机构

式中齿数比前的负号表示在转化机构中轮 1 与轮 3 的转向相反（即 ω_1^H 与 ω_3^H 的方向相反），不代表轮 1 和轮 3 的真实方向。

式（7-3）表明，在差动轮系中，有三个活动构件 1、3 及 H，已知任意两个构件的运动，即可求出第三个构件的运动。在行星轮系中，有两个活动构件，已知其中一个构件的运动，即可求出另一个构件的运动。

综上所述，不难得出计算周转轮系传动比的一般关系式。设周转轮系的两个太阳轮分别为 A 和 B，行星架为 H，则其转化机构的传动比为

$$i_{AB}^H = \frac{\omega_A^H}{\omega_B^H} = \frac{\omega_A - \omega_H}{\omega_B - \omega_H} = \pm \frac{\text{在转化轮系中由 A 至 B 各从动轮齿数的乘积}}{\text{在转化轮系中由 A 至 B 各主动轮齿数的乘积}} \tag{7-4}$$

在应用式（7-4）时，要特别注意"±"号的使用，它代表的是转化机构中 A、B 两轮的转向，不代表周转轮系的真实方向，所以 ω_A、ω_B、ω_H 均为代数值，在使用中要带有相应的"±"号。这样求出的转速就可按其符号来确定转动方向了。

式（7-4）同样适用于由锥齿轮组成的周转轮系，不过 A、B 两个太阳轮和行星架 H 的轴线必须互相平行，而其转化机构传动比 i_{AB}^H 的正负号必须用画箭头的方法来确定。

如果所研究的轮系为具有固定轮的行星轮系，设固定轮为齿轮 B，则 $\omega_B = 0$，所以式（7-4）可改写成

$$i_{AB}^H = \frac{\omega_A - \omega_H}{\omega_B - \omega_H} = \frac{\omega_A - \omega_H}{0 - \omega_H} = 1 - \frac{\omega_A}{\omega_H} = 1 - i_{AH}$$

所以
$$i_{AH} = 1 - i_{AB}^H \tag{7-5}$$

式（7-5）说明，活动齿轮 A 对行星架 H 的传动比等于 1 减去行星架 H 固定时活动齿轮 A 对原固定太阳轮 B 的传动比。

例 7-2 在图 7-9 所示的行星轮系中，设已知 $z_1 = 100$，$z_2 = 101$，$z_{2'} = 100$，$z_3 = 99$，试求传动比 i_{H1}。

解 由式（7-5）可得

$$i_{H1}=\frac{1}{i_{1H}}=\frac{1}{1-i_{13}^{H}}=\frac{1}{1-(-1)^{2}\dfrac{z_{3}z_{2}}{z_{2'}z_{1}}}$$

$$=\frac{1}{1-\dfrac{99\times101}{100\times100}}=10\ 000$$

即当系杆转 10 000 转时，轮 1 转 1 转，其转向与系杆的转向相同，可见其传动比极大。

如果将本例中的 z_3 由 99 改为 100，则

$$i_{H1}=\frac{1}{i_{1H}}=\frac{1}{1-i_{13}^{H}}=\frac{1}{1-(-1)^{2}\dfrac{z_{3}z_{2}}{z_{2'}z_{1}}}=\frac{1}{1-\dfrac{100\times101}{100\times100}}=-100$$

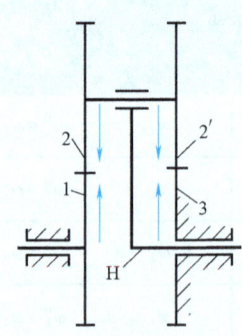

图 7-9　例 7-2 图

即当系杆转 100 转时，轮 1 反转 1 转，可见行星轮系中从动轮的转向不仅与主动轮的转向有关，而且还与轮系中各轮的齿数有关。在本例中，只将齿数 z_3 增加一个齿，轮 1 就反向回转。而定轴轮系一旦各轮齿数和主动轮的转向确定，传动比的大小和从动轮的转向是不会改变的，这就是行星轮系与定轴轮系的不同之处。

例 7-3　在图 7-10 所示的轮系中，已知 $z_1=15$，$z_2=25$，$z_{2'}=20$，$z_3=60$，两个太阳轮的转速分别为 $n_1=200\text{r/min}$，$n_3=50\text{r/min}$，试求系杆 H 的转速 n_H。

（1）当 n_1、n_3 转向相同时；

（2）当 n_1、n_3 转向相反时。

解　此轮系的自由度为 2，是差动轮系。由式（7-4）可得

$$i_{13}^{H}=\frac{n_{1}^{H}}{n_{3}^{H}}=\frac{n_{1}-n_{H}}{n_{3}-n_{H}}=(-1)^{1}\dfrac{z_{2}z_{3}}{z_{1}z_{2'}}=-\dfrac{25\times60}{15\times20}=-5$$

（1）当 n_1、n_3 转向相同时　设 n_1 转向为正，则 $n_1=200\text{r/min}$，$n_3=50\text{r/min}$，将其代入上式，得

$$\frac{n_{1}-n_{H}}{n_{3}-n_{H}}=\frac{200-n_{H}}{50-n_{H}}=-5$$

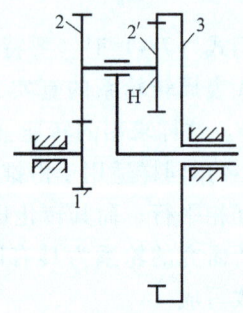

图 7-10　例 7-3 图（双联行星轮组成的差动轮系）

解得 $n_H=75\text{r/min}$，说明 n_H 的转向与 n_1、n_3 相同。

（2）当 n_1、n_3 转向相反时　此时可任意假定其中一个转向为正，而另一个转向为负。设 $n_1=200\text{r/min}$，$n_2=-50\text{r/min}$，代入上式得

$$\frac{n_{1}-n_{H}}{n_{3}-n_{H}}=\frac{200-n_{H}}{-50-n_{H}}=-5$$

解得 $n_H=-8.33\text{r/min}$，说明 n_H 的转向与 n_1 相反。

例 7-4 在图 7-11 所示的差动轮系中，各轮的齿数为 $z_1=48$，$z_2=42$，$z_{2'}=18$，$z_3=21$，$n_1=100\text{r/min}$，$n_3=80\text{r/min}$，其转向如图 7-11 所示，求转速 n_H。

解 这是由锥齿轮组成的差动轮系，虽然是空间轮系，但其输入轴和输出轴是平行的，以画箭头的方法确定的该轮系转化机构中，齿轮 1 和 3 的转向相反，如图 7-11 所示。在公式中可以代入负号。

由于已知条件给定 n_1、n_3 的转向相反，设 n_1 为正，n_3 为负。代入式（7-4）得

$$i_{13}^H = \frac{n_1-n_H}{n_3-n_H} = \frac{100-n_H}{-80-n_H} = -\frac{z_3 z_2}{z_{2'} z_1} = -\frac{21\times 42}{18\times 48} = -\frac{49}{48}$$

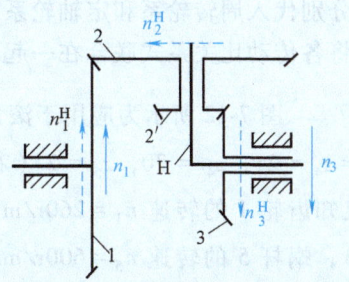

图 7-11 例 7-4 图（锥齿轮组成的差动轮系）

由此得
$$n_H \approx 9.07\text{r/min}$$

计算结果为正，说明系杆 H 的转向与齿轮 1 的转向相同，与齿轮 3 的转向相反。

需要说明的是：由圆柱齿轮所组成的周转轮系，由于其各构件的回转轴线都是相互平行的，故利用转化轮系计算其传动比的方法适合于轮系中的所有活动构件（包括行星轮在内，如图 7-10 中的轮 2 与轮 2'）。而由锥齿轮组成的周转轮系，其行星轮 2-2' 的轴线与齿轮 1（或齿轮 3）和系杆的轴线不平行，因而它们的角速度不能按代数量进行加减，故利用转化轮系计算传动比时，只适用于该轮系的基本构件（1、3、H），而不适用于行星轮 2。当需要知道其行星轮的角速度时，应用角速度矢量来进行计算。这里不作详细介绍，可参看有关资料。

还需要指出的是，图中虚线箭头表示的是转化轮系的转动方向，不代表其真实转动方向。

7.4 复合轮系的传动比

由前述可知，复合轮系是由基本周转轮系与定轴轮系组成的，或者由几个周转轮系组成的。对于这样的复杂轮系传动比的计算，既不能直接套用定轴轮系的公式，也不能直接套用周转轮系的公式。例如对于图 7-4a 所示的复合轮系，如果给整个轮系一个公共角速度（$-\omega_H$），使其绕 OO 轴线反转后，原来的周转轮系部分虽然转化成了定轴轮系，但原来的定轴轮系却因机架反转而变成了周转轮系，这样整个轮系还是复合轮系。所以解决复合轮系传动比可遵循以下步骤：

1）正确划分定轴轮系和基本周转轮系。划分轮系时应先找出基本周转轮系，根据周转轮系具有行星轮的特点，首先找出轴线不固定的行星轮，支持行星轮做公转的构件就是系杆（值得注意的是有时系杆不一定是杆状），而几何轴线与系杆的回转轴线相重合，且直接与行星轮相啮合的定轴齿轮就是太阳轮。这样的行星轮、系杆和太阳轮便组成一个基本周转轮系。分出一个基本的周转轮系后，还要判断是否还有其他行星轮被另一个行星架支承，每一

个行星架对应一个周转轮系。在逐一找出所有的周转轮系后，剩下的就是定轴轮系了。

例如图 7-4a 所示的复合轮系中，2'-3-4-H 为周转轮系，1-2 为定轴轮系。在图 7-4b 所示的复合轮系中，1-2-3-H_1 为一周转轮系，4-5-6-H_2 为另一周转轮系。

2）分别代入周转轮系和定轴轮系的公式，计算各轮系的传动比。

3）将各传动比关系式联合在一起求解。

例 7-5 图 7-12 所示为应用于滚齿机中的复合轮系，已知各齿轮的齿数 $z_1 = 30$，$z_2 = 26$，$z_{2'} = z_3 = z_4 = 21$，$z_{4'} = 30$，$z_5 = 2$（右旋蜗杆）；又知齿轮 1 的转速 $n_1 = 260 \text{r/min}$（方向如图），蜗杆 5 的转速 $n_5 = 600 \text{r/min}$（方向如图），求传动比 i_{1H}。

解 由图可知，齿轮 2'、3、4 及系杆 H 组成周转轮系，齿轮 1、2 及蜗轮 4' 和蜗杆 5 分别组成两个定轴轮系。而各部分的传动比分别为

$$i_{12} = \frac{n_1}{n_2} = \frac{z_2}{z_1} = \frac{26}{30}$$

所以

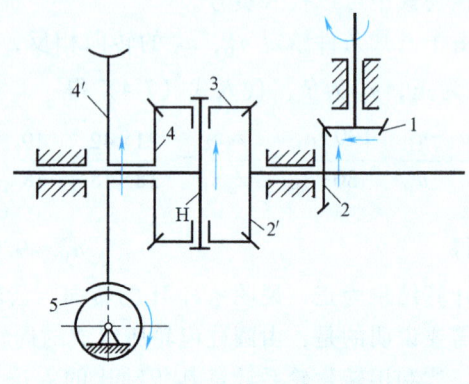

图 7-12 例 7-5 图（滚齿机传动系统）

$$n_2 = n_1 \frac{30}{26} = 260 \text{r/min} \times \frac{30}{26} = 300 \text{r/min}$$

（方向如图，设箭头向上为正）

$$i_{4'5} = \frac{n_{4'}}{n_5} = \frac{z_5}{z_{4'}} = \frac{2}{30}$$

所以 $n_{4'} = n_5 \frac{2}{30} = 600 \text{r/min} \times \frac{2}{30} = 40 \text{r/min}$（方向如图，与 n_2 同向）

而

$$i_{2'4}^H = \frac{n_{2'} - n_H}{n_4 - n_H} = -\frac{z_4}{z_{2'}}$$

由于 $n_2 = n_{2'}$，$n_4 = n_{4'}$，且均为正，将 n_2、$n_{4'}$ 的值代入得

$$n_H = 170 \text{r/min}$$

方向如图 7-12 所示。

于是可求得该复合轮系的传动比为

$$i_{1H} = \frac{n_1}{n_H} = \frac{260}{170} = \frac{26}{17}$$

本例题说明，$i_{12} = \frac{n_1}{n_2} = \frac{z_2}{z_1}$，$i_{4'5} = \frac{n_{4'}}{n_5} = \frac{z_5}{z_{4'}}$，都没有表示"±"，并不说明它们的转向为正，只能以画箭头的方法在图上表示它们的真实方向。

例 7-6 在图 7-13 所示的轮系中,已知各轮齿数为 $z_1 = 24$,$z_{1'} = 30$,$z_2 = 95$,$z_3 = 89$,$z_{3'} = 102$,$z_4 = 80$,$z_{4'} = 40$,$z_5 = 17$,试求传动比 i_{15}。

解 从图中不难看出,由双联齿轮 4-4′、H、3′、5 组成了一个基本的周转轮系(差动轮系),剩余的 1-1′、2、3 组成一个定轴轮系。该定轴轮系把差动轮系中的太阳轮 3′ 和系杆 H 封闭起来,使整个轮系组成一个封闭式差动轮系。

对于周转轮系,有

$$i_{3'5}^H = \frac{n_{3'} - n_H}{n_5 - n_H} = \frac{z_4 z_5}{z_{3'} z_{4'}} = -\frac{80 \times 17}{102 \times 40} = -\frac{1}{3}$$

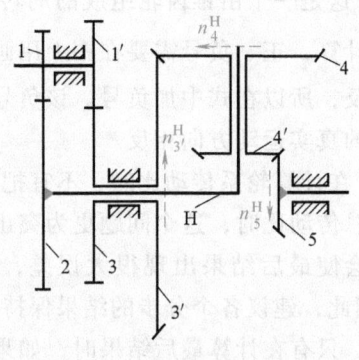

图 7-13 例 7-6 图(空间轮系)

即

$$\frac{n_{3'} - n_H}{n_5 - n_H} = -\frac{1}{3} \tag{1}$$

对于定轴轮系,有

$$i_{12} = \frac{n_1}{n_2} = -\frac{z_2}{z_1} = -\frac{95}{24}$$

即

$$n_2 = -\frac{24}{95} n_1 \tag{2}$$

$$i_{13} = \frac{n_1}{n_3} = -\frac{z_3}{z_{1'}} = -\frac{89}{30}$$

即

$$n_3 = -\frac{30}{89} n_1 \tag{3}$$

由定轴轮系与周转轮系的联系可知

$$n_H = n_2, \quad n_{3'} = n_3$$

将式(2)、式(3)代入式(1),得

$$\frac{-\frac{30}{89} n_1 - \left(-\frac{24}{95} n_1\right)}{n_5 - \left(-\frac{24}{95} n_1\right)} = -\frac{1}{3}$$

整理后得

$$i_{15} = \frac{n_1}{n_5} = \frac{1}{\left(\frac{90}{89} - \frac{96}{95}\right)} = \frac{8455}{6} \approx 1409.167$$

计算结果为正，说明轮 1 与轮 5 转向相同。

在本例题中有两个问题需要注意：

1）这是一个由锥齿轮组成的周转轮系，其转化轮系的传动比 $i_{3'5}^H$ 的大小按定轴轮系传动比计算，正、负号需要在图上用画箭头的方法来确定，如图 7-13 所示。由于 $n_{3'}^H$ 与 n_5^H 转向相反，所以在式中加负号。该负号只表明在转化机构中齿轮 3′ 和 5 转向相反，并不表明它们的真实运动方向相反。

2）在计算轮系传动比时，不宜把分数化为带有小数尾数的数值，尤其是分步计算而最后求总传动比时，这个问题更为突出。因为如果各个分步的数值均略去小数尾数的一部分，则会使最后结果出现很大误差，有时甚至是极大的误差（读者可针对本例题作比较）。因此，建议各个分步的结果保持分数的形式，可以对分数进行约分，但不要化为近似小数。只有在计算最后结果时，如果小数点后位数过多，才可略去其中一部分，如本例所示。

7.5 轮系的功用

在各种机械设备中，轮系的应用非常广泛，主要有以下几个方面。

1. 实现相距较远的两轴之间的传动

当输入轴和输出轴之间的距离较远时，如果只用一对齿轮直接把输入轴的运动传递给输出轴（如图 7-14 所示的齿轮 1 和齿轮 2），则齿轮的尺寸很大。这样，既占空间又费材料，而且制造、安装均不方便。若改用齿轮 a、b、c 和 d 组成的轮系来传动，便可克服上述缺点。

2. 实现分路传动

当输入轴的转速一定时，利用轮系可将输入轴的一种转速同时传到几根输出轴上，获得所需的各种转速。图 7-15 所示为滚齿机上实现轮坯与滚刀展成运动的传动简图，轴 I 的运动和动力经过锥齿轮 1、2 传给滚刀，经过齿轮 3、4、5、6、7 和蜗杆 8、蜗轮 9 传给轮坯。

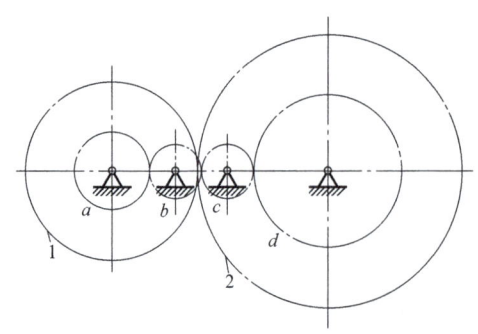

图 7-14 实现远距离传动

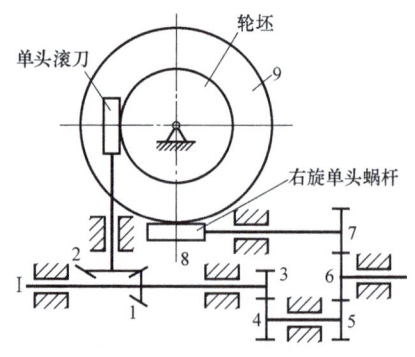

图 7-15 滚齿机分路传动

3. 实现变速变向传动

输入轴的转速转向不变，利用轮系可使输出轴得到若干种转速或改变输出轴的转向，这种传动称为变速变向传动。如汽车在行驶中经常变速、倒车时要变向等。

图 7-16 所示为汽车变速器，图中轴 I 为动力输入轴，轴 II 为输出轴，轮 4、6 为滑移齿轮，A-B 为牙嵌式离合器。该变速器可使输出轴得到四种转速：

1）第一档。齿轮 5、6 啮合，齿轮 3、4 和离合器 A、B 均脱离。

2）第二档。齿轮 3、4 啮合，齿轮 5、6 和离合器 A、B 均脱离。

3）第三档。离合器 A、B 嵌合，齿轮 5、6 和 3、4 均脱离。

4）倒退档。齿轮 6、8 啮合，齿轮 3、4 和 5、6 以及离合器 A、B 均脱离。此时由于惰轮 8 的作用，输出轴 II 反转。

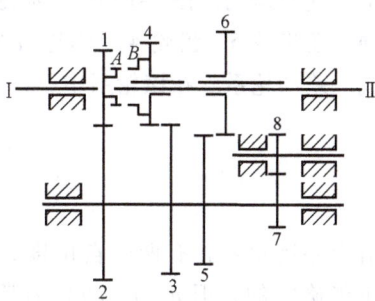

图 7-16　汽车变速器

4. 获得大的传动比和大功率传动

在齿轮传动中，一对齿轮的传动比一般不超过 8。当两轴之间需要很大的传动比时，固然可以用多级齿轮组成的定轴轮系来实现，但由于轴和齿轮的数量增多，会导致结构复杂。若采用行星轮系，则只需很少几个齿轮就可获得很大的传动比。如例 7-2 中的行星轮系，其传动比 i_{H1} 可达 10000。说明行星轮系可以用少数齿轮得到很大的传动比，比定轴轮系紧凑、轻便得多。但这种类型的行星齿轮传动用于减速时，减速比越大，其机械效率越低。如用于增速传动，则有可能发生自锁。因此，一般只用作辅助装置的传动机构，不宜传递大功率。

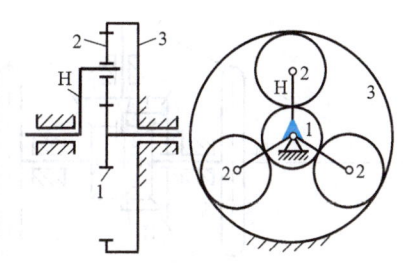

图 7-17　多个均布的行星轮

行星轮系用作动力传动的周转轮系中时，采用多个均布的行星轮来同时传动（图 7-17），由多个行星轮共同承担载荷，既可减小齿轮尺寸，又可使各啮合点处的径向分力和行星轮公转所产生的离心惯性力得以平衡，减少了主轴承内的作用力，因此传递功率大，同时效率也较高。

5. 实现运动的合成与分解

因为差动轮系有两个自由度，所以需要给定三个基本构件中任意两个的运动后，第三个构件的运动才能确定。这就意味着第三个构件的运动为另两个基本构件的运动的合成。图 7-18 所示的差动轮系就常用作运动的合成。其中 $z_1 = z_3$，则

$$i_{13}^H = \frac{n_1 - n_H}{n_3 - n_H} = -\frac{z_3}{z_1} = -1$$

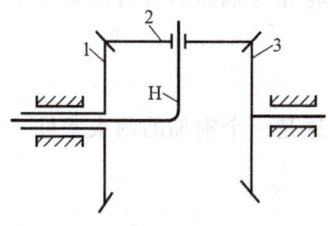

图 7-18　差动轮系用于运动合成

所以
$$2n_H = n_1 + n_3$$

当由齿轮 1 及齿轮 3 的轴分别输入被加数和加数的相应转角时，系杆 H 的转速之两倍就是它们的和。这种运动合成作用被广泛应用于机床、计算机构和补偿调整等装置中。

同样，利用周转轮系也可以实现运动的分解，即将差动轮系中已知的一个独立运动分解为两个独立的运动。图 7-19 所示为装在汽车后桥上的差动轮系（称为差速器）。发动机通过传动轴驱动齿轮 5，齿轮 4 上固连着行星架 H，其上装有行星轮 2。齿轮 1、2、3 及行星架 H 组成一差动轮系。在该轮系中，$z_1 = z_3$，$n_H = n_4$，根据式（7-4）可得

$$i_{13}^H = \frac{n_1 - n_4}{n_3 - n_4} = -\frac{z_3}{z_1} = -1$$
$$2n_4 = n_1 + n_3 \tag{1}$$

由于差动轮系具有两个自由度，因此，只有锥齿轮 5 为主动轮时，锥齿轮 1 和 3 的转速是不能确定的，但 $n_1 + n_3$ 却总为常数。当汽车直线行驶时，由于两个后轮所滚过的距离是相等的，其转速也相等。所以有 $n_1 = n_3$，即 $n_1 = n_3 = n_H = n_4$，行星轮 2 没有自转运动。此时，整个行星轮系形成一个同速转动的整体，一起随轮 4 转动。当汽车转弯时，由于两后轮所走过的路程不相等，则两后轮的转速应不相等（$n_1 \neq n_3$）。在汽车后桥上采用差动轮系，就是为了当汽车沿不同弯道行驶时，在车轮与地面不打滑的条件下，自动改变两后轮的转速。

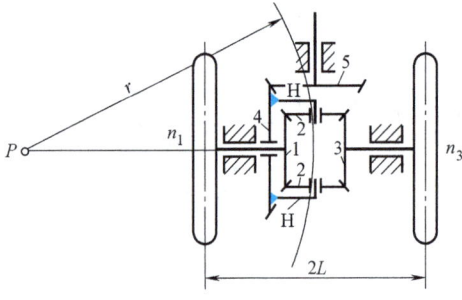

图 7-19 汽车后桥差速器

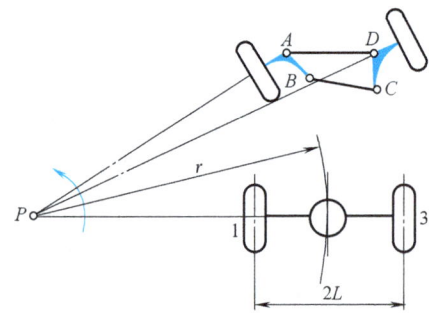

图 7-20 汽车前轮转向机构

当汽车左转弯时，汽车的两前轮在转向机构（图 7-20 所示的梯形机构 ABCD）的作用下，其轴线与汽车两后轮的轴线汇交于一点 P，这时整个汽车可以看成是绕着点 P 的回转。两后轮在与地面不打滑的条件下，其转速应与弯道半径成正比，由图可得

$$\frac{n_1}{n_3} = \frac{(r-L)}{(r+L)} \tag{2}$$

这是一个附加的约束条件，联立式（1）、式（2），可得两后轮的转速分别为

$$n_1 = \frac{r-L}{r} n_4, \quad n_3 = \frac{r+L}{r} n_4$$

可见，此时行星轮除和系杆 H 一起公转外，还绕 H 做自转，轮 4 的转速 n_4 通过差动轮系分解为 n_1 和 n_3 两个转速，这两个转速随弯道半径的不同而不同。

7.6 行星轮系的效率计算

轮系广泛应用于各种机械中,所以其效率对于这些机械的总效率具有决定意义。需要特别指出的是行星轮系的效率变化范围很大,效率可高达98%以上,也可接近于0,设计不正确的行星轮系还可能导致自锁。周转轮系中差动轮系主要用于运动的传递,而行星轮系可用作动力传递。因此,在此只按"转化轮系法"介绍行星轮系的效率计算。

根据机械效率的定义,对于任何机械来说,其输入功率 P_d 就等于输出功率 P_r 和摩擦损失功率 P_f 之和,即

$$P_d = P_r + P_f$$

所以机械效率

$$\eta = \frac{P_r}{P_d} = \frac{P_r}{P_r + P_f} = \frac{1}{1 + \frac{P_f}{P_r}} \tag{7-6a}$$

或

$$\eta = \frac{P_d - P_f}{P_d} = 1 - \frac{P_f}{P_d} \tag{7-6b}$$

当已知机械中的输入功率 P_d 或输出功率 P_r 时,只要能算出摩擦损失功率 P_f,就可以根据式(7-6a)或式(7-6b)计算出该轮系的效率。

机械中摩擦损失功率主要取决于运动副作用力(法向力)、摩擦因数和相对滑动速度。若将行星轮系加上一个公共角速度($-\omega_H$)转化为定轴轮系,原行星轮系与转化轮系比较,各构件之间的相对运动关系并没有发生改变,而且轮系各运动副的作用力(当不考虑各构件回转的离心惯性力时)及摩擦因数也不会改变,因而行星轮系与其转化轮系中的摩擦损失功率 P_f(主要指齿轮啮合齿廓间摩擦损失的功率)应是相等的,即 $P_f = P_f^H$。这个关系式为转化轮系法计算行星轮系效率的理论依据。也就是说,只要使行星轮系与转化轮系中作用的外力矩不变,则行星轮系与转化轮系的齿面摩擦损耗相等。

图7-21所示为四种不同的2K-H型行星轮系。设齿轮1为主动轮,作用于其轴上的转矩为 M_1,齿轮1的角速度为 ω_1,则齿轮1所传递的功率 $P_1 = M_1\omega_1$,而转化轮系中的齿轮1所传递的功率为

$$P_1^H = M_1(\omega_1 - \omega_H) = P_1(1 - i_{H1}) \tag{7-6c}$$

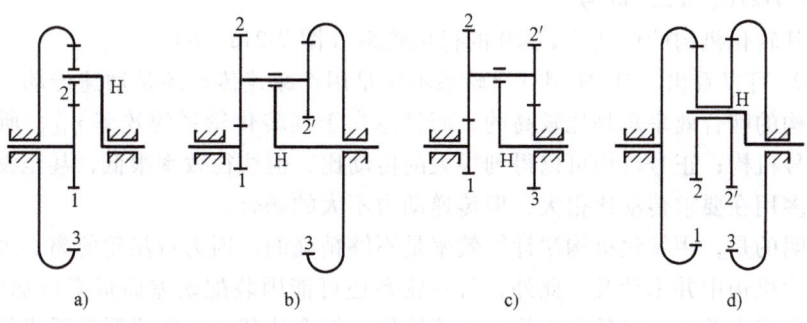

图 7-21 2K-H 型行星轮系

若 $P_1^H>0$，则 $M_1\omega_1>0$；$P_1>0$，表明轮 1 为主动轮，故 P_1^H 为输入功率，可求出转化轮系的摩擦损失功率为

$$P_f^H = P_1^H(1-\eta_{1k}^H) = M_1(\omega_1-\omega_H)(1-\eta_{1k}^H) \tag{7-6d}$$

式中，η_{1k}^H 为转化轮系的效率。即把行星轮系视为定轴轮系，由轮 1 到轮 k 的传动总效率等于由轮 1 到轮 k 之间各对啮合齿轮传动效率的连乘积。各种不同啮合方式的齿轮传动的效率可由手册中查到。所以对已知轮系来说，η_{1k}^H 是已知的。若 $P_1^H<0$，则 $M_1\omega_1<0$，M_1 与 ω_1 反向，这说明齿轮 1 是从动轮，P_1^H 为输出功率，此时转化轮系的摩擦损失功率为

$$P_f^H = P_1^H(1/\eta_{1k}^H-1) = M_1(\omega_1-\omega_H)(1/\eta_{1k}^H-1) \tag{7-6e}$$

从以上两式可以看出，η_{1k}^H 一般都在 0.9 以上，所以 $1-\eta_{1k}^H$ 与 $1/\eta_{1k}^H-1$ 相差不大。因此，为了简便起见，在下面的计算中，不再区分齿轮 1 在转化轮系中是主动件还是从动件，均按齿轮 1 是主动件计算，并取 P_1^H 的绝对值。于是可得

$$P_f = P_f^H = |M_1(\omega_1-\omega_H)|(1-\eta_{1k}^H) = |P_1(1-i_{H1})|(1-\eta_{1k}^H) \tag{7-7}$$

将式(7-7)代入式(7-6a)或式(7-6b)，就可以得出计算机械效率的公式为

当齿轮 1 为主动件时 $\quad \eta_{1H} = 1-|(1-i_{H1})|(1-\eta_{1k}^H) \tag{7-8}$

当系杆 H 为主动件时 $\quad \eta_{H1} = 1/[1+|(1-i_{H1})|(1-\eta_{1k}^H)] \tag{7-9}$

由上述公式可知，当 η_{1k}^H 一定时，行星轮系的效率是其传动比的函数，其变化曲线如图 7-22 所示，图中实线为 η_{1H}-i_{1H} 曲线，此时齿轮 1 为主动件，系杆 H 为从动件。虚线为 η_{H1}-i_{H1} 曲线，此时系杆 H 为主动件，齿轮 1 为从动件。以 $i_{H1}=1$ 为分界线，可以将行星轮系划分为正号机构和负号机构两大类。正号机构指的是其转化机构的传动比 $i_{1k}^H>0$ 的行星轮系（图 7-21c、d），负号

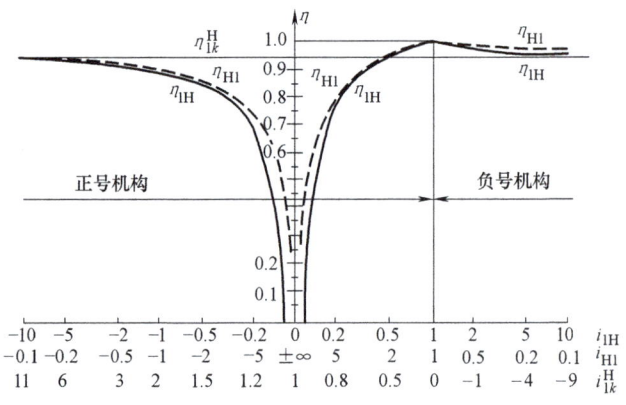

图 7-22 行星轮系效率曲线

机构指的是其转化机构的传动比 $i_{1k}^H<0$ 的行星轮系（图 7-21a、b）。

由图 7-22 可以看出，2K-H 型行星轮系不论是用作减速传动还是增速传动，在实用范围内，负号机构的啮合效率总是比较高的，而且总高于其转化轮系的效率 η_{1k}^H，所以在动力传动中采用负号机构；正号机构可以得到很大的传动比，但往往效率很低，甚至发生自锁，所以正号机构多用在要求传动比很大，但传递动力不大的场合。

需要说明的是，用转化机构法计算效率是不够精确的，因为行星轮的离心力引起的摩擦损失在其转化机构中并未计及。此外，行星轮系还可能因装配误差而带来附加的摩擦损失，因此摩擦损失就有差别。但转化机构法计算简便，概念清楚，还能说明轮系机构简图与其效率和传动比之间的关系，所以此法常用于轮系效率的定性分析。在实际应用中，为了准确地了解行星轮系的实际效率，通常采用实验的方法来确定。

7.7 行星轮系的类型选择及设计

7.7.1 行星轮系的类型选择

如前所述，最基本的行星轮系是包括三个基本构件的 2K-H 型，除此之外，还有 3K 型的行星轮系。表 7-2 列出了 2K-H 型行星轮系的几种常用类型及特点，仅供参考。

表 7-2　2K-H 型行星轮系的类型及特点

传动类型		机构简图	传动特性			应用特点
组	型		传动比范围	传动比推荐值	传动效率	传递功率/kW	
负号机构	NGW		1.13～13.7	$i_{1H}=2.7\sim 9$	$\eta_{1H}=0.97\sim 0.99$	6500	效率高、体积小、重量轻，结构简单、制造方便，传递功率范围大，可用于各种工况条件，在机械传动中应用最广。但单级传动比范围较小
	NW		1～50	$i_{1H}=5\sim 25$	$\eta_{1H}=0.97\sim 0.99$	6500	效率高，径向尺寸小，传动比范围较 NGW 型大，可用于各种工况条件。但制造工艺较复杂
	ZU WGW		1～2		用滚动轴承时，$\eta_{1H}=0.98$；用滑动轴承时 $\eta_{1H}=0.94\sim 0.96$	≤60	主要用于差动装置
正号机构	WW		从1.2到几千		η_{1H} 很低，并随$|i_{1H}|$增大而急剧下降	≤10	传动比范围大，但外面尺寸和重量较大；效率低，制造困难，一般不用于动力传动。当行星架从动时，从某一$|i|$值起会发生自锁
	NN		≤1700	一个行星轮时 $i_{1H}=30\sim 100$，三个行星轮时 $i_{1H}<30$	η_{1H} 较低，并随$|i_{1H}|$增大而下降	≤30	传动比范围大，效率低，可用于短时动力传动中，当行星架角速度较大时，有较大振动和噪声。当行星架从动时，从某一$|i|$值起会发生自锁

注：N 表示内齿轮，W 表示外齿轮，G 表示公用齿轮，ZU 表示锥齿轮。

7.7.2 行星轮系中各轮齿数的确定

行星轮系是一种共轴式（即输出轴线和输入轴线重合）的传动装置，并且又采用了几个完全相同的行星轮均布在太阳轮的四周，因此设计行星轮系时，其各轮齿数的确定除要遵循单级齿轮传动齿数选择的原则外，还必须满足传动比条件、同心条件、装配条件和邻接条件。现以图 7-21a 为例说明如下。

1. 传动比条件

传动比条件即所设计的行星轮系必须能实现给定的传动比 i_{1H}。对于上述行星轮系，其各轮齿数的选择可根据式（7-5）来确定，即

$$i_{1H} = 1 - i_{13}^{H} = 1 + \frac{z_3}{z_1}$$

则应满足
$$z_3 = (i_{1H} - 1)z_1 \tag{7-10}$$

2. 同心条件

为了保证行星轮系能够正常运转，要求三个基本构件的轴线重合，即行星架的回转轴线应与太阳轮的几何轴线相重合。对于所研究的行星轮系，如果采用标准齿轮或等变位齿轮传动时，则同心条件是：轮 1 和轮 2 的中心距（$r_1 + r_2$）应等于轮 2 和轮 3 的中心距（$r_3 - r_2$）。由于轮 2 同时与轮 1 和轮 3 啮合，它们的模数应相等，所以

$$\frac{m(z_1 + z_2)}{2} = \frac{m(z_3 - z_2)}{2}$$

则有
$$r_3 = r_1 + 2r_2 \text{ 或 } z_3 = z_1 + 2z_2 \tag{7-11}$$

3. 装配条件

设计行星轮系时，其行星轮的数目和各轮的齿数之间必须满足一定的条件，才能使各个行星轮能够均布地装入两太阳轮之间（图 7-23a），否则将会因太阳轮和行星轮互相干涉，而不能均布装配，如图 7-23b 所示。

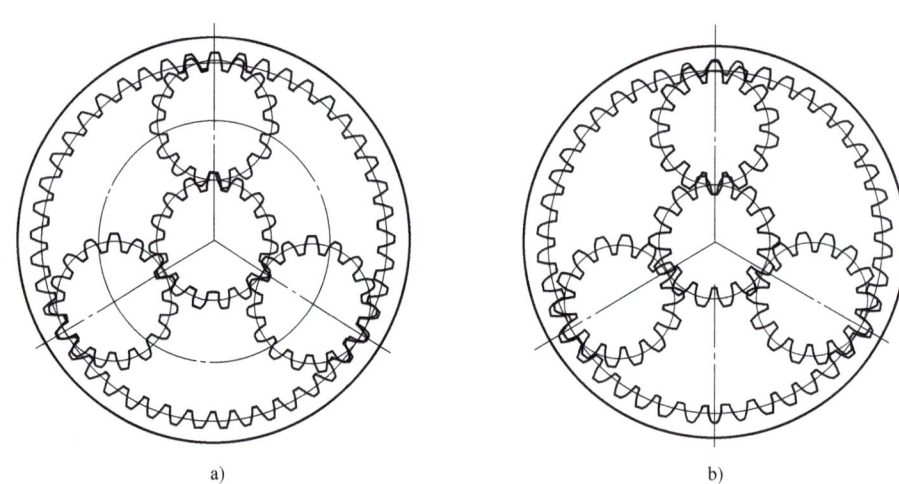

图 7-23 均布装配条件

如图 7-24 所示，设有 k 个行星轮，则两行星轮间的圆心角 $\varphi = 360°/k$。当在两太阳轮之间点 O_2 处装入第一个行星轮后，两太阳轮的轮齿之间相对转动位置已通过该行星轮建立了关系。为了在相隔 φ 处装入第二个行星轮，可以设想将太阳轮 3 固定，而转动太阳轮 1，使第一个行星轮的位置由 O_2 转到 O_2'，这时太阳轮 1 上的点 A 转到 A' 位置，转过的角度为 θ，根据传动比关系有

$$\frac{\theta}{\varphi} = \frac{\omega_1}{\omega_H} = i_{1H} = 1 + \frac{z_3}{z_1}$$

所以 $\theta = \left(1+\dfrac{z_3}{z_1}\right)\varphi = \left(1+\dfrac{z_3}{z_1}\right)360°/k$

为了在 O_2 点能装入第二个行星轮,则要求太阳轮 1 恰好转过整数个齿 N,即

$$\theta = N360°/z_1 \tag{7-12}$$

所以有 $(z_1+z_3)/k = N$

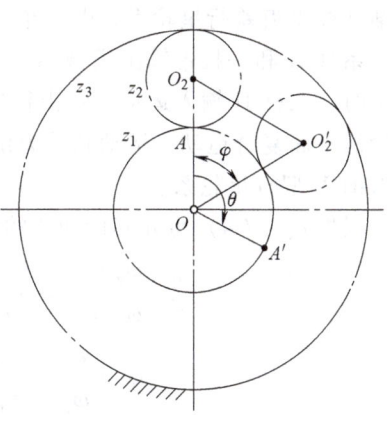

图 7-24 行星轮系装配条件

式中,N 为整数,$360°/z_1$ 为太阳轮 1 的齿距角。这时,轮 1 与轮 3 的齿的相对位置又恢复到与开始装第一个行星轮时一模一样,故在原来装第一个行星轮的位置 O_2 处,一定能装入第二个、第三个,直至第 k 个行星轮。由此可知,要满足装配条件,则两个太阳轮齿数和 (z_1+z_3) 应能被行星轮个数 k 整除。

在图 7-23a 中,$z_1 = 14$,$z_3 = 42$,$k = 3$,故 $(z_1+z_3)/k = (14+42)/3 = 18.67$,即不能满足均布装配条件,将因轮齿彼此干涉而不能装配;在图 7-23b 中,$z_1 = 15$,$z_3 = 45$,$k = 3$,故 $(z_1+z_3)/k = (15+45)/3 = 20$,因其满足均布装配条件,故能顺利装配。

4. 邻接条件

多个行星轮均布在两个太阳轮之间,要求两相邻行星轮齿顶之间不得相碰,这即是邻接条件。由图 7-24 可见,两相邻行星轮齿顶不相碰的条件是中心距 O_2O_2' 大于行星轮齿顶圆半径 r_{a2} 的 2 倍,即 $O_2O_2' > 2r_{a2}$,对于标准齿轮传动有

$$2(r_1+r_2)\sin(180°/k) > 2(r_2+h_a^* m)$$
$$(z_1+z_2)\sin(180°/k) > z_2+2h_a^* \tag{7-13}$$

7.7.3 行星轮系的均载装置

行星轮系由于在结构上采用了多个行星轮来分担载荷,所以在传递动力时具有承载能力高和单位功率质量小等优点。但实际上,由于行星轮、太阳轮及行星架等各个零件都存在着不可避免的制造和安装误差,导致各个行星轮负担的载荷不均匀,致使行星传动装置的承载能力和使用寿命降低。为了改变这种现象,更充分地发挥其优势,必须采用结构上的措施来保证载荷接近均匀的分配。目前采用的均载方法是从结构设计上采取措施,使各个构件间能够自动补偿各种误差,为此,常把行星轮系中的某些构件做成可以浮动的。在轮系运转中,如各行星轮受力不均匀,这些构件能在一定范围内自由浮动,从而达到每个行星轮受载均衡的目的。此方法即所谓的"均载装置"。

7.8 其他类型行星传动简介

7.8.1 渐开线少齿差行星轮系

如图 7-25 所示的行星轮系,当行星轮 g 与内齿轮 b 的齿数差 $\Delta z = z_b - z_g = 1 \sim 4$ 时,就称

为渐开线少齿差行星轮系，由一个太阳轮（用 K 表示）、行星轮、系杆 H 和一根带输出机械 W 的输出轴 V 组成。当太阳轮固定时，系杆 H 输入运动，则由行星轮转轴输出运动。由于行星轮做平面复合运动，运动和动力由 V 轴输出，故此轮系又称为 K-H-V 型行星轮系。

根据式（7-4）可知其传动比的大小为

$$i_{gb}^{H}=\frac{\omega_g-\omega_H}{\omega_b-\omega_H}=\frac{\omega_g-\omega_H}{-\omega_H}=\frac{z_b}{z_g}$$

$$i_{Hg}=\frac{\omega_H}{\omega_g}=-\frac{z_g}{z_b-z_g} \quad (7\text{-}14)$$

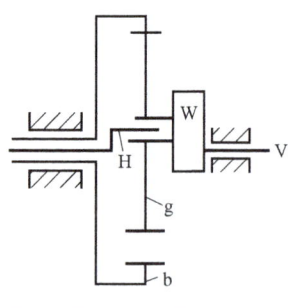

图 7-25 K-H-V 型行星轮系

式（7-14）说明 K-H-V 型行星轮系的传动比取决于太阳轮与行星轮的齿数差，齿数差越小，传动比越大，因此结构越紧凑。一般取 $z_b-z_g=1\sim4$，式中的负号表示输入轴与输出轴转向相反。

少齿差行星轮系的输出机构为连接于行星轮的构件，行星轮做复合平面运动，既有自转又有公转，因此要用一根轴直接把行星轮的转动输出来是不可能的，而必须采用能传递平行轴之间回转运动的联轴器。图 7-26 所示分别为用双万向联轴器、十字滑块联轴器及平行四边形联轴器连接的等速传动机构。双万向联轴器作为输出机构，不仅轴向尺寸大，而且不能用于有两个行星轮的场合；十字滑块联轴器的效率较低，只适用于小功率传动。所以这两种联轴器实际上很少使用，目前用得较多的是孔销式输出机构。

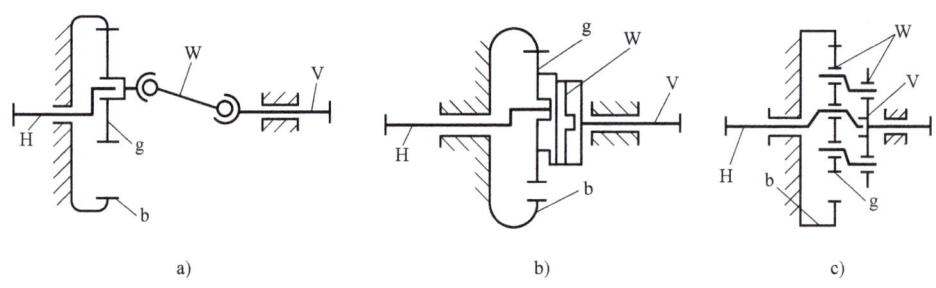

图 7-26 K-H-V 型行星转动的 W 机构
a) 双万向联轴器式 W 机构 b) 十字滑块式 W 机构 c) 平行四边形 W 机构

图 7-27 所示是孔销式输出机构的原理图。行星轮上均布有 6 个圆孔（一般为 6~12 个），在输出轴的圆盘上装有 6 个均布销轴，分别插入行星轮的圆孔中，且使两构件上的均布直径相同。为使行星轮的绝对转速等速传给输出轴 V，其孔径 d_h 和销轴的直径 d_s 的关系应满足 $d_h-d_s=2e$（e 为偏心轴，即系杆 H 的偏心距），此时就可以保证销轴和销孔在轮系运转过程中始终保持接触，这时内齿轮的中心 O_2、行星轮的中心 O_1、销孔中心 O_h 和销轴中心 O_s，刚好构成一平行四边形机构，因此输出轴将随着行星轮同步转动，做等速输出运动。

目前渐开线少齿差行星齿轮减速器应用广泛，但为了防止由于齿数差很小而引起的内啮合轮齿的干涉现象，不能采用标准齿轮传动，需要采用变位系数较大的角度变位齿轮传动，通常压力角取 54°~56°，因而导致轴承压力增大。此外，还需要一个输出机构，致使其传递

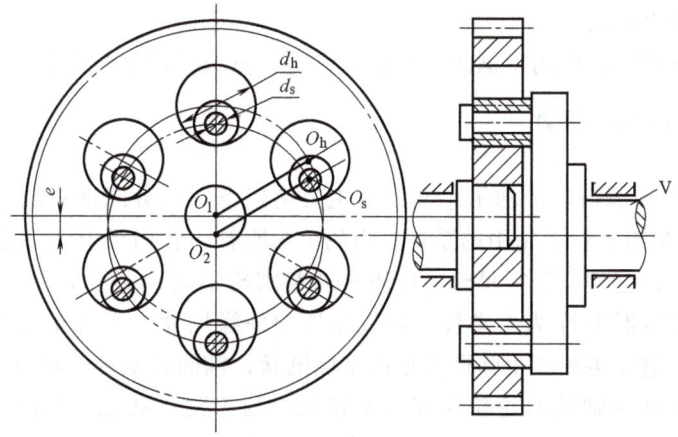

图 7-27 孔销式输出机构的原理图

的功率和传动效率受到了一些限制。所以它适用于中小型的动力传动，其传动效率为 0.8~0.94。当其用于增速传动时，则有可能出现自锁。

7.8.2 摆线针轮传动

图 7-28 所示为 K-H-V 型摆线针轮传动示意图，其工作原理和结构与渐开线少齿差行星轮传动基本相同。主要由系杆 H、摆线行星轮 g 和太阳轮 b 组成，运动由系杆 H 输入，通过输出机构 W 输出，只是行星轮的齿廓曲线是短幅外摆线，太阳轮（内齿轮）由固定在机壳上带有滚动销套的圆柱销组成（即小圆柱针销），称为针轮，故称为摆线针轮行星轮系。其输入构件 H 为偏心圆盘，一般取其偏心距 $e = 0.5 \sim 2.5$ mm，而其输出机构采用孔销式机构。

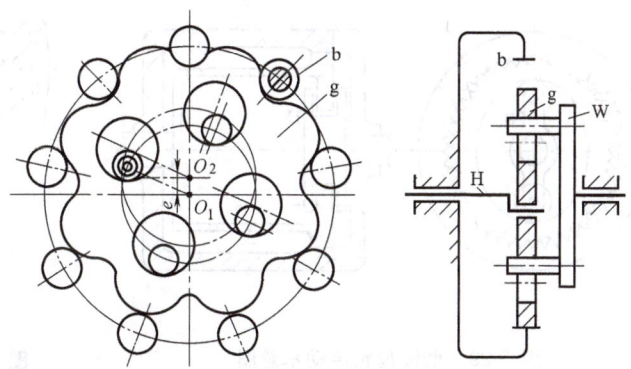

图 7-28 K-H-V 型摆线针轮传动示意图

摆线针轮传动的主要优缺点如下：

1) 传动比大，一级减速传动比 $i = 9 \sim 115$，多级可获得更大的减速比，故结构紧凑。

2) 该轮系不存在轮齿干涉现象，啮合传动时，同时啮合的齿数多，理论上行星轮的所有轮齿都与针轮相接触，并有一半以上的轮齿承受载荷，故传动平稳，承载能力强。

3) 各零件的制造及安装精度要求较高，齿轮副处的摩擦为滚动摩擦，故传动效率较高，$\eta = 0.90 \sim 0.97$。

4) 摆线齿廓需要用专门的设备制造，主要零件需要用优质材料，加工及安装精度要求较高，故其成本较高。

5）行星架轴承受径向力较大。

6）需要 W 输出机构。

摆线针轮减速器广泛应用于国防、冶金、化工、纺织等行业的设备中。

7.8.3 谐波齿轮传动

图 7-29 所示为谐波齿轮传动示意图。它主要由以下三部分组成：波发生器 H（由转臂与滚轮组成），它相当于行星轮中的系杆；齿轮 1 为刚轮，它相当于太阳轮；齿轮 2 为柔轮，可产生较大的变形，它相当于行星轮。使用时通常刚轮不动，而主动件可根据需要来确定，但一般多采用波发生器 H 作为主动件。波发生器的外缘尺寸大于柔轮内孔直径，所以将它装入柔轮内孔后，迫使柔轮产生弹性变形而呈椭圆状，椭圆长轴处的轮齿与刚轮相啮合，为完全啮合状态；而其短轴处两轮轮齿完全不接触，处于脱开状态。当波发生器 H 回转时，柔轮与刚轮的啮合区也随之发生转动。由啮合到脱开的过程之间则处于啮出或啮入状态。当波发生器连续转动时，迫使柔轮不断产生变形，使两轮轮齿在进行刚轮啮入、啮合、啮出、脱开的过程中不断改变各自的工作状态，产生了所谓的错齿运动，从而实现了主动波发生器与柔轮的运动传递，如图 7-30 所示。

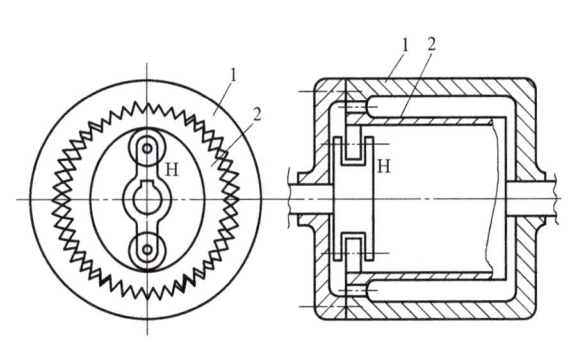

图 7-29 谐波齿轮传动示意图

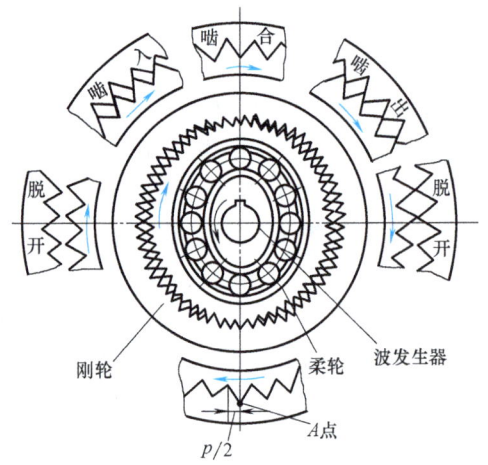

图 7-30 谐波齿轮传动机构啮合原理图

谐波齿轮传动和普通齿轮传动不同，它是利用控制柔轮的弹性变形来实现机械运动传递的。传动时，柔轮产生的变形波是一个基本对称的简谐波，故称为谐波齿轮传动。波发生器上的突起部位数与柔轮一周上的变形波数一致，用 n 表示。常用的有双波（图 7-31a）和三波传动（图 7-31b），目前常用的是双波。

谐波齿轮传动中柔轮和刚轮的齿距相同，但齿数不同。刚轮的齿数 z_1 略大于柔轮的齿数 z_2，其齿数差通常等于波数，即 $z_1-z_2=n$。谐波齿轮传动的传动比可按周转轮系计算。当刚轮固定，波发生器 H 作主动件，柔轮作从动件时，其传动比为

$$i_{H2}=-\frac{z_2}{z_1-z_2} \tag{7-15}$$

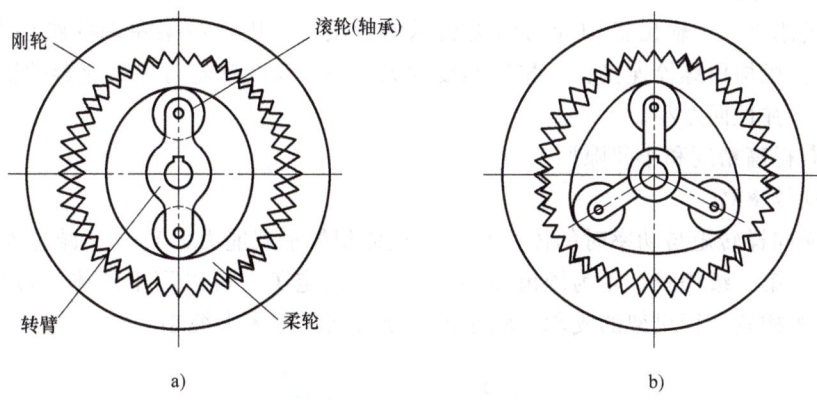

图 7-31 双滚轮式和三滚轮式波发生器

式中，负号表示波发生器与柔轮的转向相反。

谐波齿轮传动的优点是：单级传动比大且范围宽（$i = 60 \sim 400$）；同时啮合齿数多，传动平稳，承载能力大；在大的传动比下，仍有较高的传动效率；零件数少，重量轻，结构紧凑等。另外，在传动过程中柔轮靠自身的柔性使其轴线与刚轮的轴线相重合。故不需要 W 机构输出运动和动力，但柔轮和波发生器的制造比较复杂，需要使用特别的钢材，生产成本较高，其传动比不能太小。

谐波齿轮传动广泛用于军工机械、精密机械、自动化机械等传动系统。

7.9 轮系在工业机器人中的应用

轮系在工业机器人中最重要的应用是减速器，RV 减速器就是其中之一。

RV 减速器是在传统针摆行星传动的基础上发展起来的，由一个行星齿轮减速器的前级和一个摆线针轮减速器的后级组成。

RV 减速器的传动原理如图 7-32 所示，由第一级渐开线圆柱齿轮行星减速机构和第二级摆线针轮行星减速机构两部分组成，为一封闭差动轮系。主动的太阳轮 1 与输入轴相连，渐开线太阳轮 1 绕顺时针方向旋转，带动三个成 120°布置的行星轮 2 在绕中心轮轴心公转的同时具有逆时针方向的自转，三个曲柄轴 3 与行星轮 2 相固连同速转动，两个相位差 180°的摆线轮 4 铰接在三个曲柄轴上，并与固定的针轮 5 相啮合，在其轴线绕针轮轴线公转的同时，反方向自转，即顺时针转动。输出轮（即行星架）6 由装在其上的三对曲柄轴支承轴承来推动，把摆线轮上的自转矢量以 1∶1 的速比传递出来。

RV 减速器的特点如下：

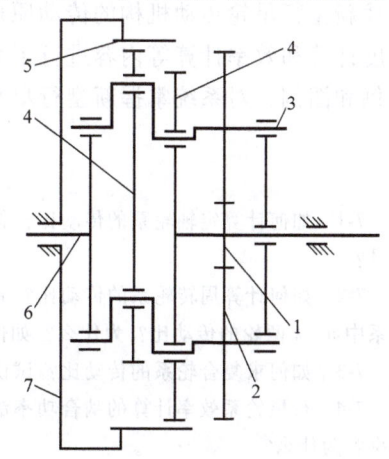

图 7-32 RV 减速器的传动原理图
1—太阳轮　2—行星轮　3—曲柄轴
4—摆线轮　5—针轮
6—输出轮　7—针轮壳

1) 传动比范围大。

2) 扭转刚度大。输出机构即为两端支承的行星架，用行星架左端的刚性大圆盘输出，大圆盘与工作机构用螺栓连接，其扭转刚度远大于一般摆线针轮行星减速器的输出机构。在额定转矩下，弹性回差小。

3) 可获得高精度和小间隙回差。

4) 传动效率高。

5) 传递同样转矩与功率时的体积小（单位体积的承载能力大），RV 减速器第一级用了三个行星轮，第二级摆线针轮为硬齿面多齿啮合，决定了它可以用小的体积传递大的转矩，结构上传动机构置于行星架的支承主轴承内，使轴向尺寸大大缩小。

知识要点与拓展

本章重点是周转轮系及复合轮系的计算，轮系的功用及行星轮系设计中齿轮参数的确定问题。本章难点是如何将复合轮系正确划分为单个基本轮系，行星轮系传动效率计算，行星轮系设计中的安装条件。

本章介绍了定轴轮系和周转轮系的设计问题，在选用封闭式行星轮系时，如其形式及有关参数选择不当，可能会形成一部分功率值在轮系内部循环而不能向外输出的情况，即形成所谓的循环功率流，这种封闭的功率流将增大摩擦功率损失，使轮系的效率和强度降低，对于传动极为不利。有关循环功率流的详细知识，请参阅 H. H. Mabie，C. F. Reinholtz 所著的《Mechanisms and Dynamics of Machinery》一书（New York：John Wiley & Sons，Inc，1987）。书中不仅介绍了循环功率流的理论分析和计算方法，还给出了具体实例。

由于本章的篇幅有限，对渐开线少齿差行星齿轮传动、摆线针轮行星传动和谐波齿轮传动的工作原理、传动比计算、特点及应用作了简要介绍。但随着我国科学技术的日益进步，对各种轮系的需求越来越多，在不同的使用场合，这些行星轮系又体现出了渐开线齿轮所不具备的优势。有兴趣对此作深入学习和研究的读者，可参阅参考文献 [30]、[31]，书中对上述新型行星轮传动机构的传动原理、结构形式、传动比计算、几何尺寸设计、受力分析、强度计算和效率计算等内容进行了系统的论述，并给出了设计参数和图表及设计步骤、设计示例和图例，对系统掌握新型行星轮传动机构设计方面的知识很有帮助。

思考题及习题

7-1 如何计算定轴轮系的传动比？怎样确定圆柱齿轮所组成的轮系及空间齿轮所组成的轮系的传动比符号？

7-2 如何计算周转轮系的传动比？周转轮系有何优点？何谓周转轮系的"转化机构"？i_{nk}^{H} 是不是周转轮系中 n、k 两轮的传动比？为什么？如何确定周转轮系中从动轮的回转方向？

7-3 如何求复合轮系的传动比？试说明解题步骤、计算技巧及其适用范围。

7-4 行星轮系效率计算的啮合功率法的原理是什么？用此法求得的行星轮系效率是不是该轮系的实际效率？为什么？

7-5 何谓行星轮系的正号机构和负号机构，它们各有什么特点？在行星轮系中采用均载装置的目的是什么？采用均载装置后是否会影响该轮系的传动比？

7-6 在图 7-33 所示的轮系中，已知 $z_1 = 15$，$z_2 = 25$，$z_{2'} = 15$，$z_3 = 30$，$z_{3'} = 15$，$z_4 = 30$，$z_{4'} = 2$（右旋），$z_5 = 60$，$z_{5'} = 20$（$m = 4\text{mm}$），若 $n_1 = 500\text{r/min}$，求齿条 6 线速度 v 的大小和方向。

第7章 轮系及其设计

7-7 在图 7-34 所示的手摇提升装置中，已知 $z_1 = 20$，$z_2 = 50$，$z_3 = 15$，$z_4 = 30$，$z_6 = 40$，$z_7 = 18$，$z_8 = 51$，蜗杆 $z_5 = 1$ 且为右旋，试求传动比 i_{18}，并指出提升重物时手柄的转向。

7-8 在图 7-35 所示轮系中，已知 $z_1 = 20$，$z_2 = 30$，$z_3 = 18$，$z_4 = 68$，齿轮 1 的转速 $n_1 = 150\text{r/min}$，试求系杆 H 的转速 n_H 的大小和方向。

7-9 在图 7-36 所示的双级行星齿轮减速器中，已知 $z_1 = z_6 = 20$，$z_3 = z_4 = 40$，$z_2 = z_5 = 10$，试求：
1）固定齿轮 4 时的传动比 i_{1H2}；
2）固定齿轮 3 时的传动比 i_{1H2}。

7-10 在图 7-37 所示的复合轮系中，已知 $n_1 = 3549\text{r/min}$，$z_1 = 36$，$z_2 = 60$，$z_3 = 23$，$z_4 = 49$，$z_{4'} = 69$，$z_5 = 31$，$z_6 = 131$，$z_7 = 94$，$z_8 = 36$，$z_9 = 167$。试求行星架 H 的转速 n_H。

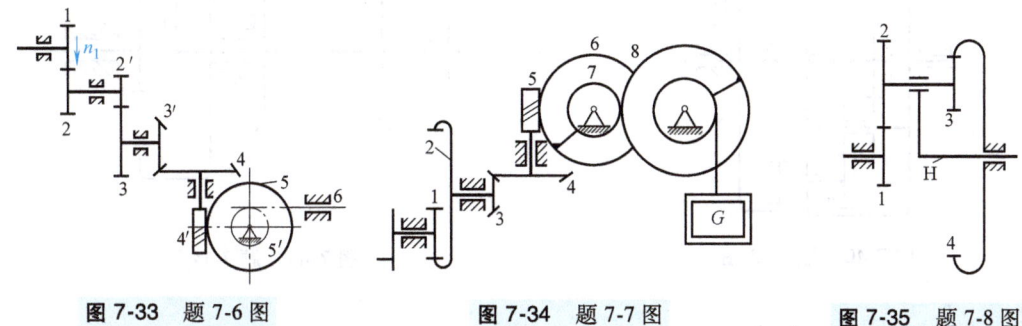

图 7-33 题 7-6 图   图 7-34 题 7-7 图   图 7-35 题 7-8 图

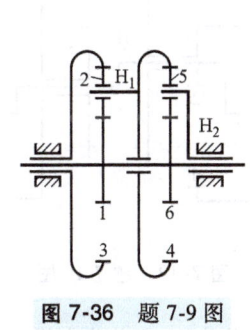 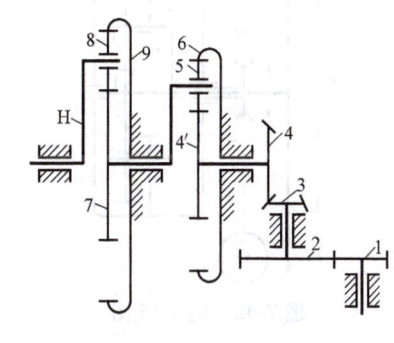

图 7-36 题 7-9 图   图 7-37 题 7-10 图

7-11 图 7-38 所示为两个不同结构的锥齿轮周转轮系，已知 $z_1 = 20$，$z_2 = 24$，$z_{2'} = 30$，$z_3 = 40$，$n_1 = 200\text{r/min}$，$n_3 = -100\text{r/min}$。求两种结构中行星架 H 的转速 n_H。

7-12 在图 7-39 所示的三爪电动卡盘的传动轮系中，已知 $z_1 = 6$，$z_2 = z_{2'} = 25$，$z_3 = 57$，$z_4 = 56$，求传动比 i_{14}。

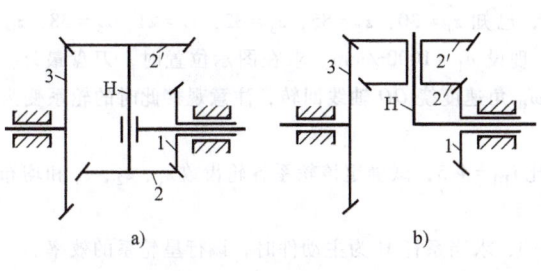 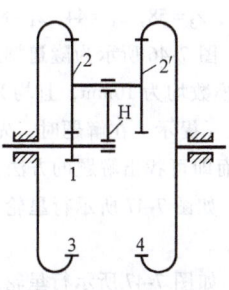

图 7-38 题 7-11 图   图 7-39 题 7-12 图

7-13 图 7-40 所示为纺织机械中的差动轮系，已知 $z_1=30$，$z_2=25$，$z_3=z_4=24$，$z_5=18$，$z_6=121$，$n_1=48\sim 200\text{r/min}$，$n_H=316\text{r/min}$，求 n_6。

7-14 在图 7-41 所示轮系中，已知 $z_1=22$，$z_3=88$，$z_{3'}=z_5$，试求传动比 i_{15}。

7-15 图 7-42 所示为手动起重机，已知 $z_1=z_{2'}=10$，$z_2=20$，$z_3=40$，传动总效率 $\eta=0.9$。为提升 $G=10\text{kN}$ 的重物，求必须施加于链轮 A 上的圆周力 F。

7-16 在图 7-43 所示行星轮系中，设已知各轮的齿数为 z_1、z_2、$z_{2'}$、z_3、$z_{3'}$ 和 z_4，试求其传动比 i_{1H}。

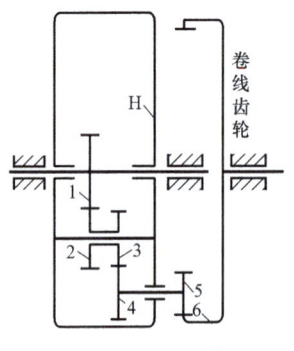

图 7-40　题 7-13 图

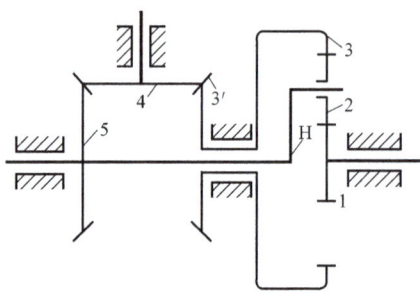

图 7-41　题 7-14 图

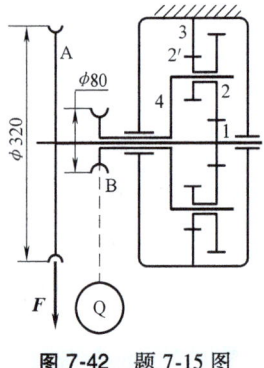

图 7-42　题 7-15 图

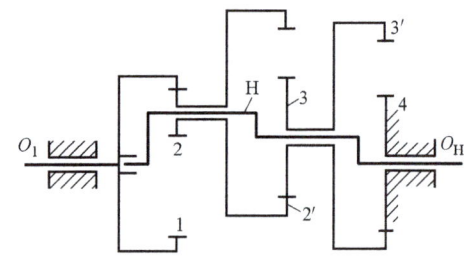

图 7-43　题 7-16 图

7-17 在图 7-44 所示的大速比减速器中，已知蜗杆 1 和 5 的头数均为 1，且均为右旋，$z_{1'}=101$，$z_2=99$，$z_{2'}=z_4$，$z_{4'}=100$，$z_{5'}=100$，试求传动比 i_{1H}。若主动蜗杆 1 由转速为 1375r/min 的电动机带动，求输出轴 H 转一周的时间 t。

7-18 图 7-45 所示为一小型起重机构，一般工作情况下，单头蜗杆 5 不动，动力由电动机 M 输入，带动卷筒 N 转动，当电动机发生故障或需慢速吊重时，电动机停转并制动，用蜗杆 5 传动。已知 $z_1=53$，$z_{1'}=44$，$z_2=48$，$z_{2'}=53$，$z_3=58$，$z_{3'}=44$，$z_4=87$，求一般工作情况下的传动比 i_{H4} 和慢速吊重时的传动比 i_{54}。

7-19 图 7-46 所示为隧道掘进机的齿轮传动，已知 $z_1=30$，$z_2=85$，$z_3=32$，$z_4=21$，$z_5=38$，$z_6=97$，$z_7=147$，模数均为 10mm，且均为标准齿轮传动。现设 $n_1=1000\text{r/min}$，求在图示位置时，刀盘最外一点 A 的线速度。（提示：在解题时，先给整个轮系以 $-\omega_H$ 角速度绕 OO 轴线回转，注意观察此时的轮系变为何种轮系，从而即可找出解题的方法。）

7-20 如图 7-47 所示行星轮系，已知其传动比 $i_{1H}=4.5$，试确定该轮系各轮齿数 z_1、z_2、z_3 和均布的行星轮个数。

7-21 如图 7-47 所示行星轮系，如已知 $i_{13}^H=-3$，求当系杆 H 为主动件时，该行星轮系的效率。

7-22 如图 7-34 所示轮系，已知内接、外接双排行星轮系的 $i_{1H}=21$，各轮模数相等，试确定各轮齿数。

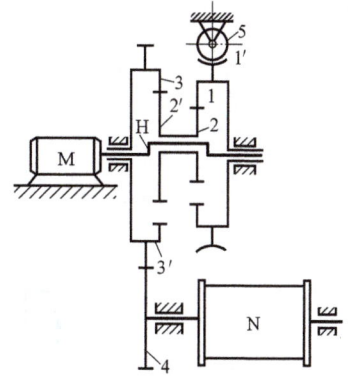

图 7-44 题 7-17 图   图 7-45 题 7-18 图

7-23 某大功率行星减速器采用图 7-47 所示形式,其两太阳轮的齿数和为 $z_1+z_3=165$,行星轮的个数 $k=6$,因 $(z_1+z_2)/k=27.5$ 不为整数,故其不满足均布装配条件。问:

1) 能否在不改变所给数据的条件下,较圆满地解决此装配问题?
2) 将行星轮均布在太阳轮四周的目的是什么?
3) 能否找到既能实现"均布行星轮"所要达到的目的,同时又能装入 6 个行星轮的方案?

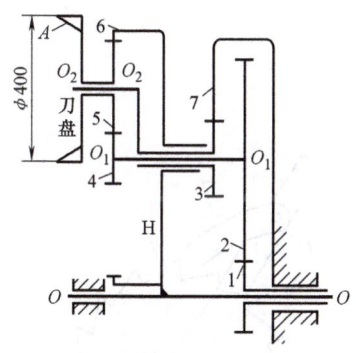
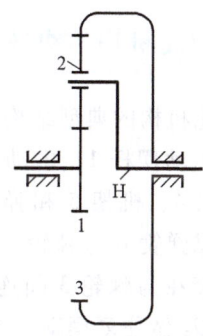

图 7-46 题 7-19 图   图 7-47 题 7-20 图

第8章 其他常用机构

在各种机械中,除了广泛采用前面介绍的连杆机构、凸轮机构和齿轮机构等几种典型机构外,还经常用到其他一些类型的机构,如棘轮机构、槽轮机构、不完全齿轮机构和万向联轴器等,本章将对这些机构的工作原理、类型、特点、应用及设计等方面作一些简要的介绍。

8.1 棘轮机构

8.1.1 棘轮机构的组成及工作原理

外啮合棘轮机构的典型结构如图 8-1 所示,它主要由主动摆杆 1、主动棘爪 2、棘轮 3、止动棘爪 4、机架 5 和弹簧 6 组成,止动棘爪 4 依靠弹簧 6 与棘轮 3 保持接触。主动摆杆 1 空套在与棘轮 3 固连的转轴 O_3 上,并绕转轴 O_3 做往复摆动。当主动摆杆沿顺时针方向转动时,其上铰接的主动棘爪 2 插入棘轮 3 的齿槽内,推动棘轮同向转动一定的角度,而止动棘爪 4 仅在棘轮 3 的齿背上滑过。当主动摆杆 1 沿逆时针方向转动时,则使主动棘爪 2 在棘轮 3 的齿背上滑过,而止动棘爪 4 插入棘轮 3 的齿槽内阻止棘轮向逆时针方向反转,所以棘轮静止不动。这样就把主动摆杆 1 的往复摆动转换为从动棘轮 3 的单向间歇转动。

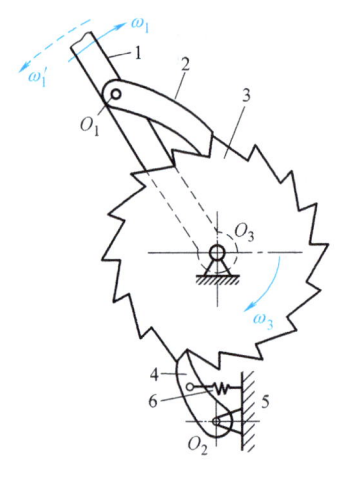

图 8-1 外啮合棘轮机构的典型结构
1—主动摆杆 2—主动棘爪 3—棘轮
4—止动棘爪 5—机架 6—弹簧

8.1.2 棘轮机构的类型

根据棘轮机构的结构特点,常用的棘轮机构可分为轮齿式棘轮机构和摩擦式棘轮机构两大类。

第8章 其他常用机构

1. 轮齿式棘轮机构

这种棘轮机构在棘轮的外缘或内缘上具有刚性的轮齿。

（1）按照啮合方式分类

1）外啮合棘轮机构。如图8-1所示，它的棘爪均安装在棘轮的外部。

2）内啮合棘轮机构。如图8-2所示，它的棘爪均安装在棘轮的内部。

（2）按照运动形式分类

1）单向式棘轮机构。如图8-1所示，当主动摆杆向一个方向摆动时，棘轮沿同一方向转过一定的角度；而当主动摆杆向反方向摆动时，棘轮则静止不动。在图8-1中，当棘轮的半径无穷大时，棘轮就变为棘条，如图8-3所示，此时，当主动摆杆1做往复摆动时，棘条3做单向间歇移动。

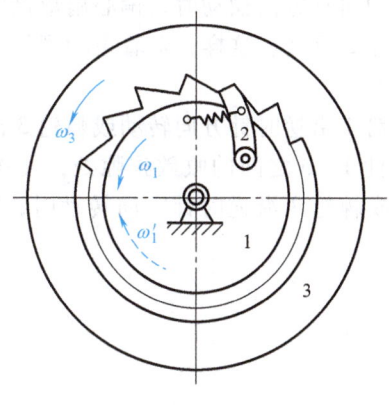

图8-2 内啮合棘轮机构

1—主动轮 2—棘爪 3—棘轮

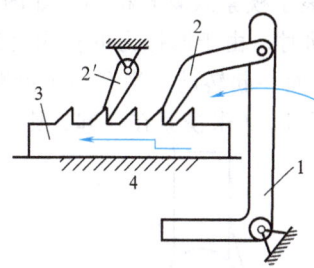

图8-3 棘条传动机构

1—主动摆杆 2、2′—棘爪 3—棘条 4—机架

2）双动式棘轮机构。如图8-4所示，主动摆杆1上铰接有两个棘爪，在摆杆往复摆动一次的过程中，它通过两个棘爪能使棘轮沿同一方向间歇转动两次。

3）双向式棘轮机构。如图8-5所示，双向式棘轮的轮齿一般做成梯形或矩形，通过改

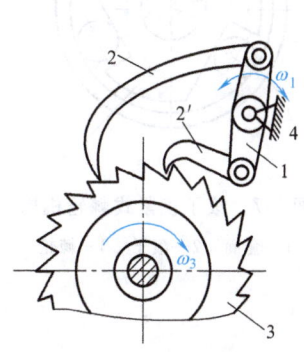

图8-4 双动式棘轮机构

1—主动摆杆 2、2′—棘爪
3—棘轮 4—机架

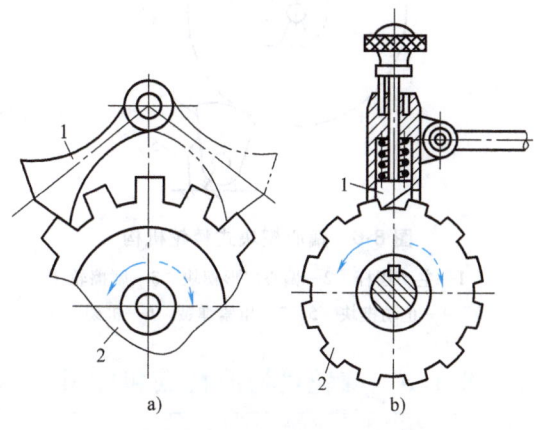

图8-5 双向式棘轮机构

1—棘爪 2—棘轮

变棘爪的放置位置或方向，可改变棘轮的转动方向。例如，在图 8-5a 中，当棘爪 1 位于实线位置时，棘轮可以实现沿逆时针方向的单向间歇转动；当棘爪翻转到图示双点画线位置时，棘轮沿顺时针方向做单向间歇转动。在图 8-5b 中，当棘爪在图示位置时，棘轮将沿逆时针方向做单向间歇转动；若将棘爪提起并绕自身轴线旋转 180°后再放下，棘轮就可沿顺时针方向做单向间歇转动。所以，双向式棘轮机构的棘轮在正、反两个方向上都可以实现间歇转动。

2. 摩擦式棘轮机构

摩擦式棘轮机构可分为以下两类：

（1）偏心楔块式棘轮机构　如图 8-6 所示，其工作原理与轮齿式棘轮机构相同，只不过是用偏心扇形楔块 2 代替了棘爪，用摩擦轮 3 代替了棘轮。当主动摆杆 1 沿逆时针方向摆动时，偏心扇形楔块 2 在摩擦力的作用下楔紧摩擦轮 3，与之成为一体，从而使摩擦轮 3 也随之同向转动，这时止动楔块 4 打滑；当主动摆杆 1 沿顺时针方向摆动时，偏心扇形楔块 2 在摩擦轮 3 上打滑，这时止动楔块 4 楔紧，以防止摩擦轮 3 反转。这样，随着主动摆杆 1 的往复摆动，摩擦轮 3 便做单向间歇转动。

（2）滚子楔紧式棘轮机构　如图 8-7 所示，当套筒 1 沿逆时针方向转动或棘轮 3 沿顺时针方向转动时，由于摩擦力的作用使滚子 2 楔紧在构件 1、3 之间的收敛狭隙处，使构件 1、3 成为一体而一起转动；当套筒 1 沿顺时针方向转动或棘轮 3 沿逆时针方向转动时，滚子 2 松开，构件 1、3 未楔紧在一起，则构件 3 静止不动。

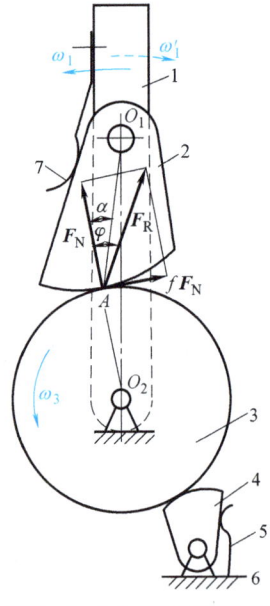

图 8-6　偏心楔块式棘轮机构
1—主动摆杆　2—偏心扇形楔块　3—摩擦轮
4—止动楔块　5、7—压紧弹簧　6—机架

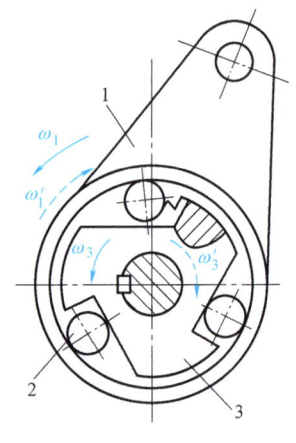

图 8-7　滚子楔紧式棘轮机构
1—套筒　2—滚子　3—棘轮

8.1.3　棘轮机构的特点和应用

1. 棘轮机构的特点

轮齿式棘轮机构的优点是：结构简单，制造方便，运动可靠，棘轮转角容易实现有级调

整。其缺点是：棘爪在棘轮齿面滑过时，将引起噪声和冲击，在高速时更为严重；为了使棘爪能顺利地落入棘轮的齿槽内，主动摆杆的摆角要比棘轮运动的角度大，因而会产生一定的空程。因此，轮齿式棘轮机构常用在低速、轻载的场合，以实现间歇运动。

摩擦式棘轮机构的优点是：传递运动较平稳，无噪声，从动件的转角可作无级调整；其缺点是难以避免打滑现象，所以运动准确性较差，不能承受较大载荷，因此它不宜用于运动精度要求高的场合。

2. 棘轮机构的应用

根据棘轮机构的特点，它常用于各种机床中，以实现进给、超越、转位等功能。

如图 8-8 所示，牛头刨床工作台的横向进给运动就是靠棘轮机构来实现的。运动首先由一对齿轮传给固连在大齿轮上的曲柄 1，再经连杆 2 带动摇杆 4 做往复摆动。摇杆 4 上装有图 8-5b 所示的双向式棘轮机构的棘爪，而双向式棘轮机构的棘轮 3 与丝杠 5 固连，这样，当棘爪带动棘轮做单向间歇转动时，丝杠 5 可使与工作台 6 固连的螺母做间歇进给运动。如果改变曲柄 1 的长度，就可以改变棘爪的摆角，以调节进给量。而如果将棘爪提起绕自身轴线旋转 180°后放下，即改变棘爪的位置，就可以改变螺母的进给方向。

8.1.4 轮齿式棘轮机构的设计要点

1. 棘轮齿形的选择

棘轮的齿形一般为不对称梯形，如图 8-9 所示。为了便于加工，当棘轮机构承受不大的载荷时，棘轮的轮齿可以采用三角形结构，如图 8-1 所示，三角形轮齿的非工作面可做成直线形或圆弧形。双向式棘轮机构，由于需要双向驱动，因而常采用矩形或对称梯形作为棘轮的齿形，如图 8-5 所示。

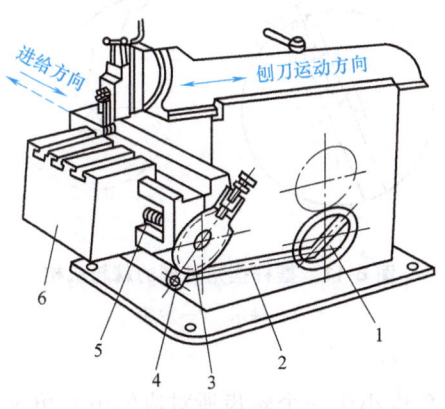

图 8-8 牛头刨床工作台的横向进给机构
1—曲柄 2—连杆 3—棘轮
4—摇杆 5—丝杠 6—工作台

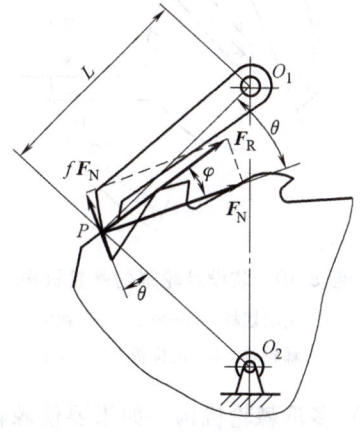

图 8-9 棘轮机构的受力分析

2. 棘轮机构的模数、齿数的确定

与齿轮一样，棘轮轮齿的有关尺寸也是用模数 m 作为计算的基本参数。模数的标准值见表 8-1。

表 8-1 棘轮模数的标准值　　　　　　　　　　　　　　　　　　　　　　　　　　　（单位：mm）

模数 m	0.6	0.8	1	1.25	1.5	2	2.5	3	4	5	6	8	10	12	14	16	18	20	22	24	26	30

棘轮齿数 z 一般是根据所要求的棘轮的最小转角 $\theta_{\min}$ 来确定的，即棘轮的齿距角为

$$\frac{2\pi}{z} \leqslant \theta_{\min}$$

则有

$$z \geqslant \frac{2\pi}{\theta_{\min}}$$

棘轮机构其他几何尺寸的计算见参考文献 [2]。

3. 棘轮转角大小的调整

棘轮转角大小的调整方法通常有以下三种：

（1）装设棘轮罩　图 8-10 所示的棘轮机构装设了棘轮罩 4，用以遮盖摆杆摆角 φ 范围内棘轮上的一部分齿，通过改变插销 6 在定位板 5 孔中的位置，可以调节棘轮罩遮盖的棘轮齿数。当摆杆沿逆时针方向摆动时，在前一部分行程内，棘爪先在棘轮罩上滑动而不与棘轮相接触，在后一部分行程内棘爪才嵌入棘轮的齿间推动棘轮转动，棘轮在摆杆摆角范围内被遮挡的齿数越多，棘轮每次转动的角度就越小，从而达到调整棘轮转角大小的目的。

（2）改变摆杆摆角　在图 8-11 所示的棘轮机构中，通过改变曲柄摇杆机构中曲柄 OA 的长度，就可以改变摆杆摆角的大小，从而调整棘轮转角的大小。

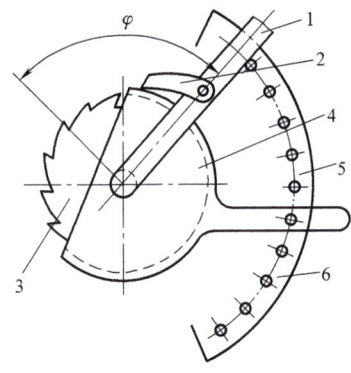

图 8-10　装设棘轮罩的棘轮机构
1—主动摆杆　2—棘爪　3—棘轮
4—棘轮罩　5—定位板　6—插销

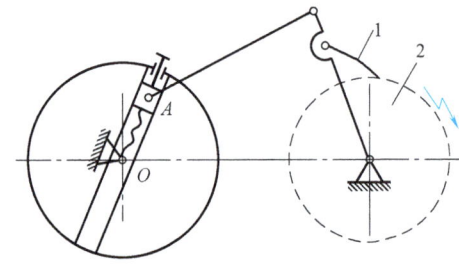

图 8-11　摆杆摆角可调的棘轮机构
1—棘爪　2—棘轮

（3）多爪棘轮机构　如果要使棘轮每次转过的角度小于一个轮齿所对应的中心角 γ，则可采用棘爪数为 n 的多爪棘轮机构。图 8-12 所示为一个 $n=3$ 的棘轮机构，三个棘爪的位置依次错开 $\gamma/3$，当摆杆转角 φ_1 在 $\gamma/3 \leqslant \varphi_1 \leqslant \gamma$ 的范围内变化时，三个棘爪便依次落入齿槽，它们推动棘轮转动的相应角度 φ_2 为 $\gamma/3 \leqslant \varphi_2 \leqslant \gamma$ 范围内 $\gamma/3$ 的整数倍。

4. 齿面倾斜角的选取

在图 8-9 中，θ 为棘轮轮齿的工作齿面与径向线间的夹角，称为齿面倾斜角。L 为棘爪的长度，O_1 为棘爪的转动轴心，O_2 为棘轮的转动轴心，P 为啮合力的作用点，为了便于计

算,设 P 点在棘轮的齿顶。在传递相同力矩的条件下,当 O_1 位于 O_2P 的垂线上时,棘爪轴受到的力最小。

当棘爪与棘轮开始在齿顶的 P 点啮合时,棘轮工作齿面对棘爪的总反力 F_R 与法向反力 F_N 之叉间的夹角为摩擦角 φ,F_N 对 O_1 轴的力矩可使棘爪滑向棘轮的齿根,齿面摩擦力 fF_N 则阻止棘爪滑入棘轮的齿根。为了使棘爪在推动棘轮的过程中能始终压紧棘轮齿面并滑向齿根,则 F_N 对 O_1 轴的力矩应大于摩擦力对 O_1 轴的力矩,即

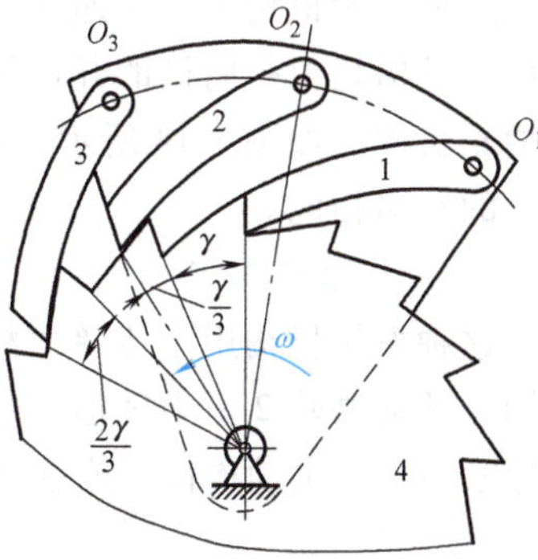

$$F_N L\sin\theta > fF_N L\cos\theta$$

由此得

$$\tan\theta > f$$

因为

$$f = \tan\varphi$$

故有

$$\theta > \varphi \tag{8-1}$$

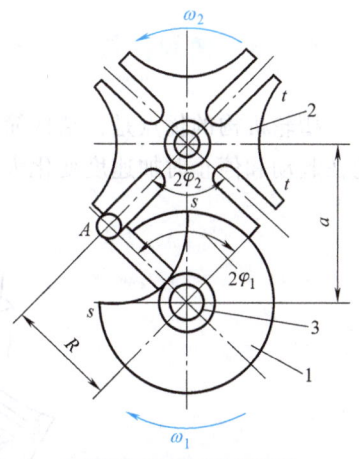

图 8-12 三爪棘轮机构
1、2、3—棘爪 4—棘轮

式中,f 为棘爪与棘轮齿面间的摩擦因数;φ 为棘爪与棘轮齿面间的摩擦角。

由此可得棘爪顺利滑向齿根的条件为:棘轮齿面倾斜角 θ 应大于摩擦角 φ,即棘轮对棘爪的总反力 F_R 的作用线应在棘爪轴心 O_1 和棘轮轴心 O_2 之间穿过。

当材料的摩擦因数 $f = 0.2$ 时,$\varphi \approx 11°18'$,因此一般取 $\theta = 20°$。

8.2 槽轮机构

8.2.1 槽轮机构的组成及工作原理

槽轮机构也是一种最常用的间歇运动机构,如图 8-13 所示,槽轮机构由装有圆柱销的主动拨盘 1、开有径向槽的从动槽轮 2 和机架 3 组成。其工作原理为:当主动拨盘 1 上的圆柱销 A 未进入从动槽轮 2 的径向槽时,槽轮 2 上的四段内凹锁止弧 $\widehat{ss}$ 中的一个被主动拨盘 1 上的外凸圆弧 $\widehat{ss}$ 锁住,因此从动槽轮 2 静止不动;当主动拨盘 1 上的圆柱销 A 在图示位置开始进入槽轮径向槽时,锁止弧 $\widehat{ss}$ 刚好被松开,因而圆柱销 A 能驱动槽轮沿着与拨盘 1 相反的方向转动;当圆柱销 A 开始脱离槽轮 2 的径向槽时,槽轮 2 上的另一段内凹锁止弧又被拨盘 1 上的外凸圆弧锁住,槽轮又静止不动,直至圆柱销 A 再次进入槽轮上的另一个径向槽时,槽轮才被重新驱动。如此循环往复,就可以把主动拨盘的连续转动转变为从动槽轮的单向间歇转动。

图 8-13 外槽轮机构
1—主动拨盘 2—从动槽轮 3—机架

8.2.2 槽轮机构的类型

槽轮机构有两种类型:平面槽轮机构和空间槽轮机构。

1. 平面槽轮机构

这种槽轮机构用于传递平行轴的运动，它又有两种形式：一种是外槽轮机构，如图 8-13 所示，其槽轮上径向槽的开口从圆心向外，主动拨盘 1 与从动槽轮 2 的转向相反；另一种是内槽轮机构，如图 8-14 所示，其槽轮上径向槽的开口朝着圆心向内，主动拨盘 1 与从动槽轮 2 的转向相同。

2. 空间槽轮机构

这种槽轮机构用于传递两相交轴的运动。图 8-15 所示为从动槽轮 2 为球面的空间槽轮机构，从动槽轮 2 呈半球形，主动构件 1 和销 3 的轴线都与从动槽轮 2 的回转轴线交于槽轮的球心 O，当主动构件 1 连续转动时，从动槽轮 2 做间歇转动。

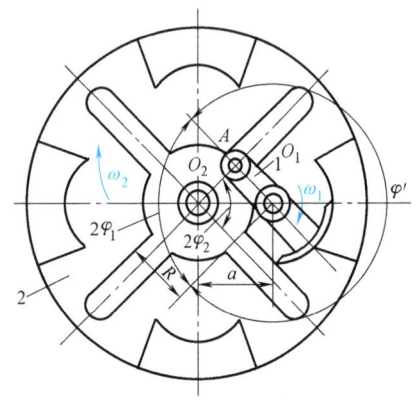

图 8-14　内槽轮机构

1—主动拨盘　2—从动槽轮

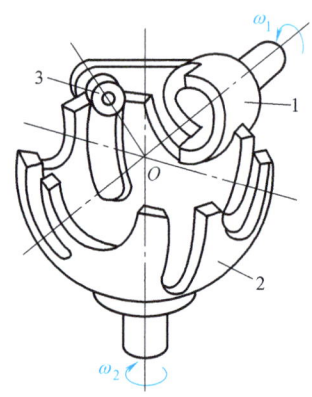

图 8-15　空间槽轮机构

1—主动构件　2—从动槽轮　3—销

8.2.3　槽轮机构的特点和应用

槽轮机构的优点是：结构简单，制造容易，能准确控制转角，工作可靠。其缺点是：槽轮在起动和停止时加速度变化大、有冲击，所以一般不宜用于高速转动的场合。

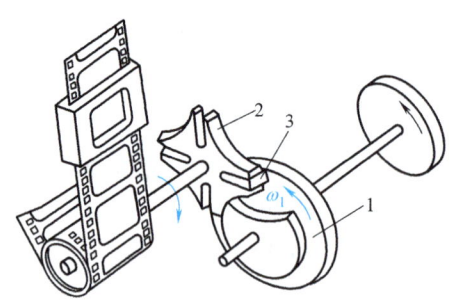

图 8-16　电影放映机中的槽轮机构

1—主动拨盘　2—从动槽轮　3—销

槽轮机构在各种自动机械中应用很广泛，如用于自动机床、轻工机械、食品机械和仪器仪表中。图 8-16 所示为槽轮机构在电影放映机中用于间歇抓片机构。

8.2.4 槽轮机构的设计要点

槽轮机构的设计主要是根据运动要求，确定从动槽轮的槽数 z、主动拨盘上的圆柱销数 k 以及槽轮机构的基本尺寸。

1. 槽轮槽数 z 和主动拨盘上圆柱销数 k 的选取

由于槽轮的运动是间歇的，对于径向槽呈对称均布的槽轮机构，槽轮每转动一次和停歇一次便构成一个运动循环。在一个运动循环中，从动槽轮 2 的运动时间 t_2 与主动拨盘 1 的运动时间 t_1 之比称为运动系数，用 τ 表示，即 $\tau=t_2/t_1$。当主动拨盘 1 以等角速度转动时，这个时间比也可用转角比来表示。

（1）外槽轮机构　在图 8-13 所示的外槽轮机构中，为了避免或减轻从动槽轮 2 在起动和停止时的冲击，圆柱销 A 在进入或脱离径向槽时，径向槽的中心线与圆柱销中心的运动圆周应相切。假设外槽轮 2 上均布的径向槽的数目为 z，则当槽轮转动 $2\varphi_2$ 角度时，主动拨盘 1 的转角 $2\varphi_1$ 的大小为

$$2\varphi_1 = \pi - 2\varphi_2 = \pi - \frac{2\pi}{z}$$

如果主动拨盘 1 上只有一个圆柱销，则当拨盘 1 以等角速度转动时，在一个运动循环中，拨盘 1 的运动时间 t_1 与槽轮 2 的运动时间 t_2 应分别对应拨盘 1 的转角 2π 和槽轮 2 运动时所对应的拨盘 1 的转角 $2\varphi_1$，由此可以求出外槽轮机构的运动系数为

$$\tau = \frac{t_2}{t_1} = \frac{2\varphi_1}{2\pi} = \frac{\pi - 2\varphi_2}{2\pi} = \frac{\pi - \frac{2\pi}{z}}{2\pi} = \frac{z-2}{2z} \tag{8-2}$$

在一个运动循环内，槽轮停歇的时间 t_2' 可由 τ 值按下式求出，即

$$t_2' = t_1 - t_2 = t_1 - t_1\tau = t_1(1-\tau) \tag{8-3}$$

讨论：要使槽轮 2 运动，必须使其运动时间 $t_2>0$，则根据式（8-2）可得 $z>2$，也就是说，槽轮径向槽的数目 $z\geq 3$，这种槽轮机构的运动系数 $\tau<0.5$，即这种槽轮机构的运动时间总小于其停歇时间。

如果主动拨盘 1 上均匀分布着 k 个圆柱销，当拨盘转动一周时，槽轮将被拨动 k 次，则运动系数 τ 比只有一个圆柱销时增加 k 倍，所以

$$\tau = k\frac{t_2}{t_1} = k\frac{(z-2)}{2z} \tag{8-4}$$

这种槽轮机构可使 $\tau>0.5$，但只有当 $\tau<1$ 时，槽轮 2 才能出现停歇，综合上式可得

$$k < \frac{2z}{z-2} \tag{8-5}$$

由式（8-5）可计算出槽轮槽数确定后所允许的圆柱销数。例如：当槽轮槽数 $z=3$ 时，圆柱销的数目 $k=1\sim 5$；当 $z=4\sim 5$ 时，$k=1\sim 3$；当 $z\geq 6$ 时，$k=1\sim 2$。

（2）内槽轮机构　在图 8-14 所示的主动拨盘 1 上只有一个圆柱销的内槽轮机构中，圆柱销 A 在进入或脱离径向槽时，径向槽的中心线与圆柱销中心的运动圆周同样也应相切，因

此槽轮 2 的运动时间所对应的主动拨盘 1 的转角 φ' 应为

$$\varphi' = 2\pi - 2\varphi_1 = 2\pi - (\pi - 2\varphi_2) = \pi + 2\varphi_2 = \pi + \frac{2\pi}{z}$$

所以内槽轮机构的运动系数 τ 为

$$\tau = \frac{\varphi'}{2\pi} = \frac{\pi + \dfrac{2\pi}{z}}{2\pi} = \frac{z+2}{2z} \tag{8-6}$$

由式（8-6）可以看出，这种槽轮机构的运动系数 τ 总大于 0.5，而又因为只有当 $\tau<1$ 时，槽轮 2 才能出现停歇，所以可得 $z>2$，即槽轮的槽数应是 $z\geq 3$。

如果主动拨盘 1 上均匀分布着 k 个圆柱销，则内槽轮机构的运动系数也相应地为

$$\tau = k\frac{z+2}{2z}$$

同样，只有当 $\tau<1$ 时，从动槽轮 2 才能出现停歇，所以可得

$$k < \frac{2z}{z+2}$$

由上式可知，当槽轮槽数 $z\geq 3$ 时，k 总小于 2，所以这种内槽轮机构只能用一个圆柱销。

2. 槽轮机构的角速度 ω_2 与角加速度 ε_2

图 8-17 所示为一个外槽轮机构在运动过程中某一瞬时的运动简图，此时从动槽轮 2 的转角 φ_2 和主动拨盘 1 的转角 φ_1 的关系为

$$\tan\varphi_2 = \frac{\overline{AB}}{\overline{O_2 B}} = \frac{R\sin\varphi_1}{a - R\cos\varphi_1}$$

式中，R 为拨盘上圆柱销中心的回转半径；a 为拨盘与槽轮的中心距。

令 $\lambda = \dfrac{R}{a}$ 并带入上式，经整理可得

$$\varphi_2 = \arctan\frac{\lambda\sin\varphi_1}{1-\lambda\cos\varphi_1} \tag{8-7}$$

槽轮的角速度 ω_2 为其转角 φ_2 对时间的一阶导数，即

$$\omega_2 = \frac{\mathrm{d}\varphi_2}{\mathrm{d}t} = \frac{\lambda(\cos\varphi_1 - \lambda)}{1 - 2\lambda\cos\varphi_1 + \lambda^2}\omega_1 \tag{8-8}$$

当主动拨盘 1 做匀速转动，即角速度 ω_1 为常数时，从动槽轮 2 的角加速度 ε_2 为

$$\varepsilon_2 = \frac{\mathrm{d}\omega_2}{\mathrm{d}t} = \frac{\lambda(\lambda^2 - 1)\sin\varphi_1}{(1 - 2\lambda\cos\varphi_1 + \lambda^2)^2}\omega_1^2 \tag{8-9}$$

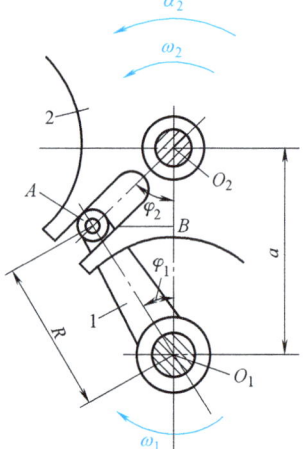

图 8-17 外槽轮机构
1—主动拨盘 1　2—从动槽轮

为了避免运动过程中圆柱销在进入或脱离槽轮径向槽的瞬时产生冲击，此时圆柱销中心的运动方向应与槽轮径向槽的中心线相切，如图 8-13 和图 8-14 所示，从图中可得关系式

$$\lambda = \frac{R}{a} = \sin\varphi_2 = \sin\frac{\pi}{z}$$

将上式代入式（8-8）、式（8-9）中可得

$$\omega_2 = \frac{d\varphi_2}{dt} = \frac{\sin\frac{\pi}{z}\left(\cos\varphi_1 - \sin\frac{\pi}{z}\right)}{1 - 2\sin\frac{\pi}{z}\cos\varphi_1 + \left(\sin\frac{\pi}{z}\right)^2}\omega_1$$

$$\varepsilon_2 = \frac{d\omega_2}{dt} = \frac{\sin\frac{\pi}{z}\left[\left(\sin\frac{\pi}{z}\right)^2 - 1\right]\sin\varphi_1}{\left[1 - 2\sin\frac{\pi}{z}\cos\varphi_1 + \left(\sin\frac{\pi}{z}\right)^2\right]^2}\omega_1^2$$

由上面两式可知，当主动拨盘 1 的角速度 ω_1 为常数时，从动槽轮 2 的角速度 ω_2 和角加速度 ε_2 均为槽轮槽数 z 和拨盘转角 φ_1 的函数。

当主动拨盘 1 以角速度 ω_1 做匀速转动时，用同样的方法可以推导出内槽轮机构的槽轮转角 φ_2、角速度 ω_2 和角加速度 ε_2，它们分别为

$$\varphi_2 = \arctan\left(\frac{R\sin\varphi_1}{a + R\cos\varphi_1}\right) = \arctan\left(\frac{\lambda\sin\varphi_1}{1 + \lambda\cos\varphi_1}\right) \tag{8-10}$$

$$\omega_2 = \frac{d\varphi_2}{dt} = \frac{\lambda(\cos\varphi_1 + \lambda)}{1 + 2\lambda\cos\varphi_1 + \lambda^2}\omega_1 \tag{8-11}$$

$$\varepsilon_2 = \frac{d\omega_2}{dt} = \frac{\lambda(\lambda^2 - 1)\sin\varphi_1}{(1 + 2\lambda\cos\varphi_1 + \lambda^2)^2}\omega_1^2 \tag{8-12}$$

式中

$$\lambda = \frac{R}{a} = \sin\varphi_2 = \sin\frac{\pi}{z}$$

槽轮机构的运动和动力特性通常可以用 ω_2/ω_1 和 ε_2/ω_1^2 来衡量。图 8-18 所示为内、外

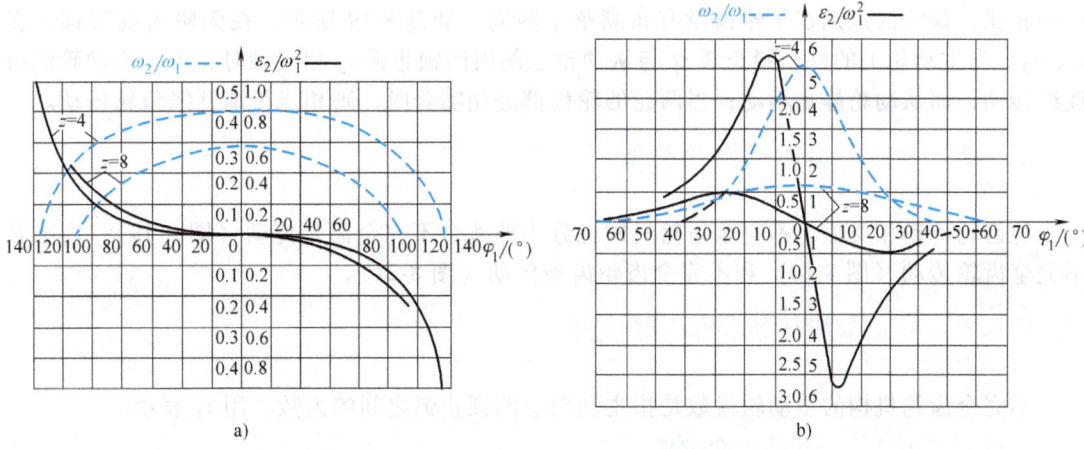

a)
b)

图 8-18 内、外槽轮机构的 ω_2/ω_1 和 ε_2/ω_1^2 变化曲线

a) 内槽轮机构的变化曲线　b) 外槽轮机构的变化曲线

槽轮机构的 ω_2/ω_1 和 ε_2/ω_1^2 随拨盘转角 φ_1 的变化曲线，在两图中槽轮的槽数均为 4 和 8，以便于比较槽数对机构运动特性的影响。表 8-2 列出了槽轮槽数为 3~8 时，内、外槽轮机构中 ω_{2max}/ω_1 和 $\varepsilon_{2max}/\omega_1^2$ 的值。

从图 8-18 和表 8-2 可以看出：

1）内槽轮机构的运动平稳性比外槽轮机构好，但是在多工位自动工作台等许多机器中，由于需要尽量减少运动时间，即减小 τ 值，以提高生产率，所以在这些场合不宜采用内槽轮机构。

2）槽轮槽数越少，角加速度变化越大，运动平稳性越差，所以设计时槽轮的槽数不应选得太少，但也不宜太多，因为在尺寸不变的情况下，槽轮的槽数要受到结构强度的限制。

3）在外槽轮机构中，当槽数 $z=3$ 时，槽轮的加速度变化大，运动平稳性差，因此在设计中大多选择 $z=4$~8。

表 8-2　内、外槽轮机构的 ω_{2max}/ω_1 和 $\varepsilon_{2max}/\omega_1^2$ 值

z	ω_{2max}/ω_1		$\varepsilon_{2max}/\omega_1^2$	
	内槽轮机构	外槽轮机构	内槽轮机构	外槽轮机构
3	0.46	6.46	1.73	31.44
4	0.41	2.41	1.00	5.41
5	0.37	1.43	0.73	2.30
6	0.33	1.00	0.58	1.35
8	0.28	0.62	0.41	0.70

8.3　不完全齿轮机构

8.3.1　不完全齿轮机构的工作原理

不完全齿轮机构是由普通渐开线齿轮机构演变而来的一种间歇运动机构，它与普通齿轮机构相比，最大的区别在于轮齿没有布满整个圆周，如图 8-19 所示，在无轮齿处有锁止弧 s_1、s_2。当主动轮上的外凸锁止弧 s_1 与从动轮上的内凹锁止弧 s_2 相接触时，可使主动轮保持连续转动，而从动轮静止不动；当两轮的轮齿部分相啮合时，则相当于渐开线齿轮传动。

8.3.2　不完全齿轮机构的类型

与齿轮传动相类似，不完全齿轮机构也分为外啮合不完全齿轮传动（图 8-19）、内啮合不完全齿轮传动（图 8-20）和不完全齿轮齿条传动（图 8-21）。

8.3.3　不完全齿轮机构的啮合过程

不完全齿轮机构的主动轮齿数是指主动轮上两锁止弧之间的齿数，用 z_1 表示。

1. 主动轮齿数 $z_1=1$ 的啮合过程

如图 8-22 所示，其啮合过程可以分为前接触段 $\overset{\frown}{EB_2}$、正常啮合段 $\overline{B_2B_1}$ 和后接触段 $\overset{\frown}{B_1D}$

三个阶段。

（1）前接触段 $\overset{\frown}{EB_2}$　如图 8-22 所示，当主动轮 1 的齿廓与从动轮 2 的齿顶在 E 点接触时（E 点不在啮合线上），轮 1 开始推动轮 2 转动，轮 2 的齿顶在轮 1 的齿廓上滑动，两轮的接触点沿着轮 2 的齿顶圆移动，直至 B_2 点为止，B_2 点为轮 2 的齿顶圆与啮合线的交点。在此过程中，轮 2 的角速度大于正常角速度值 ω_2。

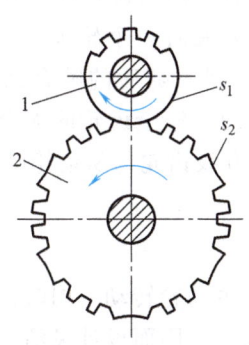

图 8-19　外啮合不完全齿轮传动

1—主动轮　2—从动轮

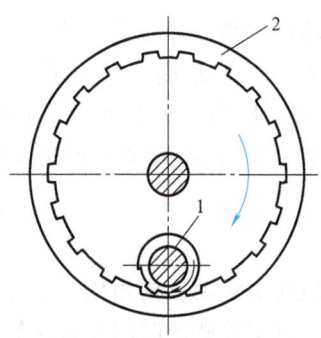

图 8-20　内啮合不完全齿轮传动

1—主动轮　2—从动轮

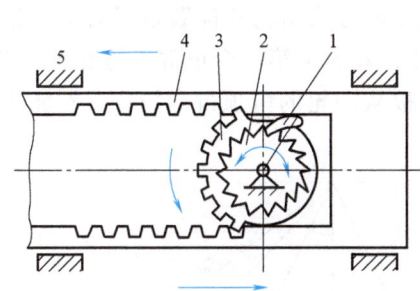

图 8-21　不完全齿轮齿条传动

1—棘爪　2—棘轮　3—不完全齿轮
4—带有上下齿条的构件　5—机架

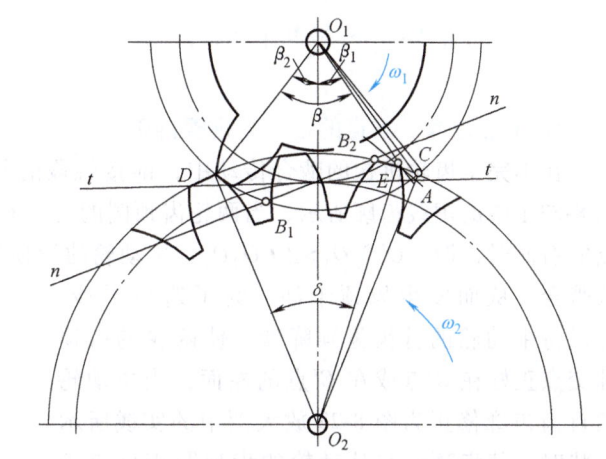

图 8-22　不完全齿轮机构的啮合过程

（2）正常啮合段 $\overline{B_2B_1}$　当两轮的接触点到达 B_2 点后，随着轮 1 的继续转动，同普通渐开线齿轮啮合一样，此时两轮做定传动比传动，啮合点沿着啮合线 $\overline{B_2B_1}$ 移动，直至 B_1 点为止，B_1 点为轮 1 的齿顶圆与啮合线的交点。在此过程中，轮 2 的角速度等于正常角速度值 ω_2。

（3）后接触段 $\overset{\frown}{B_1D}$　当两轮的接触点到达 B_1 点后，随着轮 1 的继续转动，轮 1 的齿顶沿着轮 2 的齿廓向轮 2 的齿顶滑动，而两轮的接触点沿着轮 1 的齿顶圆移动，直至 D 点为止,D 点为两轮齿顶圆的交点。在此过程中,轮 2 的角速度小于正常角速度值 ω_2。

此后,随着轮 1 的继续转动,轮 2 将停歇不转,直至轮 1 转过一个齿顶厚所对应的中心角后,这对齿才互相脱离接触。

2. 主动轮齿数 $z_1 > 1$ 的啮合过程

主动轮 1 上的第一个轮齿(又称为首齿)的前接触段与上述主动轮齿数 $z_1 = 1$ 的前接触段情况相同;当主动轮上的首齿与轮 2 的接触点到达 B_2 点后,两轮做定传动比传动,以后的各对齿的传动都与普通渐开线齿轮传动相同;当主动轮上最后一个轮齿(又称为末齿)与轮 2 的啮合点到达 B_1 点时,由于无后续齿轮进入啮合,因此随后的啮合情况与上述的 $z_1 = 1$ 的后接触段的情况相同。由此可见,主动轮齿数 $z_1 > 1$ 的不完全齿轮的啮合过程可看作主动轮齿数 $z_1 = 1$ 的不完全齿轮和齿数为 $(z_1 - 1)$ 的普通渐开线齿轮与从动轮啮合的组合。

8.3.4 不完全齿轮机构的特点及应用

与其他间歇运动机构相比,不完全齿轮机构结构简单,主动轮转动一周时,其从动轮的停歇次数、每次停歇的时间和每次转动的角度等变化的范围大,因而设计灵活。但是在不完全齿轮机构的传动中,从动轮在运动的开始与终止时角速度有突变,冲击较大,故它一般适用于低速、轻载的场合,并且主、从动轮不能互换。因此,它多在自动机和半自动机中用于工作台的间歇转位机构、计数机构及具有间歇运动的进给机构等。

8.3.5 不完全齿轮机构的设计要点

1. 主动轮首、末齿的齿顶高需要降低

在不完全齿轮机构的啮合传动中,前接触段的起始点 E 与从动轮的停歇位置有关,如图 8-23 I 中的虚线齿廓所示,当两轮齿顶圆的交点 C' 位于从动轮上第一个正常齿的齿顶尖 C 点的右面时,即 $\angle C'O_2O_1 > \angle CO_2O_1$,主动轮的齿顶齿廓被从动轮的齿顶齿廓挡住,不能进入啮合,从而发生齿顶干涉。为了避免干涉,可以将主动轮的首齿齿顶降低,使两轮的齿顶圆交点正好在 C 点或在 C' 点的左面,当主动轮的首齿齿廓修正为图 8-23 放大图中的实线所示形状时,其齿顶圆与从动轮的齿顶圆正好交于 C 点,首齿便能顺利进入啮合。

不完全齿轮机构的主动轮除了首齿齿顶应降低外,其末齿齿顶也应降低,而其余各齿保持标准齿高,但从动轮的齿顶高不降低。主动轮末齿修正的原因是:从动轮每次停歇时均应停在预定的位置上,而从动轮锁止弧的停歇位置取决于主动轮末齿的齿顶圆与从动轮齿顶圆的交点 D,为了使机构在反转时也不发生干涉,要求 D 点和 C 点必须对称于两轮的连心线 O_1O_2,因此主动轮首、末两齿的齿顶高应作相

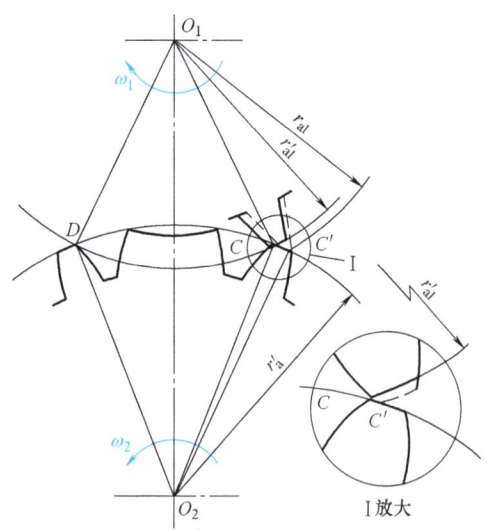

图 8-23 不完全齿轮机构的齿廓修正

同的降低。图 8-23 中的圆弧 CD 是主动轮首、末两齿进行相同修正后的齿顶圆,在实际使用中,为了确保齿顶不发生干涉,主动轮首、末齿的修正量应略大于图中的情况。

主动轮首、末两齿的齿顶高降低后,其重合度也相应减小,如果重合度 $\varepsilon<1$,则表明当主动轮首齿的齿顶尖已到达啮合线上的 B_1 点时,第二对齿尚未进入啮合线上的 B_2 点,所以从动轮的角速度又一次产生突变,引起第二次冲击,为了避免第二次冲击,需要保证首齿工作时的重合度 $\varepsilon \geq 1$,其校核方法与普通渐开线齿轮相同。

2. 从动轮的运动时间 t_2 和停歇时间 t_2' 的计算

在不完全齿轮机构的传动中,从动轮的运动时间和停歇时间可分下面两种情况来计算:

(1) 主动轮的齿数 $z_1=1$ 设主动轮匀速转动,当主动轮转动 $\beta=\beta_1+\beta_2$ 角度时,从动轮转过的角度为 δ(图 8-22),从动轮的运动时间 t_2 为

$$t_2 = \frac{\beta_1+\beta_2}{2\pi} t_1 \tag{8-13}$$

从动轮的停歇时间 t_2' 为

$$t_2' = \left(1 - \frac{\beta_1+\beta_2}{2\pi}\right) t_1 \tag{8-14}$$

式中,$\beta=\beta_1+\beta_2$ 为从动轮从开始转动到终止转动期间主动轮所转过的角度;t_1 为主动轮转一圈所需要的时间。

(2) 主动轮的齿数 $z_1>1$ 在这种情况下,从动轮的运动时间和停歇时间只需要在式 (8-13) 和式 (8-14) 中加上相当于正常齿轮啮合的 (z_1-1) 个齿的啮合时间即可,即

从动轮的运动时间 t_2 为

$$t_2 = \left(\frac{\beta_1+\beta_2}{2\pi} + \frac{z_1-1}{z_1'}\right) t_1 \tag{8-15}$$

从动轮的停歇时间 t_2' 为

$$t_2' = \left[1 - \left(\frac{\beta_1+\beta_2}{2\pi} + \frac{z_1-1}{z_1'}\right)\right] t_1 \tag{8-16}$$

式中,z_1' 为主动轮的假想齿数,即主动轮的节圆上布满轮齿时的齿数。

主动轮的末齿修顶后,β 角将减小,从而影响从动轮的运动时间和停歇时间。

8.4 凸轮式间歇运动机构

8.4.1 凸轮式间歇运动机构的工作原理及特点

如图 8-24 所示,这种凸轮式间歇运动机构由主动件凸轮 1 和从动盘 2 组成,主动件 1 为具有曲线沟槽或曲线凸脊的圆柱凸轮,主动凸轮做连续转动,从动盘做间歇分度运动。由于从动盘的运动完全取决于主动凸轮的轮廓曲线形状,所以只要适当设计出凸轮的轮廓,就可以使从动盘获得预期的运动规律,其动载荷小,并且无刚性和柔性冲击,可以适应高速传动的要求。这是此机构的最大优点,同时还具有定位可靠、结构紧凑等优点。凸轮式间歇运动机构是人们公认的一种较理想的高速、高精度分度机构,有专业厂家从事系列化生产,但

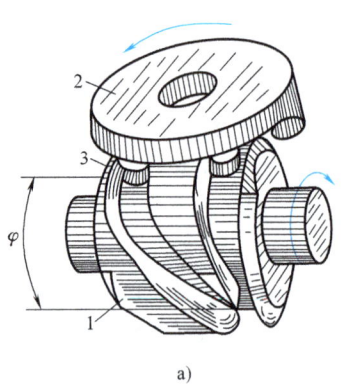 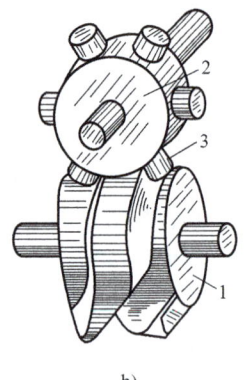

图 8-24 凸轮式间歇运动机构

1—凸轮　2—从动盘　3—柱销

凸轮的加工比较复杂,而且装配调整要求严格。

8.4.2　凸轮式间歇运动机构的类型及应用

1. 圆柱凸轮间歇运动机构

圆柱凸轮间歇运动机构如图 8-24a 所示,主动件为带有螺旋槽的圆柱凸轮 1,从动件为一圆盘 2,其端面上装有若干个均匀分布的柱销。当圆柱凸轮回转时,柱销依次进入螺旋槽,由圆柱凸轮的形状保证了从动盘每转过一个销距动、停各一次。这种机构多用于两相错轴之间的分度传动。图 8-25a 所示为其仰视图,图 8-25b 所示为其平面展开图。为了实现可靠定位,在停歇阶段从动盘上相邻两个柱销必须同时贴在凸轮直线轮廓的两侧。为此,凸轮轮廓上直线段的宽度应等于相邻两柱销表面内侧之间的最短距离,即

$$b = 2R_2\sin\alpha - d \quad (8-17)$$

式中,R_2 为从动盘上柱销中心圆半径;α 为动程角之半,即 $\alpha = \pi/z_2$;z_2 为从动盘的柱销数;d 为柱销直径。

圆柱体上凸轮曲线的升程 h 应等于从动盘上两相邻柱销间的弦线距离 l,即

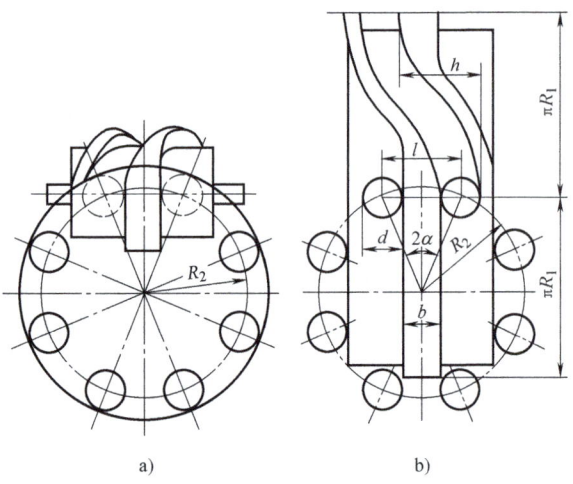

图 8-25　圆柱凸轮间歇运动机构

$$h = 2R_2\sin\alpha \quad (8-18)$$

而凸轮曲线的设计可按摆动推杆圆柱凸轮设计方法进行,设计时通常取凸轮的槽数为 1,从动盘的柱销数一般取 $z_2 \geq 6$。这种机构在轻载的情况下,间歇运动的频率可达 1500 次/min 左右。

2. 蜗杆凸轮间歇运动机构

蜗杆凸轮间歇运动机构如图 8-24b 所示，主动件 1 为蜗杆形凸轮，其上有一条凸脊，犹如一个变螺旋角的圆弧蜗杆；从动件为圆盘 2，圆周上装有若干个呈辐射状均匀分布的滚子，当蜗杆凸轮转动时，推动从动盘做间歇运动。这种机构也用于相错轴间的分度运动。由于滚子平行于凸轮轴向截面廓线，所以可以通过改变主、从动轴的中心距来调整主动轮凸脊和从动轮滚子间的间隙，以保证传动精度。蜗杆凸轮通常也采用单头，从动盘上的柱销数一般也取 $z_2 \geqslant 6$，但也不宜过多。

蜗杆凸轮通常是根据从动盘按正弦加速度运动规律的要求设计的，以保证在高速运转下可平稳工作。从动盘上的柱销可采用窄系列的球轴承。可用控制中心距的方法使滚子表面和凸轮轮廓之间保持紧密接触，以便消除间隙，提高传动精度。这种机构具有良好的动力学性能，在要求高速、高精度的分度转位机械中应用日益广泛，但加工较困难。

8.5 万向联轴器

万向联轴器主要用于传递两相交轴间的运动和动力，在传动过程中，两轴之间的夹角可以不断发生变化，是一种常用的变角传动机构，因此它广泛应用于汽车、机床、冶金机械等的传动系统中。

万向联轴器可以分为单万向联轴器和双万向联轴器两大类。

8.5.1 单万向联轴器

单万向联轴器用于传递两相交轴之间的运动，图 8-26 所示为单万向联轴器的结构简图，它由端部为叉形的主动轴 1 和从动轴 3、十字头 2 和机架 4 组成，轴 1 和轴 3 的叉与十字头 2 组成转动副 B、C，轴 1 和轴 3 与机架间组成转动副 A、D，转动副 A 和 B、B 和 C、C 和 D 的回转轴线都分别互相垂直，并且都相交于十字头的中心 O，轴 1 和轴 3 间所夹的锐角为 β。

当主动轴 1 转动一周时，从动轴 3 也随着转动一周，但主、从动轴间的瞬时传动比却不是常数，二者的角速度比关系如下（详细推导过程见参考文献 [38]）

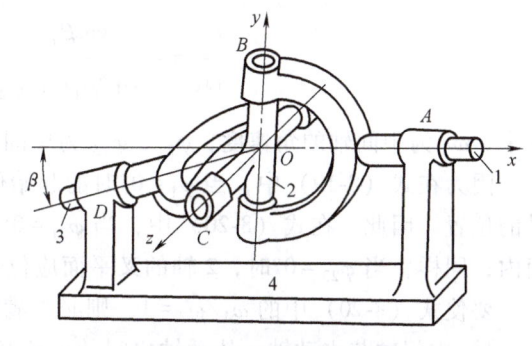

图 8-26 单万向联轴器
1—主动轴 2—十字头 3—从动轴 4—机架

$$i_{31} = \frac{\omega_3}{\omega_1} = \frac{\cos\beta}{1 - \sin^2\beta \cos^2\varphi_1} \quad (8-19)$$

从式 (8-19) 中可看出，当主动轴 1 以角速度 ω_1 做匀速回转时，轴 3 做变速回转。如果两轴的夹角 β 一定，则当主动轴转角 $\varphi_1 = 0°$（图示位置）或 180°时，$i_{31} = \frac{\omega_3}{\omega_1} = \frac{1}{\cos\beta}$ 为最大值；当 $\varphi_1 = 90°$ 或 270°时，$i_{31} = \frac{\omega_3}{\omega_1} = \cos\beta$，为最小值。

单万向联轴器结构上的特点使它能传递不平行轴间的运动,并且在工作中,当两轴的夹角发生变化时,它仍能继续传递运动,因此安装、制造精度要求不高。

8.5.2 双万向联轴器

因为单万向联轴器的从动轴 3 的角速度做周期性的变化,所以传动过程中将产生附加动载荷,使轴产生振动。为了消除此缺点,可采用双万向联轴器,其结构如图 8-27 所示。它是用一个中间轴 2 将两个单万向联轴器联接起来组成的,由于传动中主、从动轴 1、3 间的相对位置会发生变化,所以中间轴做成两段,并采用滑键联接,以适应两轴间距离的变化。在双万向联轴器中,主、从动轴的传动比可套用式(8-19)。

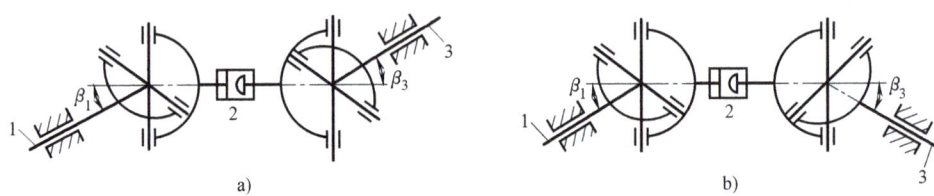

图 8-27 双万向联轴器
1—主动轴 2—中间轴 3—从动轴

$$\frac{\omega_1}{\omega_2}=\frac{\cos\beta_1}{1-\sin^2\beta_1\cos^2\varphi_{21}},\quad \frac{\omega_3}{\omega_2}=\frac{\cos\beta_3}{1-\sin^2\beta_3\cos^2\varphi_{23}}$$

$$\frac{\omega_1}{\omega_3}=\frac{\cos\beta_1}{1-\sin^2\beta_1\cos^2\varphi_{21}}\frac{1-\sin^2\beta_3\cos^2\varphi_{23}}{\cos\beta_3} \tag{8-20}$$

式中,ω_2 为中间轴的角速度;φ_{21}、φ_{23} 为中间轴两端的叉面相对于起始位置的转角。

因为在式(8-19)中,当 $\varphi_1=0°$ 时的起始位置是 A 轴的叉平面位于两轴所构成的平面内时的位置。因此,在式(8-20)中,当 $\varphi_{21}=0°$ 时,2 轴的叉平面应在轴 1 与轴 2 所构成的平面内;同样,当 $\varphi_{23}=0°$ 时,2 轴的叉平面应位于轴 3 与轴 2 所构成的平面内。

要使式(8-20)中的 $\omega_1/\omega_3=1$,则必须满足下列两个条件:

1)中间轴与主动轴、从动轴之间的夹角必须相等,即 $\beta_1=\beta_3$。

2)在任何时刻,中间轴两端的叉平面相对于同一起始位置的转角都要相等,即 $\varphi_{21}=\varphi_{23}$。又因为中间轴的两部分之间是用滑键联接,无相对转动,所以只要中间轴两端的叉平面分别位于中间轴与主、从动轴所构成的平面内即可。

因为图 8-27 中两种双万向联轴器都能满足上面两个条件,所以 $\omega_3=\omega_1$。

双万向联轴器能够联接轴交角较大的两相交轴或径向偏距较大的两平行轴,并且在运动中轴交角或偏距可不断改变,所以在机械中得

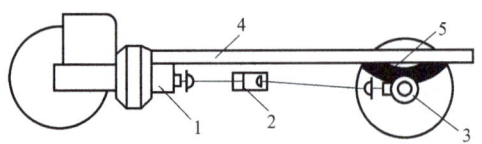

图 8-28 汽车中的双万向联轴器
1—变速器 2—双万向联轴器 3—差速器
4—车架 5—板簧

到了广泛的应用。图 8-28 所示为双万向联轴器在汽车驱动系统中的应用,汽车变速器输出轴 1 与后桥车架弹簧支承上的后桥差速器输入轴 3 之间的运动靠双万向联轴器 2 来传递。当汽车行驶时,虽然道路的不平或振动会引起变速器输出轴 1 与差速器输入轴 3 之间的相对位置的变化,但双万向联轴器仍能继续传递运动和动力,使汽车继续前进。

8.6 广义机构

随着科学技术的迅速发展,利用液、气、声、光、电、磁等原理来工作的机构日渐广泛,这一类机构称为广义机构。由于在广义机构中利用了新的工作介质或工作原理,所以它比传统机构能更简便地实现运动或动力转换,并且还能实现传统机构较难实现的运动。广义机构的种类繁多,按工作原理不同可分为:液动机构、气动机构、光电机构、电磁机构等。

8.6.1 液动机构

1. 液动机构的特点

液动机构是以液体为动力来完成预定运动要求和实现各种机械功能的机构,它能将液体的压力能转换成机械能,用以驱动负载。

液动机构与纯机械机构和电气机构相比,具有以下优点:
1) 在输出同等功率的条件下,液动机构结构紧凑、体积小、质量小。
2) 工作平稳,冲击、振动和噪声都较小,易于实现快速起动、制动和换向等功能。
3) 由于工作介质为油液,液压元件的工作表面能自润滑,磨损小、寿命长。
4) 能在大的范围内方便地实现无级调速,调速比可达 5000。
5) 易于实现过载保护,工作安全可靠。
6) 操纵简单,便于实现自动化,并可与由电力、气力、机械等驱动的机构联合使用,实现复杂的自动工作循环。

液动机构同时也具有下述缺点:
1) 由于液体的黏度受温度变化的影响大,不宜在低温和高温环境下工作。
2) 由于液压元件的加工和配合精度要求高,加工困难,成本较高。

2. 液动机构的应用

液动机构主要由液压缸或液压马达与各种机构组成,广泛用于矿山、冶金、建筑、交通运输和轻工业等行业。

图 8-29 所示的压紧机构是由液压缸驱动的齿轮机构,其工作原理为:活塞 1 在绕定轴 O_1 转动的液压缸 2 内做往复移动,活塞杆 a 和绕定轴 O_3 转动的扇形齿轮 3 组成转动副 O_2,扇形齿轮和在定导轨 b 内做往复移动的齿条 4 相啮合。

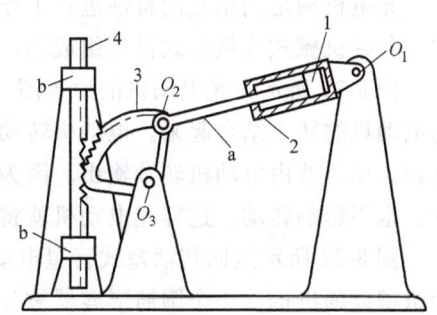

图 8-29 压紧机构
1—活塞 2—液压缸
3—扇形齿轮 4—齿条

8.6.2 气动机构

1. 气动机构的特点

气动机构是把空气的压力能转换成直线运动或回转运动形式的机械能，完成各种功能和动作。

气动机构具有以下优点：

1) 工作介质为空气，比较清洁，用后可直接排放到大气中，处理方便，不污染环境。
2) 由于空气的黏度小，所以在管路中流动时压力损失小，适用于集中供气和远距离输送的场合。
3) 比液动机构传动响应快，动作迅速。
4) 适于在恶劣的工作环境中工作，特别是在易燃、易爆、多尘、强磁、强振、潮湿、有辐射和温度变化幅度大的场合工作时，比液动、电子和电气机构更安全可靠。
5) 空气具有可压缩性，易于实现过载保护。

气动机构存在下列缺点：

1) 由于空气具有可压缩性，故工作速度的稳定性差。
2) 工作压力较低，难以获得很大的输出力。
3) 噪声大。

2. 气动机构的应用

气动机构主要由气缸或气马达与各种机构组成，其中气缸应用最广。

图 8-30 所示的铸锭供料机构是由气缸驱动的连杆机构，气缸 1 通过连杆 2 驱动双摇杆机构 $ABCD$，将从加热炉中出来的铸锭 6 运送到升降台 7 上。

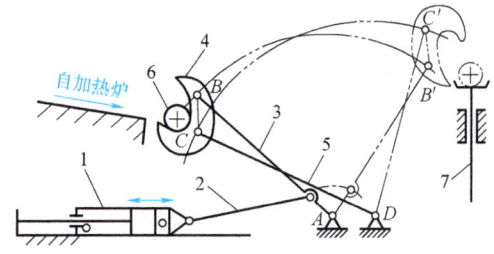

图 8-30 铸锭供料机构

1—气缸 2、3、5—连杆 4—料斗
6—铸锭 7—升降台

8.6.3 光电机构

光电机构是利用光的特性进行工作的机构，通常是由各类光学传感器（如光电开关等）加上各种机械式或机电式机构组成的，是一类在自动控制领域内应用极为广泛的机构。

图 8-31 所示为光电动机的原理图，其受光面是太阳电池，由三个太阳电池组成三角形，与电动机的转子结合起来。电动机转动的能量由太阳电池提供，电动机转动，太阳电池跟着旋转，动力就由电动机转轴输出。因为其受光面是三棱柱面，所以即使光的入射方向发生改变，也不影响转动。这样光电动机就将光能转变成了机械能。

图 8-32 所示是回转活塞式行星电动机，它是根据光化学原理将 NO_2 分子数的变化转变为机械能的机构。一个圆筒形容器被分割成三个反应室 1，反应室内充有 NO_2，三个反应室的内侧壁上各装有一个曲柄滑块机构。NO_2 介质受到光的照射后，由于光化学作用，NO_2 的浓度发生变化，从而引起反应室内压力的变化，驱使活塞 2 运动，并带动曲轴 3 转动。当圆筒形容器转动时，相对于来自同一个方向的太阳光，各个反应室自动经过照射和背影的反复

循环，从而使曲轴连续转动。

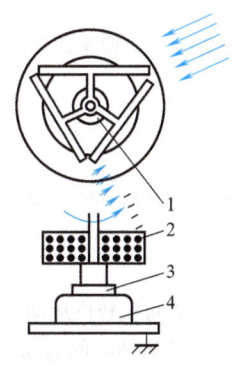

图 8-31　光电动机原理图
1—转子轴　2—太阳电池　3—滑环　4—定子

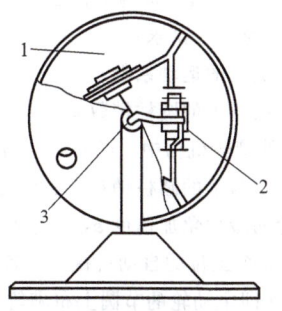

图 8-32　回转活塞式行星电动机
1—反应室　2—活塞　3—曲轴

8.6.4　电磁机构

电磁机构是通过电与磁的相互作用来完成所需动作的，最常见的电磁机构可以十分方便地实现回转运动规律的往复运动和振动等。这类机构的主要特点是用电和磁产生的驱动力来控制和调节执行机构的动作。它广泛应用于继电器机构、传动机构、仪器仪表等机构中。

图 8-33 所示为杠杆式温度继电器机构，双金属片 2 的一端固定在刀口 1 所支持的杠杆 3 上。当周围环境的温度较低时，杠杆 3 位于图示位置，与触点 a 接触；当温度升高时，双金属片发生变形，杠杆 3 将转动，与触点 b 接触，从而开关被切换。刀口 1 用来保证开关的切换准确性。

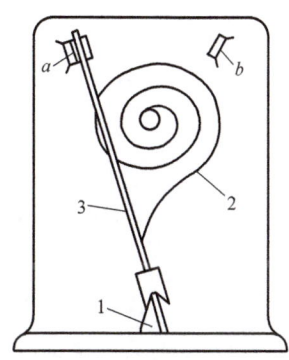

图 8-33　杠杆式温度继电器机构
1—刀口　2—双金属片　3—杠杆

知识要点与拓展

本章重点是掌握各类机构的组成、工作原理、运动特点、功能和适用场合，以便在进行机械运动方案设计时，能够根据工作要求正确地选择执行机构的类型。有关机构的详细设计和其他机构的设计可参阅参考文献 [4] 和 [7]。

思考题及习题

8-1　为了使棘爪顺利滑入棘轮齿槽并自动压紧棘轮齿根，需要保证什么几何条件？

8-2　为什么外槽轮机构常用的槽数一般为 4 和 6？何谓槽轮机构的运动系数 τ？为什么 $0<\tau<1$？

8-3　为什么要把不完全齿轮机构中主动轮首、末齿的齿顶高降低？

8-4　单万向联轴器有何缺点？双万向联轴器用于平面内两轴等角速度传动的安装条件是什么？

8-5　在牛头刨床工作台的横向进给机构中，已知棘轮的最小转角 $\theta_{min}=9°$，棘轮的模数 $m=5mm$，工作台单头进给螺杆的导程 $l=8mm$，试求：

1) 棘轮的齿数 z；
2) 工作台的最小进给量 f。

8-6 在一个外槽轮机构中，已知主动拨盘等速回转，从动槽轮的槽数 $z=6$，槽轮的停歇时间为 1s，槽轮的运动时间为 2s。试求：

1) 槽轮机构的运动系数；
2) 主动拨盘上的圆柱销数 k。

8-7 在外槽轮机构中，已知从动槽轮的槽数 $z=8$，主动拨盘的角速度 $\omega_1 = 10$ rad/s。试求：

1) 主动拨盘上的圆柱销在什么位置时，槽轮的角加速度 ε_2 最大？
2) 槽轮的最大角加速度 ε_{2max} 为多少？

8-8 在 n 个工位的自动机械中，若采用不完全齿轮机构来实现工作台的间歇转位运动，设主、从动轮的假想齿数（即主动轮的节圆上布满轮齿时的齿数）相等，试求：从动轮的运动时间 t_2 和停歇时间 t'_2 之比 t_2/t'_2 是多少？

8-9 在单万向联轴器中（图 8-26），主动轴 1 以 1500r/min 的角速度匀速转动，从动轴 3 做变速转动，其最高转速为 1732r/min。试求：

1) 从动轴 3 的最低转速为多大？
2) 在主动轴 1 转一圈的过程中，当 φ_1 为哪些角度时，两轴的转速相等？

第9章

机械系统动力学设计

通过前面几章的学习，学生已经可以进行机构的选型和设计，但是，设计出的机构还需要进行平衡，并对机械运转速度波动进行调节。本章主要介绍机械的质量平衡和功率平衡的概念以及基于质量平衡和功率平衡的动力学设计方法。

9.1 机械的质量平衡与功率平衡

9.1.1 机械的质量平衡

机械在运转过程中，其活动构件大多产生惯性力和惯性力偶矩，它们在机构各运动副中引起动压力，并传到机架上。由于惯性力和惯性力偶矩的大小和方向随着机械的运转而产生周期性变化，因此当它们不平衡时，将使机械及其基础产生振动，引起工作精度和可靠性的下降，加剧运动副的磨损，降低机械效率和使用寿命。该振动频率接近振动系统的固有频率时，将会引起共振，使机械难以正常工作，严重时将危及周围建筑和人员的安全。为了完全或部分地消除惯性力和惯性力偶矩的不良影响，必须设法使构件质量参数合理地分布并在结构上采取特殊的措施，将惯性力和惯性力偶矩限制在预期的允许范围内，这种措施称为质量平衡。

在机械中，由于各构件的结构及运动形式不同，其产生的惯性力和惯性力偶矩的情况和平衡方法也不同。据此，机械的质量平衡问题可分为下述两类。

1. 绕固定轴回转构件的质量平衡

绕固定轴回转的构件常称为转子。当转子的质量分布不均匀，或由于制造误差而造成质心与回转轴线不重合时，在转动过程中将产生惯性力。这类构件的惯性力可利用在该构件上增加或除去一部分质量的方法予以平衡，称为转子的质量平衡。这类转子又分为刚性转子和挠性转子两种。

（1）刚性转子的平衡 在机械中，当转子的转速较低，共振转速较高，而且运转过程中弹性变形不大时，转子完全可以看作刚性物体，称为刚性转子，其平衡原理是基于理论力学中的力系平衡理论。如果只要求其惯性力达到平衡，则称为转子的静平衡；如果不仅要求其惯性力达到平衡，还要使其惯性力引起的力偶矩也达到平衡，则称为转子的动平衡。

（2）挠性转子的平衡 在机械中还有一类转子，如航空涡轮发动机、汽轮机、发电机中的转子，其工作转速很高，质量和跨度很大，径向尺寸很小，故在工作过程中将会产生很大的挠性变形，从而使其惯性力显著增大，这类转子称为挠性转子。挠性转子的平衡原理是基于弹性梁（轴）的横向振动理论，这类问题较复杂，需要专门研究，本章只作简要介绍。

2. 机构的质量平衡

机械中做往复移动或平面复合运动的构件，不论其质量如何分布，构件的质心总是随着机械的运转沿一条封闭的曲线而循环变化的，其所产生的惯性力无法在该构件上平衡，而必须就整个机构加以研究。其所有运动构件的惯性力和惯性力偶矩可以合成一个通过运动构件总质心的总惯性力和总惯性力偶矩，它们全部作用于机座上。设法使作用在机座上的总惯性力和总惯性力偶矩达到完全或部分平衡，以消除或减弱其不良影响。这类平衡称为机构在机座上的质量平衡，或简称为机构上的质量平衡。

9.1.2 机械的功率平衡

机械的运转过程与作用在机械上的外力、构件的质量、转动惯量有关，只有确定了机器中有关机构原动件的真实运动规律后，才能用前述机构的运动分析方法求出其他构件相应的运动参数。作用在机械上的力有驱动力、工作阻力和重力。由机械能量守恒定律可知，当机器运转时，作用在机械上的力在任一时间间隔内所做的功，应等于机械动能的增量，其关系可用机器动能方程式来表示，即

$$W_d - (W_r + W_f \pm W_g) = E_2 - E_1 \tag{9-1}$$

式中，W_d、W_r、W_f 及 W_g 分别为该时间间隔内所有驱动力、工作阻力、有害阻力及运动构件自身重力所做的功；E_2、E_1 分别为该时间间隔结束和开始时机器所具有的动能。

W_g 有正负之分，当机器运动构件的总质心上升时，其值为负；反之，当总质心下降时，其值为正，故 W_g 前有两个符号，$W_c = W_r + W_f \pm W_g$ 为消耗功。

机械运转的一个周期分为起动、稳定运转和停车三个阶段，如图 9-1 所示。

（1）起动阶段　$W_d > W_c$，此时机器主轴的速度逐渐上升，直至达到正常的工作速度，该过程中机器的动能增加。

（2）稳定运转阶段　这是机器的正常工作阶段。在这一阶段中原动件的平均角速度 ω_m 保持稳定，即为一常数。如仔细分析机器主轴的速度还有两种情况：

1）主轴的速度在和它正常工作速度相对应的平均值的上下做周期性的反复变

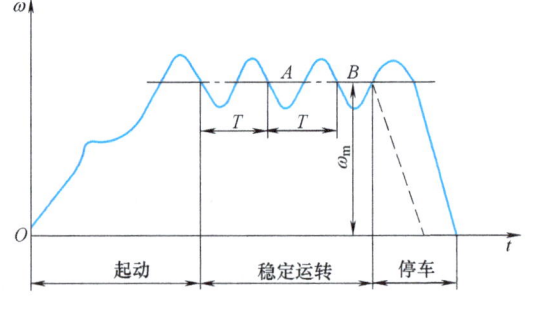

图 9-1 机械运转的过程

动，称为变速稳定运动（图 9-1），但在一个周期 T 的始末，其角速度 ω 是相等的，所以就一个周期（机械原动件角速度变化的一个周期又称为机械的一个运动循环）而言，机械的总驱动功与总消耗功是相等的，即 $W_d = W_c$。

2）另外一些机械，其主轴的速度是恒定的，称其为匀速稳定运转，如鼓风机、风扇、提升机等。

(3) 停车阶段　此时机器主轴的速度由正常的工作速度减小到零，机械系统的动能也由 E_2 减小到零。这一阶段，驱动力一般已经撤去，即 $W_d=0$，因此有 $W_d<W_c$。

很多机械为了缩短停车时间，安装了制动装置来增大阻力使之加快停车。以上分析表明，在机械运转过程中，理论上的动力匹配情况是匀速稳定运转阶段，但是能满足这种要求的机械不多，大多数机械的主轴是做周期性速度波动运转的，速度波动会产生周期性变化的惯性力，引起机械的振动。为了实现机械主轴的近似稳定运转，在构件结构或机构设计方面采取的相应措施，则称为功率平衡。功率平衡和质量平衡的程度是由机构的使用要求决定的。下面主要阐述基于质量平衡和功率平衡的机构及其系统的设计问题。

9.2　基于质量平衡的动力学设计

对于绕固定轴线转动的刚性回转件，若已知组成该回转件的各个质量的大小和分布位置，则可用力学的方法求出所需的平衡质量的大小和位置，从而确定回转构件达到平衡的条件。对于平面机构的平衡问题，则可以通过机构的合理布置、加平衡质量或者加平衡机构等方法达到部分或完全的平衡。

9.2.1　刚性转子的静平衡设计

对于轴向尺寸较小的转子（转子直径 d 与其宽度 b 之比 $d/b>5$），如叶轮、飞轮、砂轮、盘形凸轮等，其质量分布可以近似地认为在同一平面内。设计的关键问题是找出转子在该平面上应加重或减重的大小和方位，平衡原理是转子上各不平衡质量所产生的离心惯性力与所加配重（或所减配重）所产生的离心惯性力的矢量和为零。

图 9-2a 所示为一盘状转子，已知具有偏心质量 m_1、m_2，它们各自的回转半径为 r_1、r_2，方向如图所示。当此转子以等角速度 ω 回转时，各偏心质量所产生的离心惯性力分别为

$$F_i = m_i \omega^2 r_i \quad (9\text{-}2)$$

式中，r_i 表示第 i 个偏心质量的矢径，$i=1, 2$。

为平衡这些离心惯性力，可在此转子上加上部分平衡质量 m_b，使它所产生的离心惯性力 F_b 与 $\sum F_i$ 相平衡，即

$$\sum F = \sum F_i + F_b = 0 \quad (9\text{-}3)$$

设平衡质量 m_b 的矢径为 r_b，则得

$$F_b = m_b \omega^2 r_b \quad (9\text{-}4)$$

将式 (9-2)、式 (9-4) 代入式 (9-3)，整理可得

$$m_b \omega^2 r_b + m_1 \omega^2 r_1 + m_2 \omega^2 r_2 = 0 \quad (9\text{-}5)$$

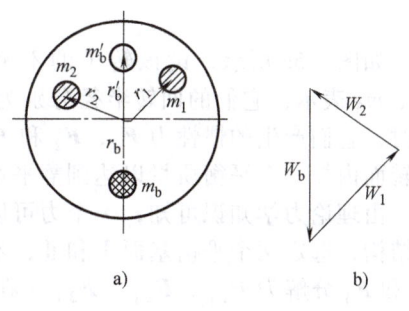

图 9-2　刚性转子的平衡设计

式中，$m_i r_i$ 称为质径积，为矢量，它相对地表达了各质量在同一转速下的离心惯性力的大小和方向。

质径积 $m_b r_b$ 的大小和方位可用图解法求得。如图 9-2b 所示，以质径积比例尺 $\mu_W = m_i r_i / W_i$ (kg·cm/mm) 按矢径 r_1、r_2 的方向连续作矢量 W_1、W_2，分别代表质径积 $m_1 r_1$、$m_2 r_2$，则封闭矢量 W_b 就代表平衡质径积 $m_b r_b$，其方向为 W_b 的方向，大小为 $\mu_W W_b$。当根据回转体的结构选定半径 r_b 值后，即可求出平衡质量 m_b。

根据以上分析可见，对于静不平衡的转子，不论有多少个偏心质量，只需要在同一个平衡平面内加上或在相反方向减去一个适当的平衡质量即可获得平衡，故又称为单面平衡。

根据转子的结构条件，也可以在平衡矢径 r_b 的反方向 r'_b 去掉相应的一部分质量 m'_b 来使转子达到平衡，只要保证 $m_b r_b = m'_b r'_b$ 即可。

9.2.2 刚性转子的动平衡设计

对于轴向尺寸较大的转子（$d/b<5$），如内燃机曲轴、电动机转子、汽轮机转子以及一些机床的主轴等，其质量分布不能再近似地认为是位于同一回转面内，这时偏心质量往往是分布在若干个不同的回转面内，如图9-3所示的曲轴。回转件所产生的离心力不再是一个平面汇交力系，而是空间力系。在这种情况下，即使回转件的质心 S 在回转轴线上（图9-4），但由于各偏心质量所产生的离心惯性力不在同一回转面内，当转子在运转时则将形成惯性力偶矩而造成不平衡。对这类转子进行平衡，要求转子在运转时其各偏心质量所产生的惯性力和惯性力偶矩同时得以平衡，故称其为动平衡。

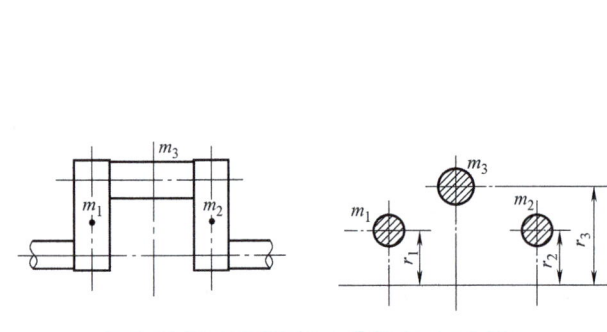

图9-3 曲轴上的不平衡质量分布示意图

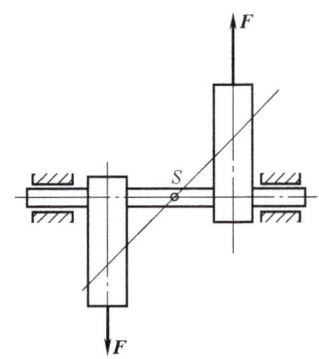

图9-4 转子质心在回转轴线上的情况

如图9-5a所示，设该转子的不平衡质量分布在1、2、3三个回转面内，依次以 m_1、m_2、m_3 表示，它们的回转半径分别为 r_1、r_2、r_3，方位如图所示。当此转子以角速度 ω 回转时，它们产生的惯性力 F_1、F_2 和 F_3 将形成一个空间力系。因此，这类转子单靠在某一回转面内加一个平衡质量以达到静平衡的方法是不能解决转动时不平衡问题的。

由理论力学知识可知，一个力可以分解为与它相平行的两个分力。因此可以根据该转子的结构，选定两个平衡基面Ⅰ和Ⅱ，然后再将各离心惯性力分解到平面Ⅰ和Ⅱ内，即将 F_1、F_2 和 F_3 分解为 $F_{1Ⅰ}$、$F_{2Ⅰ}$、$F_{3Ⅰ}$（在平衡基面Ⅰ内）和 $F_{1Ⅱ}$、$F_{2Ⅱ}$、$F_{3Ⅱ}$（在平衡基面Ⅱ内）。这样就把空间力系的平衡问题转化为两个平面汇交力系的平衡问题。因而，只要在平面Ⅰ和Ⅱ内适当地各加一个平衡质量，使两个平衡基面的惯性力之和均等于零，这个转子便可得以平衡。根据力的等效原理，有

$$F_{1Ⅰ} = F_1 \frac{l_1}{L} = m_1 \omega^2 r_1 \frac{l_1}{L}, \quad F_{1Ⅱ} = F_1 \frac{L-l_1}{L} = m_1 \omega^2 r_1 \frac{L-l_1}{L}$$

$$F_{2Ⅰ} = F_2 \frac{l_2}{L} = m_2 \omega^2 r_2 \frac{l_2}{L}, \quad F_{2Ⅱ} = F_2 \frac{L-l_2}{L} = m_2 \omega^2 r_2 \frac{L-l_2}{L}$$

$$F_{3Ⅰ} = F_3 \frac{l_3}{L} = m_3 \omega^2 r_3 \frac{l_3}{L}, \quad F_{3Ⅱ} = F_3 \frac{L-l_3}{L} = m_3 \omega^2 r_3 \frac{L-l_3}{L}$$

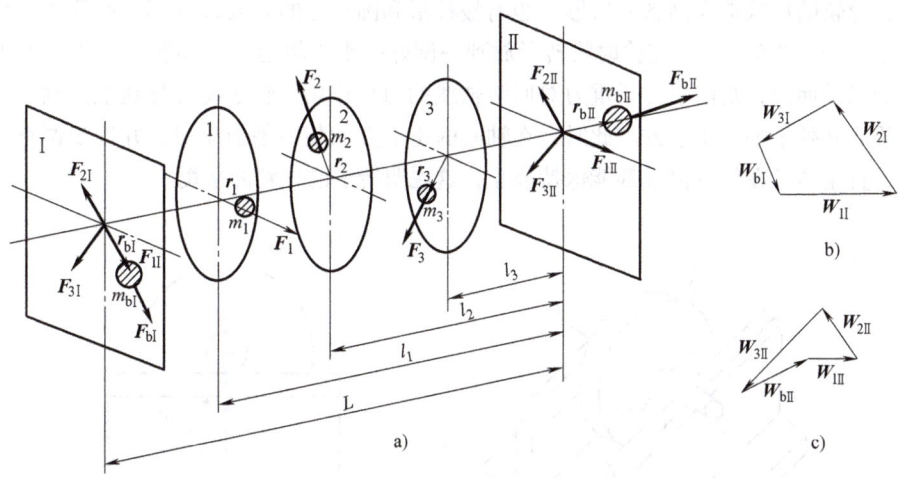

图 9-5 双面平衡情况示意图

至于两个平衡基面 Ⅰ 和 Ⅱ 内的平衡质量 $m_{bⅠ}$ 和 $m_{bⅡ}$ 的大小及方位的确定，与前述静平衡的计算方法完全相同。对于平衡基面 Ⅰ 而言，平衡条件为

$$F_{1Ⅰ}+F_{2Ⅰ}+F_{3Ⅰ}+F_{bⅠ}=0 \tag{9-6}$$

式中，$F_{bⅠ}$ 为平衡质量 $m_{bⅠ}$ 产生的惯性离心力。

将各力的大小代入式（9-6）并整理可得

$$m_1 r_1 \frac{l_1}{L}+m_2 r_2 \frac{l_2}{L}+m_3 r_3 \frac{l_3}{L}+m_{bⅠ} r_{bⅠ}=0 \tag{9-7}$$

该矢量方程可用图解法求解。选定比例尺 μ，作质径积 W 矢量图（图 9-5b），求出质径积 $m_{bⅠ} r_{bⅠ}$ 的大小和方向。当选定 $r_{bⅠ}$ 的大小后，即得 $m_{bⅠ}$。同理，对于平衡基面 Ⅱ 可得

$$m_1 r_1 \frac{L-l_1}{L}+m_2 r_2 \frac{L-l_2}{L}+m_3 r_3 \frac{L-l_3}{L}+m_{bⅡ} r_{bⅡ}=0 \tag{9-8}$$

所作质径积矢量图如图 9-5c 所示，可求出质径积 $m_{bⅡ} r_{bⅡ}$ 的大小和方向。当选定 $r_{bⅡ}$ 的大小后即可得 $m_{bⅡ}$。

由以上分析结果可知，当不平衡质量分布的回转面的数目为任意时，只要依次将各质量向所选的平衡基面Ⅰ和Ⅱ内分解，就可以求得相应的平衡质量 $m_{bⅠ}$ 和 $m_{bⅡ}$。只要在两个平衡基面上加上或在相反方向减去相应的平衡质量，即可达到完全平衡。因此，动平衡又称为双面平衡。

9.2.3 刚性转子的平衡实验及平衡精度

经过上述平衡设计的刚性转子在理论上是完全平衡的，但由于制造和安装不精确以及材料质量不均匀等原因，仍会产生新的不平衡，这在设计时是无法靠计算的方法来确定和消除的，而只能借助平衡实验的方法加以平衡。

1. 刚性转子的静平衡实验

静平衡实验设备比较简单，一般采用带有两根平行导轨的静平衡架，为减小轴颈与导轨之

间的摩擦，导轨的形状常为钢制刀口形（也有棱柱形和圆柱形的）安装在同一平面内，称为导轨式静平衡架，如图 9-6 所示。实验时将转子放到一调好的水平轨道上，如转子的质心 S 不在通过回转轴线的铅垂面内，则由于转子重力对回转轴线的力矩作用，转子将在导轨上滚动。当转子停止时，其质心必处于轴心正下方。此时，在轴心的正上方加装一平衡质量，并逐步调整其大小或径向位置，直至转子在任意位置都能保持静止，这说明转子已达到静平衡。

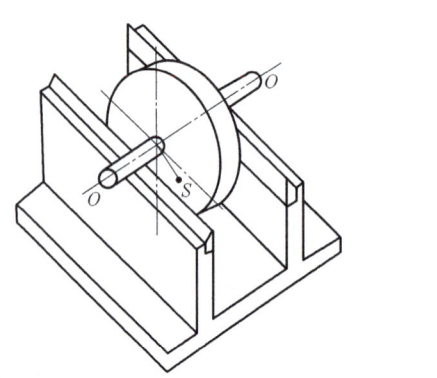 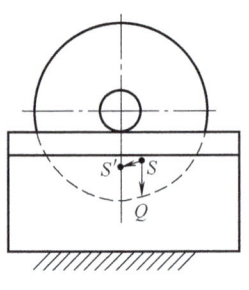

图 9-6　静平衡实验设备示意图

这种静平衡实验方法简单可靠，精度也能满足一般生产需要。但由于接触处有滚动摩擦，其精度主要取决于转子与轨道间的摩擦阻力的大小。

2. 刚性转子的动平衡实验

由动平衡原理可知，轴向长度较长的转子，必须分别在任意两个平衡基面内各加上或减去一个适当的质量，才能使转子达到平衡。刚性转子的动平衡一般需在专用的动平衡机上进行，转子不平衡而产生的离心惯性力和惯性力偶矩，将使转子的支承产生强迫振动，转子支承处振动的强弱反映了转子的不平衡情况。在生产中，使用的动平衡实验机的种类很多，但其工作原理都是通过测量转子支承处的振动强度和相位来测定转子的不平衡量的大小和方位的。

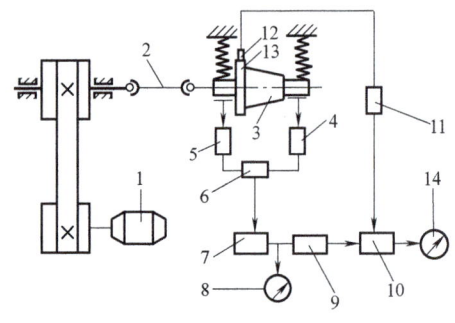

图 9-7　动平衡机的工作原理示意图
1—电动机　2—万向联轴器　3—转子　4、5—传感器
6—解算电路　7—选频放大器　8、14—电表
9、11—整形放大器　10—鉴相器　12—光电头
13—转子周向黑白标记

图 9-7 所示为动平衡机的工作原理示意图。该机由电动机 1 通过带轮和万向联轴器 2 驱动安放在弹性支架上的转子 3。由两片弹簧悬挂起来的支承架使转子在某一近似的平面内（一般在水平面内）做微振动，如转子有不平衡量存在，则由此产生的振动信号由传感器 4、5 拾取，并送到解算电路 6 进行处理，以消除两平衡校正面间的相互影响。经选频放大器 7 将信号放大，最后由电表 8 输出不平衡质径积的大小。选频放大后的信号经过整

形放大器 9 放大后成为脉冲信号。同时，光电头 12 的信号受转子周向黑白标记 13 的影响，经整形放大器 11 放大后与放大器 9 的输出信号一起输入鉴相器 10，经处理后在电表 14 上指示出不平衡质径积的相位。

此外，对于一些尺寸很大的转子，无法在实验台上进行动平衡实验时，则需要进行现场动平衡。现场动平衡就是通过直接测量机器上转子支承架的振动，来反映转子的不平衡量的大小和方位，从而确定应加平衡量的大小和方位。

3. 刚性转子的许用不平衡量及平衡精度

转子通过平衡实验后可将不平衡的惯性力及其引起的动力效应减少至相当低的程度。绝对的平衡是很难做到的，即很难使转子的中心主惯性轴线与回转轴线完全重合。实际上，也不必过高地要求转子的平衡精度，而应根据不同的实际工作要求，规定其允许的不平衡量，即许用不平衡量。

转子的许用不平衡量有两种表示方法，即许用质径积 $[mr]$（单位为 kg·mm）表示法和许用偏心距 $[e]$（单位为 mm）表示法。但使用过程中发现，相同值的质径积对于质量不同的转子，其动力效应是不同的，转子越重，其动力效应越小。因此，以单位质量对应的不平衡质径积来表示比较合理。对于质量为 m 的转子，两者的关系为

$$[e] = \frac{[mr]}{m} \tag{9-9}$$

偏心距是一个与转子质量无关的绝对量，而质径积是与转子质量有关的相对量，一般用 $[mr]$ 来表示具体转子的不平衡量，用 $[e]$ 来表示转子的平衡精度。工程上制定了做旋转运动的刚性转子平衡状态的判别标准。

平衡精度确定后，就可根据上述关系式求出 e 的上限值，该值就是此回转件用偏心距 e 表示的许用不平衡量，以 $[e]$ 标记，即

$$[e] = \frac{1000}{\omega} G$$

式中，ω 为转子转动的角速度（rad/s）；G 为平衡精度等级。

> **例 9-1** 如图 9-8 所示，转子质量为 80kg，转速 n = 3000r/min，两平衡基面Ⅰ、Ⅱ至质心的距离分别为 a = 200mm、b = 300mm，平衡精度 G 为 6.3。求两个平衡面上的许用不平衡量。
>
> **解** $\omega = \pi n/30 = 314.159 \text{rad/s}$
>
> 可求得偏心距为
>
> $[e] = 1000G/\omega = 1000 \times 6.3/314.159 \mu m = 20 \mu m$
>
> 许用不平衡质径积为
>
> $[mr] = m[e] = 80 \times 20 \text{kg} \cdot \mu m = 1600 \text{kg} \cdot \mu m = 1.6 \text{kg} \cdot mm$
>
> 两平衡基面内的许用不平衡质径积为
>
> $[mr]_1 = [mr]b/(a+b) = 1.6 \times 300/500 \text{kg} \cdot mm = 0.96 \text{kg} \cdot mm$
>
> $[mr]_2 = [mr]a/(a+b) = 1.6 \times 200/500 \text{kg} \cdot mm = 0.64 \text{kg} \cdot mm$

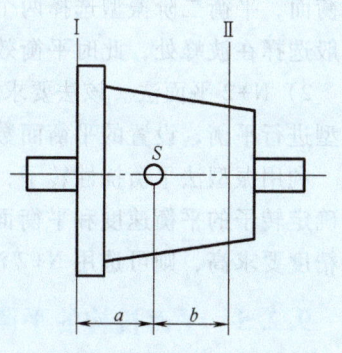

图 9-8 许用质径积分配到两个校正平面

9.2.4　挠性转子的平衡概述

机械、动力等工业向着高速和大型化方向发展，使得转子的转速提高、尺寸变大、质量增加。如果转子的工作速度超过其本身的临界转速，这些转子在回转过程中将产生明显的变形——动挠度，因而引起或加剧其支承的振动。故其平衡问题就不能用前述的刚性转子的平衡方法解决，而必须用挠性转子的平衡方法来加以平衡。

与刚性转子的平衡一样，挠性转子的平衡也是要消除或减少由于转子不平衡而引起的对支承的附加动压力。但与刚性转子相比，挠性转子的平衡具有以下两个特点：

1) 挠性转子的不平衡质量对支承引起的动压力和转子弹性变形的形状随转子的工作速度而变化。因此，在某一转速下平衡的挠性转子，不能保证在其他转速下也是平衡的。

2) 减小或消除支承的动压力，不一定能减少转子的弯曲变形。而明显的弯曲变形将对转子的结构、强度和工作性能产生有害影响。

通过以上分析得出以下两点结论：

1) 对于挠性转子，不仅要设法平衡其不平衡的离心力，从而尽量减少支承中的动压力，同时还应尽量消除其转动时的动挠度。

2) 由于挠性转子有较大的弯曲变形，因此采用刚性转子的平衡方法不能得到满意的平衡效果。

挠性转子的平衡原理是建立在弹性轴（梁）横向振动理论的基础上的，其平衡原理为：挠性转子在任意转速下回转时所呈现的动挠度曲线，是由无穷多阶振型组成的空间曲线，其前三阶振型是主要成分，振幅较大，其他高阶振型成分，振幅很小，可以忽略不计。前三阶振型又都是由同阶不平衡量谐分量引起的，可对转子进行逐阶平衡。根据上述原理可以有多种具体的平衡方法对挠性转子进行平衡。下面只对振型平衡法作简要介绍。

振型平衡法的基本过程是根据测量或计算得到的振型，适当选择平衡面的数目和轴向位置，对工作转速范围内的振型进行逐阶平衡。其方法主要有两种：

1) N 平面法。平衡某阶振型的平面数等于该阶振型的阶数，即平衡一阶振型选择一个平衡面，平衡二阶振型选择两个平衡面，平衡三阶振型选择三个平衡面。平衡面的轴向位置一般选择在波峰处，此时平衡效果最显著，而所需增加的平衡质量最小。

2) N+2 平面法。该法要求对转子平衡之前，必须进行低速刚性动平衡，然后再逐阶对振型进行平衡，设置的平衡面数要等于振型的阶数加 2。

利用振型法平衡挠性转子，需要知道转子工作范围内的各阶临界转速及转子的振型，以便确定转子的平衡速度和平衡面的数目和位置。当平衡精度要求不高时，可选用 N 法；如果精度要求高，则可选用 N+2 法。

9.2.5　平面机构的平衡设计

一般平面机构中存在着做往复运动或平面复合运动的构件，其在运动中产生的惯性力和惯性力偶矩不可能在构件本身上予以平衡。但就整个机构而言，可以平衡其在机架上所承受的运动构件的总惯性力和总惯性力偶矩，通过机构的合理布置、加平衡质量或者加平衡机构等方法达到部分或完全平衡，所以必须就整个机构进行平衡。

在图 9-9 所示机构中，设 F、m、a_S、M 分别为机构运动构件的总惯性力、总质量、总质心 S 的加速度和总惯性力矩，如该机构处于平衡状态，则有

$$F = -\sum_{i=1}^{n} m_i a_S = -m a_S = 0 \quad (9\text{-}10)$$

$$M = \sum_{i=1}^{n} M_i = 0 \quad (9\text{-}11)$$

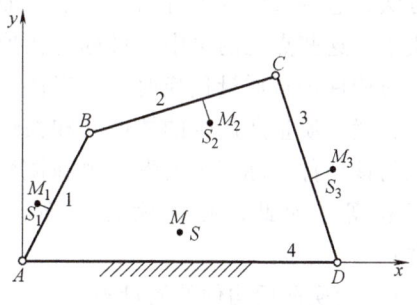

图 9-9　机构质量分布示意图

机构总质心处的惯性力偶矩对机架的影响应同作用在机构上的外力一并考虑，而外力矩与机构的工作状态有关，故本章不单独考虑惯性力偶矩对机构运动的影响。

如要使作用于机架上的总惯性力得到平衡，由式（9-10）可知，机构的总质量 m 不可能为零，故必须使 a_S 为零，即总质心 S 应做等速直线运动或静止不动。由于机构在运动过程中总质心的轨迹为一封闭曲线，它不可能永远做等速直线运动。因此，只有使总质心静止不动。故在对机构进行平衡时，就是运用增加平衡质量等方法，使机构的质心静止不动。

1. 完全平衡法

机构惯性力的完全平衡是指总惯性力为零，而为了达到完全平衡的目的可采取下面两种措施。

（1）利用对称机构平衡　设计对称机构时要选择好镜像线，可使对称机构最少而达到平衡目的。

如图 9-10 所示，由于机构左右两部分对 A 点完全对称，使惯性力在轴承 A 处所引起的动压力完全平衡。由此可见，利用对称机构可得到很好的平衡效果，只是利用这种方法将使机构的体积大为增加。其镜像作图法如下：

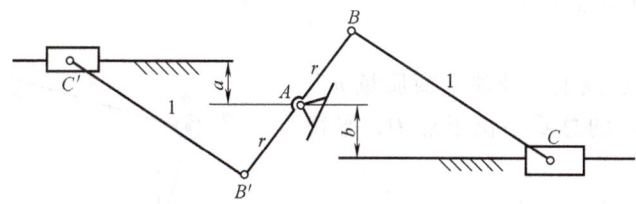

图 9-10　曲柄滑块机构的镜像机构

如图 9-11 所示的铰链四杆机构，首先以坐标轴 y 为镜像线作出机构 $ABCD$ 的镜像机构 $AB_1C_1D_1$，再以坐标轴 x 为镜像线作出机构 $AB_1C_1D_1$ 的镜像机构 $AB_2C_2D_1$，得机构 $AB_2C_2D_1$ 与机构 $ABCD$ 完全对称，可平衡其惯性力。

（2）利用平衡质量平衡　通过在机构中的某些构件上加相应的平衡质量（又称配重），以调整运动构件的总质心的位置，使机构得到完全平衡。用以确定平衡质量大小和位置的计算方法有质量代换法、主要点矢量法和线性独立矢量法等。本节通过实例说明如何应用质量代换法中的静代换求平衡质量的方法。

质量代换法就是按一定条件将构件的质量假想用集中于若干选定点上的集中质量来代换

的方法，这些选定的点称为代换点。而假想集中于这些点上的集中质量称为代换质量。对构件进行质量代换时，应当使代换前后各代换质量所产生的惯性力和惯性力偶矩与该构件实际产生的惯性力和惯性力偶矩相等。为此，必须满足下列三个条件：

1) 代换前后构件的质量不变。
2) 代换前后构件的质心位置不变。
3) 代换前后构件对质心的转动惯量不变。

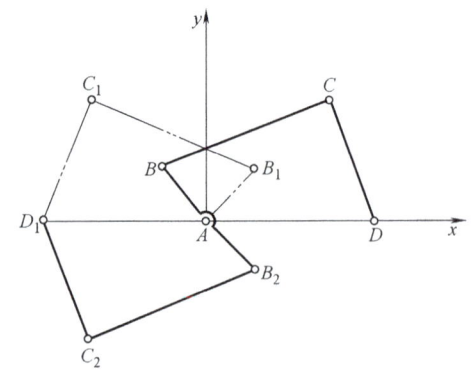

图 9-11 铰链四杆机构的两次镜像机构示意图

在一般工程计算中，为方便计算，通常要求质量的代换只满足前述 1)、2) 两个条件，这种代换方法称为静代换，而同时满足三个条件的代换方法称为动代换。

在图 9-12 所示的铰链四杆机构中，S_1、S_2、S_3 分别为构件 1、2、3 的质心，其质量分别为 m_1、m_2、m_3。为了进行平衡，先设构件 2 的质量 m_2 用分别集中于 B、C 两点的两个质量 m_{2B} 及 m_{2C} 代换，由静代换的条件可得

$$m_{2B} = m_2 \frac{l_{CS2}}{l_{BC}}$$

$$m_{2C} = m_2 \frac{l_{BS2}}{l_{BC}}$$

然后，可在构件 1 的延长线上加一平衡质量 m'，使质量 m'、m_1 与 m_{2B} 的总质心位于点 A，故平衡质量为

$$m' = \frac{m_{2B} l_{AB} + m_1 l_{AS1}}{r'} \quad (9-12)$$

同理，在构件 3 的延长线上 r'' 处加平衡质量 m''，使质量 m''、m_3 和 m_{2C} 的总质心位于点 D，平衡质量为

$$m'' = \frac{m_{2C} l_{DC} + m_3 l_{DS3}}{r''} \quad (9-13)$$

在加上平衡质量 m' 及 m'' 以后，可以认为在点 A 和点 D 处集中了两个质量 m_A 和 m_D，其大小为

$$m_A = m' + m_1 + m_{2B}$$
$$m_D = m'' + m_3 + m_{2C}$$

因而机构的总质心 S' 应位于 AD 线上的一个固定点，其加速度 $a_{S'} = 0$，所以机构的惯性力已得到平衡。

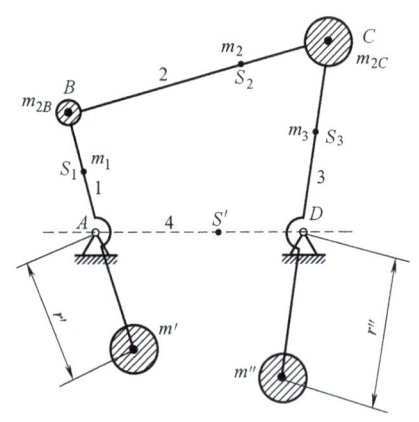

图 9-12 铰链四杆机构的完全平衡法

上述的平面机构在机架上的平衡方法，从理论上来说完全正确。在轧钢机升降台和插齿机等机构上都曾应用上述平衡方法。因为这样平衡以后，不仅能消除运动构件作用在机构上的动压力，而且还可以减小原动机的功率。这种平衡方法的主要缺点是：由于配置了几个平衡质量，所以机构的质量将大大增加，尤其是把平衡质量加在连杆上时，对结构更为不利。所以，很多机构设计时往往不采用这种方法，而采用部分平衡法。

2. 部分平衡法

对机构的总惯性力进行部分平衡的常用方法有两种。

（1）利用非完全对称机构平衡 在图 9-13a 所示的六杆机构中，当原动件 AB 转动时，滑块 C_1 和 C 的加速度方向相反，它们的惯性力的方向也相反，故可以互相抵消。但由于两滑块的运动规律不完全相同，所以只能部分平衡。

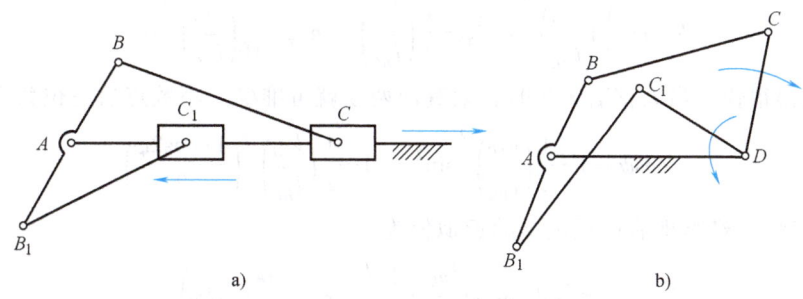

图 9-13 六杆机构的部分平衡法

在图 9-13b 所示的六杆机构中，两摇杆 CD 和 C_1D 的角加速度方向相反，它们的惯性力的方向也相反，可平衡部分惯性力。

（2）利用平衡质量平衡 较常用的部分平衡法是用装在曲柄延长线上的一个平衡质量来部分地平衡机构的惯性力。如图 9-14 所示的曲柄滑块机构，构件 1、2、3 的质量分别为 m_1、m_2、m_3。对机构进行平衡时，先将连杆的质量静代换到点 B 和点 C，得 m_{2B} 和 m_{2C}；将曲柄 1 的质量 m_1 静代换到点 B 和 A，得 m_{1B} 和 m_{1A}。此时机构所产生的惯性力只有两部分，即集中在 B 点的质量 m_B（$=m_{2B}+m_{1B}$）所产生的离心惯性力 F_B 和集中于 C 点的质量 m_C（$=m_{2C}+m_3$）所产生的往复惯性力 F_C。对于曲柄 AB 上的惯性力 F_B，只要在曲柄的延长线上加上一个平衡质量 m'，其大小为

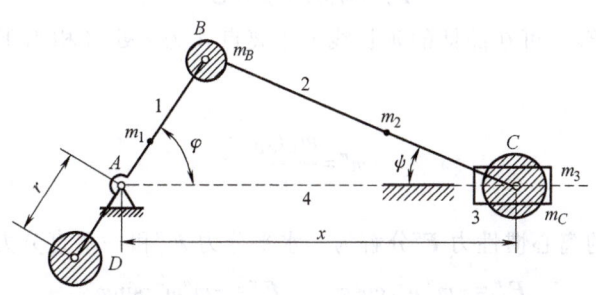

图 9-14 曲柄滑块机构的平衡示意图

$$m' = \frac{m_B l_{AB}}{r}$$

而滑块上的往复惯性力 F_C，因其大小随曲柄的转角 φ 变化而变化，所以其平衡问题比离心惯性力 F_B 复杂。下面将分析往复惯性力的平衡方法。

如图 9-14 所示，滑块的位移 x 为

$$x = l_{AB}\cos\varphi + l_{BC}\cos\psi \tag{9-14}$$

又

$$\sin\psi = \frac{l_{AB}}{l_{BC}}\sin\varphi$$

故

$$\cos\psi = \sqrt{1-\sin^2\psi} = \sqrt{1-(l_{AB}/l_{BC})^2\sin^2\varphi}$$

利用牛顿二项式定理展开成级数得

$$\cos\psi = 1 - \frac{1}{2}\left(\frac{l_{AB}}{l_{BC}}\right)^2\sin^2\varphi - \frac{1}{8}\left(\frac{l_{AB}}{l_{BC}}\right)^4\sin^4\varphi - \frac{1}{16}\left(\frac{l_{AB}}{l_{BC}}\right)^6\sin^6\varphi - \cdots$$

该级数收敛得很快，当 $l_{AB}/l_{BC} \leqslant 3$ 时，取其前两项就可准确到小数点后三位数字。因此

$$\cos\psi \approx 1 - \frac{1}{2}\left(\frac{l_{AB}}{l_{BC}}\right)^2\sin^2\varphi = 1 - \frac{1}{2}\left(\frac{l_{AB}}{l_{BC}}\right)^2\left(\frac{1-\cos 2\varphi}{2}\right)$$

代入式（9-14），经整理后得距离 x 的近似值为

$$x \approx l_{AB}\left(\cos\varphi + \frac{l_{BC}}{l_{AB}} - \frac{1}{4}\frac{l_{AB}}{l_{BC}} + \frac{1}{4}\frac{l_{AB}}{l_{BC}}\cos 2\varphi\right)$$

将上式对时间逐次求导，可得滑块 C 的加速度的近似值为

$$a_C \approx -\omega^2 l_{AB}\left(\cos\varphi + \frac{l_{AB}}{l_{BC}}\cos 2\varphi\right) \tag{9-15}$$

因而集中质量 m_C 所产生的往复惯性力大小为

$$F_C = -m_C a_C = m_C \omega^2 l_{AB}\left(\cos\varphi + \frac{l_{AB}}{l_{BC}}\cos 2\varphi\right) \tag{9-16}$$

由此可见，惯性力 F_C 包含两部分，第一部分 $m_C\omega^2 l_{AB}\cos\varphi$ 和第二部分 $m_C\omega^2 l_{AB}^2\cos 2\varphi/l_{BC}$，分别称其为第一级惯性力和第二级惯性力。通常后者比前者小得多，可忽略不计，故得

$$F_C = m_C \omega^2 l_{AB}\cos\varphi \tag{9-17}$$

为了平衡惯性力 F_C，可在曲柄的延长线上距离点 A 为 r 处（相当于 D 处）再加上一个平衡质量 m''，使

$$m'' = \frac{m_C l_{AB}}{r} \tag{9-18}$$

将该平衡质量所产生的离心惯性力 F'' 分解为一水平分力 F_h'' 和一垂直分力 F_v''，则有

$$F_h'' = -m''\omega^2 r\cos\varphi, \qquad F_v'' = -m''\omega^2 r\sin\varphi$$

由于 $m''r = m_C l_{AB}$，故 $F_h'' = -F_C$，因此 F_h'' 已将往复惯性力 F_C 平衡。但此时又多了一个不平衡惯性力 F_v''，该垂直方向的惯性力影响机器的正常工作。为了减小其不利影响，可取

$$F_h'' = \left(\frac{1}{3} \sim \frac{1}{2}\right) F_C$$

即取
$$m''r = \left(\frac{1}{3} \sim \frac{1}{2}\right) m_C l_{AB} \tag{9-19}$$

也就是说只平衡往复惯性力的一部分。这样，既可以部分消除往复惯性力的不良影响，又可以使在铅垂方向上产生新的不平衡惯性力不致太大，这对机械工作较为有利。

9.3 基于功率平衡的动力学设计

机械的运动与作用在机械上的力以及各力的做功情况有密切关系。从动能方程式可知，当研究机器的运动和外力的定量关系时，必须研究所有运动构件的动能变化和所有外力所做的功，这样做相当复杂。为此，在进行动力学研究时，通常要将复杂的机械系统按一定的原则简化为一个便于研究的等效动力学模型。

9.3.1 系统的动力学模型

对于单自由度的机械系统，当给定一个构件的运动后，其余各构件的运动也就确定了。所以可以将整个机械的运动问题转化为研究某一构件的运动问题。为此引入等效力、等效力矩、等效质量和等效转动惯量的概念，这个能代替整个机械系统运动的构件称为等效构件（通常取连架杆作为等效构件），从而建立单自由度机械系统的等效力学模型。等效转化的原则是：转化后机械的运动不因这种代替而变更，即等效构件的等效质量和等效转动惯量所具有的动能等于原机械系统的总动能；等效构件上作用的等效力和等效力矩所产生的瞬时功率等于原机械系统的所有外力产生的瞬时功率之和。

1. 等效质量和等效转动惯量

等效构件上的等效质量和等效转动惯量可以根据等效原则（等效构件所具有的动能等于原机械系统的总动能）来确定。

对于具有 n 个活动构件的机械系统，构件 i 上的质量为 m_i，相对质心 S_i 的转动惯量为 J_{Si}，质心 S_i 的速度为 v_{Si}，构件的角速度为 ω_i。如图 9-15b 所示，如果选绕固定轴线回转的

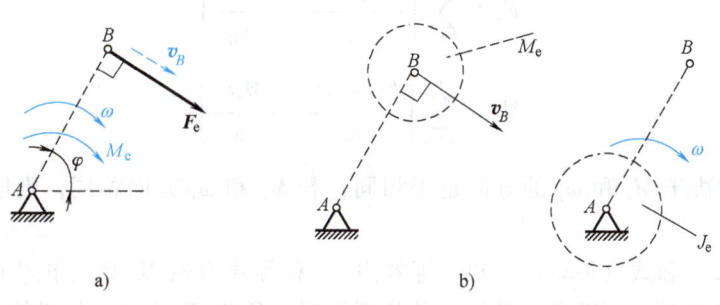

图 9-15 绕固定轴线回转的等效构件示意图

构件 AB 为等效构件，并假定 M_e 为加在点 B 且垂直于 AB 的等效力，v_B 为点 B 的速度；或假定 J_e 为加在等效构件 AB 上的等效力矩，ω 为等效构件的角速度，则该等效构件所具有的动能为

$$E = \sum_{i=1}^{n}\left(\frac{1}{2}m_i v_{Si}^2 + \frac{1}{2}J_{Si}\omega_i^2\right) = \frac{1}{2}m_e v_B^2$$

或

$$E = \sum_{i=1}^{n}\left(\frac{1}{2}m_i v_{Si}^2 + \frac{1}{2}J_{Si}\omega_i^2\right) = \frac{1}{2}J_e \omega^2$$

于是

$$m_e = \sum_{i=1}^{n}\left[m_i\left(\frac{v_{Si}}{v_B}\right)^2 + J_{Si}\left(\frac{\omega_i}{v_B}\right)^2\right] \tag{9-20}$$

或

$$J_e = \sum_{i=1}^{n}\left[m_i\left(\frac{v_{Si}}{\omega}\right)^2 + J_{Si}\left(\frac{\omega_i}{\omega}\right)^2\right] \tag{9-21}$$

由式（9-20）和式（9-21）可知，等效质量和等效转动惯量是以速度比的平方而定的，且与各构件的质量和转动惯量有关。同时，m_e 和 J_e 仅为机构位置的函数，但等效质量和等效转动惯量是假想的，它们并不是机械所有运动构件的质量或转动惯量的总和。因此，在力的分析中，不能用等效质量和等效转动惯量来确定总惯性力或总惯性力矩。

2. 等效力和等效力矩

等效构件上的等效力和等效力矩可根据等效原则（等效力或等效力矩产生的瞬时功率与机械系统所有外力和外力矩在同一瞬时产生的功率总和相等）来确定。

对于具有 n 个活动构件的机械系统，构件 i 上的作用力为 F_i，力矩为 M_i，力 F_i 作用点的速度为 v_i，构件 i 的角速度为 ω_i。同样选绕固定轴线转动的构件 AB 为等效构件，如图 9-15a 所示，并假设 F_e 为加在点 B 且垂直于 AB 的等效力，v_B 为点 B 的速度；或设 M_e 为加在绕固定轴转动的等效构件 AB 上的等效力矩，ω 为等效构件的角速度，θ_i 为力 F_i 和速度 v_i 之间的夹角。则机械系统的总瞬时功率为

$$P = F_e v_B = \sum_{i=1}^{n}(F_i v_i \cos\theta_i \pm M_i \omega_i)$$

或

$$M_e \omega = \sum_{i=1}^{n}(F_i v_i \cos\theta_i \pm M_i \omega_i)$$

于是

$$F_e = \sum_{i=1}^{n}\left[\frac{F_i v_i \cos\theta_i}{v_B} \pm \frac{M_i \omega_i}{v_B}\right] \tag{9-22}$$

或

$$M_e = \sum_{i=1}^{n}\left[\frac{F_i v_i \cos\theta_i}{\omega} \pm \frac{M_i \omega_i}{\omega}\right] \tag{9-23}$$

式中的"±"取决于 M_i 和 ω_i 的方向是否相同，若 M_i 和 ω_i 方向相同，则取"+"，反之取"-"。

由式（9-22）和式（9-23）可知，等效力 F_e 和等效力矩 M_e 既与机构的外力和外力矩有关，又与速比有关，而后者又随机构的位置而异。所以 F_e 和 M_e 是机构位置的函数。当外力或外力矩是速度（或时间）的函数时，等效力和等效力矩将是等效构件位置、速度（或时间）的函数。

例 9-2 在图 9-16a 所示的机构中，已知齿轮 1 和 2 的齿数分别为 z_1、z_2，各构件的尺寸为 l_{AB}、l_{AC}、l_{CD}，转动惯量分别为 J_1、J_2、J_{S4}，构件 3、4 的质量分别为 m_3、m_4（质心在 S_4，$l_{CS4} = \frac{1}{2} l_{CD}$），作用在机械上的驱动力矩为 M_1，阻抗力矩为 M_4。试求在图示位置等效到齿轮 1 上的等效转动惯量和等效力矩。

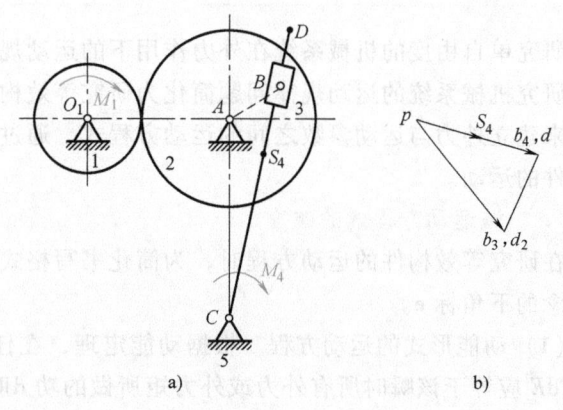

图 9-16 等效量的计算

解 取比例尺 μ_l m/mm 作机构运动简图，如图 9-16a 所示。任选比例尺 μ_v 作速度多边形，如图 9-16b 所示。由图 9-16b 可得

$$\frac{\omega_2}{\omega_1} = \frac{z_1}{z_2}, \quad \frac{\omega_3}{\omega_1} = \frac{\omega_2}{\omega_1} \frac{\omega_3}{\omega_2} = \frac{1}{2} \frac{v_{B4}/l_{BC}}{v_{B2}/l_{AB}} = \frac{1}{2} \frac{l_{AB}}{l_{BC}} \frac{\overline{pb_4}}{\overline{pb_2}}$$

$$\frac{\omega_4}{\omega_1} = \frac{\omega_3}{\omega_1}, \quad \frac{v_{B2}}{\omega_1} = \frac{\omega_2}{\omega_1} \frac{v_{B2}}{\omega_2} = \frac{1}{2} l_{AB}$$

$$\frac{v_{S4}}{\omega_1} = \frac{\omega_2}{\omega_1} \frac{v_{S4}}{\omega_2} = \frac{1}{2} \frac{\overline{pS_4}}{\overline{pb_2}/l_{AB}}$$

故以齿轮 1 为等效构件的等效转动惯量为

$$J_e = J_1 + J_2 \left(\frac{\omega_2}{\omega_1}\right)^2 + m_3 \left(\frac{v_{B2}}{\omega_1}\right)^2 + J_{S4} \left(\frac{\omega_4}{\omega_1}\right)^2 + m_4 \left(\frac{v_{S4}}{\omega_1}\right)^2$$

$$= J_1 + J_2 \left(\frac{z_1}{z_2}\right)^2 + m_3 \left(\frac{1}{2} l_{AB}\right)^2 + J_{S4} \left(\frac{1}{2} \frac{l_{AB}}{l_{BC}} \frac{\overline{pb_4}}{\overline{pb_2}}\right)^2 + m_4 \left(\frac{1}{2} \frac{\overline{pS_4}}{\overline{pb_2}/l_{AB}}\right)^2$$

等效力矩为

$$M_e = M_1 - M_4 \left(\frac{\omega_4}{\omega_1}\right) = M_1 - M_4 \left(\frac{1}{2} \frac{l_{AB}}{l_{BC}} \frac{\overline{pb_4}}{\overline{pb_2}}\right)$$

由本例可以看出，等效转动惯量和等效力矩与机构的传动比（如 ω_2/ω_1、v_{B2}/ω_1）有关。当机构的位置发生变化时，机构的传动比也将变化，则等效转动惯量和等效力矩也将发生变化。另外通过本例题还可以看出，等效转动惯量和等效力矩与各构件的真实速度大小无关，即使原动件的角速度发生变化，等效转动惯量和等效力矩也不会随之变化。

9.3.2 机械运动方程式的建立及解法

研究单自由度的机械系统在外力作用下的运动规律时，由于引入了等效构件的概念，可以将研究机械系统的运动规律问题简化为研究等效构件的运动规律问题。为此，可根据动能定理来建立外力与运动参数之间的运动方程式，通过求解运动方程就可以确定机械系统中任一构件的运动。

1. 机械运动方程式的建立

在研究等效构件的运动方程时，为简化书写格式，在不引起混淆的情况下，略去表示等效概念的下角标 e。

（1）动能形式的运动方程　根据动能定理，在任一时间间隔 dt 内，等效构件上的动能增量 dE 应等于该瞬时所有外力或外力矩所做的功 dW，即
$$dE = dW$$

如等效构件为回转构件时，则有
$$d\left[\frac{1}{2}J(\varphi)\omega^2\right] = M(\varphi,\omega,t)d\varphi \tag{9-24}$$

式中，$J(\varphi)$、$M(\varphi,\omega,t)$ 为一般形式的等效转动惯量和等效力矩。

将式（9-24）对 φ 进行积分，并取边界条件为 $t=t_0$ 时，$\varphi=\varphi_0$，$\omega=\omega_0$，$J(\varphi_0)=J_0$，得
$$\frac{1}{2}J(\varphi)\omega^2 - \frac{1}{2}J_0\omega_0^2 = \int_{\varphi_0}^{\varphi} M(\varphi,\omega,t)d\varphi \tag{9-25}$$

式中，ω_0、ω 为等效构件在初始位置和任意位置的角速度；φ_0、φ 为等效构件在初始位置和任意位置的角位移；J_0、$J(\varphi)$ 为等效构件在初始位置和任意位置的等效转动惯量。

式（9-25）即为能量形式的运动方程式。

（2）力或力矩形式的机械运动方程　如果将式（9-24）改写为
$$\frac{d\left[\frac{1}{2}J(\varphi)\omega^2\right]}{d\varphi} = M(\varphi,\omega,t)$$

即
$$J(\varphi)\frac{d\omega(\varphi)}{dt} + \frac{1}{2}\omega^2(\varphi)\frac{dJ(\varphi)}{d\varphi} = M(\varphi,\omega,t) \tag{9-26}$$

该方程式即为力或力矩形式的方程式。当选用移动构件为等效构件时，同理可以得到与上述类似形式的运动方程
$$\frac{1}{2}m(t)v^2 - \frac{1}{2}m_0v_0^2 = \int_{S_0}^{S} F(t)dS \tag{9-27}$$

式中，$m(t)$、$F(t)$ 为一般形式的等效质量和等效力；v_0、v 为等效构件在初始位置和任意位置的线速度；S_0、S 为等效构件在初始位置和任意位置的位移；m_0、$m(t)$ 为等效构件在初始位置和任意位置的等效质量。

2. 机械运动方程的解法

建立了机械系统的运动方程式以后，便可以求出在已知力的作用下机械的真实运动。不同的机械是由不同的原动机与执行机构组合而成的，因此等效力矩可能是位置、速度和时间三个运动参数中的一个或几个参数的函数，而等效转动惯量一般是机构位置的函数。因而，

求解运动方程式的方法也不尽相同,一般有解析法、数值计算法和图解法。下面就几种常见的情况进行分析。

(1) 等效力矩和等效转动惯量均为机构位置的函数时　用内燃机驱动的含有连杆机构的机械系统即属于这种情况。这种情况下可用能量方程来求解。设等效构件的转角在 $\varphi_0 \sim \varphi$ 范围内为所研究的一段角位移,对应 φ_0 时的角速度为 ω_0,转动惯量为 J_0,$M = M_d(\varphi) - M_r(\varphi)$ 为等效驱动力矩与等效阻力矩的差。由式(9-25)可得

$$\frac{1}{2}J\omega^2 - \frac{1}{2}J_0\omega_0^2 = \int_{\varphi_0}^{\varphi} [M_d(\varphi) - M_r(\varphi)] \mathrm{d}\varphi$$

可求得

$$\omega = \sqrt{\frac{J_0}{J}\omega_0^2 + \frac{2}{J}\int_{\varphi_0}^{\varphi} [M_d(\varphi) - M_r(\varphi)] \mathrm{d}\varphi} \tag{9-28}$$

如果从机械系统起动开始算起,则 $\omega_0 = 0$、$E_0 = 0$、$E = W$,故

$$\omega = \sqrt{\frac{2}{J}\int_{\varphi_0}^{\varphi} [M_d(\varphi) - M_r(\varphi)] \mathrm{d}\varphi} = \sqrt{\frac{2E}{J}} \tag{9-29}$$

由于 $M = M(\varphi)$、$J = J(\varphi)$,故 $\omega = \omega(\varphi)$。

(2) 等效力矩和等效转动惯量均为常数时　等效力矩和等效转动惯量均为常数是定传动比机械系统中常见的问题。此类机械的运转大都属于等速稳定运转,用力矩形式的方程求解该类问题比较方便。

由于 J = 常数,M = 常数,由式(9-26)可得

$$J\frac{\mathrm{d}\omega}{\mathrm{d}t} = M_d - M_r \tag{9-30}$$

$$\frac{\mathrm{d}\omega}{\mathrm{d}t} = (M_d - M_r)/J$$

两边积分得

$$\omega = \omega_0 + \frac{M_d - M_r}{J}(t - t_0)$$

(3) 等效转动惯量为常数,等效力矩是等效构件速度的函数时　由电动机驱动的鼓风机、搅拌机等的机械系统属于此类情况。对于这类机械,用力矩形式的运动方程式比较方便。由式(9-26)得

$$J\frac{\mathrm{d}\omega}{\mathrm{d}t} = M_d(\omega) - M_r(\omega) \tag{9-31}$$

即

$$\mathrm{d}\varphi = \frac{J\omega}{M_d(\omega) - M_r(\omega)}\mathrm{d}\omega$$

两边对 φ 积分得

$$\varphi = \varphi_0 + J\int_{\omega_0}^{\omega} \frac{\omega \mathrm{d}\omega}{M_d(\omega) - M_r(\omega)} \tag{9-32}$$

当等效转动惯量 J 是机构位置的函数,而等效力矩是等效构件速度的函数时,运动方程式是非线性微分方程,此时需用数值法求解。数值法的相关内容可参阅数值计算方面的参考书。

例 9-3　在图 9-17 所示的机械系统中，已知电动机的转速为 1440r/min，减速装置的传动比 $i=3$，选 B 轴为等效构件，等效转动惯量 $J=0.5$kg·m^2。要求 B 轴制动后 3s 停车，求解等效制动力矩。

解　$\omega_B = \dfrac{1440}{3} \times \dfrac{2\pi}{60}$rad/s $= 50.27$rad/s

由 $\omega = \omega_0 + \dfrac{M_d - M_r}{J}(t - t_0)$, $\omega_0 = \omega_B$,

$\omega = 0$, $t = 3$s, $t_0 = 0$

得 $\dfrac{M_d - M_r}{J} = \dfrac{\omega - \omega_0}{t - t_0} = \dfrac{0 - 50.27}{3}$rad/s^2

$= -16.8$rad/s^2

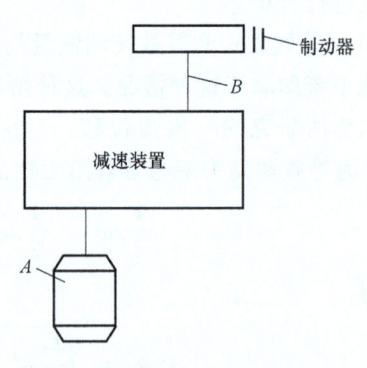

图 9-17　求解等效制动力矩

制动时，要取消驱动力矩和工作阻力，$M = M_d - M_r = -M_r$，此处 M_r 为制动力矩。可得

$M_r = 16.8J = 16.8 \times 0.5$N·m $= 8.4$N·m

9.3.3　机械速度波动的调节

在周期性变速稳定运转过程中，在一个运转周期内，等效驱动力矩所做的功等于等效阻抗力矩所做的功。但在运转过程中的某一瞬时，等效驱动力矩所做的功可能不等于等效阻抗力矩所做的功，从而导致了机械运转过程中的速度波动。

1. 周期性速度波动的产生原因

作用在机械上的驱动力矩和阻抗力矩往往是原动件转角 φ 的函数。其等效驱动力矩和等效阻抗力矩必然也是等效构件转角 φ 的函数。

图 9-18 所示为某一机械在周期性稳定运转过程中，其等效构件在一个运动周期内等效驱动力矩 $M_d(\varphi)$ 和等效阻抗力矩 $M_r(\varphi)$ 的变化曲线。设 φ_a、φ_a' 为运转周期的开始位置和终止位置，运转周期为 2π。在一个运转周期内的任一瞬间，等效驱动力矩所做的功 $W_d(\varphi)$ 和等效阻抗力矩所做的功 $W_r(\varphi)$ 不一定相等。机械的动能增量为

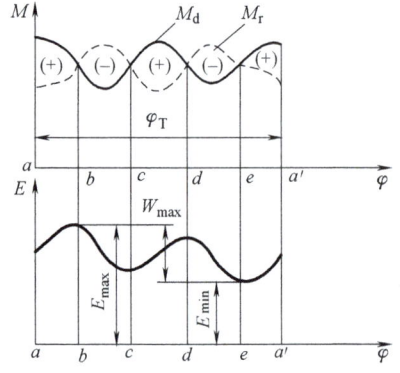

图 9-18　机械系统动能曲线

$$\Delta E = W_d(\varphi) - W_r(\varphi) = \int_{\varphi_a}^{\varphi_a'}[M_d(\varphi) - M_r(\varphi)]d\varphi \qquad (9-33)$$

在 ab 段，$M_d(\varphi) > M_r(\varphi)$，$W_d(\varphi) > W_r(\varphi)$，机械系统的动能增量 $\Delta E = W_d(\varphi) - W_r(\varphi) > 0$，外力对系统做正功（称为盈功），机械动能增加，速度上升。

在 bc 段，$M_d(\varphi) < M_r(\varphi)$，$W_d(\varphi) < W_r(\varphi)$，机械系统的动能增量 $\Delta E = W_d(\varphi) - W_r(\varphi) < 0$，外力对系统做负功（称为亏功），机械动能减少，速度下降。

在 cd 段，$M_d(\varphi)>M_r(\varphi)$，$W_d(\varphi)>W_r(\varphi)$，机械系统的动能增量 $\Delta E=W_d(\varphi)-W_r(\varphi)>0$，外力对系统做正功，机械动能增加，速度上升。

在 de 段，$M_d(\varphi)<M_r(\varphi)$，$W_d(\varphi)<W_r(\varphi)$，机械系统的动能增量 $\Delta E=W_d(\varphi)-W_r(\varphi)<0$，外力对系统做负功，机械动能减少，速度下降。

在 ea' 段，$M_d(\varphi)>M_r(\varphi)$，$W_d(\varphi)>W_r(\varphi)$，机械系统的动能增量 $\Delta E=W_d(\varphi)-W_r(\varphi)>0$，外力对系统做正功，机械动能增加，速度上升。

而在一个运转周期 φ_T（$=2\pi$）内，等效驱动力矩和等效阻抗力矩所做的功相等。即

$$\int_{\varphi_a}^{\varphi_a'}[M_d(\varphi)-M_r(\varphi)]d\varphi=0 \tag{9-34}$$

于是经过了一个运转周期 φ_T，机械系统的动能又恢复到原来的值，因而机械系统的速度也恢复到原来的数值。由此可知，机械速度在稳定运转过程中呈周期性的波动。

2. 周期性速度波动的调节

（1）机械运转速度不均匀系数　图 9-19 所示为在一个运转周期内等效构件角速度的变化曲线。工程上常用角速度的平均值 ω_m 表示机械运转的角速度。其近似值为

$$\omega_m=\frac{\omega_{max}+\omega_{min}}{2} \tag{9-35}$$

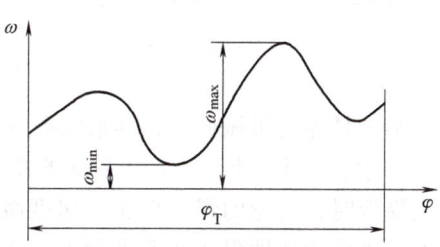

图 9-19　角速度变化示意图

角速度变化的幅度（$\omega_{max}-\omega_{min}$）可反映机械运转过程中速度波动的绝对量，但不能反映机械波动的不均匀程度。工程实际中一般用机械运转速度不均匀系数 δ 来表示机械速度波动的程度，其定义为角速度波动的幅度（$\omega_{max}-\omega_{min}$）与角速度平均值 ω_m 的比值，即

$$\delta=\frac{\omega_{max}-\omega_{min}}{\omega_m} \tag{9-36}$$

对于不同的机械，其运转速度不均匀系数 δ 的许用值因工作性质的不同而异。表 9-1 列出了一些常用机械运转速度不均匀系数的许用值 $[\delta]$。

表 9-1　常用机械运转速度不均匀系数的许用值 $[\delta]$

机械名称	$[\delta]$	机械名称	$[\delta]$
汽车、拖拉机	1/60~1/20	汽轮发电机	<1/200
压缩机	1/100~1/50	剪床、锻床、压力机	1/20~1/7
内燃机	1/150~1/80	金属切削机床	1/40~1/30
直流发电机	1/200~1/100	农业机械	1/50~1/5
交流发电机	1/300~1/200	石料破碎机	1/20~1/5

（2）飞轮的设计　在机械设计过程中，为使所设计的机械运转速度不均匀系数不超过许用值，即满足条件

$$\delta\leqslant[\delta] \tag{9-37}$$

可通过在机械中安装具有较大转动惯量的飞轮来进行调节。

1）飞轮调节速度波动的基本原理。由图 9-18 可以看出，机械系统的动能在运转过程中

随转角 φ 的变化而变化，在一个运转周期内其动能在 b 点处为最大值 E_{max}，而在 e 点处其动能为最小值 E_{min}。因此，机械运转过程中由 φ_b 运动到 φ_e 位置时，外力对系统所做的盈亏功最大，其值为

$$\Delta W_{max} = E_{max} - E_{min} = \frac{1}{2}J\omega_{max}^2 - \frac{1}{2}J\omega_{min}^2 \tag{9-38}$$

式中，ω_{max} 为对应 E_{max} 时的最大角速度；ω_{min} 为对应 E_{min} 时的最小角速度；J 为等效转动惯量（忽略其变量部分）。

如果在机械上安装一个转动惯量为 J_F 的飞轮，以便调节机械的周期性速度波动，由式（9-38）可得

$$\Delta W_{max} = \frac{1}{2}(J+J_F)(\omega_{max}^2 - \omega_{min}^2)$$

联立式（9-35）、式（9-36）和式（9-38）可得

$$\delta = \frac{\Delta W_{max}}{(J+J_F)\omega_m^2} \tag{9-39}$$

就某一具体的机械而言，其最大盈亏功 ΔW_{max}、平均角速度 ω_m 及构件的等效转动惯量 J 都是确定的。当安装飞轮后，系统的总等效转动惯量增加了，速度不均匀系数 δ 将减小。当速度降低时，飞轮的惯性阻止其速度减小，飞轮释放能量，限制了 ω_{min} 的减小；当速度升高时，飞轮的惯性阻止其速度增加，飞轮储存能量限制了 ω_{max} 的增大。因此，从理论上来说，总能有足够大的飞轮转动惯量 J_F 来使机械的速度波动范围保持在允许的范围内。

2）飞轮的设计计算。

①飞轮转动惯量的近似计算。进行机械系统设计时，为使其速度不均匀系数 δ 满足 $\delta \leq [\delta]$，由式（9-39）可得

$$J_F \geq \frac{\Delta W_{max}}{\omega_m^2[\delta]} - J \tag{9-40}$$

如果原机械系统的转动惯量 $J \ll J_F$，则 J 可以忽略不计。于是式（9-40）变为

$$J_F \geq \frac{\Delta W_{max}}{\omega_m^2[\delta]} \tag{9-41}$$

式（9-41）即为飞轮等效转动惯量的近似计算公式。当用机械系统的额定转速 n（r/min）代替上式中的平均角速度时，则有

$$J_F \geq \frac{900\Delta W_{max}}{\pi^2 n^2[\delta]} \tag{9-42}$$

由式（9-42）可知，平均角速度 ω_m（或机械的额定转速 n）越大，飞轮的等效转动惯量 J_F 越小，所以从飞轮的质量来看，把它安装在高速轴上比较有利。

②飞轮尺寸的确定。飞轮的安装位置和转动惯量确定以后，就可以确定飞轮的尺寸。飞轮按构造大体可分为圆盘状飞轮和腹板状飞轮两种。

图 9-20a 所示为直径为 d、宽度为 b、质量为 m 的圆盘状飞轮，它基本上是一带轴孔金属圆盘，这种飞轮一般都比较小。其转动惯量为

$$J_F = \frac{1}{2}m\left(\frac{d}{2}\right)^2 = \frac{1}{8}md^2$$

则
$$md^2 = 8J_F \tag{9-43}$$

式中，md^2 为飞轮矩或飞轮特性，单位为 $kg \cdot m^2$。

选定飞轮直径 d 以后，就可求出飞轮的质量 m，从而根据飞轮的材料计算出飞轮的宽度 b。飞轮直径越大，其质量越小。但直径过大会导致飞轮的尺寸过大，使其圆周速度和离心力增大。因此，所选飞轮的直径与对应的圆周速度应相匹配。

图 9-20b 所示为腹板状飞轮，一般用于大型机械中，它具有轮毂、轮辐和轮缘三部分。因轮辐与轮毂的转动惯量与轮缘的转动惯量相比很小，故其转动惯量可近似认为是飞轮轮缘部分的转动惯量。

设厚度为 b、质量为 m 的轮缘部分是一个直径为 d_1、d_2 的圆环（其平均直径为 d），则轮缘部分的转动惯量为

$$J_F = \frac{1}{2}m\left[\left(\frac{d_1}{2}\right)^2 + \left(\frac{d_2}{2}\right)^2\right] = \frac{1}{8}m[(d+h)^2 + (d-h)^2] = \frac{1}{4}m(d^2 + h^2)$$

由于 $h \ll d$，故与 d^2 相比，h^2 可以略去不计。上式可近似为

$$J_F = \frac{1}{4}md^2$$

则
$$md^2 = 4J_F \tag{9-44}$$

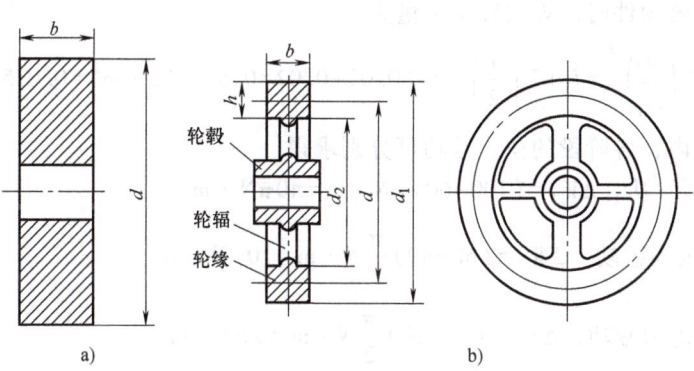

图 9-20 飞轮形状及尺寸

选定飞轮直径后，则其质量即可求出，可根据飞轮的材料和从《机械设计手册》中查到 h/b 的值，分别确定 h 和 b 的值。

例 9-4 在图 9-21 所示的齿轮传动中，已知 $z_1 = 20$，$z_2 = 40$，轮 1 为主动轮，在轮 1 上施加力矩 M_1 = 常数，作用在轮 2 上的阻抗力矩 M_2 的变化规律如图所示；两齿轮对各自回转中心的转动惯量分别为 $J_1 = 0.01 kg \cdot m^2$，$J_2 = 0.02 kg \cdot m^2$。轮 1 的平均角速度 ω_m = 100 rad/s。若已知速度不均匀系数 $\delta = 1/50$，试求：

（1）M_1 的值。

（2）飞轮安装在 I 轴上时的转动惯量 J_F。

解 （1）求轮 1 上的驱动力矩 M_1　取构件 1 为等效构件，对于轮 1 来说，$M_{de} = M_1$。在一个周期（即 4π，因为 $\varphi_1 = 2\varphi_2$）内，总驱动功应等于总阻抗功。

所以
$$M_{de} \cdot 4\pi = 100\pi + 40 \times \frac{\pi}{2} + 70 \times \frac{\pi}{2} + 20 \times \frac{3\pi}{2} + 110 \times \frac{\pi}{2}$$

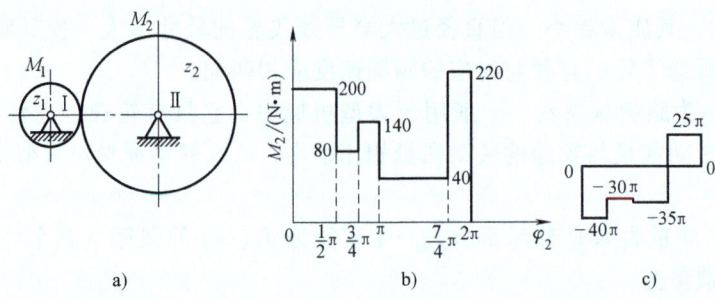

图 9-21 齿轮传动

可得
$$M_1 = M_{de} = 60\text{N} \cdot \text{m}$$

（2）求 J_F　因总转动惯量与平均角速度的平方成反比，所以平均角速度越大，所求得的飞轮转动惯量将越小，因而飞轮的尺寸和质量也将大大减小，所以飞轮应安装在高速轴上，即安装在 I 轴上。

以轮 1 为等效构件时，等效转动惯量为
$$J_e = J_1 + J_2\left(\frac{\omega_2}{\omega_1}\right)^2 = J_1 + J_2\left(\frac{1}{2}\right)^2 = (0.01 + 0.02 \times 0.5^2) \text{ kg} \cdot \text{m}^2 = 0.015 \text{kg} \cdot \text{m}^2$$

在一个周期内，各阶段的盈、亏功可分别求得

在 $0 \sim \pi$ 内为亏功，$\Delta W_1 = (100-60)\pi \text{N} \cdot \text{m} = 40\pi \text{N} \cdot \text{m}$

在 $\pi \sim \frac{3}{2}\pi$ 内为盈功，$\Delta W_2 = (60-40)\frac{\pi}{2} \text{N} \cdot \text{m} = 10\pi \text{N} \cdot \text{m}$

在 $\frac{3}{2}\pi \sim 2\pi$ 内为亏功，$\Delta W_3 = (70-60)\frac{\pi}{2} \text{N} \cdot \text{m} = 5\pi \text{N} \cdot \text{m}$

在 $2\pi \sim \frac{7}{2}\pi$ 内为盈功，$\Delta W_4 = (60-20)\frac{3\pi}{2} \text{N} \cdot \text{m} = 60\pi \text{N} \cdot \text{m}$

在 $\frac{7}{2}\pi \sim 4\pi$ 内为亏功，$\Delta W_5 = (110-60)\frac{\pi}{2} \text{N} \cdot \text{m} = 25\pi \text{N} \cdot \text{m}$

画出一个周期内的能量指示图，如图 9-21c 所示。可求得最大盈亏功为
$$\Delta W_{max} = [25\pi - (-40\pi)] \text{ N} \cdot \text{m} = 65\pi \text{N} \cdot \text{m}$$

飞轮的转动惯量为
$$J_F = \frac{\Delta W_{max}}{\delta \omega_m^2} - J_e = \left[\left(\frac{65\pi}{\frac{1}{50} \times 100^2}\right) - 0.015\right] \text{kg} \cdot \text{m}^2 = 1.005 \text{kg} \cdot \text{m}^2$$

知识要点与拓展

1）本章的重点是刚性转子的静平衡和动平衡理论及计算方法，机械系统等效动力学模

型的建立及求解，机械运转速度波动及其调节方法。

当转子在远低于一阶临界转速下运转时，可视其为刚性转子。$d/b>5$ 的刚性转子，可按静平衡的原理进行设计和实验；$d/b \leqslant 5$ 的刚性转子，可按动平衡原理进行设计和实验。当转子的工作转速接近或超过一阶临界转速时，要按挠性转子的平衡原理进行平衡设计和实验。平衡设计后的转子经加工后，要进行平衡实验，以满足平衡精度要求。机构的平衡分为机构惯性力的完全平衡和部分平衡，可通过加装平衡机构和在构件上加装配重的方法实现。

对于单自由度的机械，通过引入等效力、等效力矩、等效转动惯量、等效质量的概念，建立机械的等效动力学模型。然后求解机械的运动方程，分析机械的运动规律。对于做周期性变速稳定运动的机械系统，可通过在机械上加装飞轮的方法对速度的波动进行调节；对于非周期性变速运转的机械系统，可通过在机械上加装调速器的方法对速度的波动进行调节。

2) 本章对基于质量平衡和基于功率平衡的动力学设计理论和方法做了较详尽的叙述。虽然刚性转子的平衡试验方法已比较成熟，但随着数字信号处理技术的发展和计算机应用的普及，将计算机用于动平衡机已成为动平衡技术发展的趋势。关于这方面的情况可参阅参考文献［37］，文中介绍了在工业用支承动平衡机中，利用计算机代替传统的电气箱作测量和解算装置的方法。

3) 挠性转子的平衡技术是近代高速大型回转机械设计、制造和运行的关键技术之一。本章仅对挠性转子的平衡问题做了简要的介绍。关于挠性转子平衡原理及平衡方法的详细介绍，可参阅参考文献［38］。

4) 平面机构的平衡包括惯性力和惯性力矩的平衡。本章仅讨论构件质心位于其两个转动副连线上的平面机构的惯性力平衡问题。关于构件质心不在其两转动副连线上的平面机构惯性力的平衡问题及平面机构惯性力矩的平衡问题，可参阅参考文献［36］。

5) 为了研究机械系统在外力作用下的真实运动情况，以便提出改进设计的方法，提高机械的运动精度和工作质量，需要求解机械的运动方程式。机械系统的组成情况和作用于机械系统中的外力特性是多种多样的，故等效力矩和等效转动惯量的形式也各不相同，加之等效力矩可用函数表达式、曲线或数值表格的形式给出，故不同情况下运动方程式的求解方法也各不相同。至于运动方程的求解方法，特别是数值解法，可参阅参考文献［36］和［39］。

6) 在工程实际中，除了单自由度的机械系统外，还会遇到一些两个或两个以上自由度的机械系统，如差动轮系、多自由度机械手等。对于多自由度系统，不能把其简化为几个独立的、互不相关的单自由度等效构件来研究，而是要选择数目等于系统自由度数目的广义坐标来代替等效构件，应用拉格朗日方程来建立运动微分方程。

7) 工程实际中的大多数机械，其稳定运转过程中都存在着周期性速度波动。需要在系统中安装飞轮以使其速度波动限制在工作允许的范围内。因此，飞轮设计是机械动力设计中的重要内容之一。本章仅介绍了等效力矩为机构位置函数时飞轮转动惯量的计算方法。关于其他情况下飞轮转动惯量的计算方法，可参阅参考文献［40］。

8) 随着计算机技术的飞速发展，机械系统动力学的研究已进入一个新阶段：由对个别机构的人工建模，发展到对各种机构的计算机自动建模；由人工选用算法求解，发展到由计算机自动求解。有兴趣对机械系统动力学作进一步深入学习和研究的读者，可参阅参考文献［43］。

9) 本章在研究基于功率平衡的动力学设计时，将所有构件均视为刚体。随着机械向高速化、轻型化方向发展，系统急剧增大的惯性力将会使构件产生弹性变形，从而给机械系统的输出运动带来误差。此种情况下，需要把系统视作弹性系统来加以研究。关于这方面的情况，可参阅参考文献 [29]。

思考题及习题

9-1 何谓机械不平衡？机械不平衡有哪些类型？造成机械不平衡的原因是什么？

9-2 根据刚性回转件的各质量分布的不同，如何计算其平衡问题？为什么对刚性转子进行动平衡时校正面不能少于两个？

9-3 刚性回转件的静平衡和动平衡有什么区别？哪些转子适用于静平衡方法校正？哪些转子必须进行动平衡校正？

9-4 何谓"质径积"？"质径积"概念的意义是什么？

9-5 哪些平面机构需要进行机架平衡？机架平衡的方法主要有哪些？它们的原理是什么？

9-6 引起机械运转过程中周期性速度波动的原因是什么？应如何调节？

9-7 建立机械系统的等效动力学模型的等效条件是什么？

9-8 何谓机械的平均速度和运转速度不均匀系数？设计飞轮时是否 $[\delta]$ 选得越小越好？

9-9 为了减小飞轮的质量和尺寸，飞轮最好安装在什么位置？

9-10 机械的平衡和调速都能够减轻机械在运转过程中的动载荷，但两者有何本质区别？

9-11 在图 9-22 所示的盘形转子中，有四个偏心质量 $m_1 = 3$kg，$m_2 = 6$kg，$m_3 = 7$kg，$m_4 = 9$kg，它们位于同一回转面内，其回转半径分别为 $r_1 = 20$mm，$r_2 = 12$mm，$r_3 = 10$mm，$r_4 = 8$mm，其间夹角互为 90°。又设平衡质量 m_b 的回转半径 $r_b = 10$mm，试求平衡质量 m_b 的大小及方位。

9-12 如图 9-23 所示的薄壁转盘，其质量为 m，经静平衡实验测得其质心的偏心距为 r，方向垂直向下。由于该回转面内不允许安装平衡质量，只能在两个平面Ⅰ和Ⅱ上调整，试求应加的平衡质径积的大小及方向。

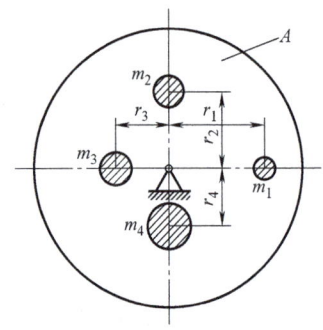

图 9-22 题 9-11 图

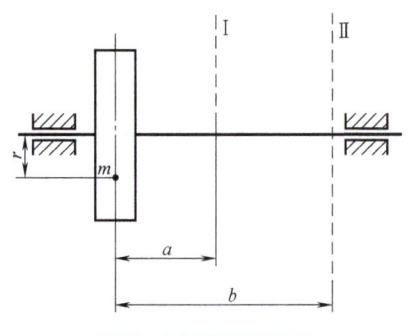

图 9-23 题 9-12 图

9-13 在图9-24所示的转轴上,有不平衡质量 $m_1 = 2\text{kg}$, $m_2 = 1\text{kg}$, $m_3 = 0.5\text{kg}$,都分布在与其回转轴线重合的同一轴面内,各不平衡质量的回转半径及轴向位置分别为:$r_1 = 100\text{mm}$, $r_2 = 100\text{mm}$, $r_3 = 200\text{mm}$, $l_1 = 50\text{mm}$, $l_{12} = 200\text{mm}$, $l_{23} = 100\text{mm}$, $l = 450\text{mm}$;如果校正面选在两支承处,所加配重的回转半径为50mm,试求在两平衡平面上应加的平衡质量的大小和方位。

9-14 如图9-25所示的四杆机构,已知 $AB = 50\text{mm}$, $BC = 200\text{mm}$, $CD = 150\text{mm}$, $AD = 250\text{mm}$, $AS_1 = 20\text{mm}$, $BE = 100\text{mm}$, $ES_2 = 40\text{mm}$, $CF = 50\text{mm}$, $FS_3 = 30\text{mm}$, $m_1 = 0.5\text{kg}$, $m_2 = 1\text{kg}$, $m_3 = 15\text{kg}$。试在AB、CD杆上加平衡质量实现机构惯性力的完全平衡。

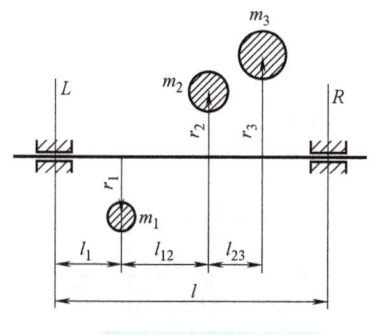

图9-24 题9-13图

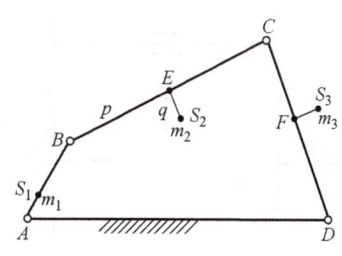

图9-25 题9-14图

9-15 在图9-26所示的曲柄滑块机构中,已知各构件的尺寸:$AB = 100\text{mm}$, $BC = 400\text{mm}$。若曲柄、连杆和滑块的质心分别在 C_1、C_2、C_3,且有 $l_{AC1} = 50\text{mm}$, $l_{BC2} = 100\text{mm}$,若滑块的质量 $m_3 = 4\text{kg}$,求曲柄质量 m_1、连杆质量 m_2 为多少才能使机构的惯性力趋于平衡?

9-16 某机械由交流异步电动机驱动。已知电动机的额定角速度 $\omega_n = 151.8\text{rad/s}$,同步角速度 $\omega_0 = 157.1\text{rad/s}$,额定转矩 $M_n = 52.7\text{N·m}$,等效阻抗矩 $M_r = 50\text{N·m}$(取电动机轴为等效构件),试求该机械稳定运转时的角速度 ω。

9-17 某机械的等效驱动力矩 M_d、等效阻抗力矩 M_r 和等效转动惯量 J_e 如图9-27所示。试求:

1)此等效构件能否做周期性的速度波动?为什么?

2)假定当 $\varphi = 0°$ 时等效构件的角速度为100rad/s,求该等效构件的最大角速度 ω_{max} 和最小角速度 ω_{min} 的值,并指出其出现的位置。

3)求该机械运转速度不均匀系数 δ。

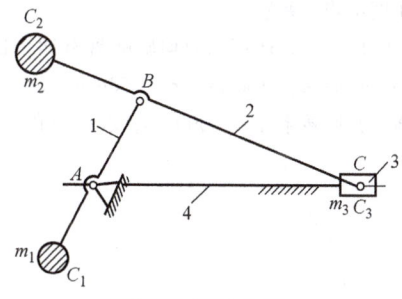

图9-26 题9-15图

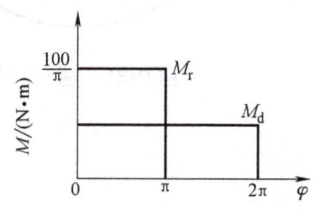

图9-27 题9-17图

9-18 在图9-28所示的行星轮系中,已知各齿轮的参数:模数 $m = 5\text{mm}$,齿数 $z_1 = z_{2'} = 18$, $z_2 = z_3 = 36$;各构件的质心与其回转轴线重合,绕质心轴的转动惯量分别为 $J_1 = 0.01\text{kg·m}^2$, $J_2 = 0.04\text{kg·m}^2$, $J_{2'} = 0.01\text{kg·m}^2$, $J_H = 0.18\text{kg·m}^2$;各行星轮的质量分别为 $m_2 = 4\text{kg}$, $m_{2'} = 2\text{kg}$;假定齿轮1为等效构件,

试计算其等效转动惯量。若作用在其系杆上的阻抗力矩 $M_{rH}=60\mathrm{N\cdot m}$，试求其等效阻抗力矩 M_{er}。

9-19 某机械系统，已知换算到主轴上的等效驱动力矩 $M_d=75\mathrm{N\cdot m}$，等效阻抗力矩 M_r 按直线递减变化，如图 9-29 所示；又知主轴上的等效转动惯量 $J=1\mathrm{kg\cdot m^2}$，为常数；运动循环开始时的转角和角速度为 $\varphi_0=0°$ 和 $\omega_0=100\mathrm{rad/s}$。试求当 $\varphi=60°$、$120°$ 及 $180°$ 时主轴的角速度和角加速度。

9-20 已知某机器主轴转动一周为一个稳定运动循环，取主轴为等效构件，其等效阻抗力矩 M_{er} 如图 9-30 所示。设等效驱动力矩 M_{ed} 及等效转动惯量 J_e 均为常数。试求：

1）最大盈亏功，并指出最大角速度 ω_{max} 及最小角速度 ω_{min} 出现的位置；
2）说明减小速度波动可采取的方法；

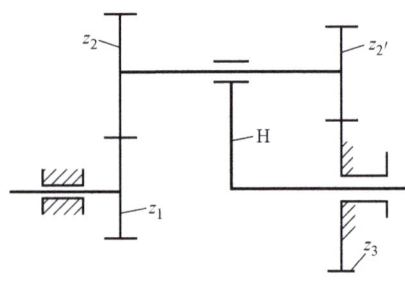

图 9-28 题 9-18 图

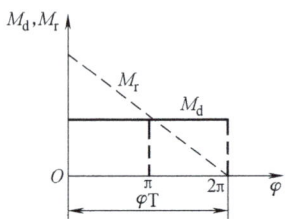

图 9-29 题 9-19 图

3）设主轴的平均角速度 $\omega_m=100\mathrm{rad/s}$，在主轴上安装一个转动惯量 $J_F=0.52\mathrm{kg\cdot m^2}$ 的飞轮，试求运转速度不均匀系数。

9-21 图 9-31 所示的均质圆盘有四个圆孔，孔径和位置分别为 $d_1=70\mathrm{mm}$，$r_1=240\mathrm{mm}$；$d_2=120\mathrm{mm}$，$r_2=180\mathrm{mm}$；$d_3=100\mathrm{mm}$，$r_3=250\mathrm{mm}$；$d_4=150\mathrm{mm}$，$r_4=190\mathrm{mm}$，方位如图所示。今在其上再钻一圆孔使之平衡，其回转半径 $r_b=300\mathrm{mm}$，求该圆孔的直径 d_b 和方位角 α_{1b}（r_1 与 r_b 的夹角）。

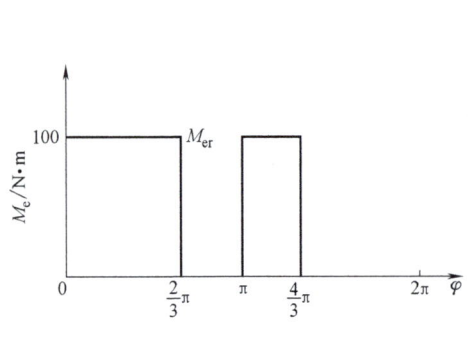

图 9-30 题 9-20 图

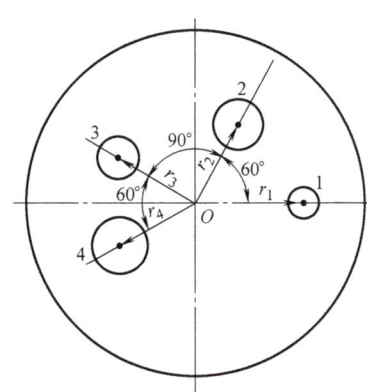

图 9-31 题 9-21 图

第10章

机械系统的运动方案及机构的创新设计

如何综合前9章所学的内容,根据实际需要设计一个完整的机械系统?本章即介绍机械总体方案的设计、机械执行系统的方案设计、机械传动系统的方案设计和原动机的选择等内容。机械执行系统的方案设计是机械系统方案设计中最具创造性的工作,本章将对其设计过程及其创新设计方法作重点介绍。其内容主要包括执行系统的功能原理设计、执行系统的运动规律设计、执行机构的形式设计、执行系统的协调设计、执行系统的方案评价与决策等。

10.1 机械系统的设计过程

机械产品设计是一个通过分析、综合与创新获得满足某些特定要求和功能的机械系统的过程。根据设计的内容和特点,一般把机械产品设计分为以下三种类型:

1) 开发性设计。在工作原理、结构等完全未知的情况下,针对新任务提出新方案,开发设计出以往没有的新产品。

2) 变型设计。在工作原理和功能结构不改变的情况下,对已有产品的结构、参数、尺寸等方面进行变异,设计出适用范围更广的系列化产品。

3) 适应性设计。针对已有的产品设计,在消化吸收的基础上,对产品作局部变更或设计一个新部件,使产品更能满足使用要求。

开发性设计是开创、探索、创新,变型设计是变异创新,适应性设计是在吸取中创新。创新是各种类型设计的共同点。

机械新产品的开发设计过程一般可分为四个阶段:初期规划设计阶段、总体方案设计阶段、结构技术设计阶段、生产施工设计阶段。图10-1介绍了这四个设计阶段中所包含的内容及其应完成的任务。图中介绍的是一个直线链式设计流程。在实际产品开发设计过程中,常常需要改进甚至推翻原设计方案,进行再设计,即在每个设计阶段或在各设计阶段之间,存在反复循环链式的设计流程。例如,在总体方案设计阶段可能提出增加或改变某些功能的要求,则初期规划设计阶段提出的设计任务就要改变,为完成这些功能,总体方案中执行机构的设计方案也需要改变;在结构技术设计阶段,也可能因结构处理的需要,改变原设计方案;即便在生产加工、安装调试或售后服务中,也会因为发现质量或功能问题而提出改进设计方案的建议。因此,机械设计是一个各阶段紧密相连、前后呼应的系统过程,是一个不断创新、变革的发展过程,特别是在机械总体方案设计阶段,创新显得尤为重要。

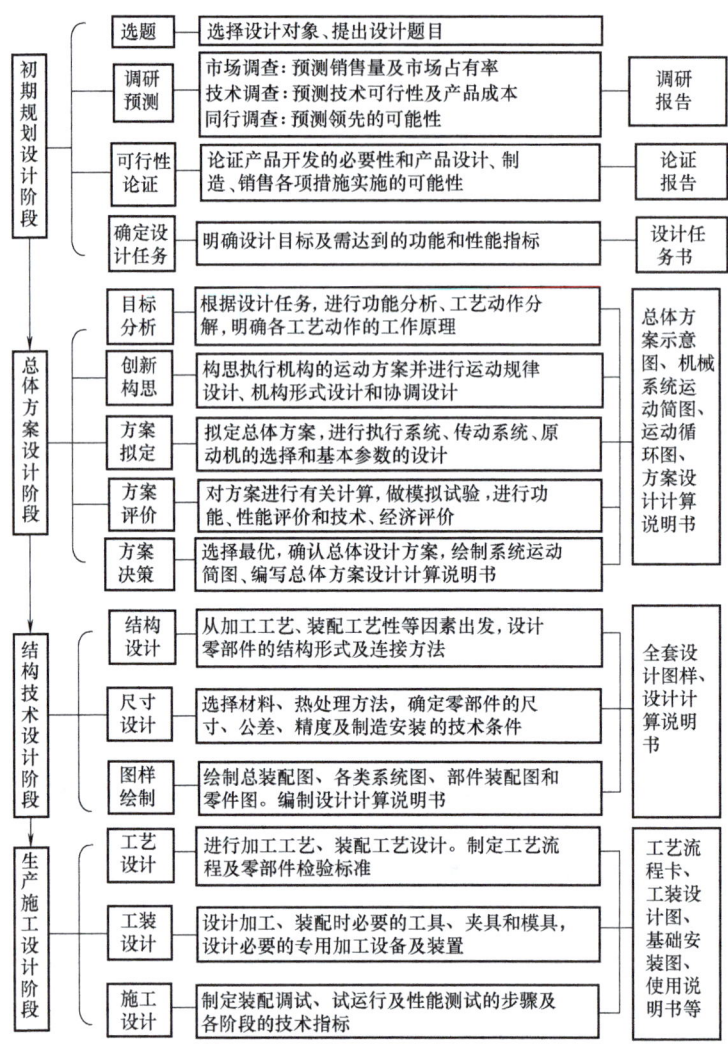

图 10-1 机械系统的设计过程

10.2 机械系统的总体方案设计

10.2.1 总体方案设计的目的和内容

1. 总体方案设计的目的

在机械新产品开发设计的四个阶段中,初期规划设计阶段进行的调研和可行性论证,将为所开发产品是否具有生命力和市场竞争力提供准确信息,而要实现初期规划设计阶段所提出的产品设计目标,关键在于总体方案设计阶段的工作。

总体方案设计的目的就在于:根据初期规划阶段所确定的设计任务,运用现代设计思想与方法,全面考虑产品全生命周期各阶段的具体要求,通过目标分析、创新构思、方案拟定、方案评价与方案决策，使所设计的产品功能齐全、性能先进、质量优良、成本低廉、经济效益显著，同时又易于制造，能迅速占领市场，提高市场竞争力和生命力。

2. 总体方案设计的内容

机械系统主要由原动机、传动系统、执行系统和控制系统组成。机械系统总体方案设计的主要内容有：

1）执行系统的方案设计。主要包括执行系统的功能原理设计、运动规律设计、执行机构的形式设计、执行系统的协调设计和执行系统的方案评价与决策。

2）传动系统的方案设计。主要包括传动类型和传动路线的选择，传动链中机构顺序的安排和各级传动比的分配。

3）原动机类型的选择。

4）控制系统的方案设计。

5）其他辅助系统的设计。主要包括润滑系统、冷却系统、故障监测系统、安全保护系统和照明系统等的设计。

从原动机到传动机构再到执行机构的整个系统的设计一般称为机械系统的运动方案设计，其结果是给出一张满足运动性能要求的运动简图。

10.2.2 总体方案设计的现代设计思想与方法

总体方案设计是产品设计中最关键的阶段，要做好这一阶段的工作，需要扎实的理论知识、丰富的实践经验、第一手资料和最新的信息，更需要科学的设计思想和方法，需要设计者具有现代设计、系统工程和工程设计的观念。

科学技术迅猛发展，学科的交叉和综合现象越来越明显。现代机械设计已不再单纯属于工程技术范畴，而是自然科学、人文科学和社会科学相互交叉，科学理论与工程技术高度融合的一门现代设计科学。随着信息论、控制论、系统论、决策理论、智能理论等现代理论的发展和应用，以及优化设计、可靠性设计、工业造型设计、计算机辅助设计、价值工程、反求工程等现代设计理论和方法的引入，机械设计正在摆脱传统设计模式的束缚，克服传统设计的种种弊端，越来越明显地凸显现代设计的特点，使机械产品的设计过程、设计手段、设计结果都在发生着深刻的变化。例如，虚拟产品开发技术的发展和应用就打破了图10-1所示的机械系统设计四个阶段的格局，使产品设计由"串行设计"向"并行设计"转变，减少了设计过程的循环重复。

虚拟产品开发技术集计算机图形学、人工智能、并行工程、网络技术、多媒体技术和虚拟现实等技术为一体，利用存储在计算机内部的数字化模型——虚拟产品来代替机械实物模型，对机械产品进行构思、设计、装配、测试和分析，提高了机械产品在时间、质量、成本、服务和环境等多目标中的决策水平，可以达到全局优化和一次性开发成功的目的。虚拟产品开发技术体现了面向产品生命周期的设计思想，包括面向性能设计、面向装配设计、面向制造设计、面向测试设计、面向质量设计、面向成本设计、面向服务和维修设计等，它以并行的、集成的方式设计产品及相关过程，力图在设计一开始就考虑产品生命周期中的所有要素。这样不仅可以减少新产品开发的投资，而且可以大大缩短产品开发周期，从而对难以预测、持续变化的市场需求做出快速响应。

10.2.3　系统总体方案设计准则

1. 执行机构必须满足工艺动作和运动规律的要求

这是确定机械运动方案的首要原则。一般来说，高副机构容易满足所要求的运动规律或轨迹，但它的制造比较麻烦，且高副元素容易磨损而造成运动失真。而低副机构往往只能近似实现所要求的运动规律或轨迹，尤其当构件数目较多时，累积误差大，设计也比较困难，但低副机构较易加工，能承受较大载荷。因而比较而言，应优先采用低副机构，高副机构（如凸轮机构）往往只用于运动控制与补偿。

在有些机构中，为了增加机构的刚性、强度，消除运动的不确定性或考虑受力平衡等原因，引入了虚约束。采取这样的措施后往往会提高生产成本和增加装配上的困难，尤其是当尺寸不合理或加工精度不高时，还会引起构件产生内力，出现楔紧、卡死等现象。

在制造和安装过程中，机构不可避免地会产生误差，使其不能达到设计要求；另外，在生产过程中，有时为了使所选用的机构适用范围更广泛，必须根据实际情况调整某些参数。鉴于上述理由，对所选机构应考虑有调整环节，或者选用能调节、补偿误差的机构。

2. 动力源的选择应有利于简化机构和改善运动质量

现代原动机的输出运动形式有转动（如各种电动机、内燃机、液压马达、气马达等）、往复移动（如活塞式气缸、液压缸或直流电动机）、往复摆动（如双向电动机、摆动式液压缸或气缸等）及步进运动（如步进电动机）。因此，在机构选型时应充分考虑生产和动力源的情况，当有液压、气压动力源时，可尽量采用液压缸，以简化传动链和改善运动，而且液压缸具有减振、易于调速、操作方便等优点，特别对于具有多执行构件的工程机械、自动机，其优越性更为突出。

3. 机构的传力性能要好

这一原则对于高速机械或者载荷变化大的机构尤应注意。对于高速机械，机构选型要尽量考虑其对称性，对其机构或者回转构件进行平衡，使其质量合理分布，以求惯性力的平衡和减小动载荷。对于传力大的机构，要尽量增大机构的传动角或减小压力角，以防止机构的自锁，增大机器的传力效益，减小原动机的功率及其损耗。

4. 机器操纵方便，调整容易，安全耐用

在拟定机械运动方案时，应适当选用一些开、停、离合、正反转、制动、手动等装置，可使操作方便，调整容易。为了预防机器因载荷突变造成损坏，可选用过载保护装置。

5. 机器的重量轻，结构紧凑

在满足使用要求的前提下，机构的结构应尽可能简单、紧凑，构件的数量及运动副数目也要尽量少，即传动链尽可能短。这样不仅可以减少制造和装配的困难，减轻重量，降低成本，而且可以减少机构的累积运动误差，提高机器的效率和工作可靠性。

6. 加工制造方便，生产成本低

降低生产成本、提高经济效益是产品有足够的市场竞争能力的有力保证。在具体实施时，应尽可能选用低副机构，并最好选用以转动副为主构成的低副机构。因为转动副元素比移动副元素更容易加工，也更容易达到要求的精度。此外，在保证满足使用要求的前提下，

尽可能选用结构简单的机构；尽可能选用标准化、系列化、通用化的元器件，以达到最大限度地降低生产成本、提高经济效益的目的。

7. 具有较高的生产率与机械效率

选用机构必须考虑其生产率和机械效率，这也是节约能源、提高经济效益的重要手段之一。在选用机构时，应尽量减少中间环节，即传动链要短，并且尽量少采用移动副，因为这类运动副易发生楔紧或自锁现象。

10.3 机械执行系统的运动方案设计

在各种机械中，为了满足机械的运动及工作要求，仅采用某一种机构往往是不够的。例如图10-2所示的牛头刨床，为了完成刨削平面的任务，就需要有两个执行构件，即装有刨刀的刨头和夹持工件的工作台。在刨削零件时，刨头应带着刨刀做纵向的往复直线切削运

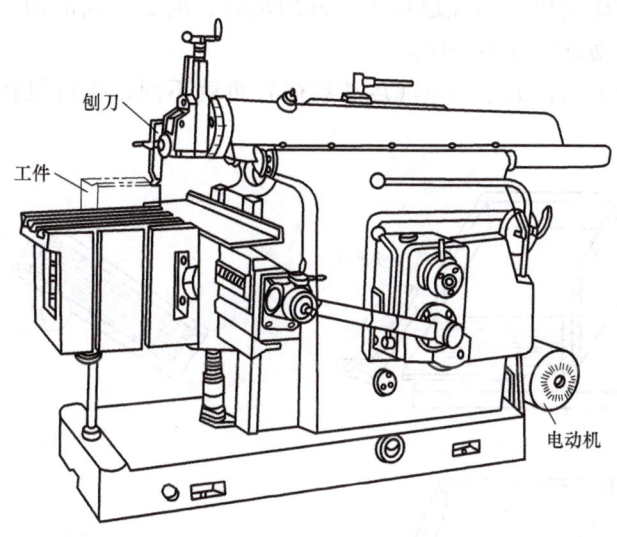

图10-2 牛头刨床

动，而且刨头每分钟往复运动的次数应是可调的；工作台则应做横向的间歇进给运动，每次进给量的大小也应能在一定范围内进行调整；此外，工作台的进给运动必须在非切削时间内进行。

机械执行系统是一种机械区别于其他机械的主要标志，是一个机械系统的核心组成部分。机械执行系统的方案设计显然是机械系统总体方案设计的核心。

10.3.1 功能原理设计

机械执行系统运动方案设计的依据是工艺要求或使用要求。当这一要求确定后，首先要考虑的是采用何种功能原理来实现给定要求。只有当选定了功能原理以后，才可能根据功能原理设计工艺动作及完成这些动作的执行机构的运动规律。

功能原理设计的任务，就是根据机械预期的工艺要求或使用要求，构思出多种可能实现给定要求的功能原理，然后加以分析比较，从中选择出既能很好地满足预期要求，工艺动作

又简单的功能原理。

例如，要求设计一自动输送料板的装置，既可以采用机构推拉原理，将料板从底层推出，然后用夹料板将其抽走，如图 10-3a 所示；也可以采用摩擦传动原理，用摩擦轮将料板从底层滚出，再用夹料板将其抽走，如图 10-3b 所示；还可以采用气吸原理，用底层吸取法，吸出料板的边缘，再用夹料板将其抽走，如图 10-3c 所示，或用吸顶法吸走顶层一张料板，如图 10-3d 所示；当料板为钢材时，还可以采用磁吸原理。

上述几种功能原理均可以实现预期的工艺要求，但执行构件的工艺动作与运动规律不相同，使用条件也不一样。采用图 10-3a 所示的机械推拉原理，只需要推料板和夹料板的往复运动，运动规律简单，但这种原理只适用于有一定厚度的刚性料板；采用图 10-3b 所示的摩擦传动原理，需要有摩擦轮接近料板的运动和退回运动等，运动规律比较复杂；采用图 10-3c、d 所示的气吸原理，除了要求吸头做 L 形轨迹的运动外，还必须具有附加的气源。

又如，为了加工出螺栓上的螺纹，可以采用车削加工原理、套螺纹工作原理和滚压工作原理。这几种不同的螺纹加工原理适用于不同的场合，满足不同的加工需要和加工精度要求，其执行系统的运动方案也不一样。

可见，功能原理不同，工艺动作（运动规律）也就不同，执行机构的运动方案自然也不一样。

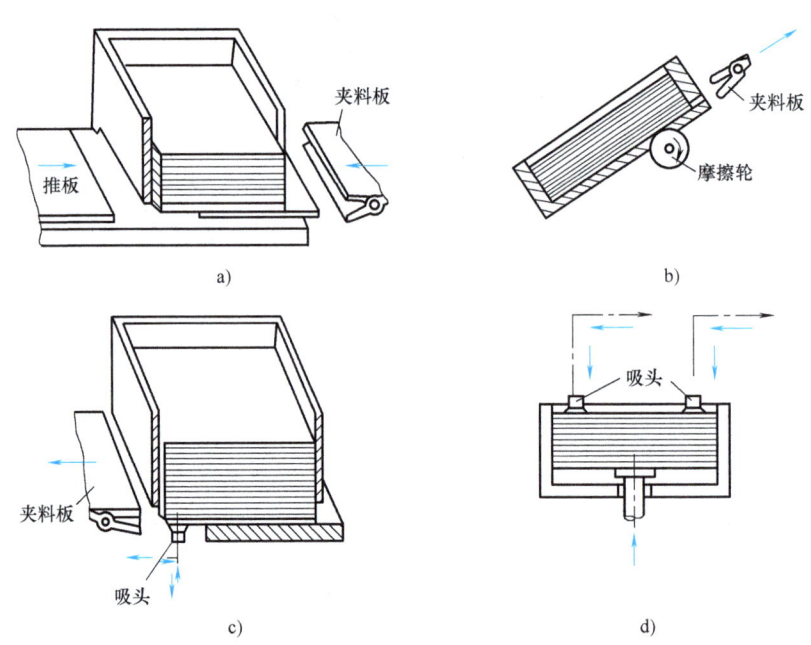

图 10-3 功能原理设计

10.3.2 运动规律设计及工艺参数的确定

功能原理确定后，即可根据功能原理设计工艺动作以及完成这些动作的执行机构的运动规律。实现一个复杂的工艺过程，其运动规律（工艺动作）一般也比较复杂，但任何复杂的运动过程总是由一些最基本的运动合成的，因而总可以将执行构件所要完成的运动分解为机构易于实现的基本运动。因此,运动规律设计通常是对工艺方法和工艺动作进行分析,把其分解成若干个基本动作,工艺动作分解的方法不同,所形成的运动方案也不相同。

例如,要设计一台加工平面或成形表面的机床,可以选择刀具与工件之间相对往复移动的工作原理。为了确定该机床的运动方案,需要依据其工作原理对工艺过程进行分解。一种分解方法是让刀具做纵向往复移动,工件做间歇的横向送进运动,即刀具在工作行程中,工件静止不动,而刀具在空回行程中,工件做横向送进,工艺动作采用这种分解方法就得到了牛头刨床的运动方案,它适用于加工中、小尺寸的工件;工艺过程的另一种分解方法是让工件做纵向往复移动,刀具做间歇的横向送进运动,即切削时刀具静止不动,而不切削时刀具做横向进给。工艺动作采用这种分解方法就得到了龙门刨床的运动方案,它适用于加工大尺寸的工件。

又如,要求设计一个计算机控制的绘图机,使其能按照计算机发出的指令绘制出各种平面曲线。绘制复杂平面曲线的工艺动作可以有不同的分解方法:一种方法是让绘图纸固定不动,而绘图笔向 x、y 两个方向移动,从而在绘图纸上绘制出复杂的平面曲线。工艺动作采用这种分解方法就得到图 10-4a 所示的小型绘图机的运动方案;工艺动作的另一种分解方法是让绘图笔做 x 方向的移动,而让绘图纸绕在卷筒上绕 x 轴做往复转动,从而在绘图纸上绘制出复杂的平面曲线。工艺动作采用这种分解方法就得到了图 10-4b 所示的大型绘图机的运动方案。

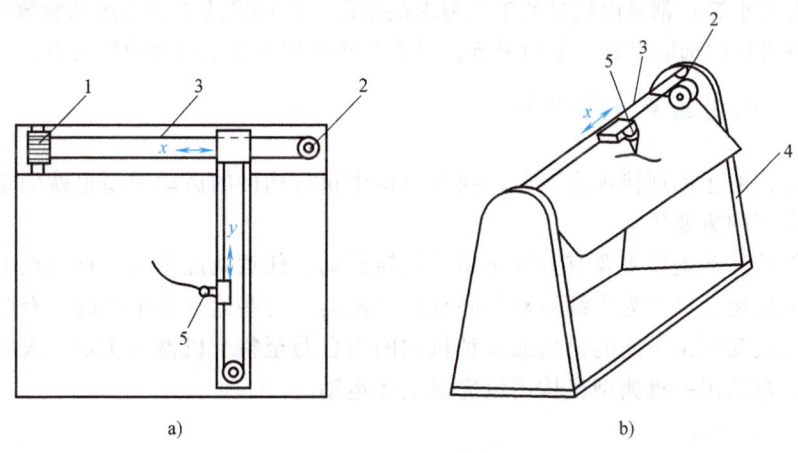

图 10-4 绘图机

1—驱动电动机 2—从动轮 3—传动带 4—机架 5—记录笔

再如,某些周期性运动(包括间歇运动与非匀速运动)一般可以分解为一个匀速运动与一个附加的往复运动,并可以分别用比较简单的机构予以实现,然后进行合成。附加的往复运动一般可用凸轮机构或连杆机构实现。图 10-5 所示为由凸轮机构产生的一个附加的往复运动,然后通过可轴向移动的蜗杆蜗轮机构,与蜗杆的匀速转动合成,在满足一定条件下,能实现蜗轮有瞬时停歇的周期运动。图 10-6 所示为在行星轮系的转臂上设置一附加的曲柄摇杆机构,当转臂 1 匀速转动时,曲柄 3 随齿轮做行星运动,使杆 5 输出非匀速运动。输出运动的性质取决于四杆机构的特性及齿轮的齿数比,其中可能有单向的非匀速转动、局部反向或有瞬时停歇等几种不同情况。

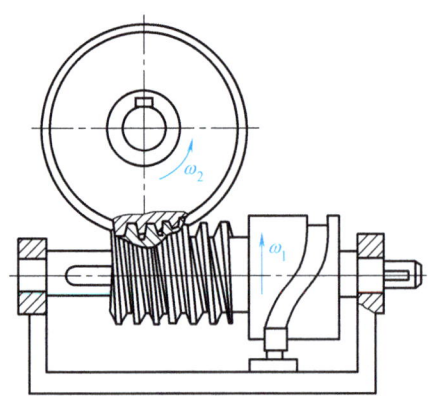

图 10-5 有瞬时停歇的蜗杆蜗轮机构

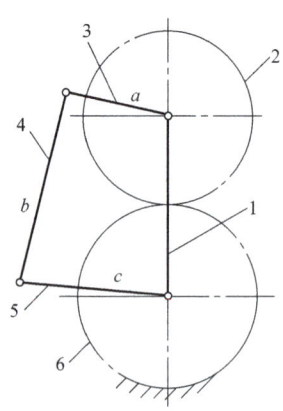

图 10-6 齿轮连杆组合机构

运动规律设计与执行机构中执行构件的工艺参数的确定是同步进行的。工艺参数一般分为两种：一种是设计任务明确提出的，即预先已经确定下来；另一种是经过分析后确定的。执行构件的工艺参数包括运动参数和力参数。运动参数包括运动形式（直线运动、回转运动、曲线运动）、运动特点（连续式、间歇式、往复式）、运动范围（极限尺寸、转角及位移）、运动速度（等速、不等速）等。运动参数和力的参数（如牛头刨床中切削力的大小、锻压机械中压头的压力大小等）都是由机械的工艺要求决定的。机构形式主要由运动参数来确定，但力的参数大小对机构的选取也有一定的影响，因为某些机构无法承受大的作用力。

10.3.3 机构选型与构型设计

当执行机构的运动规律确定以后，执行机构中执行构件的运动类型也就确定下来。这将是选择机构类型的重要依据。

执行构件的运动类型主要有直线运动、回转运动、任意轨迹运动、点到点的运动及位到位的运动。上述运动又分为连续运动和间歇运动两类。有些运动是单程的，有些运动是往复式的。不同的运动应由不同的机构或多种机构的组合乃至整个机器来实现。人们经过长期的生产实践，已总结出一批典型机构用以完成上述运动。

1. 直线运动机构

齿轮齿条机构、螺旋机构及曲柄滑块机构都是最简单的也是最常用的直线运动机构。在齿轮齿条机构中，当齿轮等速回转时，齿条做等速直线运动。当曲柄滑块机构中的曲柄做等速回转时，滑块做不等速直线运动。链传动也可以带动构件在直线导轨上运动。特定尺寸的连杆机构也可以实现直线轨迹。图 10-7 所示为一曲柄摇杆机构，当杆件尺寸满足 $BC=CD=CM=2.5AB$、$AD=2AB$ 时，曲柄 AB 绕 A 点转动，B 点在左半圆时，M 点的轨迹为近似直线。图 10-8 所示为一双摇杆机构，当杆件尺寸满足 $CD=0.27BC$、$DE=0.83BC$、$AD=1.18BC$、$AB=0.64BC$ 时，摇杆 BC 绕 B 点摆动时，E 点近似作水平直线运动。通常称此机构为起重机的变幅机构。

直动从动件凸轮机构及圆柱凸轮机构也可以实现从动件按一定规律变化的直线运动。

2. 回转运动机构

车床、铣床主轴的回转，水泥搅拌机滚筒的旋转，起重机的转动，直升机螺旋桨的高速旋转，电风扇的转动等都属于机械中执行构件做回转运动的情况。实现回转运动的主要机构有齿轮机构、连杆机构、带及链传动等。液动及气动的回转运动一般都是用摆动液压缸和摆动气缸来实现的。

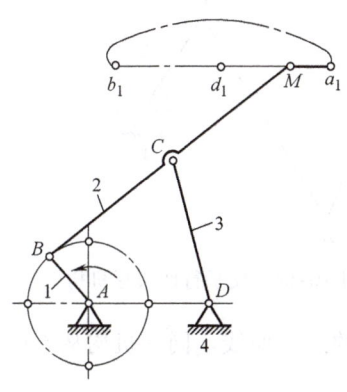

图 10-7　曲柄摇杆机构

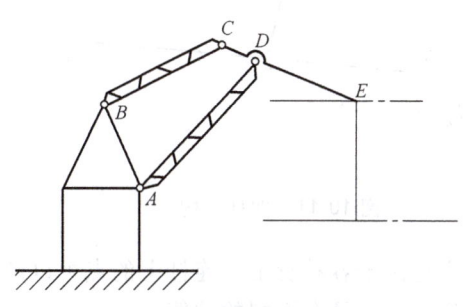

图 10-8　双摇杆机构

某些连杆机构也可以实现从动杆的非匀速转动，在要求输出运动规律不严格的情况下，由于连杆机构结构简单，应用十分广泛。图 10-9 所示为双曲柄机构驱动的惯性筛，AB、CD 为曲柄，当 AB 匀速转动时，CD 为非匀速转动，使偏置滑块 E（筛体）产生较大变化的加速度，利用加速度产生的惯性力来提高筛分效果。

3. 任意轨迹运动机构

机器的执行构件有时需要按特定的轨迹运动，如图 10-10 所示的搅拌机构等。这种任意运动轨迹通常用连杆机构中的连杆曲线来实现。

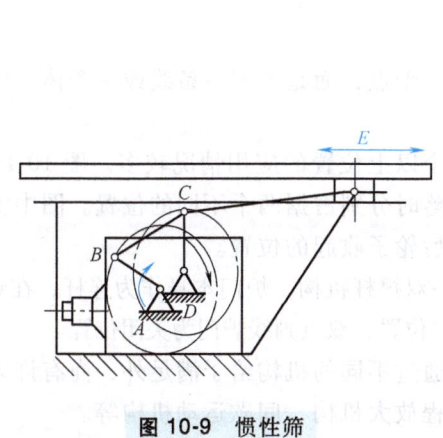

图 10-9　惯性筛

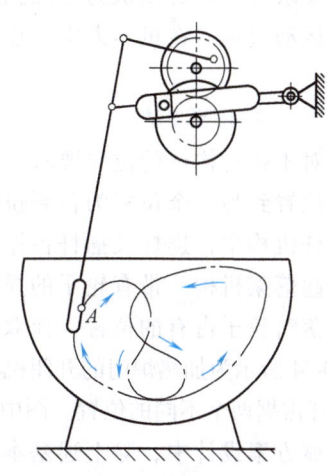

图 10-10　搅拌机构

图 10-11 所示为一四杆机构，当其尺寸满足 $CD = BC = CM = 1$、$AB = 0.136$、$AD = 1.41$，曲柄 AB 转动时，连杆上的 M 点将形成一近似圆形的轨迹。

图 10-12 所示为一反平行四边形机构，当其尺寸满足一定条件，构件 1 或 2 转动时，连杆 BC 中点 K 的轨迹为双叶曲线。

图 10-11 四杆机构

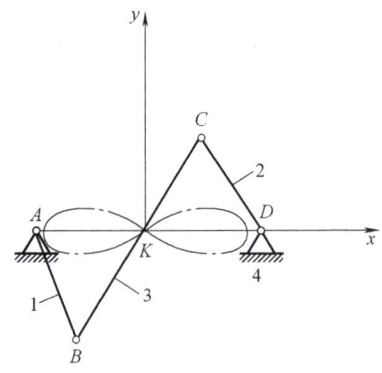

图 10-12 反平行四边形机构

从上述例子容易看出,连杆上的点可以产生各种形状的连杆曲线。同一机构从不同的角度去研究,将会具有不同的功能。

在机器人中,任意轨迹运动称为连续轨迹运动。如对某两个零件进行焊接作业,无论焊缝是形状最简单的直线或是圆弧,还是空间任意曲线,都必须进行运动学逆运算,以获得机器人的对应关节转角,并通过转角的连续变化来获得空间连续运动轨迹。

4. 点到点的运动机构

执行构件点到点的运动是一种只对起点和终点某些运动参数有严格限制和要求,而中间过程可随意的运动。

曲柄摇杆机构中摇杆的两个极限位置以及曲柄滑块机构中滑块的两个极限位置可作为机构点到点运动的例子。凸轮机构从动件的运动也是如此,当我们只关心起止点,而对中间过程无特殊要求时,均可以认为是点到点的运动。间歇运动机构从某种意义上讲也是一种实现点到点的运动机构。在机器人中,点焊和搬运作业机器人末端执行器的运动也可看作是点到点的运动。

5. 位到位的运动机构

如果对于执行构件的位置要求不是仅考虑其上一个点,而是考虑一条线或一个体,则称其从一个位置到另一个位置为位到位的运动。

在四杆机构中,连杆及摇杆占据空间两个及两个以上位置的应用情况较多。图 10-13 所示为飞机起落架机构,带有轮子的摇杆在起飞和降落时分别占据两个不同的位置。图中实线为飞机降落时轮子占有的位置,而双点画线为起飞后轮子收起的位置。

图 10-14 所示为加热炉门的开闭机构,该机构为一双摇杆机构,炉门本身作为连杆,在炉门开闭时连杆占据两个不同的位置。图中实线炉门为开启位置,双点画线炉门为关闭位置。

在机械方案设计中,除上述基本运动形式必须通过不同的机构给予满足外,尚有许多其他的功能要求,也必须用各种机构给予满足,如行程放大机构、间歇运动机构等。

10.3.4 执行机构的运动协调设计与运动循环图

多数机器不止有一个执行构件,往往是许多执行构件协调工作以完成同一任务。这时,多个执行构件需要有准确而协调的运动时间和运动顺序的安排,以防止出现某一执行构件工作不到位或两个以上执行构件在同一空间发生干涉。如牛头刨床工作台带动工件横向进给必

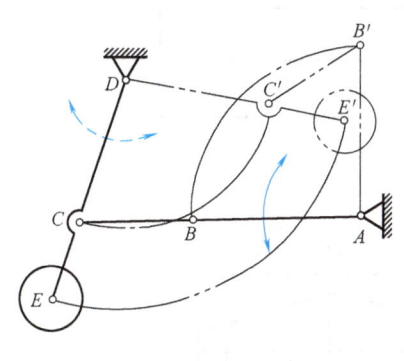

图 10-13 飞机起落架机构

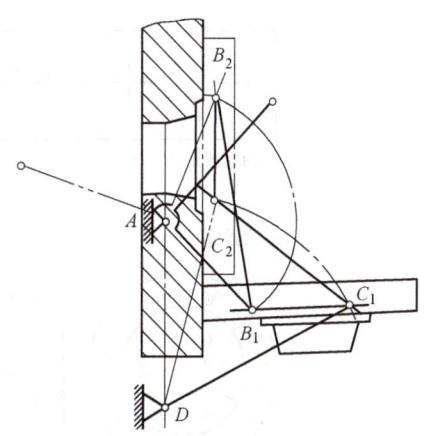

图 10-14 加热炉门的开闭机构

须发生在刨刀返回原始位置等待下一次进行刨削之前，如果这一动作的时间顺序被破坏，必然会出现刀具与工件的碰撞干涉。这种协调称为执行构件间时序的协调。运动循环图即可表示出各执行机构间的时序协调关系。时序的协调可用机械运动循环图（也称为工作循环图）表示和解决。所谓运动循环图就是表明机械在一个运动循环中各执行构件间的运动配合和时序关系图。运动循环图的绘制基准为机械中的原动件或其他有特征的定标件，依其动作时间、转角或位移为起点，确定其他执行构件的动作时序。运动循环图主要有三种形式：直线式、圆周式及直角坐标式。直线式运动循环图，在机械执行构件较少时，动作时序清晰明了。圆周式运动循环图容易清楚地看出各执行构件的运动与机械原动件或定标件的相位关系。直角坐标式运动循环图是用执行机构的位移线图表示其运动时序的。实际上，为了表示机械各执行构件的运动时序，尚有其他方法，如以线段代替直线式和圆周式运动循环图中的文字等。只要能更清楚地表示出所要求的运动时序关系，可以自己去创造运动循环图。多执行构件的复杂机械的运动循环图可以进行拆分（不同执行构件分别组合），也可以采用多种形式来表示。

图 10-15 所示为牛头刨床的三种运动循环图：直线式运动循环图、圆周式运动循环图及直角坐标式运动循环图。它们都是以曲柄导杆机构中的曲柄为定标件的。曲柄回转一周为一个运动循环。在图 10-15a 中可见，工作台的横向进给是在刨头空回行程开始一段时间以后开始，在空回行程结束以前完成的。这种安排考虑了刨刀与移动的工件不发生干涉，也考虑了设计中机构容易实现这一时序的运动。

在机械运动方案设计中，运动循环图常常需要进行不断的修改。运动循环图标志着机械动作节奏的快慢。一个复杂的机械由于动作节拍相当多，所以对时间的要求相当严格，这就不得不使某些执行机构的动作同时发生，但又不能在空间上干涉，因此这期间就存在着反复调整与反复设计的过程。修改后的运动循环图会大大提高机器的生产率。

在同一部机器，如自动机械中，运动循环图是传动系统设计的重要依据，在较复杂的自动机和多部机器参与工作的自动线上，运动循环图又是电控设计的重要依据，所以运动循环图的设计在机械运动方案设计中显得十分重要。

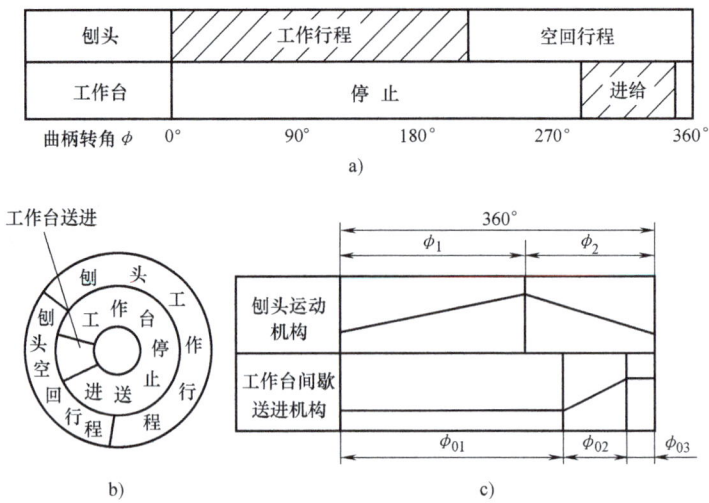

图 10-15 牛头刨床运动循环图

10.3.5 机械执行系统的方案设计举例

设计印刷机送纸机构的运动方案。要求在摆放好的一叠纸张中,依序由上至下将纸一张张送至印辊前某处待印刷。印刷量为 30 张/min,不允许有同时送两张纸的情况发生。

1. 任务的分析及运动参数的确定

从直接要求看,任务很简单,完成一张张纸的送出即可。但实际上进行运动方案设计之前,有许多问题必须考虑清楚,甚至应最后确定,如:

1)纸张送至多远的距离?不同的距离应采用不同的传送方式和传送机构。

2)如何将最上面的第一张纸与第二张纸分开,是采用摩擦移位分离,还是采用吸附,或其他什么方式?此处有气源吗?为使第一、二张纸分离开,是否需要当第一张纸提起时,压住第二张以下的纸张?通过什么机构来压?与提纸机构如何配合?

3)送纸机构是用电驱动还是液、气驱动?如果采用电动机驱动,电动机应摆放到哪里?有多长的传动距离?除送纸机构外,它还带动什么机构?如翻页机构、印刷机构等,这些机构之间应如何配置才最有利于印刷机的工作?如何实现电动机至送纸机构的传动?

4)送纸机构的执行构件应该按什么样的轨迹运动?是否应有严格的速度和加速度要求等?

在设计任务到来之后,许多与设计相关的问题,如周边环境、运动要求、特殊要求(纸张要分离等)都必须了解并分析清楚,同时应考虑出粗略的实施办法。在设计之初,任务分析十分重要。有时由于忽略了某一点,哪怕是不太重要的要求,也会给追加设计带来不小的麻烦,甚至会使已形成的设计方案推倒重来。

运动参数分为两种,一种是用户明确提出的,如印刷量为 30 张/min,当然送纸也应是 30 张/min;另一种是经分析后确定的,如送纸构件的运动轨迹,用户不曾给出,设计者则必须根据工作任务要求(工艺要求)自行确定执行构件的运动轨迹。因为后者的运动参数是可以改变的,只要能满足工艺要求,就可选用不同的执行机构,它们将会实现不同的运动规律。图 10-16 所示的三种运动轨迹均可满足送纸要求。

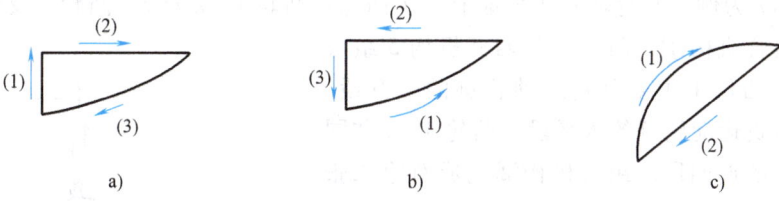

图 10-16 送纸构件的运动轨迹

2. 动力源的选择和执行机构的确定

印刷机构的驱动力不大，且在印刷环境中不应有油液出现，否则将会使印刷品沾染油污，因此该印刷机应选用电动机驱动。整个印刷机设备较庞大，为保证各机构协调一致地工作，应由一台电动机驱动多个机构，所以送纸机构距电动机安装位置较远（约 2.5m），传动系统设计较复杂。选择小型异步电动机中同步转速为 1500r/min 的一种，它的满载转速为 1440r/min。整个传动链的减速比为：$i=48$，这种数值的传动比对于有多个减速环节的较长的传动链是合适的。如选用同步转速更低的电动机，则电动机尺寸将会加大。

因纸张重量很轻，所以通常采用真空吸盘提起纸张。气动节拍快，能实现快吸快放，而且气动元器件小巧，节省空间，与液压驱动比较又不会出现油污。在印刷车间里总是有气源存在的，所以在送纸机构中采用气吸附方式是合理的。

根据图 10-16 所示的运动轨迹，并参考已在使用的印刷机械，采用连杆机构或凸轮-连杆组合机构易实现上述运动轨迹。另外，此送纸机构应由回转运动产生送纸运动轨迹，而电动机恰恰能给出连续回转，所以采用电动机带动凸轮-连杆机构是合适的。凸轮的运动规律易于调整，所以末端执行器的轨迹易于实现。再者，压脚必须与吸纸动作紧密配合，要求同步性好，利用凸轮机构来协调这些运动，不会出现配合失误的现象。因此，最后选用了图 10-17 所示的执行机构设计方案。

在上述机械运动方案设计中，可以提出多种设计方案，如图 10-18 和图 10-19 等。通过计算机仿真，可以发现其运动性能（轨迹、速度、加速度）的优劣。

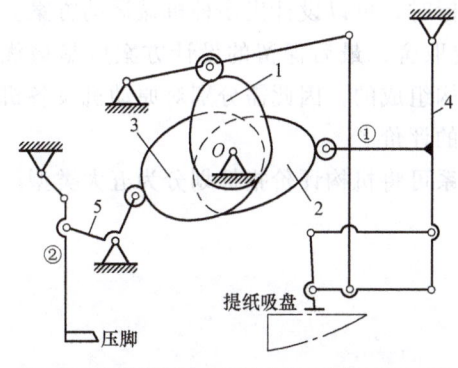

图 10-17 印刷机送纸机构运动方案之一

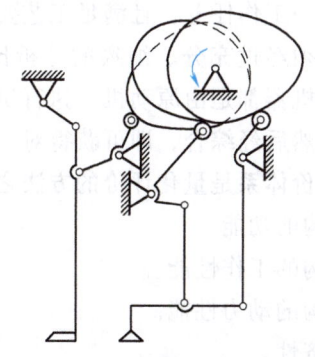

图 10-18 印刷机送纸机构运动方案之二

3. 绘制机构的运动循环图

以图 10-17 为例，凸轮轴 O 上安装有三个凸轮：凸轮 1、2 及 3，凸轮 1 及凸轮 2 与七杆机构 4 组成组合机构①，凸轮 3 与四杆机构 5 组成组合机构②。凸轮 1 主要负责运动轨迹的上升段，凸轮 2 主要负责运动轨迹的水平段，凸轮 1、2 共同负责运动轨迹的返回段。组合机构②完成对第二张以下纸张的压紧功能。

机构①与②之间具有确定的运动配合关系，即在最上面的一张纸被机构①吸起时，同时机构②的压脚压住下面的一叠纸张，以防被吸起的纸张将下面的纸张带走。机构①中凸轮 1 与凸轮 2 之间也有准确的角度相位关系，其值依执行构件的运动轨迹确定。

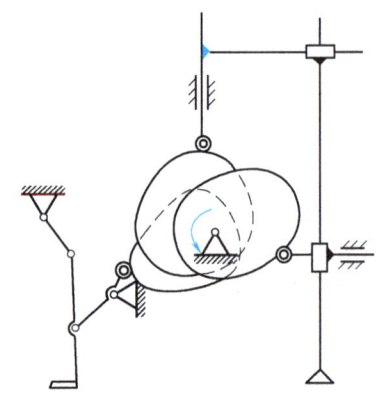

图 10-19 印刷机送纸机构运动方案之三

以轴 O 回转一周为一个运动循环，以凸轮 1 的推程起点为绘制运动循环图的起点，即可得到图 10-20 所示的直线式运动循环图。

凸轮1	推程	远休	回程	近休
凸轮2	近休	推程	回程	近休
凸轮3	近休	推程	远休	回程	近休

图 10-20 印刷机送纸机构直线式运动循环图

每个凸轮的推程、回程及休止角度的大小取决于运动轨迹及完成某一轨迹段的动作时间。当运动轨迹和动作时间调整后，相应的凸轮转角应随之发生变化。

从图 10-17 中还可以看出，凸轮在轴 O 上的安装相位角与各自的从动件所在空间位置有关，与运动循环图中的角度值并非一致。各凸轮间在轴 O 上的相位安装错误，将会完全破坏执行构件原已设定的运动规律及运动配合关系。

10.3.6 运动方案的评价

实现同一工作任务，且满足工艺要求和性能指标时，可以设计出多种机械运动方案。对这些方案必须经过充分、细致的分析比较，以决定取舍，最后保留的设计方案应是最优方案。每一部机器都是由原动机、执行机构及传动机构组成的，因此需分别对原动机及各机构进行评价，然后经综合，即可获得对一部机器整机的评价。

建立评价体系是量化评价的方法之一。评价体系可将机构评价指标划分为五大类型。

1）机构的功能。
2）机构的工作性能。
3）机构的动力性能。
4）经济性。
5）机构的紧凑性。

评价时分别对五大类型及更为细致的子项给出分值，然后对整机进行比较。

假定设计方案均满足 1)、2) 两大类型要求，则应对不同方案重点进行 3)、4)、5) 的比较。运转平稳、加速度小、无冲击和噪声，这对大型机械是十分重要的评价指标，尤其对未获得在基座上平衡的连杆机构更是如此。机械的结构简单、尺寸紧凑、重量轻、传动链短、工作可靠是又一重要的评价指标。制造难易、调整的方便性、维修的方便性直接影响着机构及机械的经济性，这是不可忽视的第三方面的评价指标。

综合考虑各方面的评价指标，才能在诸多机械运动方案设计中选出最优者。

10.4 机械传动系统的方案设计

为了使机械执行系统能够实现预期的动作和功能，还需要相应的原动机、传动系统和控制系统。传动系统位于原动机和执行系统之间，其主要作用是将原动机的运动和动力传递给执行机构，使其完成特定的作业要求。在此过程中实现运动速度、运动方向或运动形式的改变，进行运动的合成和分解，实现分路传动和远距离传动，实现某些操纵控制功能以及吸振、减振等。

10.4.1 机械传动系统方案设计的内容与步骤

传动系统方案设计是机械系统方案设计的重要组成部分。当完成了执行系统的方案设计和原动机的预选型后，即可根据执行机构所需要的运动和动力条件及原动机的类型和性能参数，进行传动系统的方案设计。一般设计内容与步骤如下：

1) 确定传动系统的总传动比。

2) 选择传动类型。即根据设计任务书中所规定的功能要求，执行系统对动力、传动比或速度变化的要求以及原动机的工作特性，选择合适的传动装置类型。

3) 拟定传动链的布置方案。即根据空间位置、运动和动力传递路线及所选传动装置的传动特点和适用条件，合理拟定传动路线，安排各传动机构的先后顺序，以完成从原动机到各执行机构之间的传动系统的总体布置方案。

4) 分配传动比。即根据传动系统的组成方案，将总传动比合理分配至各级传动机构。

5) 确定各级传动机构的基本参数和主要几何尺寸，计算传动系统的各项运动学和动力学参数，为各级传动机构的结构设计、强度计算和传动系统方案评价提供依据和指标。

6) 绘制传动系统运动简图。

10.4.2 机械传动类型的选择

传动装置的类型很多，选择不同类型的传动机构，将会得到不同形式的传动方案。为了获得理想的方案，需要合理选择传动类型。根据传动的方式不同，将传动的类型和特点分述如下。

1. 机械传动

利用机构实现传动称为机械传动，其优点是工作稳定、可靠，对环境的干扰不敏感。缺点是响应速度较慢，控制欠灵活。

常用的传动机构如齿轮机构、凸轮机构、连杆机构等已在前面章节有所介绍，螺旋机构、带传动及链传动等将在后续"机械设计"课程中学习，现就其主要特点和应用分述如下：

(1) 齿轮机构　齿轮机构应用最为广泛，直齿圆柱齿轮和斜齿圆柱齿轮都具有实现较大传动比及传递动力的作用；斜齿圆柱齿轮传递运动更平稳，直齿圆柱齿轮易实现齿轮变速中的换档；锥齿轮主要用来改变运动方向，它的装配精度调整较困难；齿轮齿条传动可实现运动形式的变化，即回转运动与直线运动的变换；蜗杆传动可以实现大的减速比，并具有反向驱动的自锁性能，它在不可逆向传递运动（如电动起重机等）的机械中得到了广泛应用，但其传动效率较低。在重载齿轮传动中，如矿山、冶金设备中，圆弧齿轮传动的应用日益增多，因为与同体积的渐开线齿轮减速装置相比，前者所传递的功率要大得多。

(2) 螺旋机构　许多机械设备大量使用螺旋机构（又称丝杠传动），它主要用于将回转运动转变为直线运动。用于传动的丝杠齿形一般为梯形，车床中为加工螺纹工件而带动刀架纵向运动的丝杠即是如此。在许多精密设备中已大量应用滚珠丝杠传动。与一般丝杠传动相比，它的最大优点是摩擦大大减小，传动效率大有提高；由于丝杠与螺母间采取了消隙措施，使其正反向旋转时传动精度显著提高。因此，滚珠丝杠传动广泛地应用于高精度的机械设备中。许多搬运、焊接作业机器人大小臂的关节驱动就采用了滚珠丝杠传动。丝杠传动的另一大优点是具有大的减速比，正确地选择螺距可以达到设计所要求的减速目的。

(3) 带传动及链传动　带传动及链传动多用于中心距较大的传动。在带传动中，由于传动带多为吸振材料（橡胶、尼龙等）制成，所以一般用于电动机与减速装置之间，它本身可实现较小的减速比或只用于传动而不减速。带传动分为平带传动、V带传动及同步带传动。V带传动应用十分广泛，它可传递较大功率。同步带的应用近年来发展迅速，因为同步带兼有带传动及齿轮传动的优点，它既可实现吸振，又可达到精确传递运动的目的。在平带及V带传动中均有打滑现象，传动比不精确，但从另一角度来看它具有过载保护功能。带传动多用于整个传动链中的高速段，而链传动则不然，由于其传动存在着多边形效应，所以瞬时传动比不稳定，经常用于运动速度及运动精度不很高的场合。应用最多的是普通滚子链。齿形链传动平稳无噪声，具有翼片的链用作输送链，运送物体，它们在特殊场合有所应用。

(4) 连杆机构　连杆机构在机械设备及生活用品中均有大量应用。连杆机构结构简单、制造容易，能实现多种规律的运动，还可以增力、增大行程；有丰富的连杆曲线可供选用。其各构件间靠低副连接，传递动力范围很大，从变速自行车变速机构到几百吨的压力机械，都存在连杆机构。但低副连接对机构的传动精度有一定影响。

连杆机构不同于齿轮机构及带传动，在机械设备中，有时它既是传动机构又是执行机构，因为执行构件很可能就是连杆机构的组成部分之一。实际上，机器人就是一个开式链多杆机构。

(5) 凸轮机构　凸轮机构是高副接触，主要用于传递运动。它的最大优点是可以实现从动件的任意运动规律。凸轮机构本身不宜传递远距离的运动，但与其他机构，如连杆机构等组合在一起形成组合机构后，可充分发挥其优点。在自动机械、轻工机械中，凸轮机构有着十分广泛的应用。

除以上介绍的几种机构外，尚有许多机构在机械传动中对运动形式的改变起着不同的作用。槽轮机构、棘轮机构是经常用到的间歇运动机构，不完全齿轮机构及凸轮间歇运动机构也时有应用。由多种简单机构组合而成的组合机构，往往能汇集各种机构的优点于一体，并实现较为复杂的协调动作。凸轮-齿轮、凸轮-连杆和齿轮-连杆组合机构等都有着越来越广泛的应用。

2. 液压、液力传动

利用液压泵、阀、执行器等液压元器件实现的传动称为液压传动，液力传动则是利用叶轮通过液体的动能变化来传递能量的。

液压、液力传动的主要优点是速度、转矩和功率均可连续调节；调速范围大，能迅速换向和变速；传递功率大；结构简单，易实现系列化、标准化，使用寿命长；易实现远距离控制、动作迅速；能实现过载保护。其主要缺点是传动效率低，不如机械传动精确；制造、安装精度要求高；对油液质量和密封性要求高。

3. 气压传动

以压缩空气为工作介质的传动称为气压传动。气压传动的优点是易快速实现往复移动、摆动和高速转动，调速方便；气压元件结构简单，适合标准化、系列化，易制造、易操纵；响应速度快，可直接用气压信号实现系统控制，完成复杂动作；管路压力损失小，适于远距离输送；与液压传动相比，经济且不易污染环境，安全，能适应恶劣的工作环境。其缺点是传动效率低；因压力不能太高，故不能传递大功率；因空气的可压缩性，故载荷变化时，传递运动不太平稳；排气噪声大。

4. 电气传动

利用电动机和电气装置实现的传动称为电气传动。电气传动的特点是传动效率高，控制灵活，易于实现自动化。

由于电气传动的显著优点和计算机技术的应用，传动系统也正在发生着深刻变化。在传统系统中作为动力源的电动机虽仍在大量应用，但已出现了具有驱动、变速与执行等多重功能的伺服电动机，从而使原动机、传动机构、执行机构朝着一体化的最小系统发展。目前，它已在一些系统中取代了传动机构。

按照传动比和输出速度的变化情况，机械传动又可分为定传动比传动、变传动比传动、有级变速传动、无级变速传动等。

在选择传动类型时，一般需遵循以下原则：

1）执行系统的工况和工作要求与原动机的机械特性相匹配。
2）考虑工作要求传递的功率和运转速度。
3）有利于提高传动效率。
4）尽可能选择结构简单的单级传动装置。
5）考虑结构布置。
6）考虑经济性。
7）考虑机械安全运转和环境条件。

在具体选择传动类型时，由于使用场合不同，考虑的因素不同，或对以上原则的侧重不同，会选择出不同的传动方案。为了获得理想的传动方案，还需对各方案的技术指标和经济指标进行分析、对比，综合权衡，以确定最后方案。

10.4.3 传动链的方案设计

在根据系统的设计要求及各项技术、经济指标选择了传动类型后，若对选择的传动机构作不同的顺序布置或作不同的传动比分配，则会产生出不同效果的传动方案。只有合理安排传动路线、恰当布置传动机构和合理分配各级传动比，才能使整个传动系统获得满意的性能。

根据功率传递，即能量流动的路线，传动系统中传动路线大致可分为串联式单路传动、并联式分路传动、并联式多路联合传动和混合式传动几种类型。

在安排各机构在传动链中的顺序时，需注意有利于提高传动系统的效率，有利于减少功率损失，有利于机械运转平稳和减少振动及噪声，有利于传动系统结构紧凑、尺寸匀称以及有利于加工制造等。

将传动系统的总传动比合理地分配至各级传动装置，是传动系统方案设计中的重要一环。若分配合理，达到了整体优化，既可使各级传动机构尺寸协调和传动系统结构匀称紧凑，又可减小零件尺寸和机构质量，降低造价，还可以减小转动构件的圆周速度和等效转动惯量，从而减小动载，改善传动性能，减小传动误差。

传动顺序和传动链的分配等问题还将在"机械设计"课程中详细介绍。

10.5 原动机及其选择

10.5.1 原动机的类型及应用

原动机的动力源主要有电、液及气三种。电动机是最常用的原动机，交流异步电动机、直流电动机、交流伺服电动机、直流伺服电动机及步进电动机等均有广泛的应用。液压马达及液压缸是主要的液压原动机。气马达及气缸则是主要的气压原动机。

1. 电动机

电动机的类型很多，不同类型的电动机具有不同的结构形式和特性，可满足不同的工作环境和机械不同的负载特性要求。根据使用电源不同，可分为交流电动机和直流电动机两大类。

（1）交流电动机　又分为同步电动机和三相异步电动机。

同步电动机是依靠电磁力的作用使旋转磁极同步旋转的电动机。这种电动机能在功率因子 $\cos\phi=1$ 的状态下运行，不从电网吸收无功功率。但其结构复杂，成本高，转速不能调节。一般用于长期连续工作且需保持转速不变的大型机械中，如大功率离心式水泵和通用风机等。

三相异步电动机是使用三相交流电源且转速与旋转磁场转速不同的电动机。根据转子的结构形式可分为笼型和绕线型两类。笼型结构简单，易维护，价格低，寿命长，连续运行特性好，具有硬机械特性，但起动和调速性能差，起动转矩大时起动电流也大，适用于风机、水泵等无调速要求、连续运转、轻载起动的机械。绕线型结构复杂，维护麻烦，价格高，但起动转矩大，起动时功率因数较高，可进行小范围调速。它广泛用于提升机、起重机和轧钢机械等起动频繁、起动负载较大以及要求小范围调速的机械。

（2）直流电动机　直流电动机使用直流电源。根据励磁方式可分为他励、并励、串励和复励四种形式。其特点是调速性能好、调速范围宽、起动转矩大，但结构较复杂、维护麻烦、价格较高。

（3）控制电动机（伺服电动机）　这种电动机是指能精密控制系统位置和角度的一类电动机。它体积小、重量轻，具有宽广而平滑的调速范围和快速响应能力，其理想的机械特性和调节特性均为直线。伺服电动机广泛应用于数控机床、工业机器人、火炮随动系统等工业控制、军事、航空航天等领域。

2. 内燃机

内燃机有多种类型。根据燃料种类可分为柴油机、汽油机和煤油机等；根据冲程可分为四冲程和二冲程内燃机；根据气缸数目可分为单缸和多缸内燃机；根据运动形式可分为往复活塞式和旋转活塞式内燃机。内燃机功率范围宽、操作简便、起动迅速，但结构复杂、污染环境、噪声大。内燃机一般应用于工作环境无电源的场合，以及工程机械、农业机械、船舶、车辆等流动性机械中。

3. 液压马达

液压马达是把液压能转变为机械能的动力装置。其操作控制简单，易实现复杂工艺过程的动作要求，能快速响应，易进行无级调速，转矩大；但制造、装配精度要求高，必须有高压油供给系统。

4. 气马达

气马达是将气压能转变为机械能的动力装置。它以压缩空气为动力，常用的有叶片式和活塞式。因为其工作介质为空气，成本低，无污染，易远距离输送，能适应恶劣环境，动作迅速，反应快；但工作稳定性差，噪声大，输出转矩小，一般用于小型轻载机械中。

10.5.2　原动机的选择

原动机的选择包括类型的选择、转速的选择和功率的选择。

选择原动机时要考虑多方面因素的影响，除要考虑工作环境对原动机的要求、整体结构布置的需要以及经济性等因素外，还要重点考虑工作机械的工作制度，负载特性，起动、制动的频繁程度，以及原动机本身的机械特性能否与工作机械的负载特性（包括功率、转矩、转速等）相匹配，能否与工作机械的调速范围、工作的平稳性相适应等。

1. 原动机类型的选择

1）若工作机械要求有较高的驱动效率和运动精度，应选用电动机。对于负载转矩与转速无关的工作机械，可选用机械特性较硬的电动机，如同步电动机、一般的交流异步电动机或直流并励电动机；对于负载功率基本保持不变的工作机械，可选用调励磁的变速直流电动机或带机械变速的交流异步电动机；对于无调速要求的机械，尽可能采用交流电动机；对于工作负载平稳、对起动和制动无特殊要求且长期运行的工作机械，宜选用笼型异步电动机，容量较大时则采用同步电动机；对于工作负载为周期性变化、传递大中功率并带有飞轮或起动沉重的工作机械，应采用绕线型异步电动机；对于需要调速的机械，可采用多速笼型异步电动机或直流串励电动机。

2）若要求起动迅速，便于流动性作业或野外作业，宜选用内燃机。

3）若要求易控制、响应快、灵敏度高，宜采用液压马达或气马达；在相同功率下，要求外形尺寸尽可能小、重量尽可能轻时，宜选用液压马达；若要求负载转矩大、转速低或要求简化传动系统的减速装置，使原动机与执行机构直接连接时，宜选用低速液压马达。

4）若要求对工作环境不造成污染，宜选用电动机或气动马达；若要求在易燃、易爆、多尘、振动大等恶劣环境中工作，宜采用气马达。

2. 原动机转速和功率的选择

原动机的额定转速一般是直接根据工作机械的要求而选择的，关键是处理好原动机转速与传动系统传动比的关系。例如在功率一定的情况下，选用高速电动机，具有尺寸小、重量轻、价格低的优点，但原动机转速过高，势必增加传动系统的传动比，从而导致传动系统结构复杂。故应综合考虑多方面因素，合理选择转速。

在选择了原动机的类型及其额定转速后，即可根据工作机械的负载特性计算原动机的功率，确定原动机的型号。原动机的功率是由负载所需的功率、转矩及工作制来决定的。负载的工作情况大致可分为连续恒负载、连续周期性变化负载、短时工作制负载和断续周期性工作制负载等。可参考有关手册进行各种工作制负载情况下原动机功率的计算。

10.6 机构的创新设计

机械的发展需要机构的创新，机构的创新是机构学发展的源泉。机构的创新设计不是简单地在现有机构中选择合适的机构类型，而应当在创造性基本原理和法则的指导下，运用机构学原理及其他学科知识，发挥创造性思维，设计出结构新颖、功能独特、性能优良、简单灵巧的新机构。要设计出新机构，就要基础扎实、思路开阔、知识面广、创新意识强，且善于联想、模仿与创新。

10.6.1 创新设计的原理与方法

1. 创造性基本原理

（1）发展原理 所谓发展原理，就是要打破旧结论、发展新事物。例如，工业机器人就是根据人体的劳动功能，以代替人类部分劳动为目的而创造出来的。又如，飞机的发明是打破"比空气重的物体不能飞起来"的结论而成功的。

（2）发散原理 所谓发散原理，就是要突破现有办法，多角度思考问题，发展新思路。开阔的思路才会找到创新的办法。例如，在设计步行机械时，就要采取轮式、仿人两脚步行式、兽类四脚行走式、蛇的游动行走式等多种思路。

（3）触发原理 将不相关的事物，通过触发联系，就可得到新的启示。例如，汽化器就是从喷洒香水的雾化现象得到启示而创造设计出来的。

2. 创造性思维活动方式

（1）发散思维 即通过联想、类比等思考方法，以某种思考对象为中心，使思维向各个方向扩散开来，从而产生大量构思，获得多种求解方案。

（2）收敛思维 即利用已有的知识、经验进行分析比较，优化筛选，从足够多的方案中选取最佳方案。

(3) 侧向思维　即利用其他领域里的观念、知识、方法来解决本领域的问题。

(4) 逆向思维　又称为索源思维，即反向思考问题。

3. 创造法则

(1) 还原抽象法则　即从现有的事物研究抽象出其创造起点，再由创造起点出发，采用不同的技术、方法，得出新的创造性成果。还原的目的是找到事物的本质，而不被现有事物的表象束缚新思维的产生。例如，洗衣的本质是使脏物与衣料相分离，从而不被人工搓揉的动作约束限制住思维，然后从"分离"的本质出发，找到其他不同的分离方法，从而设计出原理不同、形式相异的洗衣机。

(2) 模仿移植法则　即模仿已有的事物，进行新的创造，并移植到其他领域，以取得新的成果。例如，模仿人类步行、鱼虾游动、龟蛇爬行等，设计出各种步行机器人，并已逐步形成了仿生机构学这门新兴学科。

(3) 离散组合法则　即将研究对象加以分离或将两种或多种技术、产品的一部分或全部进行适当组合，从而形成新技术、新产品。

(4) 分析综合法则　即分析、比较、研究现有事物获得其本质内容，然后再把相关的概念、事实、信息、方法巧妙地结合起来，形成新的创造性成果。

10.6.2　机构的创新设计方法

下面用一些机构设计实例来说明如何按照创新法则和机构学原理，积极发挥创造性思维，灵活使用创造技法来进行机构的创新设计。

1. 机构的变异创新设计

所谓机构的变异，即在原有机构的基础上，通过改变结构，演变、发展出新的机构，从而满足一定的工艺动作要求或使机构具有某些新的性能与特点。通过变异得到的新机构称为变异机构。

机构的变异方法很多，以下介绍几种常用的变异创新设计方法。

(1) 机构的倒置　机构内活动构件与机架的转换称为机构的倒置。按照运动相对性原理，机构倒置后各构件间的相对运动关系不变，但各构件特别是连架杆的运动形式将发生变化，从而可以得到不同的新机构。例如，铰链四杆机构在满足杆长条件的情况下，以不同构件为机架，就可以分别得到曲柄摇杆机构、双曲柄机构和双摇杆机构。

如图 10-21 所示，将定轴内啮合圆柱齿轮机构的内齿轮作为机架，即得到行星齿轮机构。图 10-22 所示为著名的卡当运动机构。若令杆 OO_1 为机架，原机构的机架 3 成为转子，当曲柄 1 转动时，转子 3 也同步转动，两滑块 2、4 则在转子 3 的十字槽内往复运动。如图 10-23 所示，结构上作适当处理，即可得到一种泵机构，将流体从入口 A 送往出口 B。

(2) 机构的扩展　在原有机构的基础上增加新的构件从而构成一个扩大的新机构的方法称为机构的扩展。例如，将

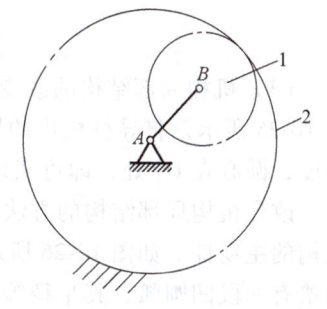

图 10-21　行星齿轮机构

1—外齿轮　2—内齿轮

图 10-22 所示的卡当运动机构进行扩展，即可得到图 10-24 所示的滑块机构。当卡当运动机构的十字槽夹角为直角时，点 O_1 与线段 PS 的中点重合，且 O_1 至 O 的距离不变，所以转动副 O_1 引入了虚约束，曲柄 OO_1 可以省略。再改变机架，令十字槽为主动件，使其绕固定铰链中心 O 连续转动，并将连杆 4 延伸到点 W，增加滑块 5，就得到如图 10-24 所示的机构。由图 10-24 可知，该机构的主要特点是十字槽每转动一周，点 O_1 绕过两周，滑块输出两次往复行程。

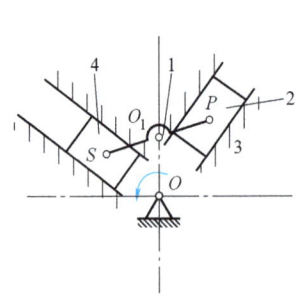

图 10-22 卡当运动机构

1—曲柄　2、4—滑块　3—转子

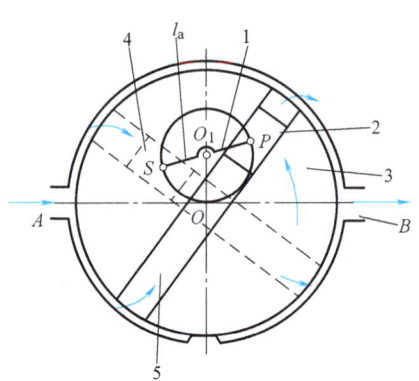

图 10-23 泵机构

1—曲柄　2、4—滑块　3—转子　5—十字槽

l_a—曲柄长度

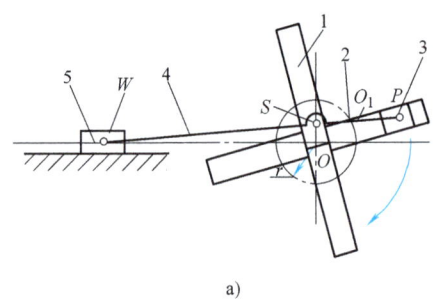

a)

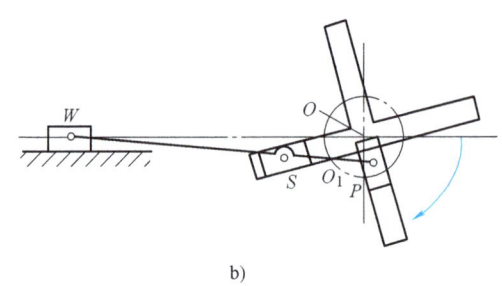

b)

图 10-24 机构的扩展滑块机构

1—十字槽　2、4—连杆　3、5—滑块

（3）机构局部结构的改变　改变机构局部结构，可以获得有特殊运动性能的机构。如图 10-25 所示，将导杆机构的导杆做成图示含一段圆弧槽的形状，且圆弧半径等于曲柄 1 的长度，圆心在 O_1 处，即可实现有停歇的运动性能。

改变机构局部结构的方法很多，最常见的情况是用一自由度为 1 的机构或构件组合置换机构的主动件。如图 10-26 所示，以倒置后的凸轮机构取代曲柄滑块机构的曲柄，凸轮 5 的沟槽有一段凹圆弧，其半径等于连杆 3 的长度，曲柄 1 在转过 α 角的过程中，滑块 4 可实现停歇状态。

（4）机构结构的移植　将一机构中的某种结构应用于另一种机构中的设计方法称为结构的移植。要有效地利用结构的移植设计出新的机构，必须了解、掌握一些机构之间实质上的共同点，才能在不同条件下灵活运用。

图 10-27 所示为不完全齿轮齿条机构,可视为由不完全齿轮机构移植变异而成的。当主动齿条做往复直线移动时,不完全齿轮 2 在摆动的中间位置有停歇。图 10-28 所示机构中的间歇槽 2 可视为将槽轮展直而成,销轮 1 连续转动时,间歇槽 2 做间歇直线移动。

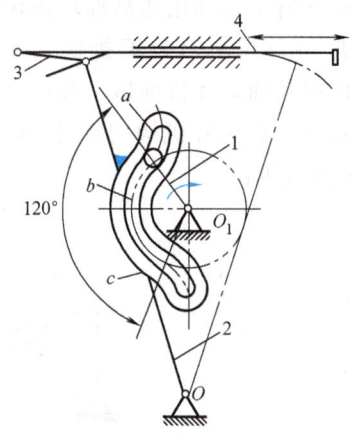

图 10-25 有停歇的导杆机构

1—曲柄 2—摆杆 3—连杆 4—导杆

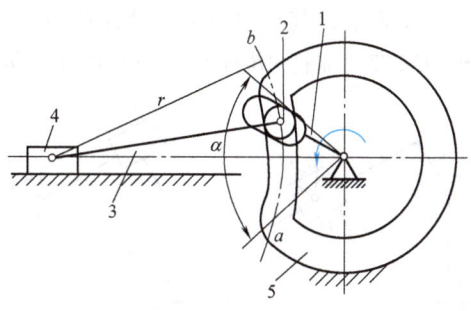

图 10-26 有停歇的滑块机构

1—曲柄 2、4—滑块 3—连杆 5—凸轮

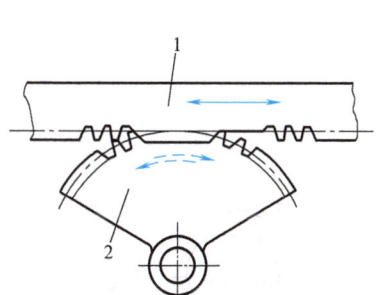

图 10-27 不完全齿轮齿条机构

1—不完全齿条 2—不完全齿轮

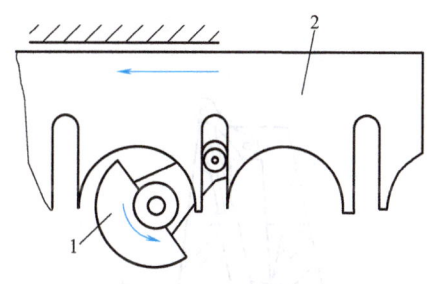

图 10-28 移动槽轮机构

1—销轮 2—间歇槽

(5) 机构运动副类型的变换 改变机构中的某个或多个运动副的形式,可设计创新出不同运动性能的机构。通常的变换方式有三种:第一种是转动副与移动副之间的变换,其实例已在第 2 章中举出;第二种是高副与低副之间的变换,高副低代的实例也已在第 2 章中举出,也可用低副高代的方法来设计出不同的机构;第三种是同性移动副的变换。

移动副的运动特性由其相对移动的方位来确定。相对移动方位相同的移动副为同性移动副,它们的演化规则为:

1) 组成移动副的滑杆和滑块可以互换。

2) 组成移动副的方位线可任意平移。

由上述演化规则可以获得创新机构,如图 10-29a、b 中构成移动副的构件 2、3 只是换了一种表示方法,它们的运动特性完全相同。图 10-29c 与图 10-29b 的不同之处只是将构件 2、3 组成的移动副的方位线平移了一段距离。图 10-29d 是图 10-29c 的另一种表示方法,它就是常见的摆动液压马达机构。

2. 利用机构运动特点创新机构

利用现有的机构工作原理，充分考虑机构的运动特点、各构件的相对运动关系及特殊的构件形状等，可创新设计出新的机构。

（1）利用连架杆或连杆运动特点设计新机构　图 10-30 所示为利用曲柄摇块机构的导杆和摇块的运动特性构成液压泵机构的一种创新应用实例。由于导杆 3 既要摇摆又要上下移动，而摇块 4 可左右摆动，故可利用摇块与导杆的运动接通吸油口和排油口，实现吸油和压油的工作要求，其结构简单，设计巧妙。图 10-31 所示为利用双摇杆机构的连杆 BC 可做整周转动来带动摇杆 AB 往复摆动的特性，创新设计的风扇摇头机构。

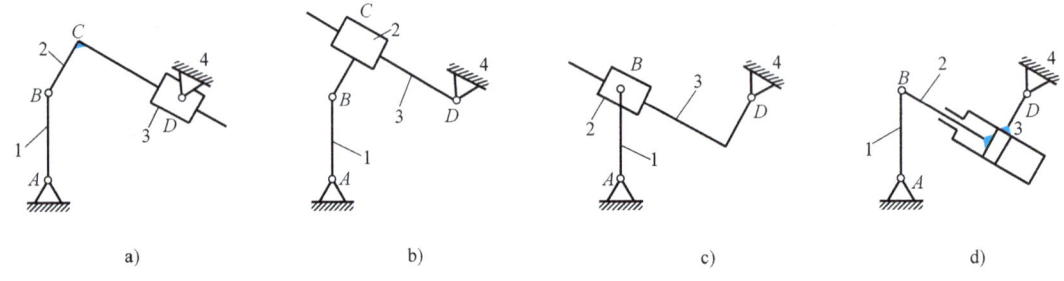

图 10-29　机构运动副类型的变换

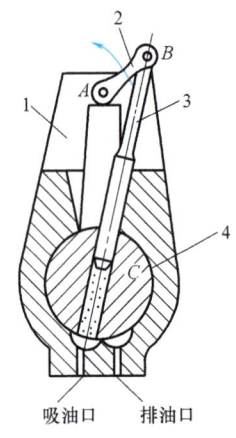

图 10-30　液压泵机构

1—机架　2—曲柄　3—导杆　4—摇块

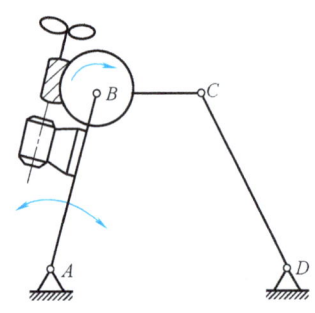

图 10-31　风扇的摇头机构

（2）利用两构件相对运动关系完成独特的动作过程来设计新机构　图 10-32 所示为应用简单行星轮系中齿轮 2 和转臂 3 的运动关系而形成的新型抓斗机构的创新构思。转臂 3 扩展为抓斗的一侧爪，齿轮 2 扩展为抓斗的另一侧爪，通过杆 4、5 使左、右侧爪对称动作，绳索 6 控制两侧爪的开合。

（3）用成形固定构件创新实现复杂的工艺动作　包装机械、食品机械等常常需要实现比较复杂的工艺动作，若按通常的设计方法将工艺动作分解，再针对每一分解动作设计一个执行机构，则整个机械系统势必非常复杂。这时若采用具有特殊形状的固定模板来完成这些工艺动作，则机构设计就显得新颖、简单、合理。

图 10-33 所示为利用折边或包裹包装机对纸箱进行折边的部分工艺过程。已完成了纸箱侧面上、下折边和前、后端左边角折边，现要完成前、后端右边角和上、下边角折边这两个动作。这里设计了两对特殊形状的固定模板 1 和 2，将纸箱向右推动，通过固定模板 1 就完成了前、后端右边角的折边动作；继续向右推动，通过固定模板 2 就完成了上、下边角的折边动作。

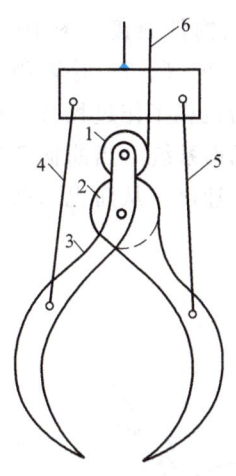

图 10-32 抓斗机构

1、2—齿轮 3—转臂
4、5—杆 6—绳索

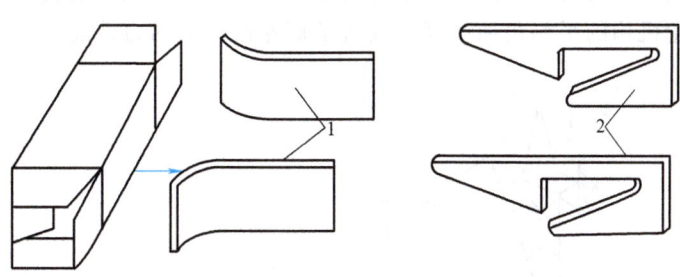

图 10-33 用成形固定构件实现复杂的工艺动作

1、2—固定模板

图 10-34 所示为象鼻成形器折弯成形式充填封口切断机，平张卷薄膜 1 经导辊至象鼻成形器 2（它是一个呈象鼻形状的固定模板）被折弯成圆筒状，然后借助于等速回转的纵封辊 4 加压热合并连续向下牵引，便成连续的圆筒状。物料由料斗 3 落入已封底的袋筒内。经不等速回转的横封辊 5，将该袋筒的上口封合，再经回转切刀 7 切断后排出机外。其袋形为对接纵缝三面封口的扁平形。象鼻成形器将平张卷薄膜逐渐弯折成圆筒形，使制袋机构大为简化，其构思方法可推广至类似工艺动作过程。

3. 基于组成原理的机构创新设计

根据机构组成原理，可将零自由度的杆组依次连接到原动件和机架上去，或者在原有机构的基础上，搭接不同级别的杆组，均可设计出新的机构。在第 2 章已讲到部分实例。

4. 基于组合原理的机构创新设计（组合机构）

应用基本机构及其变异机构有时难以满足

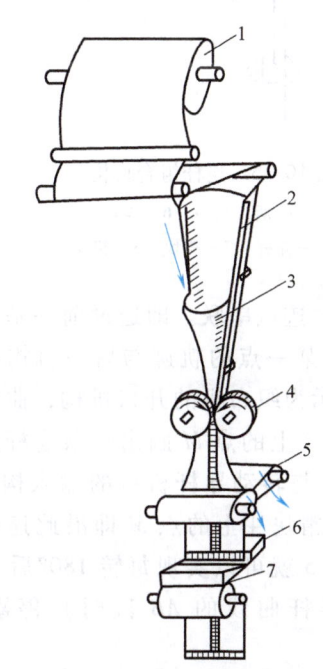

图 10-34 充填封口切断机

1—平张卷薄膜 2—象鼻成形器 3—料斗 4—纵封辊 5—横封辊 6—机架 7—回转切刀

对某些机构的运动形式、运动规律及动力性能的要求，这时需要把一些基本机构按照某种方式组合起来，从而创新设计出与原机构特点不同的新的复合机构来满足特定的要求。

机构组合的方式常见的有串联组合、并联组合、复合式组合等。

（1）机构的串联组合　将两个或两个以上的单一机构按顺序连接，前一机构的输出运动是后一机构的输入运动，这样的组合方式称为机构的串联组合。按串联方式不同，串联组合又分成构件固接式串联和轨迹点串联两种形式。

1）构件固接式串联。即将前一机构的输出构件和后一机构的输入构件固接。图 10-35 所示是由一个双曲柄机构（杆 1、2、3 及机架）和六杆机构（杆 3、4、5、6、7）串联组合而成的，其特点是滑块 7 在下降过程中有较低的速度，适用于某些压力机在工作过程有较低速度的情况。图 10-36 所示则为转动导杆机构与槽轮机构串联而成的机构系统。当曲柄 2 做匀速回转运动时，摇杆 4 做非匀速回转运动，降低了槽轮机构的最大角速度，从而也降低了槽轮机构的平均角加速度，改善了槽轮机构的动力性能。

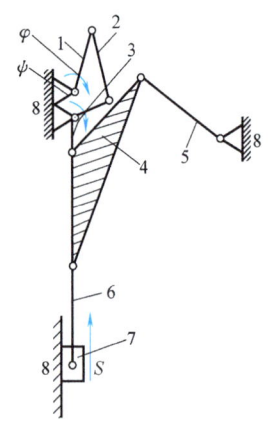

图 10-35　连杆组合机构
1—曲柄　2、4、6—连杆
3、5—摇杆　7—滑块　8—机架

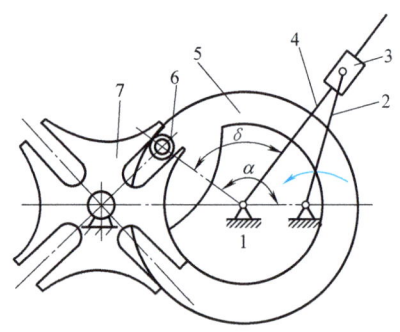

图 10-36　连杆槽轮组合机构
1—机架　2—曲柄　3—滑块　4—摇杆
5—拨盘　6—销轴　7—槽轮

2）轨迹点串联。即通过前一基本机构输出构件上某一点的轨迹与后一机构相连。图 10-37 所示为织布机的开口机构，曲柄滑块机构中连杆 2 上的点 M 画出一条连杆曲线，当通过点 M 与转动导杆机构的输入构件滑块 4 相连时，滑块 4 上的点 M 即沿此连杆曲线运动，构件 5 就可以实现每转 180° 后（即点 M 运行到连杆曲线的 AB 段时）停歇的运动要求。

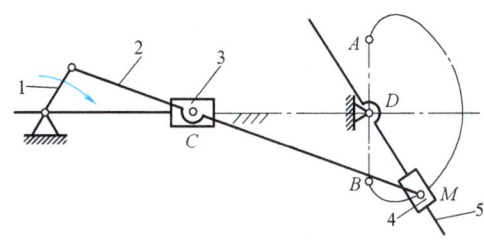

图 10-37　织布机开口机构
1—摇杆　2—连杆　3、4—滑块　5—构件

（2）机构的并联组合　以一个多自由度机构作为基础机构，将一个或几个自由度为 1 的机构（可称为附加机构）的输出构件接入基础机构，这种组合方式称为并联组合。图 10-38 所示为一齿轮加工机床的误差校正机构，其基础机构是自由度为 2 的蜗杆蜗轮机

构Ⅲ，附加机构是自由度为 1 的凸轮机构Ⅱ，当凸轮轮廓按预先测得的蜗轮分度误差曲线设计时，该组合机构便起到补偿蜗轮分度误差的作用。

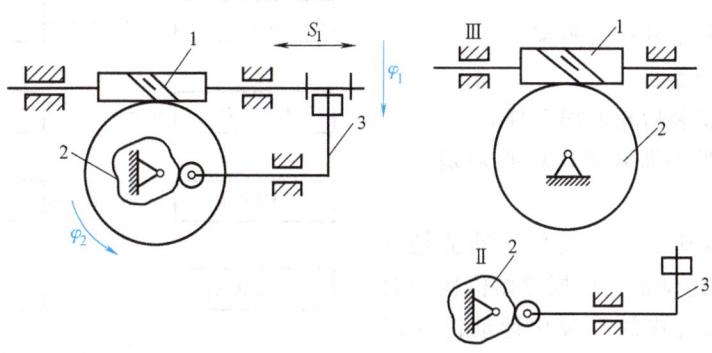

图 10-38　齿轮加工机床误差校正机构

（3）机构的复合式组合　机构的复合式组合一般由一个单自由度基本机构和一个二自由度基本机构组成。它们一方面通过共用一个原动件相连，另一方面单自由度基本机构的输出构件同时又是二自由度基本机构的另一个输入构件，然后二自由度基本机构将两个输入合成为一个输出运动。如图 10-39 所示的机构，是由凸轮机构 1′-4-5 和二自由度五杆机构 1-2-3-4-5 组合而成的。原动凸轮 1′和曲柄 1 固接，构件 4 既是凸轮机构的输出构件，又是五杆机构的输入构件。当原动凸轮 1′转动时，从动件 4 移动，凸轮 1′和构件 4 同时给五杆机构输入一个转

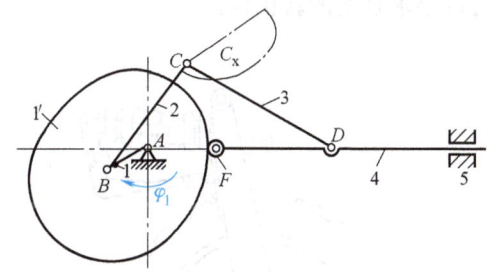

图 10-39　连杆凸轮复合式组合机构

动和一个移动，故此五杆机构有确定的运动。这时构件 2 或构件 3 上任一点（例如 C 点）便能实现比四杆机构的连杆曲线更为复杂的轨迹曲线 C_x。

5. 基于再生运动链的创新机构设计

借鉴现有机构的运动链形式，进行类型创新和变异，就得到新的机构类型，这种设计方法称为再生运动链法。再生运动链法基于机构的杆组组成原理，将一个具体的机构抽象为一般化运动链，然后按该机构的功能所赋予的约束条件，演化出众多的再生运动链和相应的新机构。这种机构创新设计方法的流程如图 10-40 所示。根据这一流程，可推导出许多与原始机构具有相同功能的新机构。

将原始机构运动简图抽象为一般化运动链的原则为：①将非刚性构件转化为刚性构件；②将非连杆形状的构件转化为连杆；③将非转动副转化为转动副；④将固定杆的约束解除，机构成为运动链；⑤运动链自由度应保持不变。

下面以越野摩托车尾部悬架装置的创新设计为例说明再生运动链法的基本思路。

（1）原始机构　图 10-41 表示越野摩托车尾部悬架装置的原始机构。

（2）设计约束 根据越野摩托车尾部悬架装置的功能要求，提出以下几个设计约束：

1）必须有一固定杆作为机架。
2）必须有吸振器。
3）必须有一安装后轮的摆动杆。
4）固定杆、吸振器和摆动杆必须是不同的构件。

（3）一般化运动链 一般化运动链是只有连杆和转动副的运动链，根据原始机构一般化运动链原则，该机构的一般化运动链如图10-42所示。

对于本例，有两种具有六杆、七个运动副的一般化运动链，如图10-43所示。

（4）具有固定杆的特殊运动链 若固定杆表示为G_r，吸振器表示为S_s-S_s，摆动杆表示为S_w。图10-44所示为具有固定杆的特殊运动链的10种类型。从这10种类型中，根据设计约束可以寻求合适的新机构。

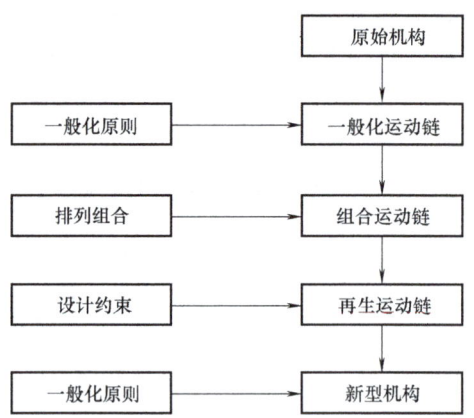

图 10-40 再生运动链创新设计流程

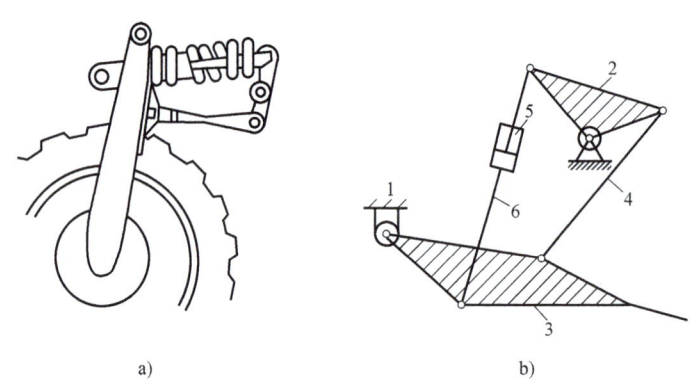

图 10-41 越野摩托车尾部悬架装置的原始机构
a) 结构示意图 b) 机构运动简图
1—机架 2—支承臂 3—摆动杆 4—浮动杆 5—吸振器的活塞 6—吸振器的气缸

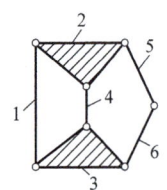

图 10-42 一般化运动链

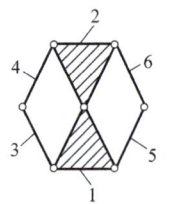 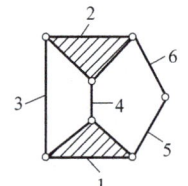

图 10-43 六杆、七个运动副的一般化运动链

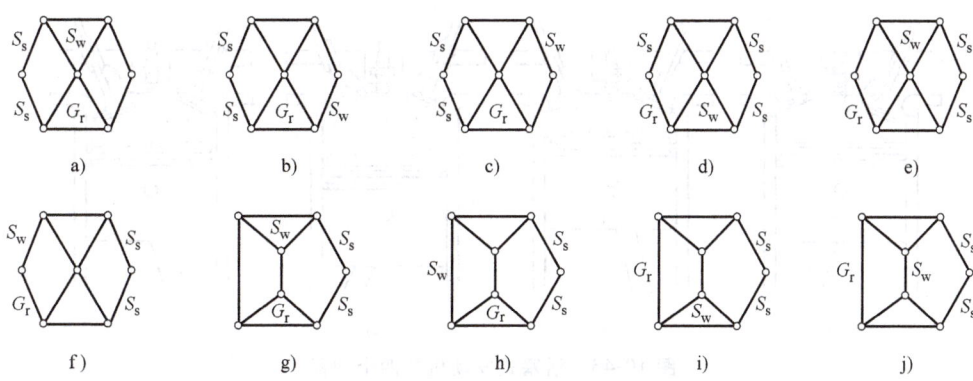

图 10-44 具有固定杆的特殊运动链类型

（5）可行机构的筛选　根据实际约束条件，如要求摆杆与固定杆相连，则满足此约束条件的可行机构只有六个，即图 10-44a、b、d、f、h 和 i。这些可行机构类型的对应实际机构运动简图如图 10-45 所示。这六种机构形式均能满足运动要求，再根据结构、强度、精度等要求，进行综合评价，即可决策出最佳方案。

6. 基于机构替代方法的机构创新设计

绪论中提到了图 1-1 所示的活塞式内燃机，并在最后提出了它的一些缺陷，现在我们就来探讨用机构替代的方法进行内燃机的创新设计。

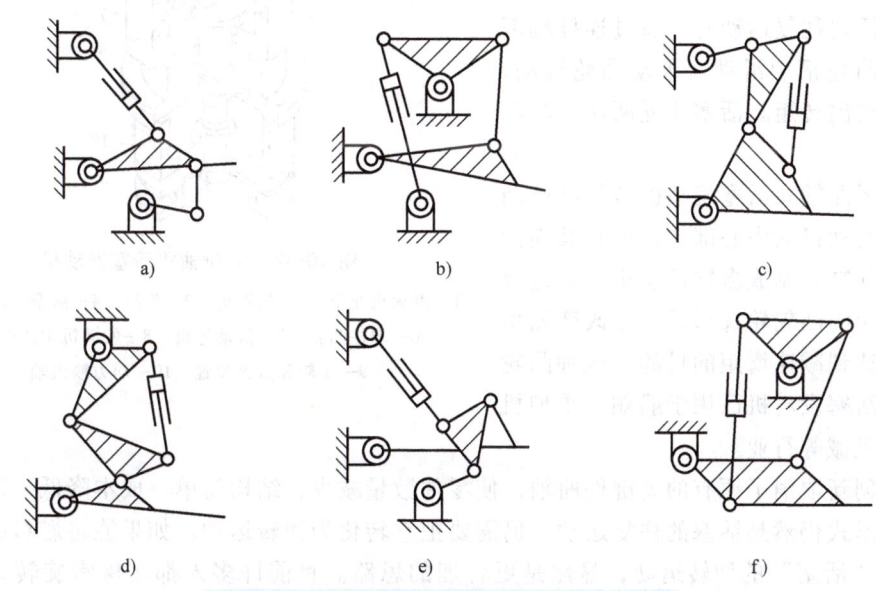

图 10-45 越野摩托车尾部悬挂装置的新机构

如图 10-46 所示，活塞式发动机工作时具有吸气（图 10-46a）、压缩（图 10-46b）、做功（即燃爆，图 10-46c）、排气（图 10-46d）四个冲程，其中只有做功冲程输出转矩对外做功，即曲轴回转两圈才有一次动力输出，因此效率非常低。不仅如此，其工作机构及气阀控制机构的组成复杂，零件多，曲轴等零件结构复杂，工艺性差；活塞往复运动造成曲柄连杆机构产生较大的往复惯性力，使轴承上惯性载荷增大，并且由于系统惯性力不平衡而产生强烈的振动等。

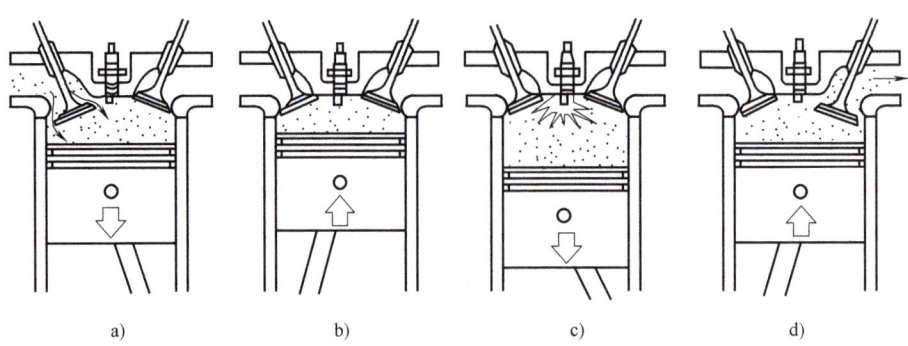

图 10-46 活塞式发动机的四个冲程

用机构替代的方法，即以凸轮机构代替发动机的中原有的曲柄滑块机构而创新的无曲轴式活塞发动机，是一个成功的典型实例。图 10-47 所示即为一种二冲程单缸无曲轴式活塞发动机。它用圆柱凸轮机构取代原曲柄滑块机构作为动力传输装置。一般圆柱凸轮机构是将凸轮的回转运动变为从动杆的往复运动，而此处利用反动作，即活塞往复运动时，通过连杆端部的滑块在凸轮槽中滑动而推动凸轮转动，经输出轴输出转矩。活塞往复两次，凸轮旋转 360°。

这种无曲轴式活塞发动机若将圆柱凸轮安装在发动机的中心部位，可在其周围设置多个气缸，制成多缸发动机。通过改变圆柱凸轮的凸轮轮廓形状可以改变输出轴转速，达到减速增矩的目的。这种凸轮式无曲轴活塞发动机已用于船舶、重型机械、建筑机械等行业。

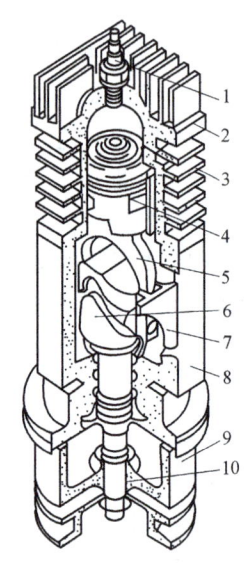

图 10-47 无曲轴式活塞发动机
1—点火火花塞 2—气缸头 3—气缸 4—活塞 5—连杆
6—圆柱凸轮 7—滑动导轨 8—发动机主体框架
9—飞轮和点火装置 10—动力输出轴

以上创新取消了原有的关键件曲轴，使零件数量减少，结构简单，成本降低。但是其动力的原动形式仍然是活塞的往复运动，仍需要把它转化为回转运动。如果能将燃料的动力直接转化为"活塞"的回转运动，显然是更合理的思路。目前许多人都在探索旋转式内燃发动机的创新方案，读者也不妨一试。

知识要点与拓展

1）本章介绍了机械总体方案的设计、机械执行系统的方案设计、机械传动系统的方案设计和原动机的选择，重点介绍了执行系统的功能原理设计、执行系统的运动规律设计、执行机构的形式设计、执行系统的协调设计等内容，并以大量的实例介绍了机构创新设计的思路、原理与方法。

2）机械执行系统是一种机械区别于其他机械的主要标志，是一个机械系统的核心组成部分。机械执行系统的方案设计显然是机械系统总体方案设计的核心。从功能原理设计、运动规律设计到执行机构的形式设计，处处充满了创造性，特别是执行机构的形式设计中的构型设计，要求设计者具有更强的创新意识和掌握更多的创新方法。这些都需要设计者对前人所创造的众多机构有详细的了解，并在此基础上充分发挥其创造性。创新构思的方法、实例很多，国内外出版的许多专著都有这方面的论述，如参考文献［10］、［35］和［42］等均可供设计者参考。

3）作为现代工程设计人员，不仅需要具有理论知识，更应注重工程实践，力求做到理论与实践相结合。有关工程意识及其培养方法，可参阅《工程思维》一书（北京：机械工业出版社，2018）。

4）TRIZ，即发明问题的解决理论，是提高创新能力、培养创新人才、解决创新问题的有力工具，它由苏联海军部专利局专家 G. S. Altshuller 创立，它是一种建立在技术系统演变规律基础上的问题解决系统。技术系统演变的 8 个模式、39 个通用技术参数、40 条发明原理、40×40 冲突矩阵、76 个标准解、发明问题解决算法（TRIZ）以及工程知识效应库等一同构成了 TRIZ 的理论与方法体系。经过半个多世纪的发展，TRIZ 理论和方法已经发展成为一套解决新产品开发实际问题的成熟理论和方法体系，如今已在全世界广泛应用。目前国内外均有这方面的专著，对机械系统方案创新设计颇有帮助，读者可以检索参阅、研究学习。

思考题及习题

10-1 设计一台机器一般应遵循哪几个步骤？

10-2 机械运动方案设计的一般原则是什么？主要包括哪些内容？

10-3 机械的执行构件有哪些运动类型？哪些典型机构可以实现这些运动？

10-4 常用的传动机构有哪些？它们各有什么特点？在设计中如何选用？

10-5 原动机常用的类型有哪些？它们各有什么特点？在设计中如何选用？

10-6 为什么说机械执行系统的方案设计是机械系统方案设计中最具创造性的工作？

10-7 如何实现执行机构的运动协调和绘制运动循环图？机械运动方案设计中的运动循环图的作用是什么？

10-8 如何对机械运动方案进行评价？

10-9 试选择一种机器，分析其结构组成、执行机构运动规律及机器的工艺过程，并画出机构运动简图。

10-10 试按以下要求设计一汽车风窗玻璃的雨滴清擦机构。

1）扇形清擦，只供驾驶人向车窗外观察；

2）全部窗玻璃的清擦。

10-11 图 10-48 所示的两种机构系统均能实现棘轮的间歇运动，试分析此两种机构系统的组合方式。若要求棘轮的输出运动有较长的停歇时间，试问采用哪一种机构系统方案较好？

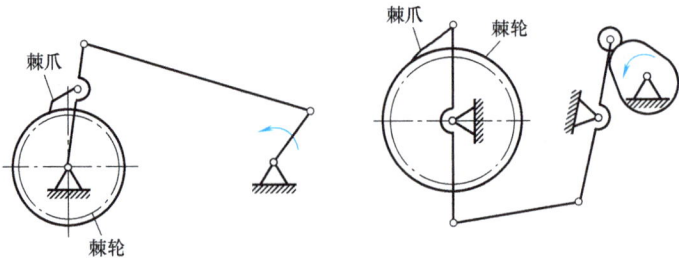

图 10-48 题 10-11 图

10-12 试按以下设计要求拟定玻璃窗的开闭机构方案。

1）窗框开闭的相对转角为 90°；

2）操作构件必须是单一构件，要求操作省力；

3）在开启位置时，人在室内能擦洗玻璃的正、反两面；

4）在关闭位置时，机构在室内的构件必须尽量靠近窗槛；

5）机构应支承起整个窗户的重量。

10-13 试设计一机构系统，其从动件做单向间歇转动，每转过 180°停歇一次，停歇时间约占 1/3.6 周期。

10-14 试构思能实现矩形或直角三角形轨迹的机构运动方案，说明其主要特点。

展　望
——机械原理学科的发展趋势

机械原理作为机械工程专业的一门技术基础课程，根据教学要求，我们只能研究一些有关机构及其系统的基本设计原理和方法，使我们进一步掌握研究机械原理新课题所必需的基础知识。实际上，机械原理学科作为机械设计与理论学科的重要组成部分，是机械工业和现代科学技术发展的重要基础，其研究领域十分广阔，内容非常丰富，发展也十分迅猛。目前，机械原理学科与电子学、信息科学、计算机科学、生物科学以及管理科学等相互渗透，相互结合，已经成为一门崭新的学科，涌现出不少前沿研究课题，充满着生机与活力。

机械原理学科的发展趋势主要表现在以下几方面：

1）对机构的内涵有显著的发展。传统的刚性构件机构的输出主要取决于机构的类型和尺度，等速驱动使机构输出缺乏柔性化。现代机构将驱动元件与机构融合在一起，通过控制驱动元件使输入可变，机构的输出取决于可变的输入、机构类型和尺度，使输出具有可控性与柔性。可控机构的深入研究将会大大推动机械产品的输出柔性化，提高机械产品的工作性能，为机械产品的创新开辟了一条新途径。

2）在机器的构成方面，融入了用于信息处理和控制的计算机。将机械结构和电子计算机技术、传感技术、控制技术集成与融合于一体的新一代现代机器，与传统的机器构成已有明显的不同。

3）高技术领域（如光电子、微纳技术、航空航天、生物医学）以及重大工程技术的发展，推动了机构和机器设计的发展，推动了机构和机器设计的新理论、新方法、新技术的发展，出现了微纳制造、生物制造、绿色制造等。

4）组合机构可以实现单一基本机构无法实现的运动规律和运动轨迹，其应用日益广泛。因此，对于组合机构的组成原理、基本类型、功能等方面还需要作深入、系统的研究，其应用领域还需要进一步扩展。

5）广义机构的深入研究。由于计算机技术的广泛应用和各种类型的驱动元件的不断开发，机构概念的广义化可以使原本实现运动与动力传递和变换的机构赋予更广泛的特征，从而拓宽了机构学的研究范围。目前已有不少文献在探索广义机构的内涵和基本类型，这对机构学的现代化起着十分重要的作用。机构概念的广义化主要体现在构件非刚性化和将驱动元件的特性融合到机构中去，使机构具有可控性和智能化。

6）机构系统概念设计理论和方法的研究。机构系统是机械产品中最主要的结构构成，随着机械产品竞争的加剧，机构系统概念设计已经有不少的研究，其中包括针对机械产品功能求解过程模型、执行动作求解知识库、机构创新设计方法、机构系统组成理论方法、机构系统方案的评价体系和评价方法，以及机构系统计算机辅助概念设计的基本框架及其实现方法等。

7) 机器人和步行机机构的研究不断深入。机器人和步行机现在已有广泛的应用。人们对于开式链机器人已有较深入的研究，如工作空间、运动学和动力学问题、轨迹规划和控制等。人们对步行机的研究也十分广泛，并逐步深入，如六足步行机、四足步行机和二足步行机已开始进入实用或实验阶段。对于并联机器人机构的运动学和动力学、冗余度机器人的逆动力学问题、考虑构件弹性和运动副中间隙的动力学问题、多机器人协调操作等均有不少研究，并已取得可喜的研究成果。目前采用并联机器人机构的虚拟轴机床成为研究的热点，为了达到高精度加工，还需要在并联机器人机构的类型、刚度、精度等方面做不少工作。步行机对实现在特殊条件下的机械作业意义很大，例如在核电车间的操作、沙漠地带的勘探、管道内部的检测都需要有各种各样的步行机。对它们的行走机理、机械结构和控制技术均需深入研究。随着人类社会的不断发展，人们对机器人和步行机的需求更加广泛，因此机器人和步行机机构的研究远远没有穷尽。

8) 仿生机构的研究。仿生机构是仿生机械学研究的核心内容。为了使机械更加微型化，仿生物机理和动作的机械大大增加。例如：从蚊子的吸血蠕动得到启示，设计了仿生微型泵；利用血液的流动机理设计了液态物质输送的引导机构；根据蛇的身体柔软能自如地游动于狭窄的缝隙这一特点，设计了在设备间歇中进行监测的蛇形探测器；从生物具有再生能力或自行复元功能得到启发，设计出具有自行修复功能的机械。仿生机械的研究，必将促成大量微型、巧妙机构的产生，大大地推动机构学的现代化。

9) 机构及其系统的动态分析与设计的研究。随着机械向高速、高精度、高性能方向发展，机构及其系统的动力学问题更加突出。根据现代机械设计需要，多年来在考虑构件弹性和运动副间隙的机构动力分析和计算方法、机构系统的动力学建模技术和动力分析综合方法、机构系统的振动主动控制等方面均有不少深入的研究。另外，对于转子-轴承系统的动力学、凸轮机构的动力学、齿轮机构的动力学的研究也越发深入。动态分析与设计离不开测试技术和信息处理技术，由于计算机技术和测试手段的不断发展，使动力学测试达到更为先进的水平。

10) 对典型的传统机构进行深入的研究。传统的典型机构至今仍广泛用于各种各样的机器中，发展和完善它们的机构综合方法、建立基于功能需要的机构设计新方法，都将大大有利于典型机构更加广泛的应用。例如，考虑速度因素的实现轨迹的连杆机构设计、摆动从动件盘状凸轮机构的通用设计方法、组合机构的类型和设计方法等都是值得研究的。

机械原理学科的新发展必将有力地促进机电产品的创新设计和开发，并在高科技发展进程中发挥重要作用。

附 录

《机械原理》常用名词术语中英文对照表

A

阿基米德蜗杆	straight side axial worm

B

摆动导杆机构	crank shaper mechanism
摆动从动件	oscillating follower
比例尺	scale
并联式组合	combine in parallel
摆线针轮	cycloidal-pin wheel
包角	angle of contact

C

传动比	transmission ratio
串联式组合	combine in series
从动件	driven link, follower

D

当量摩擦因数	equivalent coefficient of friction
导程	lead
导程角	lead angle

F

法向力	normal force
法向加速度	normal acceleration

G

功率	power
构件	link
惯性力	inertia force
惯性力矩	moment of inertia

H

滑块	slider
回程	return

J

机构	mechanism
机构分析	analysis of mechanism
机构运动设计	kinematic design of mechanism
机构综合	synthesis of mechanism
机架变换	kinematic inversion
机械动力学	dynamics of machinery
机械利益	mechanical advantage
机械特性	mechanical behavior
机械效率	mechanical efficiency
急回机构	quick-return mechanism
急回特性	quick-return characteristics
急回系数	advance-to-return-time ratio
急回运动	quick-return motion
极限位置	extreme position
极位夹角	crank angle between extreme positions
加速度	acceleration
加速度分析	acceleration analysis
加速度曲线	acceleration diagram

角加速度	angular acceleration
角速度	angular velocity
角速比	angular velocity ratio
解析设计	analytical design
绝对运动	absolute motion
绝对速度	absolute velocity

K

科氏加速度	Coriolis acceleration

L

力	force
力多边形	force polygon
力矩	moment
力平衡	equilibrium
力偶	couple
力偶矩	moment of couple
连杆	connecting rod, coupler
连杆机构	linkages
连杆曲线	coupler curve
六杆机构	six-bar linkage
螺杆	screw
螺距	thread pitch
螺母	screw nut
螺纹	thread (of a screw)
螺旋副	helical pair
螺旋机构	screw mechanism
螺旋角	helix angle
螺旋线	helix, helical line

M

摩擦	friction
摩擦角	friction angle
摩擦力	friction force
摩擦力矩	friction moment
摩擦因数	coefficient of friction
摩擦圆	friction circle

P

平面副	planar pair, flat pair
平面机构	planar mechanism
平面运动副	planar kinematic pair

Q

曲柄	crank
曲柄存在条件	Grashoffs' law
曲柄导杆机构	crank shaper mechanism
曲柄滑块机构	slider-crank mechanism
曲柄摇杆机构	crank-rocker mechanism
驱动力	driving force
驱动力矩	driving moment (torque)
切向加速度	tangential acceleration

S

矢量	vector
输出功	output work
输出构件	output link
输出机构	output mechanism
输出力矩	output torque
输出轴	output shaft
输入构件	input link
数学模型	mathematic model
双滑块机构	double-slider mechanism
双曲柄机构	double crank mechanism
双摇杆机构	double rocker mechanism
双转块机构	Oldham coupling
瞬心	instantaneous center
死点	dead point
四杆机构	four-bar linkage
速度	velocity

T

图解设计	graphical design

W

往复移动	reciprocating motion
位移	displacement
位移曲线	displacement curve

X

相对速度	relative velocity
相对运动	relative motion
许用压力角	allowable pressure angle

Y

压力角	pressure angle

附 录

摇杆	rocker	正切机构	tangent mechanism
移动从动件	reciprocating follower	正弦机构	sine generator, scotch yoke
优化设计	optimal design	转动导杆机构	whitworth mechanism
有害阻力	detrimental resistance	转动副	revolute (turning) pair
约束	constraint	装配条件	assembly condition
约束条件	constraint condition	自锁	self-locking
运动分析	kinematic analysis	自锁条件	condition of self-locking
运动副	kinematic pair	总反力	resultant force
运动构件	moving link	组合机构	combined mechanism
运动设计	kinematic design	作用力	applied force
		坐标系	coordinate frame

Z

载荷	load

参 考 文 献

[1] 孙桓,陈作模. 机械原理 [M]. 8版. 北京:高等教育出版社,2013.
[2] 申永胜. 机械原理教程 [M]. 3版. 北京:清华大学出版社,2015.
[3] 申永胜. 机械原理辅导与习题 [M]. 3版. 北京:清华大学出版社,2015.
[4] 邓宗全,于红英,王知行. 机械原理 [M]. 3版. 北京:高等教育出版社,2015.
[5] 张策. 机械动力学 [M]. 2版. 北京:高等教育出版社,2008.
[6] 黄锡恺,郑文纬. 机械原理 [M]. 北京:高等教育出版社,1996.
[7] 张春林,张颖. 机械原理 [M]. 2版. 北京:机械工业出版社,2016.
[8] 张启先. 空间机构的分析与综合 [M]. 北京:机械工业出版社,1984.
[9] 曹惟庆. 机构组成原理 [M]. 北京:高等教育出版社,1983.
[10] 孟宪源. 现代机构手册 [M]. 北京:机械工业出版社,1994.
[11] 张士军,等. 机械创新设计 [M]. 北京:高等教育出版社,2016.
[12] 朱立学,韦鸿钰. 机械系统设计 [M]. 北京:高等教育出版社,2012.
[13] 郑文纬,吴克坚. 机械原理 [M]. 7版. 北京:高等教育出版社,1997.
[14] 李琳,邹焱飚. 机械原理教程 [M]. 北京:清华大学出版社,2014.
[15] 张世民. 机械原理 [M]. 北京:中央广播电视大学出版社,1993.
[16] 姜琦. 机械运动方案及机构设计 [M]. 北京:高等教育出版社,1991.
[17] 戴娟. 机械原理课程设计指导书 [M]. 北京:高等教育出版社,2011.
[18] 上海交通大学机械原理教研室. 机械原理习题集 [M]. 北京:高等教育出版社,1989.
[19] 华大年. 机械原理 [M]. 北京:高等教育出版社,1994.
[20] 邹慧君. 机械原理 [M]. 3版. 北京:机械工业出版社,2016.
[21] 杨家军. 机械系统创新设计 [M]. 武汉:华中理工大学出版社,2000.
[22] 曹惟庆,徐曾荫. 机构设计 [M]. 2版. 北京:机械工业出版社,2007.
[23] 王三民,诸文俊. 机械原理与设计 [M]. 北京:机械工业出版社,2004.
[24] 杨可桢,程光蕴. 机械设计基础 [M]. 6版. 北京:高等教育出版社,2014.
[25] 王德伦,高媛. 机械原理 [M]. 北京:机械工业出版社,2011.
[26] 孙桓. 机械原理教学指南 [M]. 北京:高等教育出版社,1998.
[27] 华大年. 连杆机构设计与应用创新 [M]. 北京:机械工业出版社,2008.
[28] 冯立艳. 机械原理 [M]. 北京:高等教育出版社,2012.
[29] 闻智福,等. 抛物线齿轮 [M]. 北京:科学技术文献出版社,1989.
[30] 沈允文,等. 谐波齿轮传动的理论和设计 [M]. 北京:机械工业出版社,1985.
[31] 冯澄宙. 渐开线少齿差行星传动 [M]. 北京:人民教育出版社,1981.
[32] 杨基厚,高峰. 四杆机构的空间模型和性能图谱 [M]. 北京:机械工业出版社,1989.
[33] 沈世德. 机械原理 [M]. 北京:高等教育出版社,2009.
[34] 曹惟庆,徐曾荫. 机构设计 [M]. 2版. 北京:机械工业出版社,2005.
[35] 黄机场,徐巧鱼,等. 实用机械机构图册 [M]. 北京:人民邮电出版社,1996.
[36] 葛文杰. 机械原理常见题型解析及模拟题 [M]. 2版. 西安:西北工业大学出版社,2003.
[37] 钟一谔,等. 转子动力学 [M]. 北京:清华大学出版社,1987.
[38] 徐业宜. 机械系统动力学 [M]. 北京:机械工业出版社,1992.
[39] 杨义勇. 机械系统动力学 [M]. 北京:清华大学出版社,2009.

[40] 傅祥志. 机械原理 [M]. 2版. 武汉：华中理工大学出版社，2000.
[41] 黄纯颖. 机械创新设计 [M]. 北京：高等教育出版社，2000.
[42] HANG E J. 机械系统的计算机辅助运动学和动力学：第一卷基本方法 [M]. 刘兴祥，等译. 北京：高等教育出版社，1996.
[43] 刘昌祺，牧野洋，曹西京. 凸轮机构设计 [M]. 北京：机械工业出版社，2005.
[44] 李特文. 齿廓啮合原理 [M]. 卢贤占，等译. 上海：上海科学技术出版社，1984.
[45] 吴序堂. 齿廓啮合原理 [M]. 西安：西安交通大学出版社，2009.
[46] 陈志新. 共轭曲面原理基础 [M]. 北京：科学出版社，1985.
[47] 朱景莘. 变位齿轮移距系数的选择 [M]. 北京：人民教育出版社，1982.
[48] 厄尔德曼，桑多尔. 机构设计——分析与综合：第一卷 [M]. 庄细荣，等译. 北京：高等教育出版社，1992.
[49] 厄尔德曼，桑多尔. 机构设计——分析与综合：第二卷 [M]. 庄细荣，等译. 北京：高等教育出版社，1992.